KSEA 141-14

구조와 건축

구조기술사가 쓴

(사)한국건축구조기술사회 저

(사)한국건축구조기술사회
THE KOREAN STRUCTURAL ENGINEERS ASSOCIATION

발 간 사

건축구조는 어렵고 재미없는 분야라고 건축학이나 건축공학을 전공하는 학생들뿐 아니라 건축 관련 업무에 종사하는 대부분의 분들이 공통적으로 느끼는 사항일 것입니다.

1만 시간의 법칙이라는 말이 있습니다. 어느 분야나 1만 시간을 투자하면 그 분야에서 성공적인 전문가가 될 수 있다는 의미 같습니다. 비슷한 우리 속담에도 "서당개 3년이면 풍월을 읊는다"는 말이 있습니다.

하물며 30년 이상 건축구조실무에서 수많은 경험과 시행착오를 겪은 구조전문가의 이야기는 건축을 전공하는 후학들과 실무건축가, 실무기술자 들에게 커다란 도움이 될 수 있으리란 생각에 (사)한국건축구조기술사회 역대 회장님들을 포함하여 이론과 실무에 능통한 7인의 구조전문가가 펜을 들었습니다.

어떻게 하면 좀 더 쉽게 이해할 수 있는 구조에 관한 책이 없을까 고민하는 많은 분들에게 희망이 될 수 있는 "구조와 건축"이 우리 회에서 처음으로 쉬운 구조이야기 형태로 출간하게 된 것을 매우 기쁘게 생각하며 이 책을 통하여 건축에서 떼어 놓을 수 없는 구조를 조금이라도 쉽게 다가갈 수 있고 또한 폭 넓게 이해하는 계기가 되기를 바랍니다.

2014년 1월

(사)한국건축구조기술사회 회장 김 승 철

머 리 말

이 책은 건축학도와 건축공학도 및 실무건축가와 실무기술자를 위한 것이다.

교육현장의 건축학과에서는 미학적, 기능적 설계 등으로 이미 꽉 찬 건축의 교과과정에 구조역학과 해석이나 정교한 실험의 기술을 연마할 여력이 없고, 건축공학과에서는 공학과목에 역점을 두다보니 건축물 전체로서의 설계와 숲을 볼 기회가 줄어들었다.

실무현장에서도 건축물 자체의 미학적, 사회학적 설계와 구조설계간의 분리 움직임이 서양건축계에서 일기 시작한 19세기이후, 근래에는 전 세계가 건축설계와 구조설계의 분리가 보편화되었으며, 구조설계자는 컴퓨터 해석의 블랙박스와 그 현란한 결과의 나무들 때문에 건축구조라고 하는 숲을 보지 못하기도 한다.

30년 이상 건축구조의 실무경험과 강의를 해온 저자들은 현행 교육상으로나 직업상으로 이러한 2개의 배타적인 접근과 단절로 인하여 파생되는 일련의 문제점을 완화시키고자 이 책 집필의 목표를 두었다.

건축가는 꼭 역학에 정통할 필요까지는 없어도 얼마간의 지식이 있어야 하고 지금까지 어떤 구조적 개념으로 어떤 골조가 만들어져왔는가에 대해서도 어느 정도 정보가 필요하며, 이러한 지식과 정보를 가져야 구조전문가가 제시하는 구조형식을 이해하거나 새로운 제안을 할 수 있다.

구조전문가는 건축가가 제시한 구조방식에 대하여 공학적 정밀해석으로 안전성을 확인하고 단면설계를 하는 구조엔지니어의 역할뿐만 아니라 나름의 구조형식을 제안하고 그 작품이 아름답고 감동을 주는 구조예술품으로 창조되도록 구조예술가로서의 역할에도 충실하려면 선현들의 구조미학적 연구와 작품의 발자취도 살펴보아야한다.

건축물의 기획, 설계, 시공, 설계변경, 유지관리 등 전 과정에 대하여 구조적인 관점의 성숙한 이해가 필요하므로 건축물 구조거동의 개념적인 이해를 위해 주력하였다. 구조는 힘과 구조재료에 관한 우리들의 일상적 경험과 몸으로 체득하는 직관으로 배울 수 있는 영역이 있다. 물론 구조설계과정의 많은 부분이 불가피하게 수학적인 영역이 되지만, 숫자와 공식들을 사용하지 않고도 구조의 이론과 원리를 쉽게 알 수 있도록 하기위해 노력하였고, 구조물의 물리적인 현상에 대한 감각과 실제 설계 자료에 기초하여 설명하고 있다.

이 책을 접한 분들께서 건축구조를 쉽게 이해하고, 구조계획과 구조설계에 대한 실무기술이 발전되어 창조적인 과정에 대한 만족, 즐거움, 흥분 등을 공유하기를 바라지만, 혹시 의미전달이 불명료하거나 별도의견이 있으면 알려주기 바란다.

2014년 1월

「구조와 건축」 집필위원회

차 례

제1장 구조와 건축의 이해

제2장 건축물에 작용하는 하중

제3장 구조재료

제4장 골조의 구성요소

제5장 구조거동의 이해

제6장 구조계획의 이해

제7장 구조설계도의 이해

제1장 구조와 건축의 이해

제1장에서는 건축과 구조의 전반적인 이해를 위해 동서고금을 두루 살펴, 건축과 구조의 관계, 건축문화와 구조기술의 변천, 구조적인 이해와 탐구의 발자취, 구조설계의 전문화 과정, 구조전문가의 역할에 대하여 살펴본다.

제1장 구조와 건축의 이해

사람은 자연스럽게 형성된 천연환경과 인위적으로 만든 구조물에 둘러싸여 있다. 산길을 걷거나 사막이나 바다 한가운데를 지날 때가 아니라면 사람은 언제나 건조물에 둘러싸여 생활하며, 그 안에 살다가 이동하고 먹고 자며, 우리들 모든 삶에 공헌한다. 그렇지만 건조물이 흔들리거나 붕괴할 때까지 대부분의 사람들은 건축물에 대하여 거의 의식하지 않고 살아간다.

건축물의 중요한 목적은 지진이나 태풍 등 자연의 힘으로부터 인명이나 재산을 지키는데 있으므로 이들에 대하여 파괴되지 않을 정도로 튼튼해야(strong enough, 强度)한다. 또 늘 근들근들 흔들리고 있는 곳에서는 생활할 수 없으므로 적당한 정도로 단단해야(stiff enough, 剛性)하며 오랫동안 허물어지지 않고 서 있어야 하므로 오래 견뎌야(durable enough, 耐久性)한다.

이러한 요구조건들은 당연해 보이지만 이들을 만족시키기란 그리 쉽지 않다. 대대로 사람들은 건축구조물이 최대한 안전하게 지어지도록 시도하고 또한 안전을 확신하기 위하여 여러 가지 방법들을 연구하여 왔다.

이 장에서는 건축과 구조의 관계, 건축문화와 구조기술의 변천, 구조적인 이해와 탐구의 발자취, 구조설계의 전문화, 건축구조기술자의 역할을 살펴본다.

1.1 건축과 구조

자연 그대로 형성된 이 세상 모든 것들은 너무나 아름답다. 사람과 동물·식물 그리고 주변 자연환경은 그 자체가 완벽한 유기적인 구조물이다. 갖가지 식물의 완벽한 형상, 사람을 비롯한 온갖 동물의 신체구성과 골격비례, 이 모든 것들이 자신에게 필요한 기능을 편리하게 수행할 수 있으면서 자연환경에 효율적으로 대응할 수 있는 구조를 가졌음이 참으로 감탄스럽다(그림 1.1.1, 그림 1.1.2).

그림 1.1.1 나무의 형상

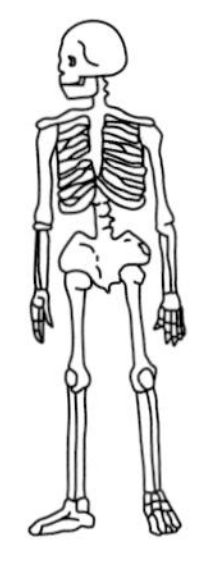

그림 1.1.2 사람의 골격

갈대는 세찬 바람에도 하늘거리면서 부러지지 않고 조개는 연한 살을 아름다운 곡선인 셸구조의 단단한 껍질이 보호한다. 거미집이나 새들이 짓는 집들의 튼튼한 구조형태와 아름다움에 우리는 감탄한다. 이렇듯 얻고자 하는 공간을 주어진 재료의 특성을 최대한 살리면서 가장 경제적으로 튼튼하게 구축하다보면 그 형태가 저절로 아름다워지는 것이다. 사람이 짓는 집도 자연재료의 특성을 최대한 발휘하면서 외력 등 자연환경에 순응하는 형태라면 아름다울 수가 있다(그림 1.1.3, 1.1.4).

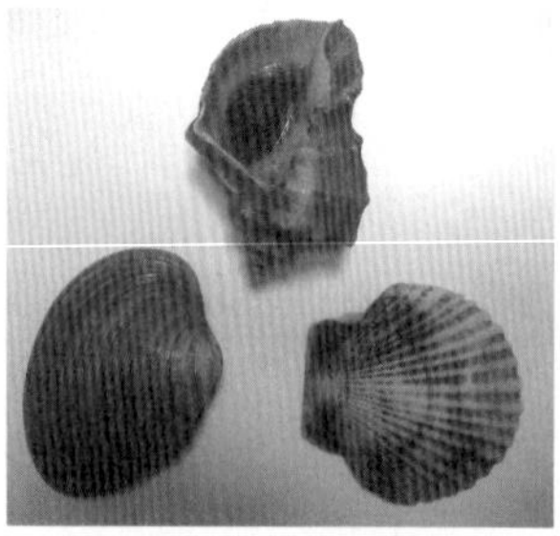

그림 1.1.3 조개·가리비·소라

그림 1.1.4 거미집

자연의 일부인 사람은 미(美)에 대한 감각을 천부적으로 가지고 있었으므로 무의식적으로 자연의 아름다움에 감동하고 이를 모방하려는 심리로부터 모든 건축물은 자연적인 미적 원리에 따라 착상되었다. 오랜 기간 인류는 이러한 원리에 거슬리지 않으면서 오래 견디며 아름다운 건축물들을 만들어왔다.

건축의 3요소

건축(architecture)은 어원상 '으뜸, 우두머리'의 뜻을 가진 'arch'와 기술(技術)을 뜻하는 'technique'가 합쳐진 합성어로서 '모든 기술의 으뜸'이라는 뜻을 가지고 있으며, 축성(築城)기술 등 군사적 건축(military architecture)과 주택·공공건축 등 민간건축(civil architecture), 해양·선박 등 조선술(marine architecture)등으로 분화하여 발전하여왔다.

오늘날 「건축의 3요소」로 불리는 '구조·기능·미'는 고대 로마의 건축가이자 공학자 비트루비우스(Marcus Vitruvius Pollio BC1세기)가 쓴 「건축10서(建築十書)」에서 언급한 '건축은 firmitas(强,강도)·utilitas(用,쓰임)·venustas(美, 아름다움)'에서 유래하였지만, 그와 같은 생각은 현재까지도 변함이 없다. 즉 건축은 '구조·기능·미'의 합리적 구현체가 되어야 한다.

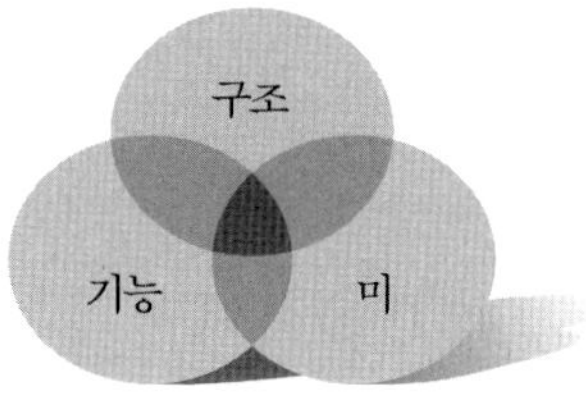

그림 1.1.5 건축의 3요소

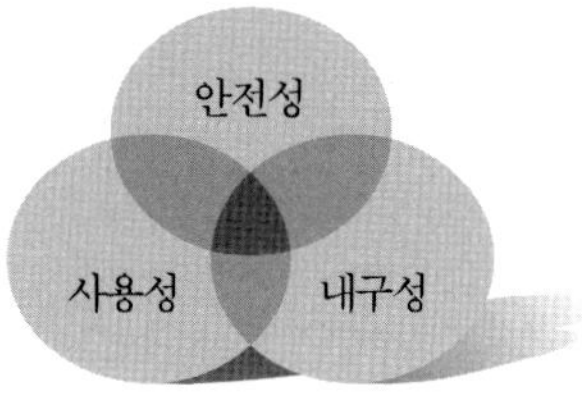

그림 1.1.6 구조의 3원칙

구조의 3원칙

그중에서 구조는 그 기능을 충분히 발휘하면서(使用性, serviceability) 튼튼하며(安全性, safety) 오래 견디도록 하는(耐久性, sustainability)요소이며, 이러한 3S '안전성·사용성·내구성'을 「구조설계의 3원칙」이라 한다. 여기에 건축물의 공급자는 '경제성'을, 시공자는 '시공성'을 추가하여 「구조설계의 목표」로 삼기도 한다.

이처럼 구조는 건축의 필수구성요소로서, 아무리 단순한 집을 짓든, 수많은 사람이 들어가는 큰 공간을 구축하든, 그들의 건축이 지구의 인력과 바람·지진·화재 등 자연의 힘에 견디도록 자연재료로 적절한 규모의 모양을 만들 수밖에 없었다. 건축과 구조의 불가분성은 다음 절에서 다루는 건축문화의 변천과 건축구조의 변천이 이를 잘 설명해 준다.

1.2 건축문화의 변천

인류가 농경을 시작하면서 건축은 시작되었다. 오늘날에도 유목생활을 하면서 수렵으로 살아가는 사람들이 있기는 하지만 한곳에 정착해서 땅을 경작하며 살고 싶어졌다. 농경의 발달로 장착생활을 시작하면서 고대 문명지에 모여 살던 사람들은 도시들을 건설했다. 지금까지 알려진 최초의 건축·도시개발의 출발지는 요르단 강 서안에 있는 예리코(Jericho)로, BC8000년경에 지어진 흙벽돌의 가옥과 BC7000년경에 세워진 사당이 발굴되었다.

농경시대의 건축은 성직자와 군주의 지배를 받았으며, 도시와 건축은 유기적인 단일체로 성장하였다. 그러나 세월이 흐르면서 건축이 건물주의 야심을 과시하는 도구가 되었으며, 산업혁명으로 도로가 새로 널찍이 뚫리고 철도가 건설되면서 건축물이 비슷비슷한 모습에서 벗어났다.

기차역·상품 적하장·슈퍼마켓·공장·창고·병원·수용소·도서관·전문기관·사무실·백화점·콘서트홀·운동장·대규모 오락시설 등 범세계적 빌딩은 과거의 관습과 규칙, 도시계획의 불문율

그림 1.2.1 예리코(요르단 강 서안) 전경

이 지켜지지 않았다. 땅이 개발 될 수 있는 곳이라면 어디에나 새로운 건물과 산업시설, 감성을 느낄 수 없는 건축물로 도심은 더 이상 즐겁게 살만한 공간이 아니었다. 지난 수십 년 동안 도시를 되살리기 위한 노력으로 역사적 가치가 있는 건축물은 복원하고 새로운 건물도 환경을 해치지 않게 설계하려고 노력하고 있다.

건축물은 인간생활을 넣어두는 용기이며 인간생활의 부단한 변화가 건축물의 끊임없는 변천의 원동력이 되어 오늘에 이르고 있다.

선사시대

선사(先史)시대에 사람들은 작은 단위의 자급자족하는 무리로 수렵・채집하며 살았거나 가축을 돌보며 살았다. 그들은 자연재료를 이용한 은신처와 인공물을 짓고 살았는데, 각 무리마다 전형적인 그러한 집들은 어떠한 기록된 형태의 지침이 없어도 반복적으로 지어졌다. 무리의 연장자들이 그들의 경험을 후대에 전수하고 때때로 건설공정이 단체 활동이 되었다. 이러한 집들은 가뭄이나 폭우 같은 자연변화에 일시적으로 변경되었을 뿐, 건축형태를 변경할 필요성이 없었고 그들의 구조를 강하게 하거나 더 견고하게 할 방법을 알 필요가 없었다.

그림 1.2.2 천연의 동굴

그러나 건축은 환경에 따라 변천하였다. 수목지역에서는 목재로, 구릉지역에서는 돌로, 평평한 초원과 사막에서는 가죽으로, 극지방에서는 얼음으로 형성되었다.

그림 1.2.3 목재 집

그림 1.2.4 돌 집

그림 1.2.5 가죽 집

그림 1.2.6 얼음 집

전통적인 형태

BC8000년경부터 서남아시아에서 농경이 시작됨에 따라 경작재배로 무리지어 사는 곳이 일정하게 되었고, 농작물의 잉여는 곡식을 저장할 창고와 여타 무리들로부터 방어할 필요성을 생기게 하였다. 경작재배는 그들의 생산성으로부터 얻는 특별한 재능으로 주된 생활양식이 되었다.

좀 더 영구적인 건축물의 필요성으로 진흙, 진흙을 말린 흙벽돌, 목재 등을 사용하던 건축기술에 있어서 다소 개선이 있었다. 그러나 한번 경작재배가 생활방식이 되자 오랫동안 거의 변화가 없었다. 이것은 건축물의 형태와 연관된 구조의 형태가 고정화되고 지역마다 다른 전통양식이 되었다.

전통적인 건축물은 특별히 훈련된 사람들이 지었고 그들은 장인이 되었다. 도시의 번영과 지배계층의 신분상승으로 지금까지와 다른 형태의 건축물과 구조물이 새롭게 요구되었다. 그리고 이러한 신도시건축물들은 오랫동안에 걸쳐 발전해왔으며 그 발전결과들은 다시 전통적인 건축양식으로 자리를 잡게 되었다.

이러한 건축물이나 구조물은 과학적 지식이 없거나 읽고 쓸 능력이 없어도 경험에 근거하여 실용적으로 지었다. 그들은 무슨 생각의 과정으로 설계했는지 근거를 남기지 않았지만 몇몇의 건축물은 아직도 남아 있다.

농지경작사회가 확장되고 부유해짐에 따라, 어떤 마을은 발전하여 커다란 마을의 중심으로 발전하고 더 나아가 도시가 되었다. 이러한 도시들이 신석기시대를 거쳐 BC3500년경 메소포타미아, 인더스 강 유역과 홍해, 나일 강 지역에 존재하였다.

도시화의 영향

도시는 발전하고 변화하며 새로운 형태의 건축물, 즉 사원 · 창고 · 성 등이 필요하게 되었으며 이러한 형태의 대표적인 건축물로 이집트의 피라미드, 바빌론의 바벨탑과 궁중정원, 그리스의 판테온 신전과 로마의 콜로세움 등이 있다. 그러나 기존의 전통적인 방식을 더 이상 활용할 수 없게 되자, 새로운 기술과 설계 절차가 필요하게 되었다.

이집트 건축

BC3000년경부터 로마시대에 이르는 고대 이집트의 건축은 마스타바(mastaba)로 시작하여 피라미드(pyramid)로 대표되는 장송기념건조물에서 장대한 석조신전의 종교시설물로 발전하였다. 이집트의 많은 종족과 마을은 신 · 왕 · 대사제의 역할을 모두 담당하는 파라오(pharaoh)의 지배를 받았다. 파라오 권력의 상징인 피라미드는 4000년 이상 거의 변화되지 않았던 이집트 사회의 정체성을 나타낸다. 그러나 주택, 궁전 같은 세속적 건축은 건조벽돌로 지어졌다.

그림 1.2.7 이집트 카이로 교외 가자의 3대 피라미드
(3대 피라미드 높이 : 쿠푸 146m 카프레 143m, 멘카우레 65m)

바빌론 건축

BC6세기 바빌론에 네부카드네자르 2세(BC605~BC562)가 완성한 바벨탑(폭 91m×길이 91m×높이91m)과 바빌론의 공중정원은 건물전체가 좌우대칭으로 기하학적 안정감을 주는 구조였다고 추정한다.

그리스 건축

에게 해(Aegean Sea)문명을 계승하면서도 독자적 발전과 완성을 보여준 시기이다.

BC3000~BC700년경 문명은 지중해를 따라 소아시아·그리스·시칠리아와 남부 이탈이아로 퍼져나갔다. 중간 상인계급·자본가·농지소유자들이 사유재산을 갖게 되고 그에 따른 새로운 건물유형을 도입했다. 문화와 종교에도 이러한 요구가 받아들여져 기능적인 건축물을 건설하게 되었다.

그리스 건축의 중심은 신전인데, 처음에는 목재기둥과 인방(lintel)으로부터 발전하여 점차 석조로 바뀌었다. 지붕은 목조의 트러스에 기와 잇기로 되어있었다. 그 당시 고안된 사원양식은 약 2000년 동안 건축을 지배해 왔으며, 나름대로의 특징을 가진 3가지 그리스 양식, 즉 도리스·이오니아·코린트 양식이다.

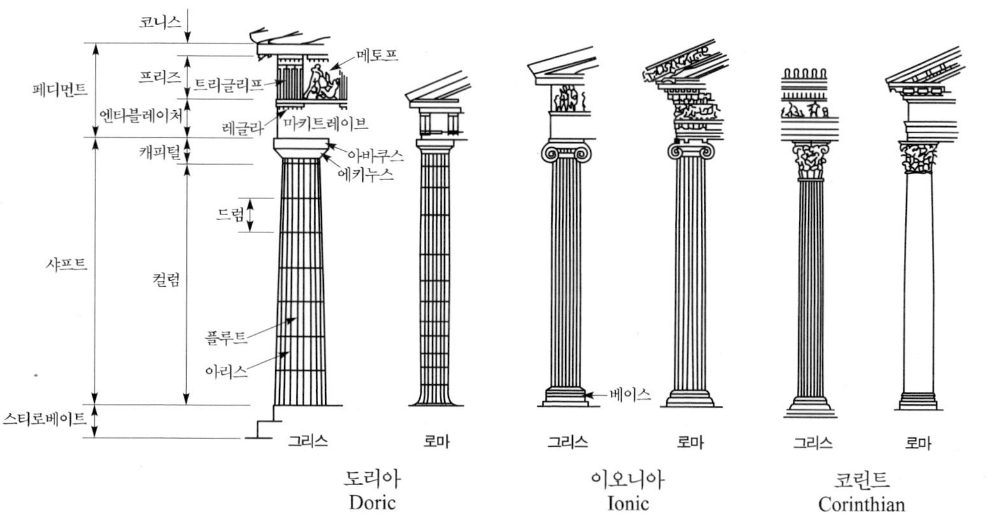

그림 1.2.8 그리스 기둥양식

그리스건축의 대표작으로 아테네의 아크로폴리스 언덕위의 장려한 파르테논 신전(BC447~BC432)이 있다(그림 1.2.9).

그림 1.2.9 파르테논 신전(아테네 BC447~BC432)

로마 건축

에트루리아(Etruria)건축을 계승하고 그리스의 표현, 오리엔트의 기술을 종합하여 고대 최고의 건축문화를 전개하였던 고대 로마사람들은 예전의 기술을 모두 전수받았다. 군사력과 최상의 기술력, 그리고 건축으로 타 국가의 문화를 파괴하고 그들의 규칙을 강요했다. 그리스인들은 자연과 조화를 이루며 바다를 향해 했지만, 로마인들은 매복을 막기 위해 각 측면의 조경을 없앴고 어디든지 가로질러 나아가도록 격자형 거리를 건설했다. 도시복판에는 광장이 자리잡고 있었는데, 방어적이며 내부를 볼 수 있게끔 정사각형을 이루고 있는 바실리카와 사원, 상점의 열주 등은 폐쇄적이며 규칙적이었다.

그림 1.2.10 로마의 규칙적 건축

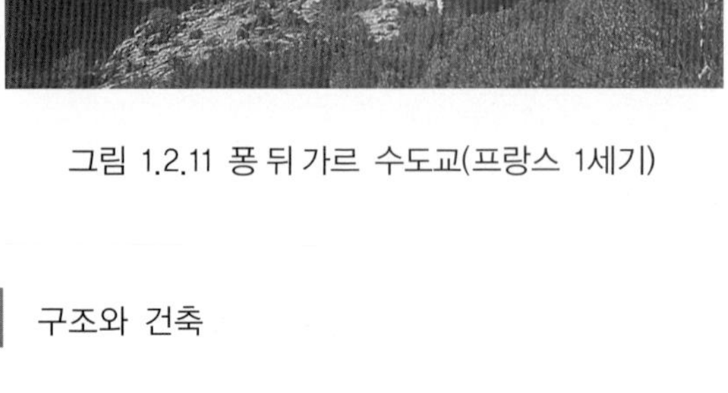

그림 1.2.11 퐁 뒤 가르 수도교(프랑스 1세기)

신전, 기념문과 같은 기념건조물로부터 궁전·투기장·욕장 등 각종 세속시설에 이르는 광범위한 테마로 장대한 건축문화를 전개하였다.

초기 그리스도교 건축

고대 로마제국의 말기 기독교의 공인 후에 성립한 기독교건축으로, 기독교가 로마의 비기독교도 사원들을 배척했지만 바실리카형식이 확립되었다. 양쪽에 복도를 형성한 열주가 달린 홀은 집단적 숭배를 이상화한 것이고, 로마 재판관이 앉았던 둥근 선단은 제단이 놓이는 애프스(apse)가 되었다.

비잔틴 건축(AD400~1200)

동로마제국에서 행하여졌던 기독교 건축이다. 로마제국이 멸망하자 기독교는 더욱 강해졌다. 중앙 집중의 로마행정부가 기독교로 넘어가면서 동방에서는 로마의 집중화된 돔형식의 로마사원을 교회로 사용했다. 그러나 제단을 향해 집회를 보기위해서는 여분의 공간이 필요했다. 펜덴티브(pendentive, *정사각형의 평면 위에 돔을 설치할 때 돔 바닥 네 귀에 쌓아올리는 구면(球面)의 삼각형 부분 그림 1.3.18 참조*)의 발명이 있은 후 정사각형에 돔이 놓일 수 있었고, 로마사원과 기독교의 집회공간이 합쳐질 수 있었다.

(a) 외부

(b) 내부

그림 1.2.12 하기아 소피아 대성당(이스탄불 532~537년)

그림 1.2.13 바위의 돔(예루살렘 688~692년)

이슬람 건축

7세기에 시작하여 100년간 인도에서부터 이베리아반도에 이르는 이슬람교권의 건축으로, 돔이나 아치와 같은 건축적인 요소를 장식적으로 전개한다든가 아라베스크와 당초무늬의 추상적 타일장식에 뜻을 두고 있다(그림 1.2.13 참조).

로마네스크 건축(8~12세기)

말뜻으로는 '로마 풍'으로 교회와 비기독교도들이 중앙과 지방에서 병합되어, 아치와 돔을 특징으로 하는 로마양식과 지방의 풍토에 맞는 축조방법 및 재료를 결합시키며 각자 새로운 건축물들이 축조되었다. 수도원들은 양측 면에 제단을 설치하고, 평면계획상 형태를 십자가로 만드는 식의 로마의 바실리카 모델을 사용했는데 확장된 서측의 제단에는 신도들을 수용했으며 교회 중앙부 본당(nave)은 수도승들이 차지했다.

10세기에 노르만을 정복한 노르만인들에 의해 발전된 왕의 성(castle)도 마찬가지로 배타적인 세계였다. 성 중앙에는 탑이 세워졌으며, 그것은 성벽(bailey, 외벽안의 안뜰)으로 둘러싸여져 있다.

그림 1.2.14 슈파이어 대성당(독일 1039~1061년)

그림 1.2.15 더럼 대성당의 네이브(영국 1093~1133년)

고딕 건축

로마교회가 전 유럽을 장악하자 그들의 권력은 승리를 고무시키는 건축물을 통해 표현되었는데 이러한 건축물 양식이 바로 고딕양식이다. 고딕양식은 11~12세기 동안 프랑스의 수도 파리의 작은 지역에서 발전했다. 왕권이 신장함에 따라 대주교들은 왕이 내린 봉토위에 새롭고 큰 성당, 즉 고딕식 성당을 건립했고, 고딕양식은 인간과 신, 그리고 자연을 새롭게 융합하여 상징화했다.

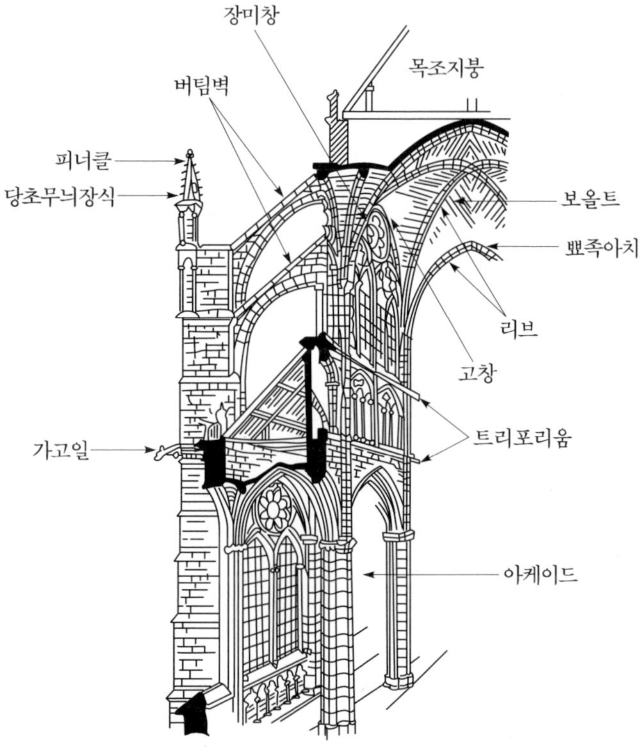

그림 1.2.16 아미앵 대성당(Amiens, 1220년)

고딕 대성당의 복도의 대략 천청높이는 32.5m(노트르담, 1163년), 36m(브루쥬, 1190년), 36m(샤르트르, 1194년), 38m(랑스, 1211년) 42.4m(아미앙, 1220년), 45.5m(퀼른, 1248년) 47.6m(보베, 1247년)으로 착공 연대순으로 점차 규모가 커지고 있다.

고전적인 비례가 남아있는 북부프랑스, 하늘을 찌를 듯 상승감을 추구했던 독일, 장식성을 강조했던 영국 등 갖가지 지역 색을 띄고 있다.

그림 1.2.17 보베 대성당(프랑스 1220년 착공)

그림 1.2.18 울름 대성당(독일 Ulm 14~16세기)

그림 1.2.19 부르즈 대성당(프랑스 1209~1214년)

중세도시

도시의 팽창으로 새로운 도시들이 봉건적인 지방도시와 더불어 발전했다. 교회의 절대 권력은 고전적인 성서구절의 새로운 연구와 인쇄술의 발명으로 도전받게 되고, 상인귀족들이 부와 권력을 이용하여 교회나 성(城)보다 더 큰 도시건축물, 즉 고딕식 도시 홀 및 길드 홀, 시장 홀, 대학 등을 세웠다.

수세기 동안 일반인들의 집은 지역별로 토착민의 손이나 그 지역 건축가에 의해 지어졌다. 북부 지역에서는 난방과 요리를 위한 화로나 굴뚝이 주택의 가장 중요한 부분이었고, 값비싼 돌이나 벽돌로 지어졌다. 그 구조는 엎어놓은 배처럼 직각으로 고정된 재료에 거칠게 굽은 가지를 연결하여 만들어졌다.

지붕은 건조 잡초더미를 여러 층 쌓아올렸고, 벽은 목재사이를 진흙이나 회반죽 덩어리를 채웠다. 집은 단순하였지만 수목에서 목재를, 땅에서 점토를, 강에서 갈대를 얻어 그 지역의 자연물로 지었다.

르네상스 건축(Renaissance)

근세초기 북부이탈리아에서 생겨났던 건축양식. 이탈리아의 도시국가인 피렌체에서는 은행업이 발전했으며, 메디치가와 같은 대 은행가는 상인의 위용을 상징할 수 있는 건물을 요구했고, 로마시대를 회상했다. 고전에 대한 연구는 이탈리아의 권력에 힘입어 실질적 적용이 이루어져 고전문화가 다시 태동하였다. 도시주택을 고전적 요소, 즉 아치형 창문, 수평적 돌림띠로 표시된 각층(string courses), 그리고 지붕을 가릴 정도로 돌출한 조각 처마돌림띠 등으로 장식해 대궐과 같은 저택으로 확장 발전시켰다.

그림 1.2.20 성 베드로 대성당(로마 1506~1626년)

이전까지는 경험적 장인들의 기술이었던 건축이 학술적 대상으로 과학적으로 탐구하게 되어, 르네상스는 세계적으로 유명한 건축가·미술가·작가·학자들을 탄생시켰다. 르네상스 건축가들이 사용한 고전양식과 원리들은 마치 다양한 디자인 요소와도 같았다. 원초적 건축물로부터 발전해온 기둥과 그 상세부분은 식물형태에서 따왔으므로 휴먼스케일과 자연의 느낌을 주었다. 또한 미를 기하학과 동일시하는 비례이론(theories of proportion)을 발전시켰다. 인체를 정사각형과 원, 즉 신과 자연의 이미지를 본 딴 완벽한 형태로 파악했다.

르네상스는 도시계획에도 합리적인 원칙이 적용되었다. 도로가 확장되었고 성곽이 도시의 일부가 되었으며 기념물과 연못을 중심으로 도든 계획이 수립되었다. 그 결과로 권력의 집중화가 더욱 가속되었다. 그 후 유럽의 도시들도 군사적으로 더욱 정교하게 꾸며진 이런 형태를 흉내내어 재구성되기 시작하였다.

종교개혁(16세기)

16세기경 재정과 무역의 중심지가 이탈리아에서 독일과 네덜란드로 옮겨갔다. 북유럽에서 지역 특유의 고딕 구조형태와 접목한 고전양식의 형태를 취했다.

프랑스에서는 여전히 중세에서 볼 수 있던 모퉁이의 첨탑이나 장식용 탑, 첨두형 지붕을 고수하고 있었다. 영국에서도 중세·고전·플랜더스(Flanders)식 양식을 결합한 거대한 별장을 지었다. 고딕성당에서 발전한 거대한 창문이 이 별장들에 추가되었다.

바로크 건축(17세기)

17세기 르네상스의 종교개혁에 대한 가톨릭의 반동이 당시 사회의 호사스런 기풍과 연결되어 이탈리아에서 생겨난 건축양식이다. 프랑스는 가장 강력한 힘을 지닌 국가로 부상했으며 왕이 곧 국가였던 시대였다. 국가를 위해 궁전 · 공공건물 · 교회 등을 만들던 궁전고문에 의해 새로운 건축가 부류가 생겨났다. 거대한 규모의 기념비와 적절한 양식을 갖춘 건물들이 번성하던 이 시기를 바로크(Baroque)라 부른다.

매너리즘이 여러 양식에 얽매여 있을 때 바로크는 그러한 양식의 문제를 단순하며 좀 더 통일감 있고 활발한 표현으로 극복했다.

르네상스 기간 동안 건축은 유난히 정체상태에 있었다. 그 당시의 건축은 비례법칙에 따라 각 요소가 개별화 되었고, 한정된 요소로 계획되었다. 평평한 벽면은 단순한 기하학적 계획을 표현한 것이었다. 바로크 양식의 건축은 이러한 매너리즘에서 벗어나 동적이고 통일된 건축으로 발전했다. 고전적인 요소들은 극적인 효과를 높이기 위해 조작되고 왜곡된 조각으로 완성되었다.

그림 1.2.21 세인트 폴 대성당(런던 1675~1710년)

그림 1.2.22 산 카를로 알레 콰트로 폰타네 대성당 (로마 1634~1682년)

타원은 전형적인 바로크 양식이다. 교회계획에서 건축의뢰인을 충족시킬 수 있는 직선적이고 집중화된 공간을 얻기 위해서 직사각형과 원형을 합쳐놓은 타원형을 사용했다.

중국, 한국, 일본

만리장성은 중국에서 가장 유명한 건축물일 것이다. 물론 훨씬 그 이전부터 강력한 건축전통이 이어져 내려오고 있었고 그 독특한 건축양식은 한국과 일본, 동남아시아로 퍼져나갔다. 목조건축에서 이음새의 기술과 색에 커다란 의미가 부여되면서 더욱 복잡해져 갔다.

동남아시아, 인도

무더운 날씨 때문에 집이 필요한 이유는 작렬하는 태양과 비를 피해 쉴 곳을 마련하기 위해서였다. 인도에서는 사원들이 생겨나고 관능적으로 조각된 화려한 기념물들이 건축되었다. 캄보디아의 앙코르와트는 엄청난 규모를 자랑하듯 5개의 연꽃모양의 탑이 아름답게 서 있다.

그림 1.2.23 해안사원(마하발리푸람, 8세기)

그림 1.2.24 앙코르와트(캄보디아, 12세기)

아메리카

에스파냐가 지배하기 이전의 아메리카는 마야, 아스텍, 잉카의 강력한 문명이었으며, 그들은 각기 단순한 양식을 바탕으로 규모가 큰 건축을 발전시켜 왔다. 아스텍인들이 세웠던 다양한 크기의 피라미드는 인간과 자연과 우주를 연결해주는 인공적인 산이었다.

18세기 이성의 시대

18세기 유럽의 정부는 전제 국주나 귀족에 의해 장악되었다. 과학은 예술과 종교에서부터 전제주의 절대원칙에 이르기까지 모든 것을 다룰 수 있을 것이라고 여겨졌다. 뉴턴은 우주의 신비도 자연의 법칙아래에 있다는 사실을 보여주었다. 모든 양식은 단순하고 세련되며 이성적인 특성을 가지고 있었다. 바로크의 과장과는 다르게 이 시대 건축은 그리스와 로마시대의 건축을 다시 한 번 뒤돌아보게 되었다.

그림 1.2.25 스몰리 성당(상트 페테르부루크, 1748~1757,1835년 완공)

부르주아 혁명

18세기 말엽 미국과 프랑스에서의 부르주아 혁명은 근대적 세계를 제시함과 동시에 근대 건축의 기반을 다져나갔다. 혁명은 이성의 시대의 산물이며 그들의 건축은 고전적인 순수함과 질서로 되돌아갔다. 국회의사당 · 개선문 · 판테온 등은 새로운 민주공화국의 영광을 표현하는 대표적인 기념물이었다.

세계에 대한 공동연구회

영국에서 자본주의 주된 원동력은 산업혁명과 기계적 대량생산으로의 변화였다. 짧은 시간동안 넓은 영토는 좋지 않은 모습으로 변모해갔다. 철도는 공동사회 전체를 황폐화시켰고 매연 · 소음 · 질병을 만드는 공장은 오래된 마을과 도시를 마구 오염시키고 있었다. 빽빽하게 지어진 집들은 반 슬럼가, 슬럼가, 초대형 슬럼가로 나뉘어졌다.

그러나 정치적, 산업적 혁명은 건축의 형상을 근본적으로 변화시켰다. 편리한 구조나 타당성을 위한 것이 아니면 어떤 것도 포함시켜서는 안 되었다. 건축물은 그것의 기능과 재료를 정직하게 표현해야만 했고, 구조는 마음대로 하거나 불필요한 장식으로 표현해서는 안 되었다.

1835년 지어진 영국의 새로운 국회의사당은 형식적인 신고전주의로 평면을 구성하였고, 고딕을 재현하는 표현으로 입면을 구성하였다. 이것은 구체제와 자본의 만남을 상징하는 것이었다. 부르주아 국가는 행정부·교도소·박물관 등의 건축물을 요구하게 되었다.

프랑스에서는 과거의 양식을 모방하지 않고 새로운 기능의 새로운 형태를 창조하기 위해 오래된 건축전통을 타파하려는 움직임이 있었다.

19세기 엔지니어링

철은 수세기동안 지방 대장장이들에 의해 문손잡이 등에 사용되어왔다. 철을 대량생산하면서 주택과 기차역 · 부두 · 공장 · 다리 · 전시관 · 박물관 등에 새로운 구조를 설계했다. 잘 알려진 구조물로는 요셉 팩스턴(Joseph Paxton, 1801~1865 영국건축가)이 설계한 수정궁(Crystal Palace)으로 1851년 대 박람회에서 대영제국이 만들어내는 생산품을 전시하는 곳이었다.

아르누보

아르누보는 새로운 양식을 창조하는데 있어 그 착상을 자연으로부터 직접 얻고자 했다. 자유로운 형태의 곡선, 순수함, 자유 그리고 약속을 상징하는 것이면 무엇이나 그 소재로 하였다.

기마드(Hectar Guimard 1867~1942)의 작품으로 유명한 파리지하철역에서 철의 사용은 장식과 구조를 결합시킨 것이었으며, 아르누보는 유기적인 곡선을 형상화시키는데 이상적이었다.

아르누보 건축 중 가장 순수한 작품은 가우디(Antonio Gaudi 스페인 1852~1926)가 바르셀로나에 지은 것으로, 건물 전체의 구조와 형태가 유기적으로 융합되어 마치 스페인의 바로크와 북아메리카의 영향이 복합된 하나의 조각과 같다는 평가다(그림 1.2.26).

그림 1.2.26 가우디의 카사밀라(바르셀로나, 1905~1910년)

철과 강철

강철은 전통 건물을 구성하고 있는 돌과 벽돌로 둘러싸여있는 뼈대구조의 대체 재료로 재빨리 사용되었다(그림 1.2.27).

보강콘크리트

근대운동은 재료의 본질성에 대한 강한 욕구가 있었지만 20세기의 대표적인 구조재료인 콘크리트와 강철, 이 2가지의 재료가 고도의 인공적인 혼합물로 이루어졌음은 역설적이다. 근대 기능주의 양식의 2번째 중요한 특징으로 유리벽을 들 수 있으며, 3번째 특징은 평지붕이다. 전통적인 경사지붕과 돔의 기하학은 건축물의 평면을 단순 원형이나 직사각형으로 제한하였으나, 평지붕은 어떠한 형태의 평면도 가능하게 하였다.

그림 1.2.27 옥스퍼드 대학박물관의 강철아치(1854~1860년)

1.3 건축구조의 변천

원시인 뿐 아니라 동물들과 새들이 구조지식이 있어서 견고한 집을 짓는 것은 아닐 것이다. 오늘날처럼 구조역학의 원리에 따라 건축물의 구조설계를 하게 된 때는 얼마 되지 않았다. 인류는 자연적인 미적원리로 건축하기 시작하였으며 많은 시행착오를 하면서 발전하여 왔다.

건축구조의 변천은 중력·지진력·풍압력·적설·수압·토압 등 자연으로부터 받는 외력(하중)에 대하여 어떻게 하면 건축구조물의 안전을 확보할 수 있는지에 대한 힘겨운 역사라고 할 수 있다.

앞 절에서 살펴본 건축문화의 변천도 건축구조의 기술향상과 구조형식의 발전이 있었기에 가능하였던 것이다.

중력식 구조

자연재료를 이용한 은신처를 짓고 살아가다가 좀 더 오래가는 가옥의 필요성으로 진흙, 진흙을 말린 흙벽돌, 골라낸 나무 등을 사용하였다. BC8000년경에 예리코(Jericho)에 지어진 가옥은 흙벽돌을 이용하였다.

대부분 기념비적인 용도의 건축물에는 석재가 사용되었는데, 이들 건축물의 주된 하중은 구조물 자체의 무게였다. 건축에 소요되는 기간이 매우 길었기 때문에 균열이나 박리로 인한 구조적 붕괴는 시공 때 바로 보수할 수 있는 시공단계의 한 부분이었다.

그림 1.3.1 터기 보아즈카레의 사자문

예컨대, 이집트 4대왕조의 첫째 왕인 스네푸루(Snefru, BC2613~BC2589)는 56˚경사의 피라미드 건설을 시작했는데, 건축되면서 구조적인 결함이 나타나자 완공하기 위하여 사면을 43˚로 수정하였다. 그는 곧이어 똑같은 43˚의 경사를 가진 2번째 피라미드인 붉은 피라미드(Red Pyramid)를 건설하였고, 그 이후에 지어진 유명한 기자(Giza)의 피라미드들도 유사한 경사도를 갖고 있다. 쿠푸(Khufu)왕의 피라미드는 밑변이 약230x230m의 정사각형에 높이146m이고 구성 돌의 블록크기는 한 변이 하부에서 1.5m 상부에서 0.8m인 정육면체로, 약300만개, 총무게 600만ton이 넘는 중력식 구조물이다.

히타이트(Hittite)왕국(BC17세기~BC12세기)의 도시 핫투사스(현대의 이름 보아즈카레)의 마을입구에 세워진 사자문은 현무암의 중력식 구조로 되어 있다.

조적식 구조

인류가 맨 처음에 생각해낸 가공 구조재료로서 '햇볕에 말린 벽돌'을 들 수 있다. 주변에서 손쉽게 구할 수 있고 다루기 쉬운 구조재료였다. 또한 흙이나 점토를 사용하면서 차츰 이들에 무언가 보강을 하는 등 여러 가지 지혜를 짜냈다.

잘게 자른 짚이나 풀, 식물의 섬유질을 진흙이나 점토에 섞어 접착력을 높이고, 또 내부의 수분증발을 촉진시켜 균열이 분산되도록 하였다. 이렇게 보강된 진흙이나 점토로 적당한 크기의 벽돌을 만들어 자연 건조시키거나 햇볕에 말렸으며, 벽돌을 쌓을 때 진흙 모르타르로 채워 벽을 구축하였다. 이러한 소박한 흙벽은 구조체로서 민가의 벽 등에 쓰였다.

BC4000년 무렵의 이러한 '햇볕에 말린 벽돌'은 큰 것도 있지만 BC3000년 무렵에는 200×100×80mm 정도의 작은 것이 많이 쓰였다.

BC3000년 고대문명 발상지인 메소포타미아에서 수메르인(Sumer人)은 '가마에서 구워 낸 벽돌'을 사용하였다. 점토는 화성암·이판암이 자연히 부식·풍화하고 여기에 모래·실트가 혼입되어 만들어진 것인데, 이러한 점토는 소성(燒成)벽돌을 만드는 데 적당한 재료이다. 적당한 모래와 실트의 혼입은 점토를 구울 때 생기는 수축을 감소시키는 효과가 있다. 그때 소성벽돌의 크기는 200×150×40~80mm정도의 것으로, 특히 공공적이고 기념비적인 건조물에 사용되었다.

초기 신전 가운데 현존하는 가장 웅장하고 감동적인 건축물의 하나는 이라크 우르 남무(Ur-Nammu)의 지구라트(ziggurat, 계단식 피라미드, BC2125년경)로, 구조물 본체를 '햇볕에 말린 벽돌'을 쌓아올려 구축하고 외부표면의 마감재로서 소성벽돌을 역청(bitumen)으로 접착하였다. 고대인의 지혜로서 공학적으로 특필할 만한 것은 이 지구라트 축조에서 '햇볕에 말린 벽돌' 층의 보강을 위해 가로세로30cm로 짠 갈대 층을 벽돌 몇 단마다 깐 것이다. 이 갈대 층은 강도 보강 외에 벽돌의 건조 촉진과 수축을 일률적으로 하고 또 강우시의 배수, 나아가서는 벽돌 각층 높이의 균일화 등의 기능도 하였다. 메소포타미아 지방에서는 역청을 벽돌공사의 접착 혹은 방수층 등에 사용하였다.

그림 1.3.2 우르 남무(Ur-Nammu)의 지구라트(이라크, BC2125년경)

메소포타미아 지방과는 달리, 석재가 풍부하게 산출되는 이집트에서는 BC4000년 이전부터 석조건축물이 많이 건조되었지만 궁전・신전・분묘 혹은 기념비적인 건조물에 한정되고, 민가는 '갈대로 보강된 진흙벽' 또는 '햇볕에 말린 벽돌'을 이용한 벽 등으로 구축되었다. 석재로는 석회암・사암이 일반적으로 사용되고 화강암・현무암 등은 기념비적인 것과 장식적인 목적에 쓰였다. 줄눈에는 석고플라스터(plaster)가 사용되었다. 이집트의 건조물에서 가장 주목되는 조적식 구조물은 피라미드일 것이다. 이집트 카이로시 교외에 있는 기자(Giza)의 3대 피라미드는 고대 이집트왕국의 제4왕조시대(BC2600~BC2500년)에 건조된 것으로 석회암 블록을 석고 모르타르로 접착하며 쌓아올린 것이다. 육중한 무게의 중력식 구조로도 구분되지만 블록 개개마다 형상의 정밀도와 상하 블록 사이의 수평위치확보 등 조적식 구조의 구축기술이 놀랍다.

인방 구조

원시적인 목재의 기둥과 인방(lintel)으로부터 발전한 석조건축물은 고도의 축조기술이 요구되기는 하지만 돌의 블록을 쌓아올려 기둥과 벽을 구축하는 것은 그다지 어려운 일이 아니었을 것이지만, 수평재가 되는 슬래브나 보를 이들 벽체나 기둥 사이에 건너지르는 것은 역학적으로나 시공기술적으로 큰 어려운 일이었을 것이다.

그림 1.3.3 인방구조

석재는 압축에는 강하지만 인장에는 약하기 때문에 인장응력을 받는 휨부재로서는 상당히 불리한 재료이다. 따라서 석재는 보부재로서의 스팬에 한계가 있고 보의 춤 확보에 어려움이 따랐다. 석조 보는 자중을 지탱할 정도일지라도 역학적으로 큰 제약이 있었는데 더군다나 지붕면에

그림 1.3.4 마추픽추의 신성한 광장

서 하중이 가해지게 되면 그 가능한 스팬 길이에는 더욱 제약이 따른다. 이러한 어려움을 고대인은 경험적으로 많은 역학적 판단을 축적하여 교묘한 해결책을 고안해 적용하였다.

연속보 구조

고대 이집트인들은 장대한 신전을 많이 건조했는데 아주 큰 원형단면 석조기둥의 상부에 석조보를 건너지른 중력식 연속보 구조로서 이들 대신전중에서 유달리 장대한 것은 이집트의 룩소르(Luxor)에 있는 카르나크(Karnak)의 아멘(Amen)대 신전(BC1900~BC700년)의 대열주실(大列柱室 기둥간격 5.1m×5.7m 기둥높이 20m 기둥하부지름3.6m)이다.

134개의 거대한 원기둥이 늘어서 있는데 사암으로 쌓아올린 돌기둥으로, 그 간격은 5.1×5.7m로 되어있다. 중앙2열 12개의 개화 파피루스 기둥높이는 20m, 지름은 하부가 3.6m, 양쪽 미개화 파피루스 기둥은 높이13m, 지름은 하부가 2m이다. 이처럼 큰 기둥이 많이 세워진 까닭은 보의 스팬을 작게 하려는 구조안전의 요구가 있었던 것으로 생각된다.

그림 1.3.5 연속보 구조

이집트의 석공기술은 이집트에서 BC12세기 이후 충분히 활용되지 못하고 쇠퇴하였지만, 그 기술은 동지중해 일대에 번영기를 맞이한 미노아(Minoa), 미케네(Mycenae)문명으로 전해지게 되었다.

그리스의 대표적 건축물들은 BC5세기~3세기에 건조되었는데 연속보 구조로 된 신전 중의 하나인 이탈리아 남부의 파에스툼(Paestum)신전(BC460년경)은 기둥지름 약2m, 스팬4.5m, 기둥높이는 약 9.5m, 다공질 트래버틴(travertine)을 사용한 중후한 건조물이다.

그리스 고대건축의 이러한 형식의 대표작품으로는 파르테논 신전(BC447년에서 BC432년)으로 기둥의 지름은 하부가 1.9m, 상부가 1.5m, 길이는 약 10.5m, 스팬은 4.3m이다. 대리석을 사용한 이 건물은 그때까지의 중후한 양식에 비하여 다분히 섬세하고 장식기술과 시공기술의 정밀도에서도 상당히 높은 완성도를 나타내고 있다.

그림 1.3.6 카르나크의 아멘 대신전

그림 1.3.7 파에스툼 신전

이러한 고대 건조물의 지붕 부는 트러스구조가 아직 개발되지 않은 시기였으므로 목조의 보를 보내고 그 위에 마감을 하였으리라고 추정한다. 보재는 휨을 받는 구조재로서 고대인은 이들 목조 부재에 대해서도 상당히 축적된 경험을 살려 설계와 시공했을 것이다.

이처럼 연속보 구조는 고대에서는 기둥과 보의 접합부를 강(剛 rigid)접합으로 할 수 없었던 시대의 산물이다.

내쌓기 구조

수직의 기둥과 수평의 보를 이용한 인방(lintel)이나 연속보 구조 이외에도 고대인은 또 다른 구조형식을 시도하였다.

메소포타미아의 고대 수메르인은 '햇볕에 말린 벽돌' 또는 '구운 벽돌' 밖에 구할 수 없었으므로 석재 보 대신에 벽돌을 이용한 내쌓기(corbel)형식의 구조를 생각해냈다.

수메르의 우루 제3왕조 슈루기왕(BC21세기 전반)시대의 우루왕의 묘를 살펴보면, 묘의 천장부분을 벽돌 내쌓기 구조로 축조하였다. 목조 거푸집 또는 지주 등을 사용하여 벽돌을 굳혀 가면 구축이 가능하였을 것이다.

일단 양쪽에서 돌출하여 나오는 벽돌이 정점에서 만나 연속하고 다시 그렇게 벽돌을 겹치면 이른바 홍예(虹霓/虹蜺, voussoir)식 돌 아치형이 상부에 자연스럽게 형상되어 안정된 구조가 된다.

그림 1.3.8 내쌓기 구조

그림 1.3.9 우르왕의 묘, 뒤쪽은 지구라트

내쌓기형식 돔

내쌓기가 1방향에서 발전하여 2방향에서 내쌓고 더 나아가 입체적으로 즉 둥근 외주에서 중심을 향하여 내쌓아 올리는 이른바 돔형으로 발전했다.

(a) 입구　　(b) 내부

그림 1.3.10 아트레우스의 보물창고

이러한 형식의 완성된 형상의 돔은 그리스의 미케네 문명 시대인 BC1250년경에 건조된 아트레우스(Atreus)의 보고(아가멤논(Agamemnon)의 묘라고도 함)라는 건조물의 천장에서 볼 수 있다. 밑 지름 14.5m×높이 13.4m인 이 석조에서 첨두형(尖頭形, equilateral)돔은 고대인이 이루어낸 입체구조물의 으뜸이다. 이 돔의 입구 상부에는 2장의 인방돌이 가로놓여 있는데 그 안쪽의 것은 길이 8m×폭 5m×두께 1.2m의 거대한 인방으로 무게는 120ton을 넘는다.

이 홍예식 돔도 각층의 돌쌓기 사이에 견고한 모르타르 등을 이용한 접착층을 두고 쌓아올려 거푸집이 없어도 구축이 가능하였으리라고 본다. 일단 정부(頂部)에서 일체화되고 다시 그 상부에 몇 개의 구조재 층이 구축된 경우에는 자연스레 압축 돔이 형성되어 안정된 구조로 된다.

아치

바빌론에 네부카드네자르 2세(BC605~BC562)가 완성한 바벨탑과 바빌론의 공중정원에서는 돌과 진흙 대신 벽돌과 역청을 사용하였고 출입구 등 개구부는 아치구조였으며 건물전체가 좌우대칭으로 기하학적 안정감을 주는 구조였다고 추정한다.

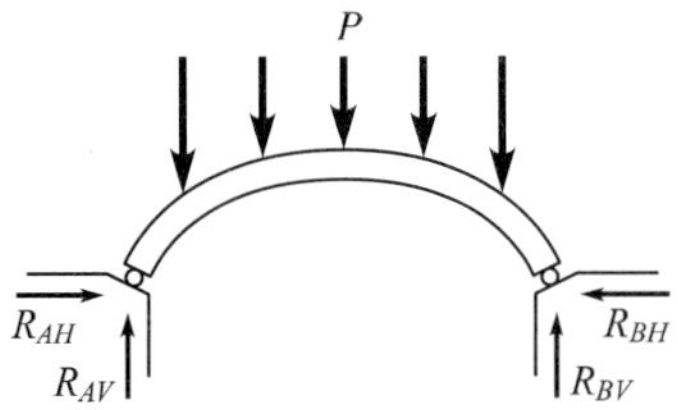

그림 1.3.11 아치

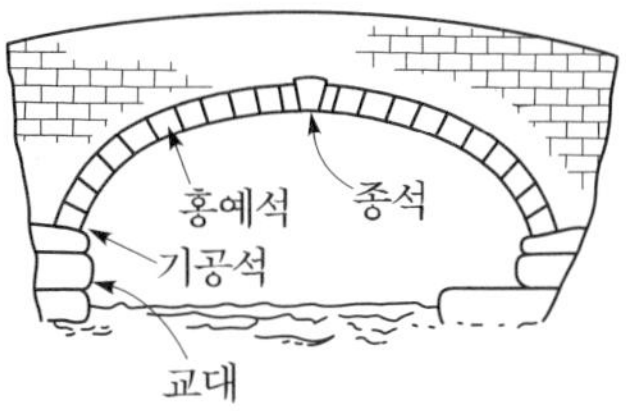

그림 1.3.12 수로 교량

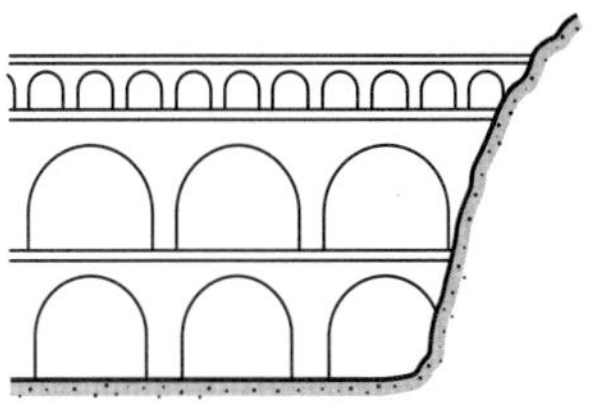

그림 1.3.13 로마 수로교

이집트인은 BC2700년 이전 제3왕조 시대에는 이미 아치의 원리에 대해서 지식을 갖고 있어 소규모 벽돌조의 아치를 사용하였다. 또 인더스 문명에 대한 모헨조다로 유적(BC2500~BC1000년)에서도 아치가 사용되고 있었다.

참 의미에서 홍예석 아치는 BC5세기~BC4세기에 에트루리아인(Etruria人)이 모르타르를 사용하지 않고 특수한 형상으로 성형한 홍예석을 사용하여 줄눈에 딱 들어맞는 아치를 건조하였다.

로마인은 에트루리아인의 유산을 이어받아 홍예석 아치를 사용하여 지하 저수조의 지붕을 지탱하기도 하였다. 특별히 아치용으로 성형된 돌 외에 보통 형상의 벽돌을 고리(ring)모양으로 나란히 하고 그 틈에 콘크리트를 충전하는 방법도 사용되었다.

BC2세기가 되자 종래의 돌 또는 벽돌을 쌓아 올린 벽체 대신에 콘크리트를 심으로 한 벽체가 출현하게 되었다. 콘크리트의 외장용으로 석재가 쓰이게 되어 석재도 소형화되었다. 석재는 콘크리트 부어넣기 거푸집으로서도 쓰이게 되었고 또한 콘크리트 자체도 초기에는 모르타르에 가까운 것이었지만 차츰 현재와 비슷하게 돌을 혼입한 콘크리트를 사용하게 되었다.

초기 무렵의 아치는 그 스팬에 비하여 대단히 큰 춤의 것이 사용되었지만 시간이 지남에 따라 그 춤은 감소되어 대단히 스마트한 비례로 개선되었다.

그림 1.3.14는 3세기 전반에 건조된 시리아의 파루뮬러 유적의 열주대로에 있는 석회암으로 된 석조아치이다. 그 시기가 되자 그 디자인도 세련되어 아치의 옆면이나 밑면이 양각(relief)으로 장식되어 있다.

그림 1.3.15는 이라크 하트라 유적의 아치이다. 2세기 무렵에 건조된 견고한 건축기술을 이용한 반원형의 아치로, 사암이 쓰였다.

그리스의 아치와 인방과 달리, 로마의 아치는 그때그때 제거할 수 있는 가구(架構)인 홍예위에 약간의 돌과 벽돌로 이뤄지는데 원하는 만큼 크게 만들 수 있었지만 많은 노예인력이 필요했다.

그림 1.3.14 파루뮬러 유적의 열주 큰 길

그림 1.3.15 하트라 유적의 아치

아치는 연속적인 지붕형태 즉 반 원통형 천장이나 돔을 만들기 위해 결합될 수 있다. 아치의 문제점은 옆으로 퍼지려는 힘이 생기는데 양쪽의 두꺼운 벽으로 지지하곤 했다. 로마사람들은 4개의 보올트를 궁륭(穹窿, groin vault)에 결합시켜 이러한 문제점을 해결했는데 4개의 보올트가 각각 다른 보올트를 지지하며 커다란 개폐용 창문을 달 수 있게 되어 있다.

로마인의 콘크리트 발명은 거대한 구조물들, 예컨대 수로, 승리의 탑, 공중탕, 사원 등을 지을 수 있게 했다. 화산재와 석회를 혼합한 콘크리트는 로마인들이 처음으로 사용한 것이다. 그들은 깨진 타일과 같은 다른 자재들과 콘크리트를 혼합해서 사용하기도 하였다. 콘크리트 덕분에 그들은 지지물 없이도 엄청난 규모의 돔과 같은 구조물을 세울 수 있었다. 로마의 콘크리트는 오늘날처럼 철근으로 강화된 것이 아니었기 때문에 직접적인 하중을 견디어 낼 수 없었다. 그러나 콘크리트의 발명은 건축의 형태와 그 가능성에 대변혁을 가져왔다.

보올트

이라크 크테시폰(Ctesiphon)궁전의 대 파라볼라 아치(parabola arch)는 깊이(세로길이)가 있기 때문에 보올트(vault)의 형태로 되어 있다. 6세기 중엽에 사산왕조(Sasanian dynasty)의 페르시아 인이 벽돌조로 건조한 것으로 스팬이 25m에 달해 벽돌조 보올트로서는 세계 최대의 것이다.

중세의 성당이나 교회당의 건축양식은 아치를 많이 이용하고 있는 '초기 그리스도교 비잔틴' 양식에서 '초기 로마네스크' 양식으로 이어졌고 다시 보올트(vault), 교차 보올트(crossing vault)에 따른 '로마네스크' 양식, 첨두형 교차 리브 보올트(ribbed vault)나 플라잉 버트레스(flying buttress)에 의한 '고딕' 양식으로 전개되고 있다.

그림 1.3.16 크테시폰 궁전

비잔틴시대 펜덴티브(pendentive)의 발명이 있은 후 정사각형에 돔이 놓일 수 있었고, 로마사원과 기독교의 집회공간이 합쳐질 수 있었다.

고딕의 화려한 공간을 현출시키고 있는 구조구법 중 특히 프랑스의 고딕건축이 구조상 합리적으로 정연하게 발전했고 매우 논리적이라는 평가다. 중세의 설계기술과 건축기술에 관한 기록 등에서도 건축물을 안전하게 하기 위한 규칙에 대해서는 전혀 언급하고 있지 않다. 그보다 훨씬 더 후세의 규정조차도 전부 경험적인 것으로 해석도 이론도 전혀 존재하지 않았던 그 시대에 경험만으로 이 장대한 대성당을 직관력으로 건축하였음을 알 수 있다.

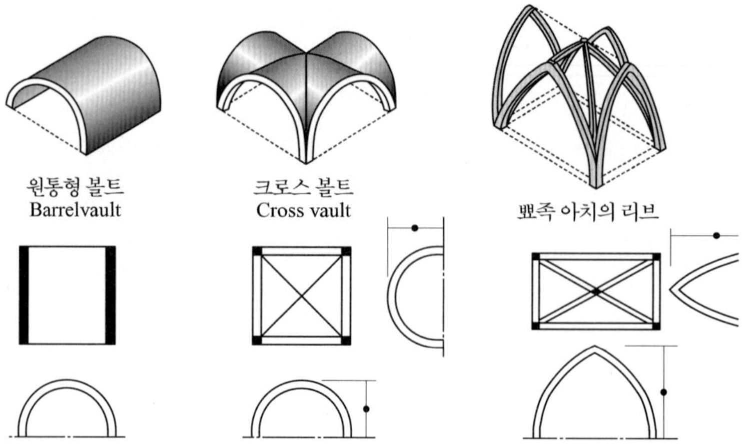

그림 1.3.17 보올트

중세의 대성당의 건축은 무보강 석조건축이지만 아직까지 남아있는 이유는 '적절한 강도의 피압축상태'에 놓여있고 앞서의 건축공사에서의 시행착오 경험을 살리고 있기 때문이다. 또 대성당은 가끔 1베이(bay)씩 완성되어 있지만, 이는 최초 1베이에서 새로운 구상을 시험한 후 다음 건조부분의 형태를 결정하기 위한 실물크기의 실험모형으로 되어있음을 알 수 있다.

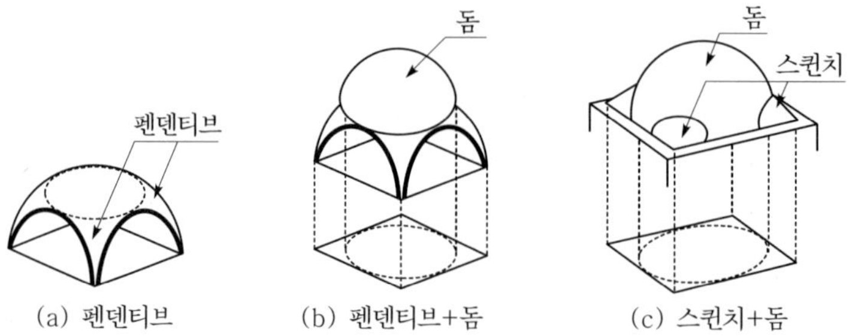

그림 1.3.18 펜덴티브와 스퀸치

그림 1.3.19는 사산왕조 페르시아(226~642)시대 바하람 5세(Bahram V, 420~440)에 의해 건조된 사르비스탄(Sarvistan)의 궁전(5세기 전반)복원도인데 정육면체의 평면 방에 돔을 설치하기 위해 스퀸치(squinch)를 이용하고 있다.

고딕양식은 3가지 새로운 요소인 첨두아치(pointed arch), 리브 보올트(ribbed vault), 플라잉 버트레스(flying buttress)를 사용했다. 로마네스크식 벽은 사라졌으며, 지붕에는 외벽들을 자유롭게 세우기 위해 다리를 이용한 플라잉버트레스를 걸쳐놓음으로서 외벽이 직각으로 축조되었다. 고딕 대성당의 구조적 특징은 다음과 같다.

① 벽을 내력기둥과 공간을 감싸기 위한 평면(거의 창으로 구성됨)으로 분리하였다.

② 적응성이 있는 첨두아치를 일관되게 사용하였다.

③ 보올트를 지지력을 갖는 리브와 그 사이를 덮은 가벼운 곡면 천정부로 분리시켰다.

④ 아치 추력을 받기 위한 보조기둥과 플라잉 버트레스로 안전한 방식을 완성하였다.

그림 1.3.19 사르비스탄의 궁전

돔

아치(arch) 또는 보올트(vault)에서 더욱 발전한 구조형식은 원의 외주에서 밀어올린 형상의 압축 돔(dome)인 바, 그 완성된 형상으로는 2세기 초두에 출현한 로마의 판테온 돔이 있다. 로마의 하드리아누스(Publiuse Aelius Hadriannus 재위 117~138)황제 시대인 118년경에 착공되어 10년 가까이 걸려 완성된 콘크리트 반구형 돔으로, 목제 거푸집에 콘크리트를 부어넣어 형성한 것인데 역학적으로 해결한 셸 구조의 걸작이라고 할 수 있다.

돔의 안지름이 43.3m이고 돔 맨 위까지의 높이도 43.3m이며, 돔 천정에는 지름 8.8m의 천창이 있다. 돔의 곡면은 격자 형상으로 구획된 격자천장으로 되어있고 그 두께는 아래에서 위로 올라갈수록 얇아지고 있다. 맨 위의 돔 두께는 돔 반지름의 1/10~1/15이고, 돔을 지지하는 원통형의 외벽은 두께가 6m에 이르며 이 부분에는 내부에서는 벽감(niche)용 공간이, 또 외부에서는 작은 방을 이루는 공간이 만들어져 있는데 이 벽체는 벽돌쌓기 한 내부에 콘크리트를 흘려 넣어 구축하고 있다. 돔의 경우 반구형이라도 부분적인 인장응력의 발생을 피할 수 없는데 셸의 두께와 하부지지 구조의 벽두께 등을 경험적으로 조절함으로써 훌륭히 해결한 그 당시의 기술력이 감탄스럽다.

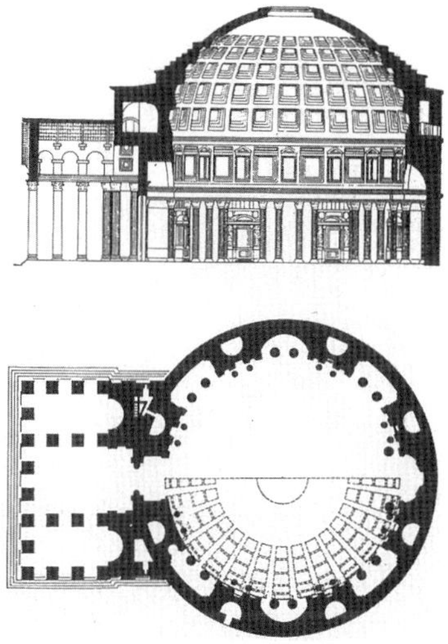

그림 1.3.20 판테온의 단면과 평면

비잔틴제국의 유스티니아누스 황제시대인 532년부터 7년에 걸쳐 건설된 이스탄불의 하기아 소피아(Hagia Sophia)대성당은 지름33m의 얕은 형상의 돔이지만 벽돌을 좁혀가면서 모르타르로 굳혀 구축하였다. 돔 정상까지의 높이는 56m이고 돔 아래 중앙부의 대공간은 대략 35*70m의 직사각형 평면으로 되어 있다. 원형 돔을 직사각형 평면 모양으로 설치하기 위해 먼저 돔을 지지하는 주 구조가 되는 4개의 아치를 돔 아랫면의 원에 외접하는 정사각형의 변을 따라 설치하고 이 아치와 돔 아랫면 사이를 4개의 곡면 삼각형을 이루는 펜덴티브(pendentive)로 연결하고 있다. 또 변 길이의 비가 대략 1:2의 직사각형 평면을 확보하기 위해 장변방향에 상대하는 변에 대해서 2개의 절반의 돔을 설치하고 있다. 돔과 지붕부분의 수직하중, 그리고 돔이 벌어지려고 하는 추력(推力)등은 거대한 중력식 기둥과 벽체로 안전하게 흡수하고 있는데 경쾌한 돔을 구조계산 없이 완성시킨 그 당시의 기술력과 경험적 직관력이 경탄스럽다. 그러나 돔 아랫면의 원은 완전한 원형으로 되어있지 않고 각부의 지름에는 1m 전후의 오차가 확인되는 등 구축기술로는 판테온 돔 앞 단계에 해당한다.

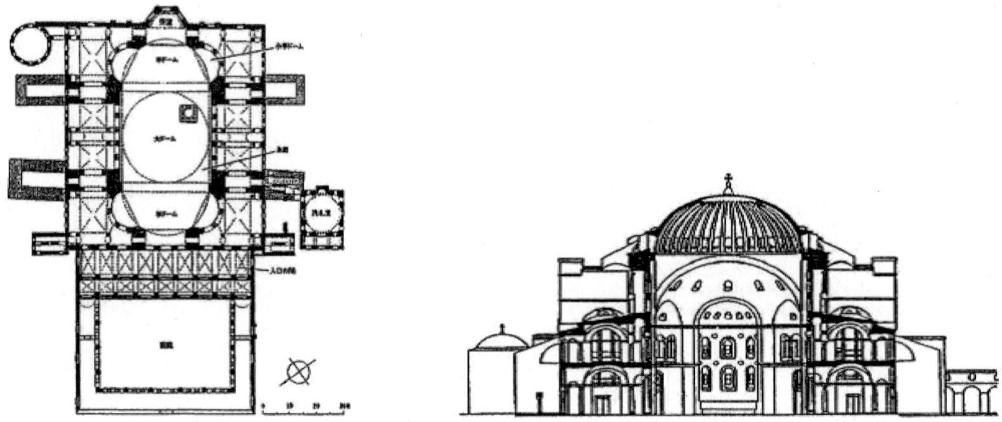

(a) 평면　　　　(b) 단면

그림 1.3.21 하기아 소피아 성당

현대의 구조형식

앞에서 과거 건축기술자의 경험과 직관에 따라 건축된 구조형식에 대하여 살펴보았으나, 현재 우리가 적용하고 있는 구조형식들은 다음 절에서 소개하는 구조적인 이해와 탐구를 통하여 발전하여 오늘에 이르렀으며, 제4장과 제5장에서 다루게 된다.

1.4 구조적인 이해와 탐구의 발자취

경험적 지식의 응용

앞서 살펴보았듯 그 옛날 사람들도 현대의 우리들 이상으로 구조역학에 밀착된 생활을 하고 있었다. 수렵시대 사람이 발명한 도구 중에서 역학적으로 의미가 있는 것은 활과 화살인데, 그것은 사람의 힘을 형태를 바꾸어 축적해둘 수 있다는 가능성을 개발한 것이기 때문이다. 또한 아마도 옛날사람들은 작업 W 이라는 개념을 무거운 물체를 움직여본 후 이미 얻고 있었을 것이다.

집과 무기·도구 등을 만들고 먹을 것을 얻어 생존해 나가기위해 그들은 나무·돌·가죽 등의 재료와 힘의 관계(재료역학)나 재목·돌덩이·피막 등의 물체와 힘과의 관계(구조역학)에 대해 상당한 경험적 지식을 갖고 있었을 것이다. 이와 같은 경험지식을 응용해서 약100만년이전엔 돌을 갈아 석기를 만들고, 약20만 년 전에는 나무 손잡이가 달린 석창을 만들었으며, 약3~4만 년 전에는 활·화살 등을 위시한 많은 역학적인 도구를 발명하였다. 벌써 BC3500년경의 메소포타미아 사람들은 바퀴·굴레·지렛대 등을 사용해서 거대한 석조신전을 건립하고 BC2600년경의 이집트인은 지렛대 두레박과 윈치를 사용하였다.

그림 1.4.1 BC3500년 수메르인의 벽화

힘은 눈으로는 볼 수 없지만 몸으로 느껴 그 존재를 알 수 있고, 이러한 체감을 느끼게 하는 원인이 무엇인가를 '힘'이라고 하였다. 밀거나 밀리거나 당기거나 끌리거나 그 효과에 공통점이 있다는 것을 알아내고 모두 똑 같이 '힘'이라고 생각하게 되었다.

비틀거나 휘거나하는 것도 밀거나 끌어당기는 것과 같은 힘의 일종이라고 생각하고, 크게 비틀거나 많이 휘게 하려면 큰 힘이 필요하다는 것을 체감으로 알았다. 또한 회전축에서 가력점까지의 거리 즉, 팔의 길이를 길게 하면 약한 힘으로도 크게 비틀어서 쉽게 구부릴 수 있다는 점이 밀거나 끄는 힘과는 다소 다르다는 점을 알게 되었다. 이렇게 작은 힘으로도 큰 힘을 낼 수 있다는 것을 알게 된 인간은 「지렛대」나 「윈치」라는 도구를 만들어 사람의 체력이상의 작업을 이룩해 왔던 것이다.

과학적 접근방법의 시작

모든 문리적인 현상은 합리적인 과학적 접근방법으로 설명이 가능하다는 것이 오늘날의 일반적 견해이다. 실생활에 필요한 지식으로서의 역학을 최초로 학문의 대상으로 한 것은 BC7세기~AD1세기의 그리스인이었다. 인간의 사고를 통해서만 진실을 알 수 있다고 생각한 그들에게 역학은 과학임과 동시에 철학이었다.

BC570년경 피타고라스(Pythagoras, 그리스 철학자·수학자)는 수리적 비율이 물리적 세계의 질서를 유지하는 근간이라고 믿었으며, 음계에도 적용한 이러한 생각은 그리스 건축의 조화로운 비율에서도 마찬가지로 찾을 수 있다. 그의 사상에 영향을 받은 그리스의 철학자 플라톤(Plato BC428~BC348)과 아리스토텔레스(Aristotle BC348~BC322)에 의해 논리성과 합리성이라는 명제가 설명되기 시작하였으며, 이론 역학의 창시자로 간주되는 아르키메데스(Archimades 그리스 BC287~BC212)가 그 뒤를 이었다.

작은 힘으로도 큰 힘을 낼 수 있는 「지렛대」나 「윈치」의 원리인 비틀림이나 휨을 힘과 구별해서 힘의 능률, 역률 또는 '모멘트(moment)'라고 부른다. 이 모멘트(M)는 힘(F)과 팔의 길이(l)와의 곱

$$M = F l \tag{1.4.1}$$

이며,

$$F_1 l_1 = F_2 l_2 \tag{1.4.2}$$

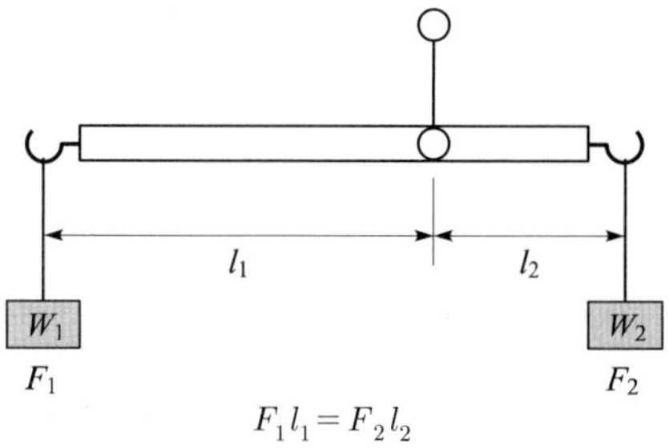

그림 1.4.2 대저울의 원리

이다. 식(1.4.2)일 때에 물체가 균형을 이룬다는 대저울의 원리를 증명한 사람은 아르키메데스(BC287~BC212)이다. 「지렛대의 반비례 법칙」을 발견한 그는 유클리드 등 다른 기하학자들과는 달리 기하학의 문제를 푸는 데도 역시 지렛대의 원리를 사용하였다. 그는 기하학을 기술과 연결 지은 학자로서 더 나아가 원주율이라든가, 우주의 크기를 나타내는 기수법(記數法)등, 수학을 널리 실제문제 해결에 연결 지음으로써 한층 더 그리스의 수학을 진전시킨 학자였다. 이러한 기하학 원리가 그 당시의 건축구조에 널리 활용되었으리라는 것은 그리 어렵지 않게 상상할 수 있다.

그 이후의 이론 역학에 대해서는 잘 알려지지 않다가 그로부터 1,400여년이 흐른 후에야 산술·대수·기하학·천문학·정역학 등에 관한 다양한 저술을 한 요르다누스 네모라리우스(Jordanus Nemorarius, 1225~1260)의 수학 원고에 지렛대의 평형이나 빗면에 걸쳐있는 물체에 작용하는 힘에 관한 연구가 나온다.

로마인들도 아치를 이용하여 큰 구조물을 건조하는 등 구조역학에 대한 식견의 깊이를 나타내었다. 그 후 문화의 중심은 유럽에서 사라센으로 옮겨진다. 근대의 역학, 구조역학은 훨씬 후세인 15세기 르네상스시대에 다시 유럽에서 시작되었다. 회화의 거장인 레오나르도 다 빈치(Leonardo da Vinci 이탈리아 1452~1519)는 모멘트를 정확히 이해했을 뿐 만 아니라 새로운 기계에 대한 많은 아이디어를 제안하였다. 천부적인 재능의 예술가로 그리고 셀 수도 없이 많은 도구의 발명가로 알려져 있는 그는 사용하는 재료들에 관한 물리적인 이해가 깊어 엔지니어로서 일에 대한 정보를 제공하고 개선시켰다는 점이 그 당시의 다른 엔지니어와 달랐다. 그는 여러 차례의 구조적인 실험을 통해 결론을 이끌어내려고 노력하였다. 힘이 막대와 직각이 아니라 비스듬히 가해졌을 경우 식(1.4.1),(1.4.2)을 어떻게 변경해야할 것인가를 안 것은 아르키메데스로부터 무려 1700년이 지난 후에야 레오나르도 다 빈치가 그의 정 해답을 노트에 기술하고 있다.

즉,

$$M = Fl\sin\theta \qquad (1.4.3)$$

$$F_1 l_1 \sin\theta_1 = F_2 l_2 \sin\theta_2 \qquad (1.4.4)$$

이다.

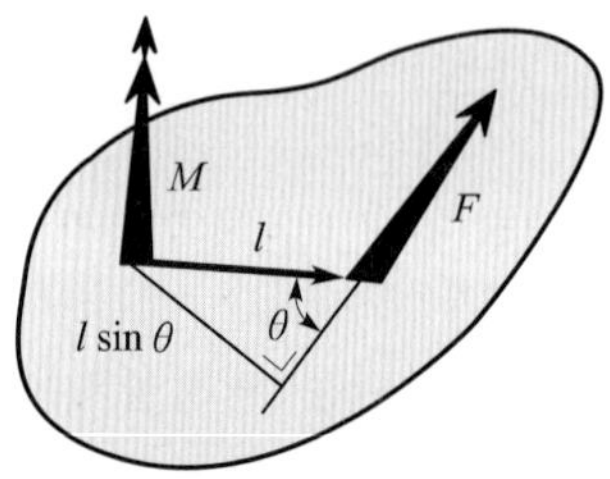

그림 1.4.3 비스듬히 가해진 힘의 모멘트

이후에 더 나은 진보를 보인 것은 100여년이 흐른 후 사이먼 스테빈(Simon Stevin 네덜란드 1548~1620)으로서 「힘의 평행사변형의 법칙」을 발견한 바, 아르키메데스적인 정역학(靜力學)은 스테빈에 의하여 대성되었다고도 할 수 있다.

갈릴레오 갈릴레이(Galileo Galilei 이탈리아 1564~1642)는 1590년 「중력에 의한 운동」이란 논문을 발표해서 아리스토텔레스파의 주장이었던 무거운 물체가 빨리 떨어진다는 설을 뒤엎었다.

기하학적 접근

갈릴레오 갈릴레이에 의해 발걸음을 내딛기 시작한 17세기의 구조공학이 실제 구조물에 적용하기에는 아직 힘들어 그 시대 구조부재의 계획이나 단면결정은 여전히 과거의 경험에 의존하고 있었다. 이들 경험법칙은 간단한 수학 또는 기하학의 형식으로 나타나고 있으며 조형미적 목적으로 병용되었다. 예컨대 고대로부터의 비례중항(mean proportional), 황금분할(golden cut, golden section)등이 그것이다.

잘 알려진 바와 같이, 평균에는 산술평균(arithmetic mean), 기하평균(geometric mean), 조화평균(harmonic mean)등이 있으며 각각 다음 식으로 표시된다. 변수를 $x(x_1,\ x_2,\ x_3 \cdots x_n)$이라 하면

산술평균 : $\overline{x} = \frac{1}{n}\sum_{i=1}^{n} x_i = \frac{1}{n}(x_1 + x_2 + \cdots x_n)$ (1.4.5)

기하평균 : $\overline{x_G} = (\prod_{i=1}^{n} x_i)^{\frac{1}{n}} = \sqrt[n]{x_1 \cdot x_2 \cdots x_n}$ (1.4.6)

조화평균 : $\overline{x_H} = (\sum_{i=1}^{n}(1/x_i/n)^{-1} = \frac{1}{\left(\frac{\frac{1}{x_1} + \frac{1}{x_2} + \cdots + \frac{1}{x_n}}{n}\right)}$ (1.4.7)

지금 a, b 2개의 수에 대한 기하 평균치를 m 이라 하면

$$m^2 = a \cdot b \tag{1.4.8}$$

또는

$$\frac{a}{m} = \frac{m}{b} \tag{1.4.9}$$

이며, m 이 a와 b와의 '비례중항'이다. 기하학적으로는 그림 1.4.4에 나타나 있듯이 원의 지름 AB와 원주상의 임의의 점 C가 만드는 직각삼각형의 C에서 AB에 내린 수직선을 CD로 하면 $AD/CD = CD/BD$가 성립되며 CD는 AD, BD의 비례중항이다.

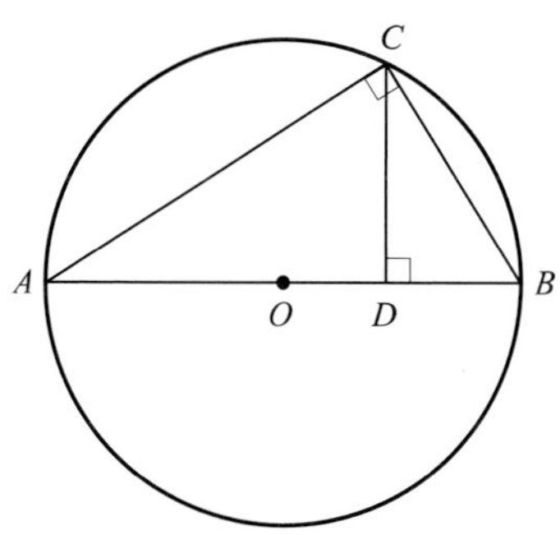

$$\frac{AD}{CD} = \frac{CD}{BD}$$

그림 1.4.4 비례중항

그림 1.4.5 파에스툼의 세레스신전

고대 그리스에서는 이 비례중항을 건축의 구성원리로 사용하였다. 예를 들면 파에스툼(Paestum)의 세레스신전(Ceres, BC6세기)에서는 기둥의 높이와 신전의 길이에 대한 비례중항이 되어 있다.

고대 이집트나 고대 그리스 이래, 어떤 길이를 분할할 때 '큰 부분에 대한 작은 부분의 비가 큰 부분의 전체에 대한 비와 같다.'라고 한다면 그 비는 여러 조형적 비례 중 가장 아름다운 것으로 간주되며 이상적인 최상 분할로서 '황금분할'이라 불린다. 그림 1.4.4에 표시된 선분AB가 점P로 황금분할 된다고 하면

$$\frac{b}{a} = \frac{a}{l} = \frac{a}{a+b} \tag{1.4.10}$$

$$\therefore a^2 - ab - b^2 = 0 \tag{1.4.11}$$

이 a에 대하여 이 2차 방정식의 양의 근을 구하면

$$a = \frac{1+\sqrt{5}}{2}b \tag{1.4.12}$$

따라서 황금분할의 비율은

$$\frac{a}{b} = \frac{1+\sqrt{5}}{2} \fallingdotseq 1.618 \tag{1.4.13}$$

또는 $a : b$ = 0.618 : 0.382가 된다. 이 비를 '황금비'라고 불린다. P점을 구하는 작도는 여러 가지 있는데 그림 1.4.4에 표시한 바와 같이 AB를 밑변으로 하고 높이가 1/2의 직각삼각형을 만들고 사변 AC상에 CD=1/2의 D점을 구하고 AD=AP라고 하면 P점이 구해진다. 그림에서

$$a = AP = \frac{\sqrt{5}-1}{2}l \tag{1.4.14}$$

$$b = PB = l - AP = \frac{3-\sqrt{5}}{2}l \tag{1.4.15}$$

$$\therefore \frac{a}{b} = \frac{\sqrt{5}-1}{3-\sqrt{5}} = \frac{1+\sqrt{5}}{2} \tag{1.4.16}$$

이므로 P점이 구하는 점이다.

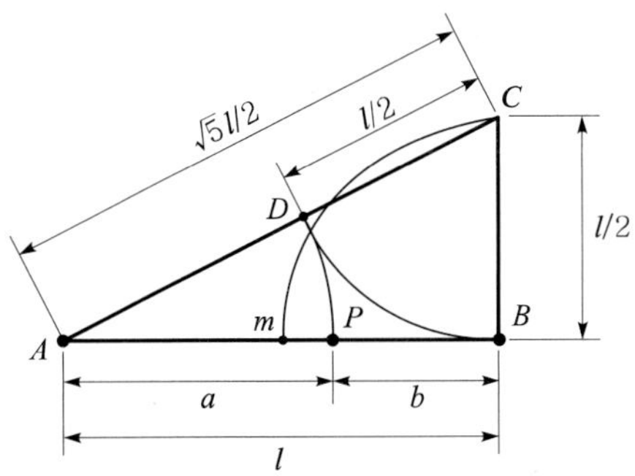

그림 1.4.6 황금분할

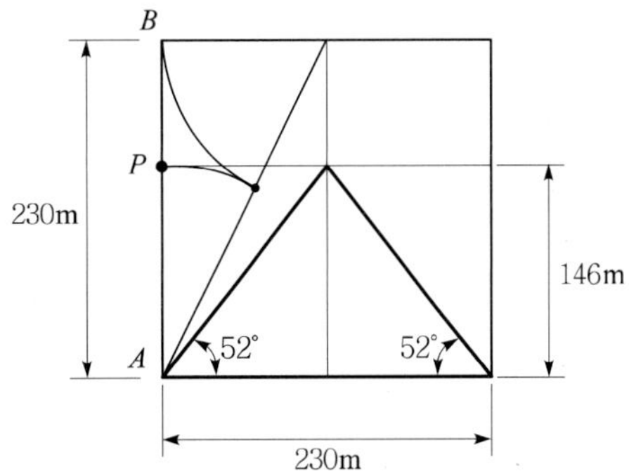

그림 1.4.7 쿠푸왕의 피라미드와 황금분할

앞서 기술한대로 이집트 기자(Giza)의 피라미드(그림 1.2.7)는 기원전 2500년경에 만들어진 것인데 그 중 쿠푸왕의 피라미드는 밑변이 약 230m(236.8m), 높이가 146m이다. 밑변과 높이의 비는 230/146≒1.58 (236.8/146=1.622)로 그림 1.4.7에서도 보이는 것 같이 밑변과 높이는 훌륭한 황금비를 이루고 있다.

또 그림 1.4.8(a)에 나타낸 한 변의 길이를 a로 하는 정5각형의 대각선 AD, BE의 교차점을 P로 하면 명백하게 $AB=BP=a$이며 $\triangle ABE$와 $\triangle PEA$는 서로 같기 때문에

$$\frac{AB}{BE} = \frac{PE}{EA} \tag{1.4.17}$$

$$\therefore \frac{a}{a+b} = \frac{b}{a} \tag{1.4.18}$$

$$\therefore a^2 - ab - b^2 = 0 \tag{1.4.19}$$

따라서 그림 1.4.6의 경우와 마찬가지로

$$a = \frac{1+\sqrt{5}}{2}b \qquad (1.4.20)$$

을 얻을 수 있고 정오각형의 a/b는 황금비가 된다. 또 대각선BE의 길이는

$$BE = a + b = \frac{1+\sqrt{5}}{2}a \qquad (1.4.21)$$

가 된다. 따라서 한 변 CD를 a로 하는 정오각형은 그림 1.4.8(c)에 나타낸 바와 같이 먼저 직각삼각형 CmF를 만든 후 다음에 G점을 정하고 $CG=CA$에서 A점을 구하여 작도할 수 있다. 이 정5각형으로부터 그림 1.4.8(b)에 표시된 별 모양의 정5각형을 얻을 수 있는데 정5각형의 작도법을 발견한 피타고라스학파의 사람들은 이 별 모양의 정5각형 기장(記章)을 달고 있었다고 전해진다.

(a) 정5각형 (b) 별모양 정5각형

그림 1.4.8 정5각형

13세기 피사에서 활약한 수학자 레오나르도 피보나치(Leonardo Fibonacci 이탈리아 1170~1250)의 이름이 붙여진 수열에 피보나치 수열이 있다.

0, 1, 1, 2, 3, 5, 8, 13, 21, 34, 55, 89, 144, 233, ······

일반적으로 $a_0 = 0,\ a_1 = 1$ 로서 $a_{n+1} = a_n + a_{n-1}$

이 수열은 $\lim_{n\to\infty}\frac{a_n}{a_{n-1}} = \frac{1+\sqrt{5}}{2} \fallingdotseq 1.618$로 전항과의 비가 황금비가 된다.

위에서 말한 쿠푸왕의 피라미드의 밑변의 폭 230m, 높이 146m는 이 수열의 144, 233에 거의 일치하고 있다.(233/144≒1.618).

자연 속에서 식물은 습기, 햇빛, 공기를 활용하여 성장하기 위하여 순환적인 나선형으로 자라는 경향이 있다. 나뭇가지의 끝은 이러한 요소들에 접하기 위해 원형으로 움직이며 나선을 그리는데 잎사귀도 규칙적으로 자란다. 잎은 다른 잎의 바로 위로 돋아나지 않는다. 아래쪽 잎에 필요한 수분과 햇빛을 차단할 수 있기 때문이다. 그래서 잎이나 가지는 줄기를 따라 나사선 모양으로 생겨난다. 잎은 나선형 성장에서 2/5, 3/5, 3/8, 8/13, 5/13 또는 이와 거의 비슷한 지점에서 자라는데, 이러한 잎차례(phyllotaxis)가 '피보나치 비'인 것이 신기롭다. 그림 1.4.9은 3/8의 잎 성장비를 보여준다. 솔방울과 해바라기 그리고 파인애플 등도 피보나치수를 따라서 성장한다.

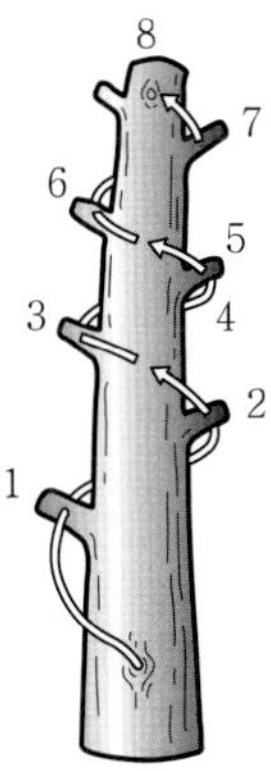

그림 1.4.9 피보나치수열 나선형 나무줄기

피보나치 수는 자연에서 쉽게 볼 수 있다. 예컨대 꽃잎의 수는 칼라릴리(1개) 등대꽃(2개) 연령초(3개) 접시꽃(5개) 코스모스(8개) 시네나리아(13개) 샤스타 데이지(21개) 제충국(34개)등등 피보나치 수열이다.

사이클로이드 곡선은 적당한 반지름을 갖는 원 위에 한 점을 찍고, 그 원을 한 직선위에서 굴렸을 때 점이 그리며 나아가는 곡선(그림 1.4.10)이다. 직선 모양과 사이클로이드 모양으로 같은 높이의 미끄럼틀을 만들어 공을 굴릴 경우, 사이클로이드가 직선보다 거리는 길지만 시간은 적게 걸리는데, 각 지점에서 중력가속도의 줄어드는 정도가 직선보다 작기 때문에 가속도에 의해 속도가 빨라지기 때문이다. 우리나라 전통지붕(그림 1.4.11)의 기와를 보면 ◡ 와 같은 모양인데

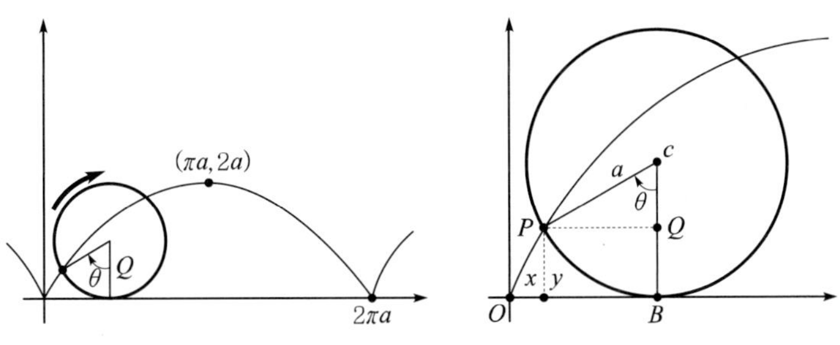

$x = a(\theta - \sin\theta)$

$y = a(1 - \cos\theta)$

그림 1.4.10 사이클로이드

빗물이 기와에 머무는 시간을 가능한 줄여서 빨리 흘러가게 하기 위하여 '사이클로이드'처럼 만든 지혜였던 것이다.

이처럼 건축구조물의 구조형상의 치수를 결정함에 있어 기하학적 접근을 하였다고 생각된다.

그림 1.4.11 우리나라의 전통 기와지붕

근대역학의 태동

레오나르도 다 빈치는 힘의 모멘트, 힘의 평행사변형 등을 이미 이해하고 있었지만, 그는 대포의 탄환과 같은 투사체의 운동에 대해, 탄환의 궤도는 3개의 부분 즉 처음에는 '추돌력(impetus)'에 의한 직선운동이며 그 다음으로 중력과 '추동력'이 중첩된 곡선운동, 3째로 중력에 의한 수직낙하라고 말하고 있다.

제로라모 카르다노(Gerlamo Cardano, 1501~1576 이탈리아)는 투사체의 '추동력'과 중력은 항상 동시에 작용하고 있기 때문에 투사체의 궤도는 도처에서 만곡 된다고 하여 탄환의 사정과 경사도 사이의 경험법칙을 제시하였으며, 최대 사정은 대포의 앙각이 45도일 때라는 것을 알아냈다.

조반니 바티스타 베네데티(Giovanni Battista Benedetti, 1530~1590 베네치아의 수학자)는 1585년 낙체운동에 대한 「다양한 고찰(Diverse Speculations)」에서 '진공 속에서는' 같은 물질로 만들어진 크기가 다른 물체는 가장 크고 무거운 물체가 가장 빨리 낙하한다는 아리스토텔레스의 설에 대하여 '같은 시간에서는' 같은 거리를 통과한다는 것을 설명하고 있다.

사실 낙체와 투사체의 운동은 「뉴턴의 제2법칙」에 따라 간단하게 설명할 수 있어 이것은 현재에는 초등역학 문제이다.

한편 이태리 이외의 나라에서 주목할 만한 역학연구자는 앞에서 소개한 사이먼 스테빈으로 1585년 역학의 여러 문제를 게재한 「평형의 원리」에서 「지렛대 원리」의 수학적 증명을 최초로 시행하였으며, 이를 응용하여 고체에 작용하는 평행력의 이론을 완전하게 다루고 있다.

정역학의 기본확립

16세기 말부터 17세기에 걸쳐 구조공학의 기초인 「정역학」의 기본으로서 「힘의 합성」, 「힘의 분해」, 「힘의 평형」, 「가상 일의 원리」 및 「가상변위의 원리」 등과 재료역학의 가장 중요한 과제인 '굽힘'의 문제 등이 다루어졌다. 이들 과제는 이미 말해 온 것과 같이 르네상스시대에 이르러 처음으로 제시된 것이다.

힘의 합성·분해

힘의 합성·분해·균형 등에 대해서는 레오나르도 다 빈치(1452~1519), 사이먼 스테빈(1548~1620), 갈릴레오(1564~1642)등이 다루었는데 바리뇽(Pierre Varignon, 1654~1722), 라 이르(Philippe de la Hire, 1640~1718), 뉴턴(1642~1727)에 의해 공식화되었다.

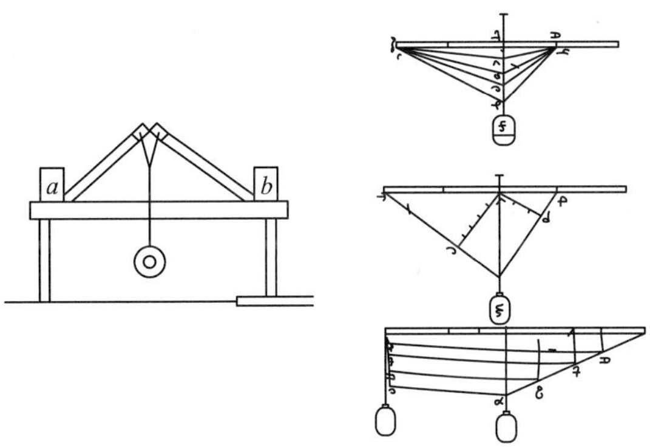

그림 1.4.12 다 빈치의 연구

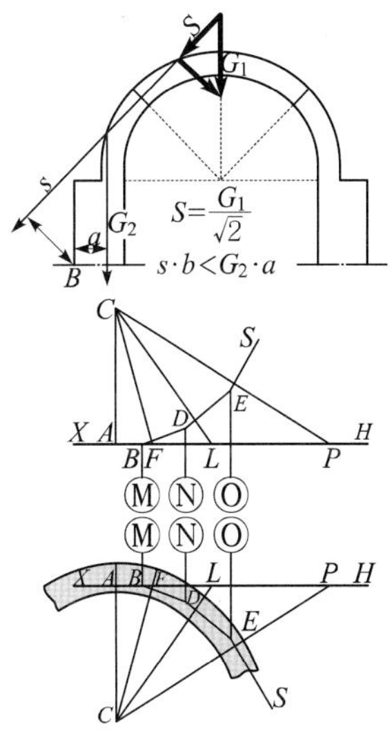

그림 1.4.13 스테빈의 연구

이들 문제는 힘을 벡터(vector)로 표현하고 「힘의 평행사변형 법칙」에 따라 다루어지게 된다. 그림 1.4.14(i)에 보인 바와 같이 2개의 힘 P_1, P_2와 동일하게 작용하는 R은 (ii)(iii)와 같이 「힘의 삼각형」에 따라 구할 수 있다. R을 2개의 힘 P_1, P_2의 합력이라고 한다. 그림 1.4.15(i)에서는 「힘의 평행사변형」에 따라 P와 동일하게 작용하는 u, v방향의 2개의 힘 P_u와 P_v를 구하고 있다. P_u, P_v는 P의 분력이다. 이 경우도 (ii)(iii)에 보인 바와 같이 P_u와 P_v는 「힘의 삼각형」

에서도 구할 수 있다. 또한 그림 1.4.16는 바리뇽이 고안한 「힘의 평행사변형」 장치이다.

힘의 수가 많을 때에는 그림 1.4.17에 표시된 것과 같이 힘의 삼각형을 응용해서 합력R을 구할 수 있다. (b)(c)에 표시된 것과 같이 합력R은 주어진 P_1, P_2, P_3, P_4 등의 힘을 연결하는 순서와는 전혀 관계없이 구할 수 있다. 그림 1.4.17(b),(c)를 「힘의 다각형(force polygon)」이라 부른다.

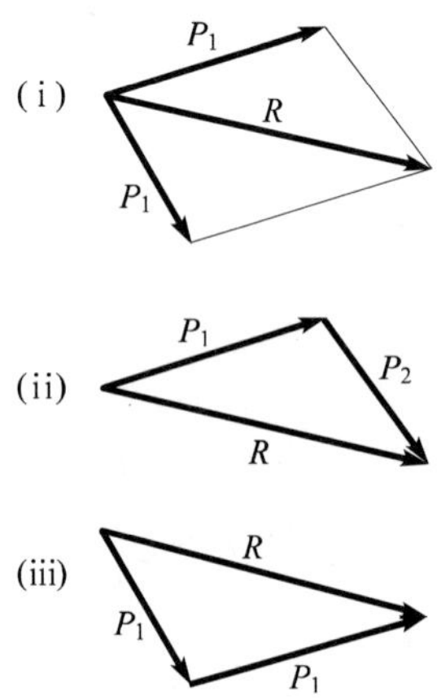

그림 1.4.14 힘의 합성

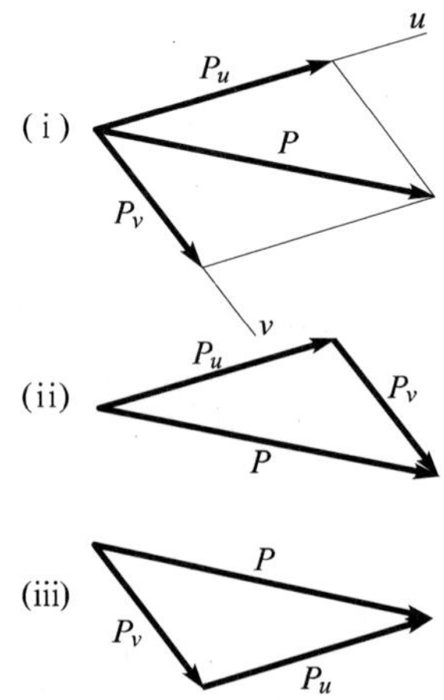

그림 1.4.15 힘의 분해

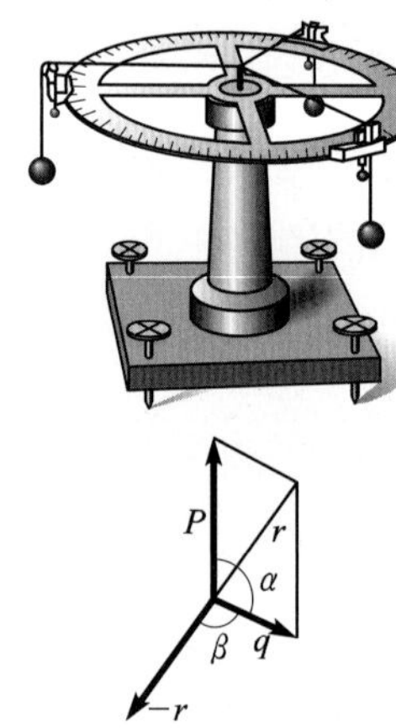

그림 1.4.16 힘의 평행사변형 장치

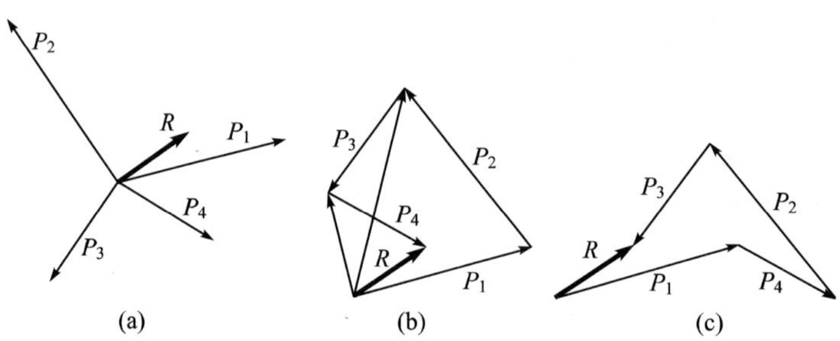

그림 1.4.17 힘의 다각형

힘의 모멘트

레오나르도 다 빈치도 이미 힘에 대해 이해하고 있고, 또 갈릴레오도 다루고 있는 바와 같이, 힘은 물체에 작용하고 그 방향으로 운동의 변화를 일으킬 뿐만 아니라 이를 회전시키려고 하는 작용을 한다. 이 작용을 모멘트(moment)라 부르고 그림 1.4.18에 보인 바와 같이 P의 0점에 관한 모멘트 M_O는

$$M_O = P \cdot e \qquad (1.4.22)$$

로 나타낸다. 또 그림 1.4.19과 같이 크기가 동일하고 반대 방향으로 평행한 2힘을 우력(couple)이라 부르고 있다. 우력은 임의의 O점에 대하여 모멘트

$$M_O = P \cdot e \qquad (1.4.23)$$

의 크기를 가지고 있다.

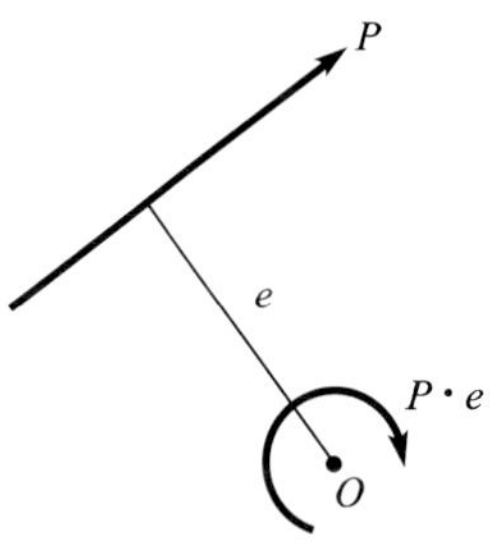

그림 1.4.18 힘의 모멘트

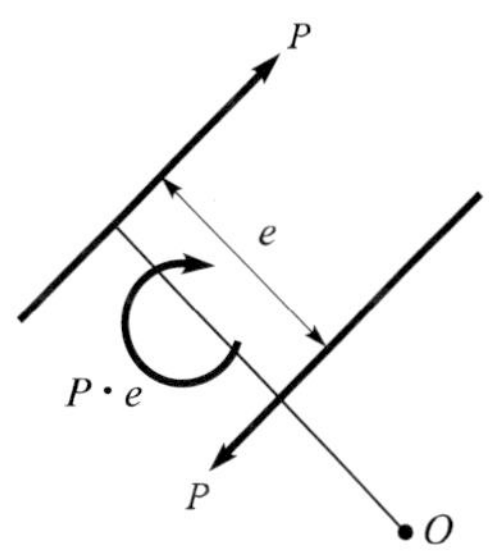

그림 1.4.19 우력

바리뇽은 '임의의 1점에 관한 2힘의 합력의 모멘트는 2힘의 모멘트의 대수 합과 같다'라는 현재 「바리뇽의 정리(Varignon's theorem)」로 널리 알려진 정리를 제시하고 있다. 이 정리는 그림 1.4.20을 참조하여 P_1과의 합력을 R이라 하면

$$R \cdot e = P_1 \cdot e_1 + P_2 \cdot e_2 \qquad (1.4.24)$$

일반적으로

$$R \cdot e = \sum_{1}^{n} P_n \cdot e_n \qquad (1.4.25)$$

이다.

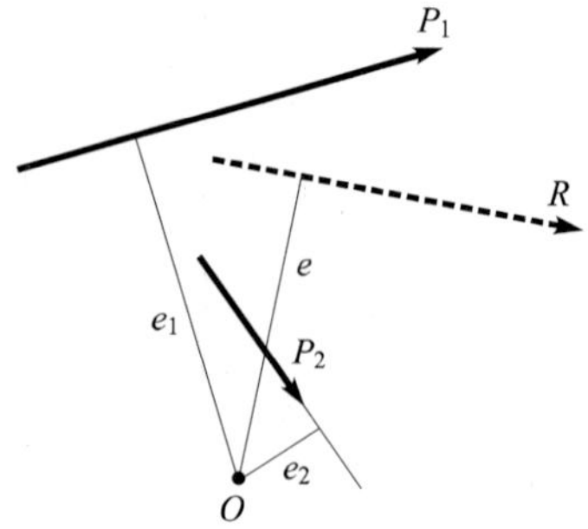

그림 1.4.20 바리뇽의 정리

바리뇽은 '힘은 동시에 그 힘에 의해 발생하는 운동에 비례한다.'라는 운동역학상의 원리에 기반한 운동의 합성으로부터 힘의 평행사변형에 따라 힘의 합성을 용이하게 도출하였다.

힘의 평형

그림 1.4.21에 보인 바와 같이 강체에 힘이 작용하고 있을 때 이 강체가 '이동도 회전도 하지 않을' 때 이 힘들은 평형을 이루고 있다고 한다. 힘이 평형을 이루는 조건을 생각해보자. 그림 1.4.22(a)의 P_1, P_2, P_3, P_4는 그림 1.4.17(a)의 '힘의 무리'(力群)와 동일하다고 하고, P5는 그림 1.4.17(a)의 합력R과 크기가 같고 방향이 반대인 힘이라고 하자. 이 경우 '힘의 다각형'은 그림 (b)와 같이 되고 다각형은 닫힌다. 이 경우 합력은 0이다. 따라서 이 $P_1 \sim P_5$의 힘의 무리(力群)은 0점에 대해 아무런 작용도 미치지 않기 때문에 평형을 이루고 있게 된다. 다시 말해 한 점에 작용하는 힘의 무리가 평형을 이루기 위해서는 '힘의 다각형의 닫힘'이 필요하다. 하지만 이 경우 만약 P5가 그림(c)에 보인 바와 같이 0점에서부터 e거리인 점에 작용한다고 하면 힘의 다각형은 (b)와 마찬가지로 닫혀있어서 합력은 0이 되지만 그림(c)에서 보는 바와 같이 분명하게 P1~P4의 합력 R과 P_5에 의해 우력이 구성되어 0점을 회전시키려는 모멘트가 작용하게 되어 그림(c)의 $P_1 \sim P_5$는 평형을 이루지 않게 된다. 이 '힘의 평형조건'을 조금 더 상세하게 보면, 그림 1.4.23에 보인 바와 같이 임의의 힘의 무리 P가 주어졌을 때 이 힘들의 합력R은 힘의 합성, 분해 등을 이용해서 수식적으로 구할 수 있다.

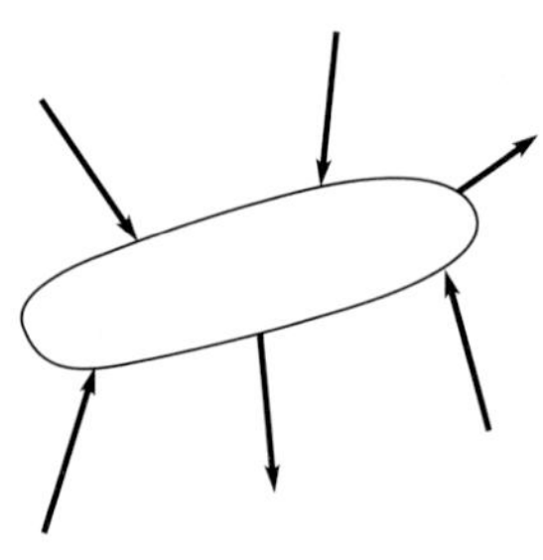

그림 1.4.21 강체에 작용하는 힘의 평형

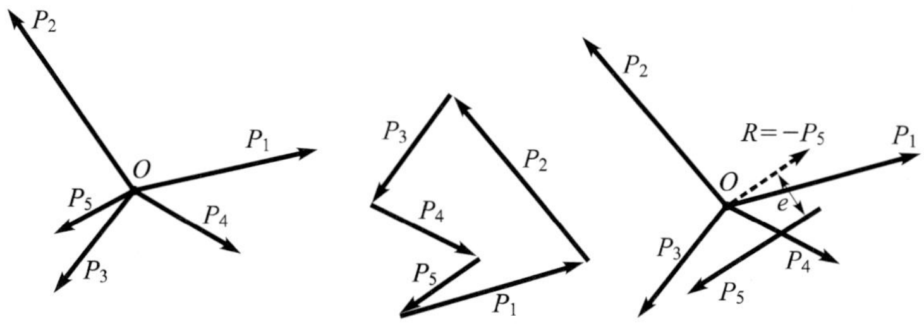

그림 1.4.22 힘의 평형

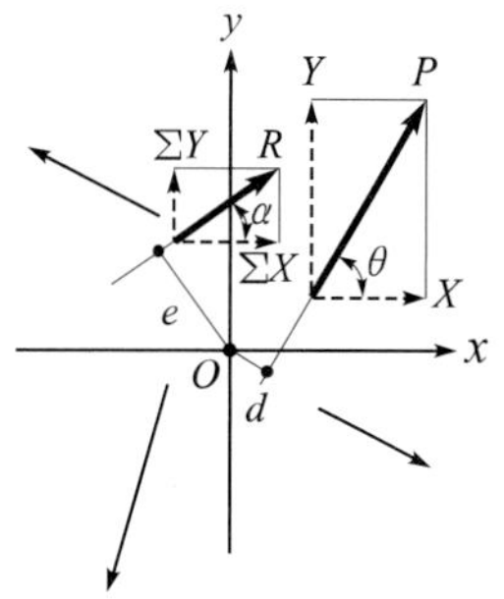

그림 1.4.23 군력P의 합력R

가상일의 원리

조르다누스 데 네모레(Jordanus de Nemore, 독일 ~1236)는 「지렛대의 원리」에 대해서 '무게 G의 물체를 높이 h까지 올릴 수 있는 힘은 무게가 G/n인 물체를 $n-h$의 높이로 올릴 수도 있다'라고 하였다(그림 1.4.25). 조르다누스의 이 선구적 원리로부터 이후 17세기, 18세기에 확립된 「가상일의 원리」가 싹트게 된다. 일의 개념은 이미 갈릴레오(1564~1642), 데카르트(1596~1650)가 사용하였으며, 또한 스테빈이나 갈릴레오는 지렛대나 톱니바퀴 등 간단한 기계의 작용에 대한 설명에 「가상일의 원리」를 이용하고 있다. 현대의 「가상 일의 원리」는 그림 1.4.21에 보인 바와 같이 외력을 받아 평형상태에 있는 강체에 이 상태를 깨뜨리지 않을 정도로, 미소한 변위(이동이나 회전), 즉 「가상변위(Virtual Displacement)」를 주었을 때 강체에 작용하고 있는 외력이 하는 일, 다시 말해 「가상일(Virtual Work)」은 0이라고 확립되어있다. 이것을 식으로 나타내면 그림 1.4.24에 표시한 바와 같이 가상변위 δ에 대하여 P가 하는 가상 일은 P・δ이므로 모든 외력에 대해 Σ하면

$$\Sigma P \cdot \delta = 0 \tag{1.4.26}$$

이 「가상 일의 원리」를 나타내는 가상일의 식이 된다.

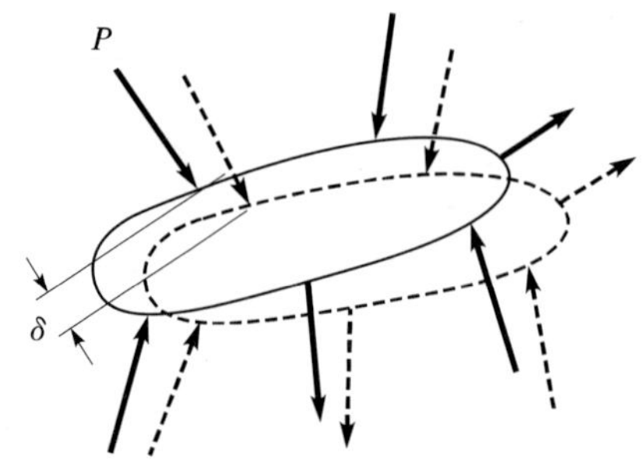

그림 1.4.24 가상변위와 가상일

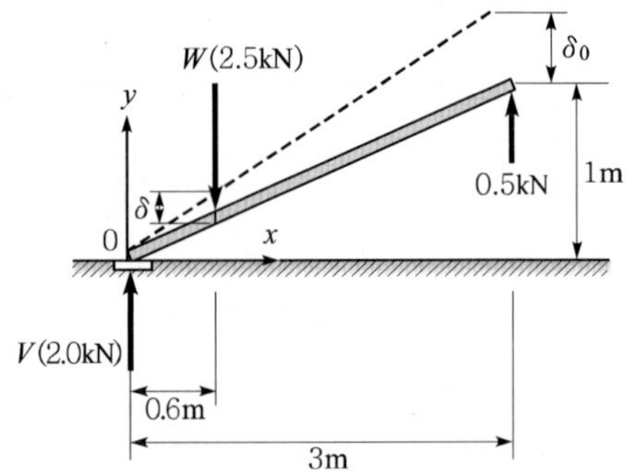

그림 1.4.25 지렛대의 원리

후크의 법칙

'굽힘'의 문제에 대해서는 레오나르도(1452~1519)의 고찰그림 1.4.26와, 갈릴레오(1564~ 1642)의 그림 1.4.27~1.4.29과 같이 들보의 굽힘 강도에 대해서 검토하였으나 불충분하였다. 갈릴레오가 다룬 이 문제를 보다 명료하게 하는 중요한 가정이 로버트 후크(Robert Hooke 1635~1703 영국)의 탄성체에 관한 「후크의 법칙(Hooke's Law)」으로, 1678년에 간행된 「용수철에 대하여」에 발표되었다.

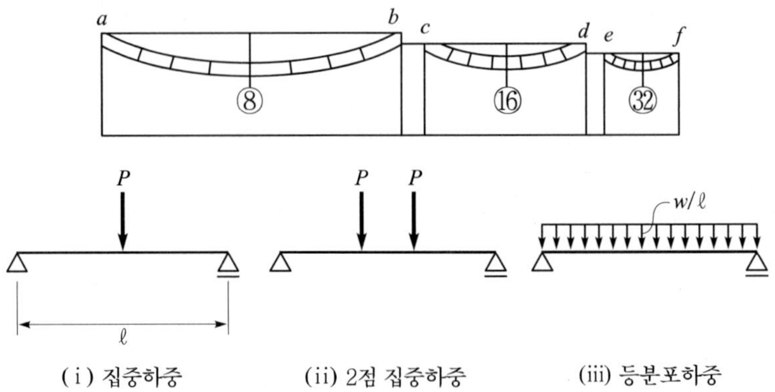

그림 1.4.26 다 빈치의 고찰

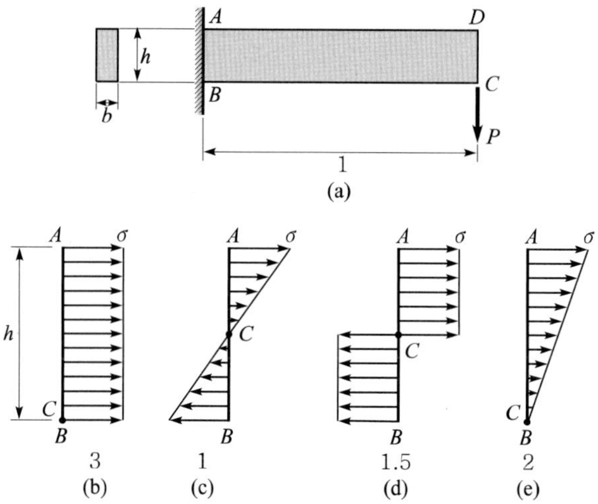

그림 1.4.27

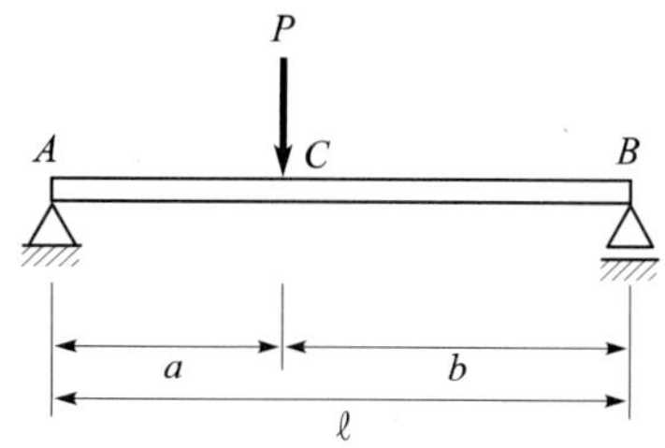

그림 1.4.28

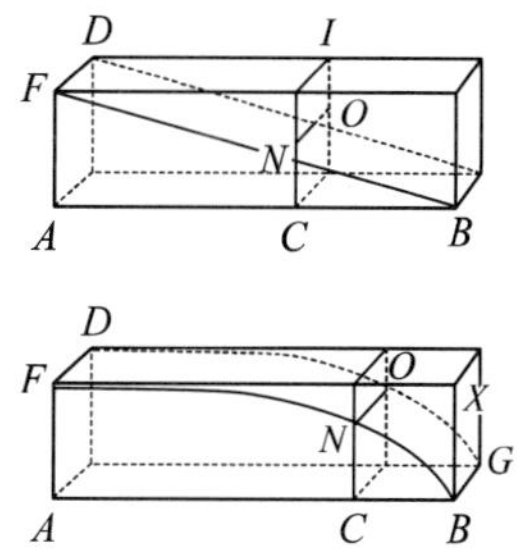

그림 1.4.29

그림 1.4.30은 후크의 실험에 사용된 기재이다. 후크는 이 그림과 같이 철사, 나선 용수철, 시계용 용수철에서는 추에 의한 신장과 추의 중량이 비례한다는 것과, 또한 신장의 크기와 이를 원래의 위치로 돌리려고 하는 힘이 비례한다는 것 등을 찾아내고 있다. 또한 이 관계는 용수철뿐만 아니라 금속·나무·돌·기와·모발·뿔·비단·뼈·근육·유리 등 탄력성이 있는 모든 물체에 대해서도 성립한다는 것과 목재 외팔보(cantilever)에 대해서 실험을 행하여 단부의 추의 무게와 외팔보의 '휨'(deflection)에도 비례관계에 있음을 밝히고 있다. 또한 후크는 이 실험을 행할 때 보의 축방향의 섬유 변형에 대해서도 검토를 하였으며 '굽힐 때 보의 들보의 볼록(凸)한 쪽에서는 인장을 받으며, 오목(凹)한 쪽에서는 압축된다.'라는 중요한 말을 남기고 있다.

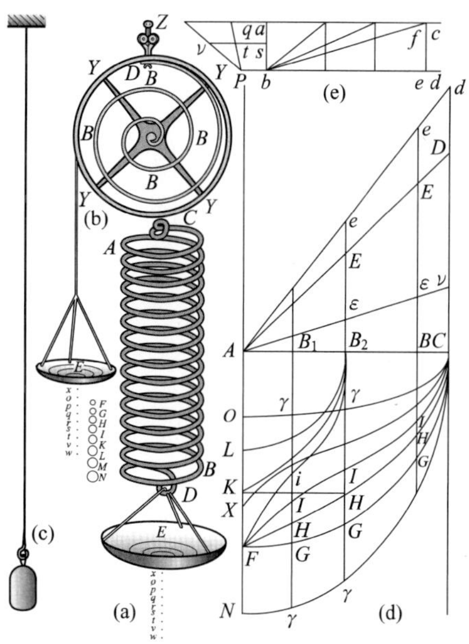

그림 1.4.30 후크의 실험에 사용된 기재

이 힘과 변형의 선형관계를 나타내는 「후크의 법칙」은 그 후 탄성체역학 발전의 기초가 되었다.

인장과 휨에 대한 실험들

에듬 마리오트(Edme Mariotte,1620~1684,프랑스의 물리학자)는 인장이나 굽힘에 대해 많은 실험(그림 1.4.31)을 했었다. 유리나 나무, 동 등에 대해서 인장시험 그림 1.4.31 (a)는 나무, (b)는 종이의 인장시험 장치를 행하여 힘과 변형이 비례한다고 하는 「후크의 법칙」을 후크와는 별도로 독립해서 찾아냈다. 하중이 가해지는 보의 굽힘에 대해서는 그림 1.4.31(f)와 같은 외팔보의 경우 AD면의 파괴 시 들보의 오른쪽 부분이 D를 중심으로 회전하는 것으로 하여 이 면에 생기는 축방향의 저항력은 D로부터의 거리에 비례하는 삼각형 형상으로 분포(그림 1.4.27(e)참조)한다고 생각하여 연구를 하였으나 올바른 이해에는 도달하지 못했고 이에 대한 올바른 이론은 그 후에도 60~100년이 더 걸렸다. 갈릴레오도 이 면에서의 저항력 분포를 그림 1.4.27(b)와 같이 취하고 있다.

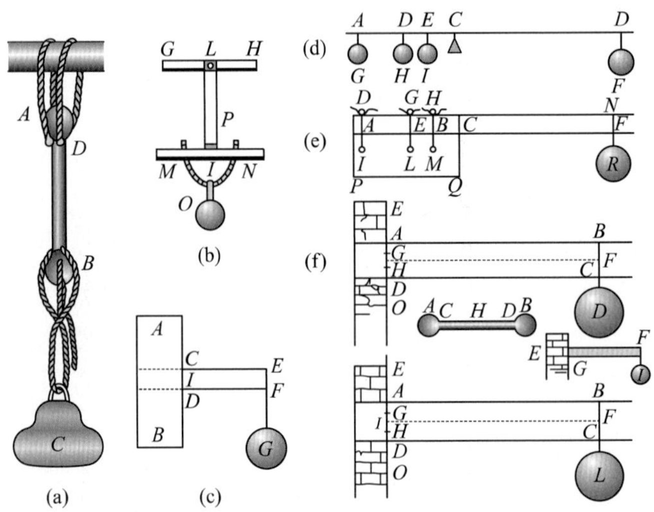

그림 1.4.31 마리오트의 인장, 굽힘 실험

중립축

마리오트가 굽힘을 받는 직사각형 단면의 중앙에 설정한 회전축(평행축)은 현재의 중립축(neutral axis)이다. 이 표현은 나중에 영국의 트레드골드(Thomas Tredgold, 1788~1829)가 최초로 사용했다고 한다.

이 중립축에 대해서 바리뇽(1654~1722), 라이프니츠(1646~1716), 야곱 베르누이(Jacob Bernoulli, 1654~1705)등이 굽힘의 문제로서 다루었는데 모두 갈릴레이처럼 단면의 하단에 놓고 있다. 이러한 보 단면의 응력분포는 18세기에 들어서 프랑스의 파랑(Antoine Parent, 1666~1716)에 의해 해결되었다.

미적분을 이용한 휨의 연구

야곱 베르누이(Jakob Bernoulli, 1654~1705 스위스 바젤대학의 교수)는 들보의 굽힘, 특히 '휨(deflection)'을 라이프니츠의 미적분을 이용해서 연구하였다. 현재의 '적분'이라는 이름은 야곱 베르누이와 라이프니츠의 협의에 의해 결정되었다고 한다. 야곱 베르누이는 마리오트의 가정에 의거해 그림 1.4.32에서 보는 바와 같이 ABFD는 재축(材軸)에 연해 미소 축길이가 ds인 보의 요소라 하고 굽힘에 의해 단면 AB는 FD에 대해 A를 축(중립축)으로 하여 회전한다고 가정하고 있다.

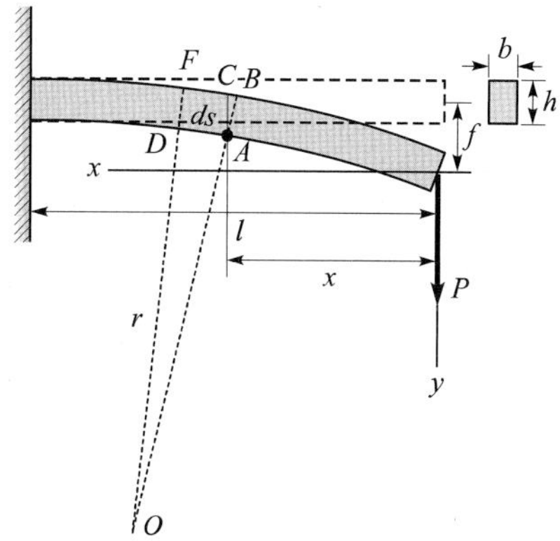

그림 1.4.32 야곱 베르누이의 들보의 휨

역학과 구조역학의 발전

사람에게 체감을 주는 '힘'이나 '모멘트'는 어떠한 작용을 하는 것일까? 먼저 '힘'에 관해서 살펴보면 ① 물체의 운동상태를 변경하고 ② 물체에 변형을 준다. 라는 2가지 작용을 한다. '모멘트'도 그와 흡사하게 ① 물체의 회전운동상태를 변경하고 ② 물체의 비틀림이나 휨의 변형을 준다. 라는 2가지 작용을 한다. 사람은 이를 경험으로 알고, 이를 이용해서 건축하였으며, 또한 이들의 작업을 쉽게 하기 위해 역학적인 도구들을 만들었다.

17세기에 위대한 2사람의 영국인(후크와 뉴턴)에 의해 이 힘의 작용을 이용해서 힘을 '수식'과 '양적으로 정의'하는 것이 시도되어 오늘날의 재료역학과 구조역학의 체계적인 기초가 확립되었다.

위 ② '물체에 변형을 주는 작용'에 착안한 것은 로버트 후크(1635~1703)이며, '탄성물체에서는 가한 힘 F와 물체에 생긴 변형 u와는 비례한다.'라고 하는 「후크의 법칙」을 발견하였다. 탄성물체란 가한 힘을 제거하면 변형이 없어지고 원래대로의 형태로 되돌아오는 물체를 말하는 것이지만, 후크의 법칙이 성립되는 물체는 정확하게 선형물체(線形物體)라고 불러야 될 것이다. 물론 탄성물체라도 힘, 변위가 비례관계가 되지 않는 것도 있다. 힘을 양적으로 비교한다는 것은 옛사람들도 체감이나 물체의 변형 기타의 것들을 이용해서 하였을 것이다. 그리스 시대에 아르키메데스가 모멘트의 균형을 해명한 후, 로마시대에는 대저울이 흔히 사용되었다. 후크는 구조재료의 탄성과 용수철 등에 관한 연구로 구조기술을 발전시켰다. 보의 내부응력에 관한 정확한 수학적 설명은 공학이론에서 매우 중요한 미분학(differential calculus)을 필요로 했다.

반면, 위 ① '물체의 운동상태를 변경하는 작용'을 해명한 것은 아이작 뉴턴(Isaac Newton 영국 1642~1727)이다. 그 이전엔 철학자이며 수학자인 데카르트(1596~1650)가 $F=mv$ 라고 하였다. m은 비례정수이다. 그러나 공을 책상위에 놓고 밀어보면 한번 움직이기 시작한 공은 그 후, 힘 F를 가하지 않더라도 잠시 동안은 책상 위를 굴러간다. 즉, $F=0$ 라도 $v \neq 0$ 이므로 데카르트의 생각은 잘못이 된다. 오히려 힘 F를 더하고 있는 사이만큼 속도가 변화되는 것 같이 생각된다. 속도변화의 비율을 가속도 a 라고 부르지만, 힘 F와 가속도 a가 서로 관련되어있다. 즉, 함수관계라고 생각해서 $F=f(a)$로 본다. 그러므로 대담하게, F와 a는 가장 단순한 관계 즉 비례관계에 있다고 생각해본다.

$$F=ma \tag{1.4.27}$$

이것이 뉴턴이 얻은 역학의 기본식이다. 그는 비례상수 m을 물체의 관성질량이라고 부르며, 이 식을 중심으로 역학의 기본적인 원리를 3가지 법칙으로 통합하였다.

- 제1법칙 : 관성의 법칙
- 제2법칙 : $F=ma$
- 제3법칙 : 작용 반작용의 법칙

그리고 뉴턴은 다시 「만유인력의 법칙」 즉

$$F=\frac{-km_1m_2}{r^2} \tag{1.4.28}$$

을 더한 합계 4개의 법칙으로 지구상의 모든 역학적인 현상은 물론, 별들의 운행 등 우주의 역학적 현상도 설명하는 데 성공하였다.

뉴턴은 케플러의 행성운동법칙과 그의 중력이론 사이의 지속성을 증명하는 방법으로 그의 이론이 어떻게 지구와 천체 위의 물체들의 운동을 증명하는지 보여줌으로써 태양중심설에 대한 마지막 의문점들을 제거하고 과학혁명을 발달시켰다.

고트프리트 빌헬름 라이프니츠(Gottfried Wilhelm Leibniz 독일 1646~1716)는 수학에서는 미적분법의 창시(1684~1686)가 유명하다. 미분기호, 적분기호의 창안 등 해석학 발달에 많은 공헌을 하였으며 그의 수학적 표기법은 아직까지도 널리 쓰인다. 역학(力學)에서는 R. 데카르트를 비판하여 '활력'의 개념을 도입하고, 그 개념을 주어 역학적 에너지보존의 법칙을 향해 커다란 진전을 남겼으며(1686), 위상(位相)해석의 창시도 두드러진 업적의 하나이다.

해석적 방법에 따른 질점운동의 연구

레온하르트 오일러(Leonhard Euler, 1707~1783 스위스)는 갈릴레오, 뉴턴, 라이프니츠의 업적에 대해서 깊게 연구함과 동시에 여러 종류의 역학문제에 대해서 연구를 진행하였다. 1736년 오일러는 뉴턴의 기하학적 방법 대신 질점의 운동방정식을 세워 푼다는 오늘날의 동력학에 있어서의 해석적 방법을 제시하였다. 이 방법에 의해 질점운동을 다루기가 간단해져 그 이후 역학의 발전에 커다란 기여를 하게 된다.

1744년 오일러는 대저서 「극대 또는 극소의 성질에 의해 만족되는 곡선을 찾는 방법」에서 최대 또는 최소작용의 원리 「등주문제(等周問題:Iso perimeter problem)」 즉 변분법(Calculus of variations)을 이용하고 있으며 굽힘을 받는 탄성보의 탄성곡선을 체계적으로 다루고 있다. 등주문제란 '주어진 길이의 곡선에 연해 평면상에 둘러싸인 면적을 최대로 하기 위해서 그 곡선을 어떠한 모양으로 해야 할 것인가'와 같은 문제이다. 이 경우 답은 '원'인데 일반적으로 이러한 곡선이 만드는 모양의 면적과 같이 미지함수에 관한 적분 값이 최대 또는 최소가 되는 함수를 구하는 것이 변분법의 주제이다. 또 최대 또는 최소작용이 원리, 일반적으로 「최소작용의 원리」는 '각각의 물리계에는 작용이라 불리는 어떤 양이 존재하고 실제로 운동이 일어나려고 할 때 이 양은 최소 값을 갖는다.'라고 하며 이것도 변분법에 귀결하는 원리이다.

윌킨즈(1614~1672)가 코페르니쿠스 설을 옹호한 저서 「새로운 혹성에 대한 의논」 등을 통해 '자연은 간단하고 쉬운 방법으로 충분히 할 수 있는 것을 하는데 있어 귀찮고 어려운 방법은 절대 사용하지 않는다.'라는 것은 '신의 지혜에 적합한 것'라고 말하고 있는 것 같이 신학적 경향이 강한 중세부터 근세에 걸친 과학의 진전 속에서 이러한 생각 즉 자연현상이'최소의 소비로 최대의 효과를 달성한다.'라는 사고방식은 형이상학적, 신학적으로 신의 지혜구현이라고 이해되었던 것이다.

변분법

오일러는 앞서 기술한 저서 「곡선을 찾는 방법」에 탄성곡선을 「등주문제(변분법)」로 다루고 있다. 보의 탄성곡선 연구에 오일러를 몰두시킨 사람은 다니엘이었다고 한다.

변분법에 대해서 오일러는 '우주의 구조는 완전하며 동시에 전지전능한 창조주의 손에 의한 것이기 때문에 최대 또는 최소와 무관계한 현상은 우주에는 존재하지 않는다. 우주에 존재하는 모든 결과는 의심의 여지없이 인과율(effective causes)로 설명이 가능할 뿐 아니라 최대최소법의 도움을 받아 목적론(final causes)으로도 설명할 수 있다'라고 하여, 이 2방법을 그림 1.4.33, 그림 1.4.34에 보인 바와 같이, AB간에 매단 사슬의 평형곡선 다시 말해 '카테나리'(현수선, catenary)에 의해 설명하고 있다.

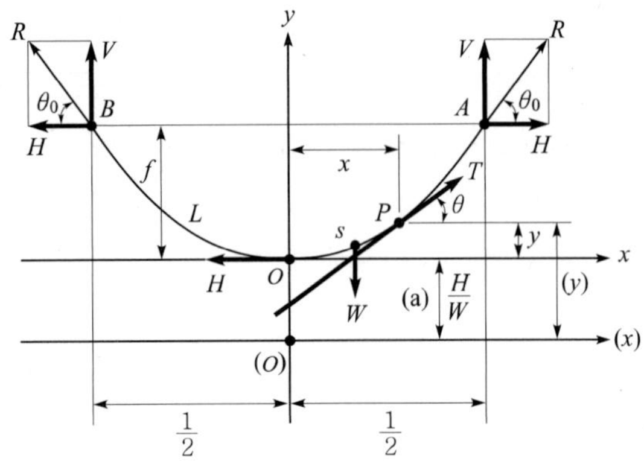

그림 1.4.33 카테나리(직접법)

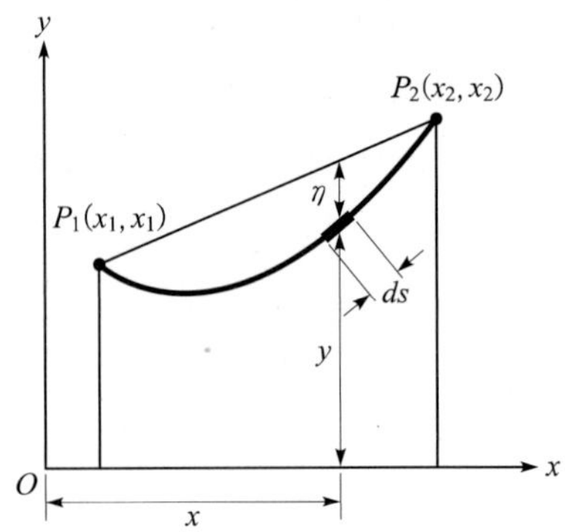

그림 1.4.34 카테나리(변분법)

휨 곡선의 미분방정식

오일러(1707~1783)는 다니엘 베르누이(1700~ 1782)가 시사하는 바에 따라 '봉이 등단면이고 탄성적이며 또한 직선적일 경우, 휨곡선=탄성곡선은 $\int ds/r^2$의 값이 최소가 되게 하는 곡선이다'라 하여 탄성곡선의 미분방정식을 구하고 있다. 그림 1.4.35은 그림 1.4.32의 야곱 베르누이(1654~1705)의 보의 ABFD 부분의 응력도 σ와 변형상황을 다시 나타낸 것이다.

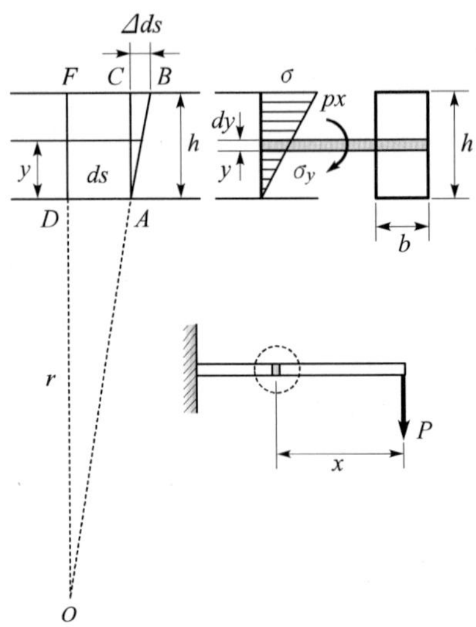

그림 1.4.35 굽힘을 받은 보의 응력도와 변형
(야곱 베르누이, 단면내의 변형과 응력도 σ 분포는 맞지 않는다)

달랑베르(Jean Le Rond D'Alembert, 1717~1783, 프랑스)는 1743년 「동역학론(Traite de dynamique)」를 간행하고 질점계나 강체의 운동이론을 정리하여 해석역학의 기초를 구축하여 이른바 「달랑베르의 원리」를 제시하였다. 이 원리는 현재의 '역학'에서는 다음과 같이 설명하고 있다. 달랑베르의 원리는 동역학의 문제를 정역학으로 해결하는 원리라 한다. 「뉴턴의 제2법칙」은 질점의 질량을 m, 외력을 F, 가속도를 a라고 하면

$$F = ma \tag{1.4.29}$$

인데, 이것을

$$F + (-ma) = 0 \tag{1.4.30}$$

와 같이 나타내면, 이 식은 힘 F와 가상의 힘$(-ma)$의 평형조건이 된다. 따라서 질량m의 질량에 몇 개의 힘이 작용하여 가속도를 발생하였을 때, 이 힘들 외에 $(-ma)$를 힘으로 추가하면 전체로서 평형계를 형성한다. 이것이 「달랑베르의 원리」로 가상으로 고려한 $(-ma)$의 힘을 관성저항(force of inertia)이라 한다.

뉴턴역학의 실증과 발전

18세기와 19세기는 뉴턴의 역학을 실증하고 발전시킨 시기였다. 또한 우리들이 생활하고 있는 3차원공간에 대해서도 유클리드의 기하학이 성립되어, 평행선은 결코 교차되지 않는 공간이라는 것을 의심하는 사람은 없었다.

레온하르트 오일러(1707~1783)가 수학자로서의 연구를 시작한 시기는 뉴턴이 타계한 시기에 해당하여 해석기하학·미적분학의 개념은 갖추어져 있었으나 조직적 연구는 초보단계로 특히 역학·기하학의 분야는 충분한 체계가 서 있지 않았다. 이러한 미적분학을 발전시켜 「무한해석 개론」(1748) 「미분학 원리」(1755) 「적분학 원리」(1768~1770), 변분학을 창시하여 역학을 해석적으로 풀이하였고, 그 중에도 삼각함수의 생략기호(sin, cos, tan)의 창안이나 「오일러의 정리」등은 널리 알려져 있다.

달랑베르(1717~1783)는 「뉴턴의 제2법칙」에 대한 표현을 $F - ma = 0$의 형태로 표현하여, 힘의 균형이 잡히지 않은 채 운동을 하는 물체라도 $-ma$ 라는 가상의 힘(관성력)이 가해진다고 생각함으로써 힘의 균형문제로 취급될 수 있음을 제시하였다.

리그란쥬(1736~1813)는 1778년에 「해석역학」을 발표해서 뉴턴의 역학을 아름다운 형태로 정리하였다.

샤를 오귀스탱 드 쿨롱(Charles Augustin de Coulomb 프랑스 1736~1806)은 토압문제를 연

구하였으며 그로부터 마찰에서의 쿨롱의 법칙, 비틀림현상, 재료강약의 문제를 다루었다. 전자기학에서의 만유인력의 법칙이라고도 할 수 있는 「쿨롱의 법칙」을 발견하였다. 전기량의 단위에 그 이름이 '쿨롱'으로 기념되고 있다.

로버트 스티븐슨(Robert Stephenson 1803~1859 영국)은 구조물을 우리가 현재 사용하고 있는 계산기의 도움 없이 모두 손으로 계산하였다. 그의 뛰어난 업적은 교량설계로, 뉴캐슬 근교 타인 강의 고가교, 버윅 근교의 빅토리아교가 있고, 메나이해협의 브리타니어교는 근대의 철도교로서 가장 적합한 판항교(鈑桁橋)의 원조로 꼽힌다. 캐나다 몬트리올의 세인트로렌스 강의 빅토리아교는 오랫동안 세계 최장의 철교로서의 자리를 지키고 있다.

해밀턴(1805~1865)은 광학에 관한 현상에서 다시 역학에 관한 현상으로 연구를 계속하여 광학과 역학간의 유사성을 확인하였으며, 운동의 방정식을 적용성이 넓게 「해밀턴의 원리」로 표현하였다.

이삼바드 브루넬(Isambard Brunel 1806~1859 영국)은 에이번 협곡의 클리프턴 현수교설계와 런던~브리스틀 사이의 대서부철도 증설, 최초의 대서양횡단 정기기선인 그레이트웨스턴호 건조와 스크류 추진의 철선 그레이트브리튼호의 건조에 성공하였다.

랭킨(WJM Rankine 1820~1872 영국)은 철도기사로서 곡선부설법(曲線敷設法), 차량파손의 원리 등에 관하여 업적을 올렸다. 재료역학·열역학·탄성학·파동이론 등을 연구하고 논문을 발표하여 공학의 진보, 특히 열역학의 건설과 보급에 공헌하였다. 「응용역학편람」, 「증기기관편람」, 「토목공학편람」 등을 저술하여 공학이론을 정리·체계화하였다. 전단응력에 관한 이해는 랭킨이 정리하였다.

맥스웰(1831~1879)은 뉴턴역학이 물질을 구성하는 분자운동에서도 적용될 수 있다고 생각하여 방대한 수의 분자로 성립되는 현상을 통계적이며 역학적으로 취급하여 통계역학을 창시하였으며, 열역학과 역학간의 밀접한 관계를 명백히 하였다. 그러나 전자기학(電磁氣學)에 있어서 뉴턴의 역학이 적용될 수 없음을 발견하고 패러데이(1791~1876)의 장의 이론을 수식으로 표현하여, 전자기학의 체계를 만들었으며, 이것이 20세기에서의 아인슈타인의 상대성이론에의 길을 개척한 것이 되기도 하였다.

구스타브 에펠(Gustave Eiffel 프랑스 1832~1923)은 프랑스혁명 100주년 기념 만국박람회에서 개관한 에펠탑은 높이300m(이후 첨탑과 통신용 안테나가 추가되어 320m), 무게7,300톤, 18,038개의 금속 부품과 250만 개의 못이 사용된 이 탑은 곧 파리의 상징물이 되었고, 세계 건축사에 위대한 건축물로 자리매김 되었다. 이 엄청난 공사에 한 건의 인명사고도 없었다고 한다. 공기역학 문제에 대하여 에펠탑의 높이를 이용해 많은 실험을 했고, 최초의 공기역학 실험실을 만들어 제1차 세계대전 동안에도 연구를 계속했으며, 1921년 실험실을 국가에 기증했다.

나비어(CLM Navier 1785~1836) 1826년 수학자이자 엔지니어인 나비어의 강의노트가 출판되었는데 이 노트에는 그동안 알려진 구조적 이론들이 요약되어 있으며, 일반적인 탄성수학이론이 전개되어 있다. 이것이 오늘날 우리가 쓰고 있는 구조적 접근방식의 근간을 이루고 있다.

맥스웰(James Clark Maxwell 영국 1831~1879)는 트러스 해석을 위한 도해법을 연구했으며, 1864년에는 변위일치법을 발표했으며, 쿨만(Karl Culmann 독일 1821~1881)과 베티(Enrico Betti 이탈리아 1823~1892)는 트러스 절점을 힌지로 하고 인장과 압축으로 부재를 해석했다.

클레이페론(Benoit Paul Emile Clayperon 프랑스 1799~1864)는 1857년에 3연 모멘트방정식 해석법을 발표했으며, 그린(Charles E. Greene 미국)은 모멘트 면적법을 개발했다.

맨니(G.A. Maney 미국)는 1915년 처지각법을 발표했으며, 크로스(Hardy Cross 미국)는 1932년 모멘트분배법을 발표했다.

보고 듣는 힘과 모멘트

체감으로 인식된 힘은, 앞서 살펴본바와 같이 학자들과 엔지니어들에 의하여 17세기에서 20세기 사이에 수식으로 표현되었으며, 그 표현에 있어서 논리성과 합리성은 그 옛날의 뉴턴역학만으로도 충분하다. 그러나 뉴턴역학만이라도 아직 발전의 여지가 많은 실정이다. 예를 들면 체감이나 수식이 아니라, 실제로 힘을 눈으로 보고 확인하고 싶은 바, 힘의 작용을 계측도구를 통해서 보는 것 등이다. 그 하나는 물체의 변화를 이용하여 힘을 볼 수 있는 바 스프링저울이나 변형게이지는 그와 같은 종류들이다. 다른 하나는 물체의 가속도를 계측하여 그 물체가 받는 힘을 알 수 있다. 최근에는 광섬유 기반 첨단센서의 개발로 구조물의 변위·진동·경사 등 각 요소에 대하여 광섬유센서가 오차범위0% 수준으로 인식이 가능하게 되었고, 인식하면 자동 촬영되고 이를 동영상·사진으로 자동 전화·SNS·이메일·팩스 등으로 다수의 관련자에게 동시다발적으로 정보를 제공하기에 이르렀다.

힘을 편의상 그림으로 표현할 때에는 화살표를 사용한다. '화살의 축으로 힘의 작용선, 화살촉의 방향으로 힘의 방향, 화살길이로 힘의 크기를 나타낸다.'고 약속한다. 단, 힘의 작용점은 화살의 끝부분으로 하거나 화살의 선단으로 해서 그려도 좋다.

모멘트는 그림 1.4.37처럼 원호에 화살촉을 그려서 나타내는 방법과 화살촉을 2개 그린 화살표(2중 화살표)로 나타내는 경우 등 2가지가 있다. 입체구조물에 가해지는 모멘트를 나타내야할 때에는 그림이 복잡해질 수 있어 원호대신 2중 화살표를 흔히 사용한다.

원호와 2중 화살표란 이른바 「우측 나사의 관계」에 있으며, 우측으로 돌리는 나사를 돌려 조일 때, 나사를 돌리는 방향과 나사의 진행방향과의 관계가 같도록 화살촉의 방향을 잡는다.

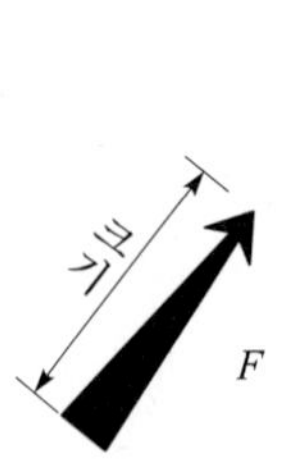

그림 1.4.36 힘의 표시법

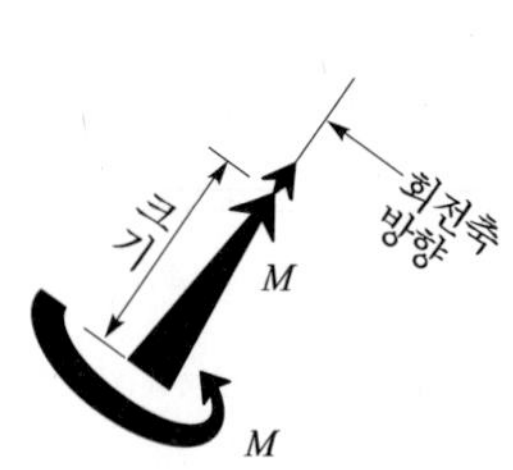

그림 1.4.37 모멘트의 표시법

건축구조의 과제

물체가 힘을 받을 경우, 어떻게 변형되고 파괴되는지를 살펴보려면 여러 가지 방법이 있다. 물체를 구성하는 재료의 분자나 결정의 배열변화나 분자 간, 결정 간의 힘을 고려하는 미시적인 고체물리학, 건물전체의 변형이나 파괴 등의 역학적 거동을 거시적으로 다루는 구조역학, 그리고 그 중간에 구조물을 형성하는 재료의 역학적인 움직임을 조사하는 재료역학이 있다. 구조역학이 대상으로 하는 것은 형태·재질·지지조건 등을 알고 있는 물체로, 건물의 전체구조와 그것을 구성하는 골조, 골조의 구성요소인 부재(기둥·보·벽체·슬래브 등)가 해당된다. 부재에서 그 중 일부분을 떼어내어 다룰 때는 재료역학의 분야가 되며, 재료역학은 구조역학의 기초가 되는 지식으로, 실제 건축물의 구조설계에서는 양쪽의 학문분야를 일체화하여 적용하게 된다.

18,19세기의 과학자는, 후크의 식

$$F = ku \ (F: \text{힘},\ u: \text{변형},\ k: \text{비례상수} = \text{강성, 스프링상수}) \tag{1.4.31}$$

와 뉴턴의 제2법칙

$$F = ma \ (F: \text{힘},\ a: \text{가속도},\ m: \text{비례상수} = \text{관성질량}) \tag{1.4.32}$$

을 구사해서 탄성역학을 만들어냈다. 예컨대 탄성역학중 하나의 기본식인 나비어(Navier)의 식은 지진파에 있어서의 초기미동(P파), 전단파(S파), 표면파(레일리파, 러브파)등을, 단 한조(3개)의 식으로 표시할 수 있다.

20세기 들어와서 학문·연구의 세분화와 동시에 종합화도 진행되어, 흥미의 중심은 구조물의 탄성적 거동에서 구조물의 내력이나 파괴문제로 옮겨졌다. 그림 1.4.38은 강재의 인장시험 결과를 나타낸 것이다. 「후크의 법칙」이 적용될 수 없는 범위라도 변형은 크지만 내력은 아직도 충분히 남아있다. 외력을 제거하면 다시 원상태로 되돌아오는 범위를 탄성역, 영원히 변형이 남아있는 범위를 소성역으로 할 때에는, 소성역에 남아있는 내력을 이용한다. 내진설계에서 보유내력(구조물이 지닌 최대내력으로 당연히 소성역에서의 내력을 포함)을 고려하게 된다.

소성역에 들어간다는 것은, 재료가 부분적으로 파괴된다는 것이며, 물성학(物性學)의 진보와 함께 미시적으로, 즉, 분자나 결정구조의 입장에서의 연구나, 거시적인 즉, 부재로서의 내력한계를 구하는 입장에서의 실험 등이 진행되어왔다.

또한, 좌굴의 문제 즉, 압축력을 받는 기둥이 급속히 옆으로 휘어지는 현상 등, 에 관해서도, 항공기 등 재료를 극도로 낭비함이 없이, 따라서 여력도 없이, 이용할 필요가 있는 구조물의 출현으로 많은 연구를 하게 되었다. 열역학의 제 법칙과 현대수학을 바탕으로 역학을 더욱 이론적으로 정리하려는 움직임도 금세기 후반에 들어와서 활발히 전개되었다.

그러나 20세기 후반의 구조역학 중 가장 현저한 특징이라고 한다면, 컴퓨터를 이용한 근사적인 수치해석방법의 발전일 것이다. 후크의 법칙이 성립되는 선형구조물에 한해서도 이를 해석적으로 풀 수 있는 구조물의 변형이나 응력상태를 수식의 형태로 구할 수 있는 문제는 겨우 몇 가지 예뿐이다. 그러나 수치해석이라면 선형구조물로 풀 수 없는 문제는 아마 없을 것이며, 소성역에 들어온 구조물이라도 풀 수가 있다.

또 하나, 현대적 구조역학의 특징은 확률·통계적 사고방식의 도입이다. 구조물에 더해지는 외력도 확률적인 성격이 강하고, 한편 이를 받는 구조물의 내력도 설계대로 되지 않아 이것도 역시 확률적이다. 구조물을 사용하는 우리들은 도대체 얼마나 구조물이 안전한지 알고 싶다. 즉, 어느 정도 신뢰성이 있는지를 설계자나 시공자들에게 듣고 싶어 한다. 파괴의 이론도, 신뢰성에 관한 이론도 아직 더 많은 연구가 필요하다.

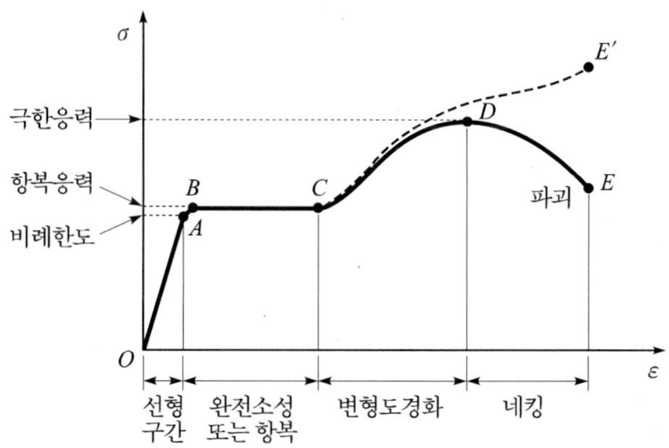

그림 1.4.38 강재의 인장-변형률

1.5 구조설계의 전문화

근대 이전의 건축은 경험을 바탕으로 짓거나 기하학적 직관으로 구조를 만들어 왔고, 16세기에 시작한 근대 역학의 확립, 18세기 산업혁명에 따른 기술발전을 거쳐 19세기 후반부터는 경험뿐만이 아닌 공학기술을 근거로 한 이론적인 바탕을 가진 구조로 발전하였다.

앞에서 살펴본 구조적인 이해와 탐구를 통하여 커다란 의미의 건축에서 구조가 전문영역으로 분화되었고, 오늘날에는 건축설계와 구조설계를 다른 직무분야로 인식되어 두 전문분야를 다른 관점에서 보다 심도 있게 각각 추구하고 있다.

구조설계의 분화

구조설계의 분화과정을 살펴보면 (先)구조도면이 먼저 작성되고 작성된 도면이 구조안전상 문제가 없는지 확인하기위하여 (後)구조계산을 수행하였다. 즉 구조설계는 제안된 디자인을 수 계산을 통해서 확인하는 것으로 시작되었다. 구조계산은 물리적인 거동을 묘사하는 수학적 이론에 근간을 두며, 부재의 치수와 하중, 재료의 성질을 알면 구체적인 계산이 가능하게 된다. 이렇게 나온 수치는 제안된 계산방식이 합리적인지 아닌지를 판단해 준다.

우리나라의 경우 1932년 이전까지는 건축도면(구조도면도 건축도면의 일부)만으로 건축이 허가되고 이에 따라 시공하였다. 그 후 건축법령에서 '구조기준 및 구조계산에 따라 그 구조의 안전을 확인하라'고 규정하였는데, 그전까지 직관과 경험으로 작성해 왔던 구조도면의 안전함을 구조계산으로 확인토록 한 것이었다.

그러나, 오늘날의 건축물은 복잡하고 그 규모가 크며 골조시스템도 다양하여 경험적 직관이나 관행만으로 대충 구조설계도를 작성할 수 없으며, 또한 구조계산만으로는 구조안전성을 확보할 수 없고, 경험이나 구조기준에 포함되어 있는 구조실험으로 안전이 확인된 관련 상세까지도 구조설계의 취지에 맞게 조정·보완하여 구조설계도에 반영하여야한다.

따라서, 현대적의미의 구조설계란 구조계획에 따라 형성된 3차원공간의 구조체에 대하여 구조역학을 기초로 한 골조해석 및 구조계산으로 기준에 따라 구조안전을 확인하고 구조체 각부에 대하여 이를 시공 가능한 도서로 작성하여 표현하는 일련의 창조적 과정의 업무를 말한다.

구조계획

구조설계의 첫 단계인 구조계획을 할 때는 건축구조물의 사용목적에 맞추어 각종 외력과 하중 및 지반에 대하여 안전하도록 구조체에 대한 3차원공간의 구조형태와 각종 하중에 대한 저항시스템, 기초방법 등을 선정하고 또한 경제성을 고려하여 구조부재의 재료와 형상, 개략적인 크기를 결정하여 구조적으로 안정된 공간을 창조하는 일련의 초기 작업과정을 거친다. 이때는 안전하고 경제적이며 시공성이 좋은 구조재료들을 선정하고 내진·내풍 등 안전성과 소음·진동·처짐·염해·부식·중성화 등 사용성·내구성 등을 감안하여 합리적인 골조시스템을 선정하고 기둥 및 보 등 구조부재의 효율적 배치계획을 하는 일에 중점을 둔다.

골조해석

구조계획의 다음단계인 골조해석은 해당 구조체가 하중 등 외력에 반응할 때 구조공학의 이론을 이용하여 그 구조체의 각 구성요소에 생기는 부재력과 변위의 값 및 각 지점에서의 반력값을 찾아내는 과정이고, 부재설계는 선택된 구조재료로 소요 부재력에 저항할 수 있게 부재단면의 크기를 산정하는 과정이다.

구조설계도서

구조설계의 최종성과품인 구조설계도에는 구조계산에 의하여 산정된 부재의 단면 및 접합부 상세를 표현하고, 아울러 구조계산에는 포함되지 않았으나, 기준(building code)에 규정한 구조세칙과 구조실험이나 경험 등으로 구조안전이 확인된 관련 상세까지도 표현하여 구조설계취지에 부합하도록 작성한다. 이때 구조설계사무소에 구축되어있는 데이터베이스에서 구조상세를 불러와 그 상세를 보완하여 완성하게 되는데, 이러한 저장된 구조상세들은 시공의 어려움이 예상되어 많은 연구와 실험을 통하여 얻은 상세이지만 구조감리를 하면서 미흡한 부분을 추가로 보완한 구조안전이 검증되고 시공도 편리한 공법상세를 포함한다. 구조계산이 구조내력을 확인하는 구조설계의 중간과정일 뿐이나, 구조설계도의 작성은 최종적인 안전성과 시공성 및 구조설계취지에의 적합성 여부를 확인하며 완성해 가는 과정으로 구조체공사의 품질과 안전성 및 경제성, 시공성에 직접적인 영향을 끼치는 구조엔지니어의 창의적 아이디어와 공학적 노력의 최종적 성과품인 것이다.

'구조설계도서'란 건축구조물의 구조체공사를 위해서 필요한 도서로서 구조설계도와 구조설계서, 구조분야 공사시방서 등을 통틀어서 이르는 것으로서, 구조체공사시방서는 건축공사표준시방서를 중심으로 작성하되 별도의 특기시방서를 통하여 구조설계도면에 나타낼 수 없는 골조공사의 특기사항을 기술함으로써 구조설계취지에 부합하도록 작성한다.

1.6 구조전문가의 역할

구조기술자

건축물과 공작물 등을 포함하는 건축구조물의 구조에 대한 설계, 검사 및 실험, 설계하중, 재료별 설계방법, 재료강도, 제작 및 설치, 품질관리 등의 기술적 사항을 규정함으로써 건축구조물의 안전성, 사용성 및 내구성을 확보하는 것을 그 목적으로 하는 건축구조기준(building code)은 건축구조기술자가 수행해야 할 기본 직무를 잘 설명해주고 있다.

신축·증축·개축·재축·이전 등 건축하거나 대수선 및 유지·관리하는 건축구조물의 구조체와 부구조체 및 비 구조요소, 그리고 이들의 공사를 위한 가설구조물 등의 설계·시공·공사감리·유지관리업무는 건축구조기술자의 고유 업무로서, 건축물은 각 종 하중에 대하여 안전한 구조를 가져야하고 설계·시공·공사감리·유지관리 등 모든 과정에서 각 단계별 책임구조기술자가 구조안전을 확인하여야한다.

건축가는 해당대지의 도시계획상 용도와 규모의 인허가 규정에 저촉되지 않으면서 지으려는 건축물이 그 기능을 충분히 발휘하며 아름답고 창의적인 디자인이 되도록 역량발휘에 전념하고, 구조기술자는 인·허가된 건축물이 경제적이면서 튼튼하고 단단하며 오래 견디게 건설되도록 기술역량발휘에 전념한다. 건축가는 내진설계를 비롯한 구조안전 등 공학적 문제의 부당한 책임에서 벗어나, 보다 창조적이고 미래지향적인 건축문화의 창달에 전념하고 좋은 작품, 좋은 디자인의 설계 도서를 작성하기위해 혼신의 노력으로 디자인 위주의 업무에 전력하고, 구조기술자는 품질향상, 공기단축, 신기술적용 등을 위한 창의적 공학설계 및 공법개발 등에 전력을 다하여야 한다.

이는 현행 건축교육시스템에서 건축학이 용도에 맞는 아름답고 기능적인 건축물을 어떠한 형상으로 지을 것인지(what to build)를 다룬다면, 건축공학은 어떤 재료와 공법, 기술로 지을 것인가(how to build)에 대하여 가르치는 건축교육제도와도 궤를 같이한다.

건축구조기술자의 책임아래 작성된 구조설계도서와 구조상세들은 데이터베이스화되고 그 구조적 의미가 축적·계승되어 유사한 프로젝트에서는 좀 더 발전된 구조상세로 거듭날 수 있다.

구조설계도서야말로 구조엔지니어의 창의적 아이디어와 공학적 노력의 최종적 결과물로 인식하여 자신의 역량을 구조계산서가 아닌 구조설계도서에 적극적으로 표현하여야한다. 글로벌기술경쟁시대에는 초고층·대공간·복합구조·특수구조 등등에 대한 과감한 연구와 기술개발에 기초한 창조적 기술이 요구됨과 동시에 경험을 기반으로 한 피드백(feedback)화된 기술축적이 필요하며 이러한 기술축적의 최종성과품이 해당전문기술자에게 모아져야 새로운 기술창조의 발판이 된다.

구조예술가

구조전문가는 앞서 살펴본 구조엔지니어(structural engineer)로서의 당연한 기본 직무에 추가하여, 그의 작품이 아름답고 감동을 주는 구조예술품으로 창조되도록, 구조예술가(structural artist)로서의 역할에도 충실해야 한다.

구조미학의 기원은 앞서 소개한 비트루비우스(고대 로마 BC1세기)가 주창한 균제비례(symmetry)라고 볼 수 있는데, 건축미는 건물 각 부의 치수관계가 올바른 '균제비례'를 이룰 때인 바, 균제비례는 인체에서 얻어진 것이며 인체에서 가장 아름다움과 안정감을 주는 비율이라고 하였다.

그에 앞서 미학에 대해서는 플라톤(BC428~BC348 그리스 아테네)이 '적당한 척도(measure)와 비례(proportion)를 유지하는 대상은 항상 아름답지만, 적당한 척도가 결여되면 추하다.'라고 하였고, 소크라테스(BC470년경~BC399년 그리스 아테네)는 미의 범주를 셋으로 분류하여, 부분의 조립을 통해 자연을 표현하는 '이상적인 미' 시선을 통해 영혼을 표현하는 '정신적인 미' 유용함을 표현하는 '기능미'라고 세분하였다.

그럼 구조미학적 설계에서 지향하는 구조미란 무엇인가?

구조미란 힘의 흐름의 안정화를 꾀하는 구조적 원리에 근거해서 설계조건에 적합한 새로운 형태로 얻어지는 구조물이 주는 아름다움이다. 구조미를 갖춘 구조물의 특징은 명확하지만 간단한 개념이 드러나야 하며, 결과적으로 구조형태는 아름답고, 구조물의 격은 높아지며, 합리적인 비용만을 소요한다.

구조물의 형태에 대하여 살펴보면, 자연과의 조화를 이루면서 지형적 특성에 순응하는 구조물의 형태가 아름답다. 예컨대 간혹 구조물에 적용하는 현수선(catenary)은 자중 의존적 형태이며, 포물선(parabola)는 외부하중 의존적 형태의 자연이 주는 곡선으로 모두 아름다움을 느끼게 한다.

스케일에 대하여 살펴보면, 비례의 적용은 대상구조물의 전체 스케일을 토대로 이루어지도록 하여야한다. 도시스케일은 전체 맥락의 특성에 속하는 모든 요소들과의 상관관계이며, 구조물 스케일은 구조물 요소간의 관계로 인간의 비례와 견줘볼 수 있고, 상세 스케일은 구조물의 세부 상세로 사람의 손에 견줘 생각할 수 있다.

그림 1.6.1 시드니 오페라하우스

그림 1.6.2 파리 에펠탑

구조물의 형상이 적절한 척도로 안전하고 적절한 비례의 아름다운 구조물이면 예술작품이 된다. 이를 위해서 구조시스템의 이해가 매우 중요하다. 즉, 형태의 역학적 효율성이 있어야하고, 구조형식과 구조형태의 다양성을 살펴보아야하며, 기둥-보 골조 시뮬레이션을 수행하고, 기하학적 원리를 이용한 구조형태가 되어야한다. 힘의 전달체계와 형태 측면에서 구조미학적 질서가 있는 구조물이 되어야하는 것이다.

구조전문가가 구조엔지니어의 역할을 넘어 아름다운 감동을 주는 구조예술가로 승화하려면, 지금까지 발전해온 모든 구조기술을 섭렵·통달하고, 기본개념에 충실한 다양성을 추구하여 아름다운 구조물, 부드러움과 유연한 형상의 질서가 느껴지는 구조물, 우리에게 감흥을 주는 구조물, 자연과 조화를 이루며 지역적 특성에 순응하는 형태의 구조물, 힘의 흐름과 형상에서 구조미학적 질서가 느껴지는 간결하고 명료한 구조물이 되도록, 철학이 담긴 구조물을 만들어야한다.

구조기술은 연구개발과 관련된 산업의 발전으로 끊임없이 변하지만, 구조예술작품은 그 시대 최선의 구조기술에 구조미를 갖춘 것으로 그 감흥은 영원하다.

구조기술은 변하지만 구조예술은 영원하다.

참고문헌

1-1 대한건축학회, 건축구조60년사, 2006

1-2 루이스 헬만 꾸밈, 임종엽 옮김, 재미있는 건축이야기, 도서출판 국제, 1991

1-3 조너선 글랜시 지음, 강주현 옮김, 사진과 그림으로 보는 건축의 역사, 시공사, 2002

1-4 일본유럽건축세미나 편, 윤인석 역, 유럽건축600선, 태림문화사, 1996

1-5 Malcolm Millais, Building Structures From concepts to design, 2nd edition, Spon Press, 2005

1-6 藤本盛久 編, 構造物の의 技術史, 市ケ谷出版社, 2001

1-7 和泉正哲 著, 鄭光良 譯, 建築構造力學1,2, 探究文化社, 1993

1-8 田中彌壽雄 著, 역학과 건축물의 형태, 도서출판 건설도서, 1996

1-9 Derek Seward, 강주원·김재웅·백신원·이진호·홍영균 공역 Understanding Structures 구조의 이해, 기문당, 2002

1-10 이광연, 신화 속 수학이야기, 정문사, 2004

1-11 김남희, 구조와 예술, 서울대 교량설계핵심설계기술연구단, 2011

1-12 김석구, 건축공학과 건축학의 역할분담, 건설경제, 2009.10.19

1-13 김석구, 구조설계의 최종성과품-현재와 미래, 대한건축학회지, 2007.04

1-14 KDS 41 00 건축구조기준, 국토교통부, 2022

1-15 KDS 17 00 내진설계기준, 국토교통부, 2022

1-16 KDS 14 00 구조설계기준, 국토교통부, 2021

1-17 KSEA 112-09 건축구조사전, 한국건축구조기술사회, 2010

1-18 KSEA 120-12 소규모건축물 구조지침 및 해설, 한국건축구조기술사회, 2012

1-19 KSEA 191-12 건축구조실무 Q&A, 한국건축구조기술사회, 2012

1-20 KSEA 351-09 건축구조기준에 따른 내진설계 예제집, 한국건축구조기술사회, 2010

1-21 KSEA 551-09 철근콘크리트 배근상세, 한국건축구조기술사회, 2010

1-22 KSEA 591-11 콘크리트 건축물 구조설계 예제집, 한국건축구조기술사회/한국콘크리트학회, 2011

1-23 KSEA 731-12 H형강구조설계매뉴얼 해설 및 예제, 한국건축구조기술사회, 2012

1-24 KSEA 731-12 H형강구조설계매뉴얼 설계도움표, 한국건축구조기술사회, 2012

1-25 KSEA 732-10 KBC2009에 따른 강구조내진설계매뉴얼, 한국건축구조기술사회, 2010

1-26 KSEA 791-09 KBC2009에 따른 강구조설계 예제집, 한국건축구조기술사회/한국강구조학회, 2009

1-27 엔지니어를 위한 내풍공학, 한국건축구조기술사회/한국풍공학회, 2010

제2장 건축물에 작용하는 하중

제2장에서는 건축구조물의 주된 기능이 공간을 외부의 기상조건으로부터 보호하여 점유·사용하는 것이므로 건축물에 적용하는 각종 하중 즉 고정하중, 활하중, 적설하중, 풍하중, 지진하중, 토압과 지하수압, 온도하중, 하중의 조합, 하중의 적용 등에 대하여 살펴본다.

제2장 건축물에 작용하는 하중

건축물은 그 용도에 따른 기능을 수행할 목적으로 세워진다. 즉, 특정한 기능을 충족하도록 공간을 둘러싸서 한정하여 형태를 만드는 것이다. 건축물의 가장 주된 기능은 공간의 전부 또는 일부를 외부의 기상조건으로부터 보호하는 일일 것이다.

둘러싸인 건축공간은 다양한 용도를 가지고 있다. 주거, 생산, 교육, 판매, 집회, 체육 등이 그 것이다. 따라서 다양한 용도에 따른 서로 다른 기능을 충족하기 위해서는 다양한 형태의 구조를 필요로 한다. 그러나 모든 구조물은 그 것이 존재한다는 단순한 이유만으로 여러 가지 하중을 받아야 하고 그 하중에 저항하여야 한다.

즉, 하중은 구조물로서는 피할 수 없는 상대이며, 하중에 저항하는 일이 구조의 가장 주된 목적이라 할 것이다.

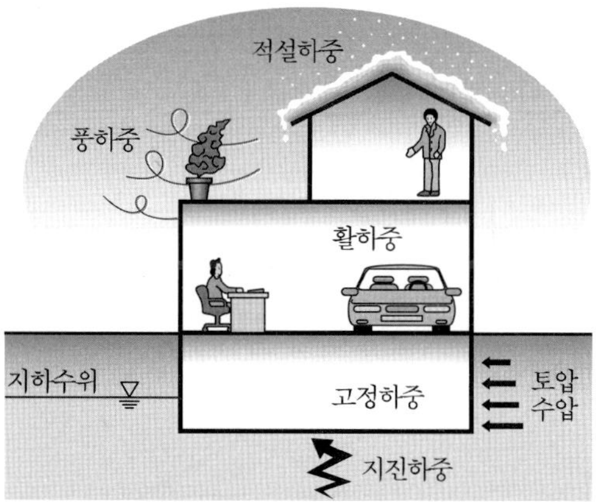

그림 2.0.1 건축물에 작용하는 하중(1)

건축구조물에 작용하는 하중을 추정하는 일은 매우 복잡한 문제이다. 건축구조물의 하중은 건축물의 공간구성과 형태, 건축재료, 건축물의 용도 등에 따라 달라진다. 동일 건축물에서도 시간에 따라 하중상태가 변할 수 있고, 경우에 따라서는 갑자기 변할 수도 있다.

건축구조물에 기본적으로 작용하는 하중으로는 건축물 자체의 무게인 고정하중과 건축물을 점유하여 사용함으로서 발생하는 활하중이 있다. 이러한 하중은 시간에 따라 급격하게 변하지 않기 때문에 정하중이라 하며, 또한 지구의 중력가속도에 의하여 중력방향으로 작용하기 때문에 중력하중이라고도 부른다.

다음으로 건축구조물에 적용하여야 하는 하중으로는 그 지역의 기상조건에 따라 달리 산정하여야 하는 적설하중과 풍하중이 있다. 적설하중과 풍하중은 과거의 기상관측 자료에 따라 건축물의 생애주기 동안 만나게 될 최대적설량과 최대풍속을 예측하여 이를 기준으로 하중의 크기를 산정하여 구조설계에 적용한다.

또한, 지진이 발생하는 지역에서는 건축물의 생애주기 동안 발생할 것으로 예상되는 최대지반가속도를 기준으로 지진하중을 산정하여 구조설계에 적용하고 있다.

적설하중, 풍하중, 지진하중 등은 자연에서 발생하는 물리적 현상을 하중 값으로 나타내어야 하므로 그 예측 방법이 간단하지 않다. 최대적설량, 최대풍속, 최대지반가속도 등을 정확하게 예측하는 일은 거의 불가능하므로, 우리는 과거의 관측기록과 지구환경의 변화 추세 등을 분석하여 한정된 범위 내에서 이러한 하중을 적용함으로써 최악의 피해를 방지하려는 노력을 계속하고 있는 것이다.

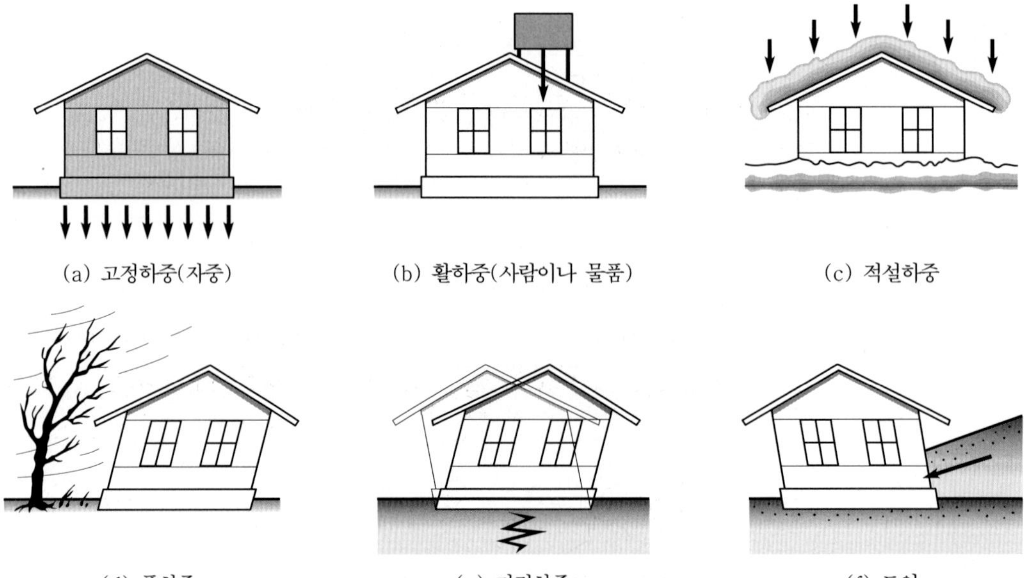

(a) 고정하중(자중) (b) 활하중(사람이나 물품) (c) 적설하중

(d) 풍하중 (e) 지진하중 (f) 토압

그림 2.0.2 건축물에 작용하는 하중(2)

건축구조기준에서는 건축구조물의 용도와 규모에 따라 중요도를 (특), (1), (2), (3)으로 분류하여 적설하중, 풍하중, 지진하중 등의 불확실한 자연 재해하중에 대해서는 중요도에 따라 하중의 크기를 달리 적용하도록 규정하고 있다. 이는 예상하지 못한 폭설, 강풍, 강진에 대해서도 중요도에 따라 건축물의 손상의 정도를 줄여서 인명과 재산의 피해를 최소화하기 위함이다.

2.1 고정하중

고정하중은 구조물 자체의 무게에 바닥마감, 천정, 고정칸막이, 고정설비장치 등 건축물의 생애주기 동안 항구적으로 부착된 물체의 무게로서 건축구조물에 항시 작용하는 가장 주된 하중의 하나이다. 고정하중은 그 크기와 작용 위치가 변하지 않고 고정되어 있으므로 붙인 이름이다.

고정하중은 건축구조물 자체의 무게이므로 재료의 단위중량과 부피로 비교적 정확하게 산정할 수 있지만, 구조설계를 시작하는 시점에서는 구조부재의 치수가 결정되지 않았으므로 그 값을 알 수 없다는 모순이 있다. 구조부재의 치수는 그 부재에 작용하는 여러 가지 하중에 따라 결정되는데 그 하중에 구조부재 자신의 무게가 포함되었기 때문이다. 즉 구조설계자는 구조부재의 치수를 가정하여 고정하중을 산정함으로써 구조설계를 시작할 수밖에 없다. 이러한 고정하중에 그 밖의 하중을 추가하여 부재의 강도를 검토한 후에야 그 가정이 옳았는지를 알 수 있다. 오랜 실무경험만이 구조설계의 수많은 가정에서 발생하는 시행착오를 줄일 수 있다.

고정하중은 건축구조물에 작용하는 가장 중요한 하중으로서 대개의 경우 구조부재의 치수를 결정하는데 가장 큰 비중을 차지한다.

건축구조물의 각 부분의 고정하중은 사용하는 재료의 밀도, 단위체적중량, 조합중량을 사용하여 산정한다. 고정하중 크기의 편차는 개개 구조물, 구조종별, 구조형식, 설계자 등의 영향을 받으므로 일률적으로 정하기 어렵다. 편차는 저층 콘크리트구조물에서는 비교적 크고, 고층 강구조물에서는 작다. 또한, 어느 정도로 정확하게 고정하중을 산정하려고 하는 설계자의 자세에 따라 달라질 수 있다. 건축구조물에 흔히 사용하는 재료의 단위체적중량을 다음 표에 나타내었다.

표 2.1.1 건축용 재료의 단위체적중량 (kN/m³)

재료명			단위중량	비 고
골재 충전재	인공경량 콘크리트골재	세골재	9-12	
		조골재	7-8	
	모래	건조	17	
		포수	20	
	자갈	건조	17	최대치수 25mm 17
		포수	21	최대치수 20mm 16.5
	잡석	건조	15	최대치수 20mm 14.5-15.5 (14-15.5)
		포수	19	( )는 고로 슬래그 잡석
	모래 혼합 자갈	건조	20	
		포수	23	
	퍼라이트	건조	0.2-5	
		포수	3	
콘크리트	보통콘크리트		23	
	경량 콘크리트 1종	fck (MPa) ≥21	19	경량 콘크리트 2종에서 경량 골재에 모래, 잡모래, 혹은 슬래그 모래를 첨가시킨 조합은 왼쪽 중량에 1-2를 증가시킨다.
		fck (MPa) 〈21	18.5	
	경량 콘크리트 2종	fck (MPa) ≥21	16	
		fck (MPa) 〈21	15.5	
	차폐음 콘크리트		22-60	
	보통 모르터		20	
	퍼라이트 모르터		10	시멘트 1 : 퍼라이트 3
	철근 콘크리트		24	보통 콘크리트 + 철근
	철골 철근 콘크리트		25	보통 콘크리트 + 철근 + 철골
금속	알루미늄		27	
	강 재		78.5	
	황동 및 청동		86	
유리	판유리		25	망입유리 (25)
	중공 유리 블럭		8	블록 치수에 위해 7-9
벽돌 타일	경량 벽돌		11	
	공동 벽돌		13	
	보통 벽돌		19	
	내화 벽돌		20	
	슬래그 벽돌		21	
	타일		22-24	내장용 도기질 타일 : 20 미만
콘크리트 제품	경량 기포 콘크리트 (ALC)		5-6	구조계산용 중량 6.5 kN/m³ (보강철근, 줄눈 모르터, 부착 철물 포함)
처리목재	집성재		5	
기 타	흙	건조	13	점토, 롬 (LOAM)류
		보통상태	16	
		포수	18	

2.2 활하중

활하중은 건축물을 점유하여 사용함으로써 바닥에 작용하는 하중으로 수시로 그 크기와 작용위치가 변하는 하중이다. 고정하중은 재료의 단위중량과 부피로 쉽고 정확하게 산정할 수 있지만, 활하중은 건축물의 용도와 사용 행태에 따라 그 크기와 작용위치가 빈번하게 변하기 때문에 이에 맞추어 일일이 활하중을 산정하기는 매우 번거로우며 정확하게 구하기도 쉽지 않은 일이다. 따라서 건축구조기준에서는 건축물의 용도에 따라 활하중의 크기를 정하여 구조설계에 간편하게 적용할 수 있도록 하고 있다. 즉 건축물의 바닥에 작용하는 활하중은 거주자, 가구 및 비품, 차량, 이동장비, 저장물 등의 무게와 배치형태에 따라 다르므로 건축구조기준에서는 이를 통계자료에 근거한 등가의 등분포활하중과 집중활하중으로 대치하고 있다.

등분포활하중과 집중활하중

건축물에는 실제로 고르게 받는 하중, 즉 등분포하중을 받는 바닥은 존재하지 않지만 바닥의 단위면적당 등가의 하중이 작용한다고 가정하여 등분포활하중을 정함으로써 하중산정을 간편하게 할 수 있는 것이다. 또한 건축물의 바닥에 작용하는 하중은 등분포하중보다는 오히려 집중하중에 가까우므로 건축구조기준에서는 이에 상응하는 집중활하중도 규정하여 바닥구조의 안전을 확인하도록 하고 있다. 이러한 하중은 관련 전문가들이 협의하여 정한 협정하중으로 일종의 가상하중이라 할 수 있다. 건축구조기준에서 규정한 등분포활하중과 집중활하중을 표 2.2.1과 표 2.2.2에 각각 수록하였다.

칸막이벽하중

사무실 또는 유사한 용도의 바닥에 설치하는 가동성 경량칸막이벽의 하중은 그 위치가 고정되지 않으므로 고정하중이 아닌 활하중으로 간주하여 전 바닥에 등분포한 것으로 보아 등분포활하중에 추가하여야 한다.

활하중의 저감

구조기준의 활하중은 매우 신중하게 보수적으로 정한 것으로서 이러한 하중이 건축물의 전 바닥에 동시에 작용한다고 가정하는 것은 비현실적인 과다한 하중 적용이 된다. 이러한 과다한 활하중을 적용하는 것을 피하기 위하여 구조기준에서는 각 구조부재가 지지하는 영향면적에 따라 활하중의 감소를 허용하고 있다. 활하중이 넓은 면적의 바닥과 여러 층에 동시에 작용할 가능성이 없기 때문에 이를 고려한 것이다.

지붕활하중

지붕을 특정한 용도로 점유하여 사용하지 않을 때, 즉 지붕 고유의 용도로만 사용할 때 지붕에 적용하는 하중이다. 지붕의 유지·보수 작업 시에 작용하는 작업자, 장비 및 자재 등에 의한 작업하중 또는 점유·사용과는 무관한 화분 또는 이와 유사한 소형 장식물 등 이동 가능한 물체에 의한 하중을 고려하기 위한 하중이다. 지붕활하중도 활하중과 마찬가지로 각 구조부재의 부하면적과 지붕의 물매에 따라 저감할 수 있다. 기본등분포 지붕활하중은 $1.0kN/m^2$이며 구조부재의 부하면적과 지붕의 물매에 따라 $0.6kN/m^2$까지 저감할 수 있다

유사활하중

바닥에 작용하는 하중이 아니면서 활하중으로 간주하여 적용하여야 하는 하중으로는 손스침하중, 고정사다리하중, 내벽횡하중 등이 있다.

- 손스침 하중 : 지붕, 발코니, 계단 등의 난간 손스침 부분에 대한 안전을 고려하여 수평방향으로 적용하는 등분포하중을 말한다.
- 고정사다리 하중 : 건축물의 벽면에 설치한 고정사다리에 대한 안전을 고려하여 사다리의 가로대에 적용하여야 하는 하중이다.
- 내벽 횡하중 : 건축물 내부에 설치되는 높이 1.8m 이상의 각종 내벽은 벽면에 직각방향으로 작용하는 소정의 등분포하중에 대하여 안전하도록 설계하여야 한다. 다만, 이동성 경량칸막이벽 및 이와 유사한 벽은 해당하지 않는다.

표 2.2.1 기본등분포활하중(단위 : kN/m²)

용 도			등분포 활하중
1	주택	주거용 건축물의 거실 공동주택의 공용실	2.0 5.0
2	병원	병실 수술실, 공용실, 실험실 1층 외의 모든 층 복도	2.0 3.0 4.0
3	숙박시설	객실 공용실	2.0 5.0
4	사무실	일반 사무실 특수용도사무실 문서보관실 1층 외의 모든 층 복도	2.5 5.0 5.0 4.0
5	학교	교실 일반 실험실 중량물 실험실 1층 외의 모든 층 복도	3.0 3.0 5.0 4.0
6	판매장	상점, 백화점 (1층) 상점, 백화점 (2층 이상) 창고형 매장	5.0 4.0 6.0
7	집회 및 유흥장	모든 층 복도 무대 식당 주방 극장 및 집회장 (고정 좌석) 집회장 (이동 좌석) 연회장, 무도장	5.0 7.0 5.0 7.0 4.0 5.0 5.0
8	체육시설	체육관 바닥, 옥외경기장 스탠드 (고정 좌석) 스탠드 (이동 좌석)	5.0 4.0 5.0
9	도서관	열람실 서고 1층 외의 모든 층 복도	3.0 7.5 4.0
10	주차장 및 옥외 차도1)	총중량 30kN이하의 차량 (옥내) 총중량 30kN이하의 차량 (옥외) 총중량 30kN초과 90kN이하의 차량 총중량 90kN 초과 180kN이하의 차량 옥외 차도와 차도 양측의 보도	3.0 5.0 6.0 12.0 12.0
11	창고	경량품 저장창고 중량품 저장창고	6.0 12.0
12	공장	경공업 공장 중공업 공장	6.0 12.0
13	지붕	점유·사용하지 않는 지붕(지붕활하중) 산책로 용도 정원 또는 집회 용도 출입이 제한된 조경 구역 헬리콥터 이착륙장	1.0 3.0 5.0 1.0 5.0
14	기계실	공조실, 전기실, 기계실 등	5.0
15	광장	옥외광장	12.0
16	발코니	출입 바닥 활하중의 1.5배 (최대 5.0kN/m²)	
17	로비 및 복도	로비, 1층 복도 1층 외의 모든 층 복도 (병원, 사무실, 학교, 집회 및 유흥장, 도서관은 별도 규정)	5.0 출입 바닥 활하중
18	계단	단독주택 또는 2세대 거주 주택 기타의 계단	2.0 5.0

표 2.2.2 기본집중활하중(단위 : kN)

<table>
<tr><th colspan="4">용 도</th><th>집중
활하중</th><th>하중접촉면
(m×m)</th></tr>
<tr><td>1</td><td>병원</td><td colspan="2">병실
수술실, 공용실, 실험실
로비와 모든 복도</td><td>10.0</td><td>0.75×0.75</td></tr>
<tr><td>2</td><td>사무실</td><td colspan="2">일반 사무실
특수용도사무실
문서보관실
로비와 모든 복도</td><td>10.0</td><td>0.75×0.75</td></tr>
<tr><td>3</td><td>학교</td><td colspan="2">교실
일반 실험실
중량물 실험실
로비와 모든 복도</td><td>5.0</td><td>0.75×0.75</td></tr>
<tr><td>4</td><td>판매장</td><td colspan="2">상점, 백화점 (1층)
상점, 백화점 (2층 이상)
창고형 매장</td><td>5.0</td><td>0.75×0.75</td></tr>
<tr><td>5</td><td>도서관</td><td colspan="2">열람실
서고
로비와 모든 복도</td><td>5.0</td><td>0.75×0.75</td></tr>
<tr><td rowspan="4">6</td><td rowspan="4">주차장
및
옥외 차도1)</td><td colspan="2">총중량 30kN이하의 차량</td><td>15.0</td><td>0.12×0.12</td></tr>
<tr><td colspan="2">총중량 30kN초과 90kN이하의 차량</td><td>36.0</td><td>0.12×0.12</td></tr>
<tr><td colspan="2">총중량 90kN초과 180kN이하의 차량</td><td>54.0</td><td>0.25×0.60</td></tr>
<tr><td colspan="2">옥외 차도와 차도 양측의 보도</td><td>54.0</td><td>0.25×0.60</td></tr>
<tr><td rowspan="2">7</td><td rowspan="2">공장</td><td colspan="2">경공업 공장</td><td>10.0</td><td>0.75×0.75</td></tr>
<tr><td colspan="2">중공업 공장</td><td>15.0</td><td>0.75×0.75</td></tr>
<tr><td rowspan="5">8</td><td rowspan="5">지붕</td><td colspan="2">유지·보수 작업자의 하중을 받는
모든 지붕</td><td>1.5</td><td>0.75×0.75</td></tr>
<tr><td rowspan="2">헬리콥터
이착륙장</td><td>최대허용이륙하중
20kN 이하</td><td>28.0</td><td>0.20×0.20</td></tr>
<tr><td>최대허용이륙하중
60kN 이하</td><td>84.0</td><td>0.30×0.30</td></tr>
<tr><td rowspan="2">작업장 상부에
노출된 지붕의
주 구조재 및
트러스 하현재
절점</td><td>공장, 창고, 자동차 정비소
등의 용도의 상부 지붕</td><td>10.0</td><td>-</td></tr>
<tr><td>기타 용도의 상부
지붕</td><td>1.5</td><td>-</td></tr>
<tr><td>9</td><td>계단</td><td colspan="2">계단 디딤판</td><td>1.5</td><td>0.05×0.05</td></tr>
</table>

2.3 적설하중

적설하중은 쌓인 눈의 중량에 의하여 건축물에 작용하는 하중이며 100년 재현주기의 지상적설량에 따라서 건축구조기준에서 정한 지역별 지상적설하중을 기본으로 하여 다음의 여러 가지 계수를 적용하여 산정하는 중력하중이다.

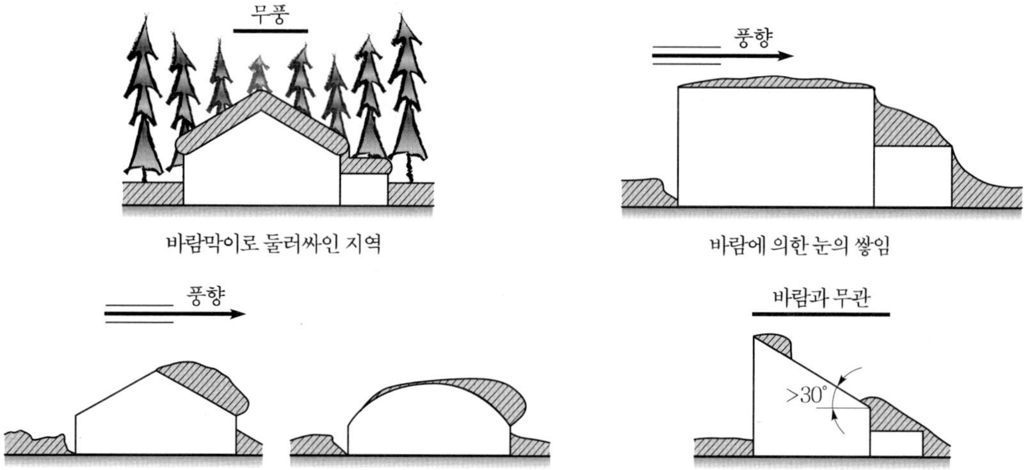

그림 2.3.1 적설하중의 형태

기본지상적설하중 S_g

건축구조기준에서 규정한 지역별 100년 재현주기의 기본지상적설하중은 다음 표와 같다.

표 2.3.1 기본지상적설하중 S_g

지 역	지상적설하중 (kN/m^2)
서울, 수원, 춘천, 서산, 청주, 대전, 추풍령, 포항, 군산, 대구, 전주 울산, 광주, 부산, 통영, 인천, 여수, 제주, 서귀포, 진주, 이천	0.5
정읍	0.65
목포	0.7
속초	2.5
강릉	3.0
울릉도, 대관령, 독도	10.0

노출계수 C_e

건축물의 주변 환경에 따라 바람의 영향이 달라서 지붕에 쌓이는 눈의 깊이가달라지므로 이를 고려하는 계수로서 다음 표와 같이 적용한다.

표 2.3.2 노출계수

주변 환경	C_e
A. 모든 면의 바람막이가 없이 노출된 지붕이 있고 거센바람이 부는 지역	0.8
B. 약간의 바람막이가 있고 거센바람이 부는 지역	0.9
C. 주변환경에 의해 바람에 의한 설하중의 감소를 기대할 수 없는 위치	1.0
D. 바람의 영향이 많지 않은 지역 및 주변환경에 의해 지붕에 바람막이가 있는 지역	1.1
E. 바람의 영향이 거의 없는 조밀한 숲 지역으로서, 촘촘한 침엽수 사이에 위치한 지붕	1.2

온도계수 C_t

난방을 하는 구조물과 난방을 하지 않는 구조물은 눈이 녹아내리는 량이 다르므로 이를 고려하는 계수이다.

표 2.3.3 온도계수

난방 상태	C_t
난방 구조물(설하중 제어구조)	1.0
비난방 구조물(설하중 비제어구조)	1.2

중요도계수 I_s

건축물의 중요도에 따라서 적설하중을 다르게 적용하여 예상하지 못한 폭설에 대해서도 중요도가 높은 구조물의 손상을 방지하기 위한 계수이다.

표 2.3.4 중요도계수

중요도	특	1	2	3
중요도계수(I_s)	1.2	1.1	1.0	0.8

평지붕적설하중 S_f

평지붕에 작용하는 적설하중은 위에서 설명한 여러 계수들을 적용하여 다음과 같이 산정하여 적용한다. 다음 식에서 기본지붕적설하중계수 C_b는 일반적으로 0.7로 한다.

$$S_f = C_b \cdot C_e \cdot C_t \cdot I_s \cdot S_g (\mathrm{kN/m^2})$$

이 식에 따라 서울 지역의 평지붕적설하중을 가장 큰 값의 노출계수, 온도계수, 중요도계수를 적용하여 산정하면 다음과 같다.

$$S_f = (0.7)(1.2)(1.2)(1.2)(0.5) = 0.60\mathrm{kN/m^2}$$

이 값은 지붕활하중을 저감할 수 있는 최소값 $0.6\mathrm{kN/m^2}$과 같으므로 기본지상적설하중이 $0.5\mathrm{kN/m^2}$인 서울을 비롯한 대부분의 지역은 평지붕적설하중을 적용할 필요가 없다.

경사지붕과 곡면지붕의 적설하중

경사지붕과 곡면지붕의 적설하중은 지붕의 경사도가 클수록 바람의 영향을 많이 받을수록 감소된다. 또한, 이러한 경사지붕의 눈은 미끄러져 내리거나 녹아 흘러 내려서 쉽게 없어진다. 경사지붕에서 미끄러져 감소하는 눈은 지붕 윗부분과 아랫부분의 장애물 유・무, 지붕의 온도 및 지붕 표면의 미끄러짐과 관련이 있다. 경사지붕과 곡면지붕의 적설하중은 평지붕적설하중에 경사도계수를 곱하여 구하는데, 경사도계수는 1.0~0의 범위에 있다. 경사지붕과 곡면지붕의 적설하중은 평지붕적설하중 이하이므로, 기본지상적설하중이 $0.5\mathrm{kN/m^2}$인 서울을 비롯한 대부분의 지역은 경사지붕과 곡면지붕의 적설하중 또한 적용할 필요가 없다.

지붕의 불균형적설하중

지붕의 불균형적설하중은 햇빛에 의한 열이나 바람으로 인하여 발생할 수 있다. 바람이 불어오는 부분에는 적설하중이 감소되지만 반대방향에는 적설하중이 증가되는 경향이 있다. 그러나 바람의 방향을 정확히 알 수 없기 때문에 지붕의 불균형적설하중은 일반적으로 모든 방향으로부터 불어오는 바람을 고려하여 산정한다.

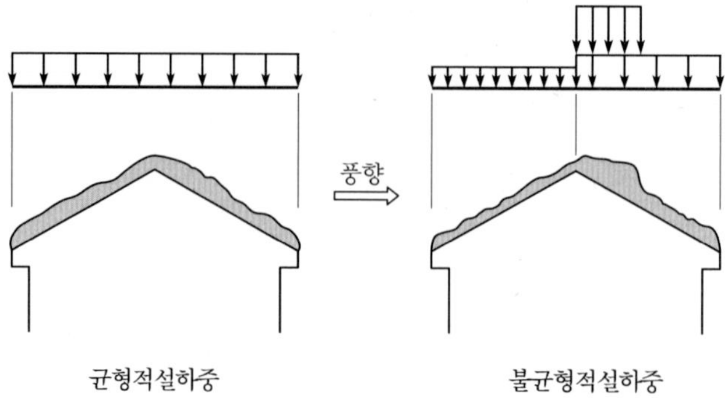

그림 2.3.2 경사지붕의 적설하중

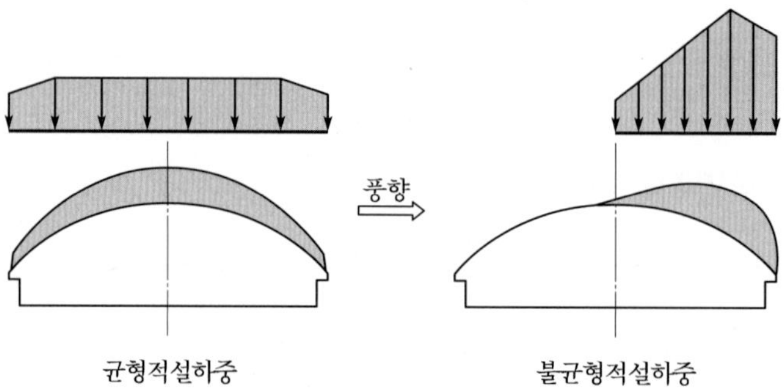

그림 2.3.3 곡면지붕의 적설하중

지붕의 국부적설하중

지붕의 적설하중을 산정할 때, 바람에 의하여 국부적으로 쌓이는 눈의 퇴적량을 고려하여야 한다. 눈은 높은 쪽에 위치한 지붕이나 높은 쪽 주위 지형에서 바람의 반대방향의 지붕에 쌓이며, 파라펫 주위에서도 같은 현상이 발생한다. 낮은쪽 지붕은 구조물의 높은쪽 부분의 6m이내의 거리에 있는 인접구조물이나 주변 지형에 의해 영향을 받게 된다.

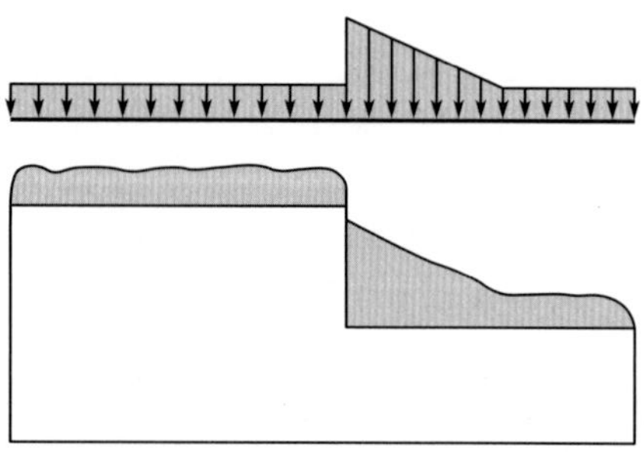

그림 2.3.4 지붕의 국부적설하중

2.4 풍하중

풍하중은 바람에 의하여 건축구조물의 벽면과 지붕면에 작용하는 하중이며 건축물이 위치한 지역의 풍속에 따라 정한 기본풍속을 기본으로 하여 산정한다. 이 기본풍속은 100년 재현주기의 태풍에 대하여 평탄한 지형의 지상 10m 높이에서의 10분간 평균풍속이다. 이는 태풍 시에 기상청에서 발표하는 순간최대풍속보다 작은 값임을 유의하여야 한다.

불규칙적으로 변하는 대기압에 의하여 지표면을 따라 발생하는 공기의 흐름을 바람이라 한다. 모든 건축구조물은 지표면에 세워지므로 바람에 의한 하중을 피할 수 없다. 바람이 부는 경로에 건축물이 있으면 바람은 건축물의 주위와 위로 돌아서 흘러 나가게 된다. 이때의 바람의 흐름은 바람의 속도와 건축물의 형상에 따라 다르게 된다. 이러한 바람의 흐름의 변화는 그 원인이 되는 건축물에 하중으로 작용하게 된다. 건축물 주변의 바람의 흐름은 매우 복잡하지만 풍하중은 벽면과 지붕면에 수직으로 작용하는 것으로 본다.

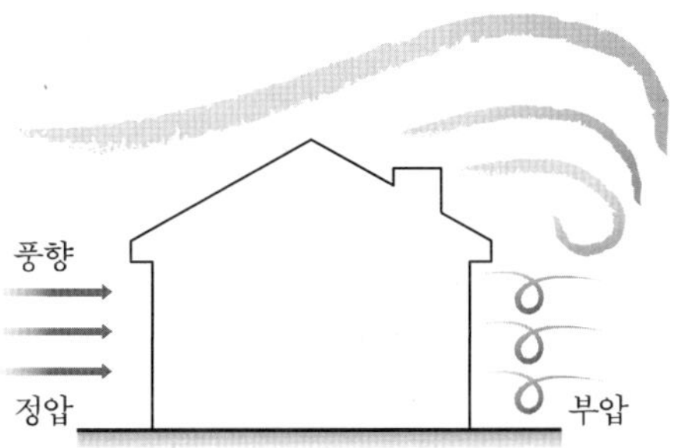

그림 2.4.1 풍하중

건축물에 작용하는 풍하중을 산정하기 위한 설계풍속은 다음 사항을 고려하여 산정한다.

설계풍속 V_z

설계풍속은 건축물이 위치한 지점의 풍속에 영향을 미치는 자연적 요소와 건축물의 중요도에 따른 인위적 요소를 고려하여 산정한다. 자연적 요소로서는 건축물의 지리적 위치에 따른 기본풍속, 건축물 주변의 지표면 상황(지표면조도)와 지표면으로 부터의 높이에 따라 정하는 고도분포계수, 건축물 주변의 지형의 상태에 따라 정하는 지형계수 등이 있으며, 인위적 요소로서는 건축물의 중요도에 따라 정한 중요도계수가 있다. 설계풍속은 다음 식과 같이 기본풍속 V_0에 풍속고도분포계수 K_{zr}, 지형계수 K_{zt}, 중요도계수 I_w를 곱하여 산정한다.

$$V_z = V_0 \cdot K_{zr} \cdot K_{zt} \cdot I_w$$

기본풍속 V_0

건축물이 위치한 지역에 따라 건축구조기준에서 정한 100년 재현주기에 대한 10분간 평균풍속을 적용한다.

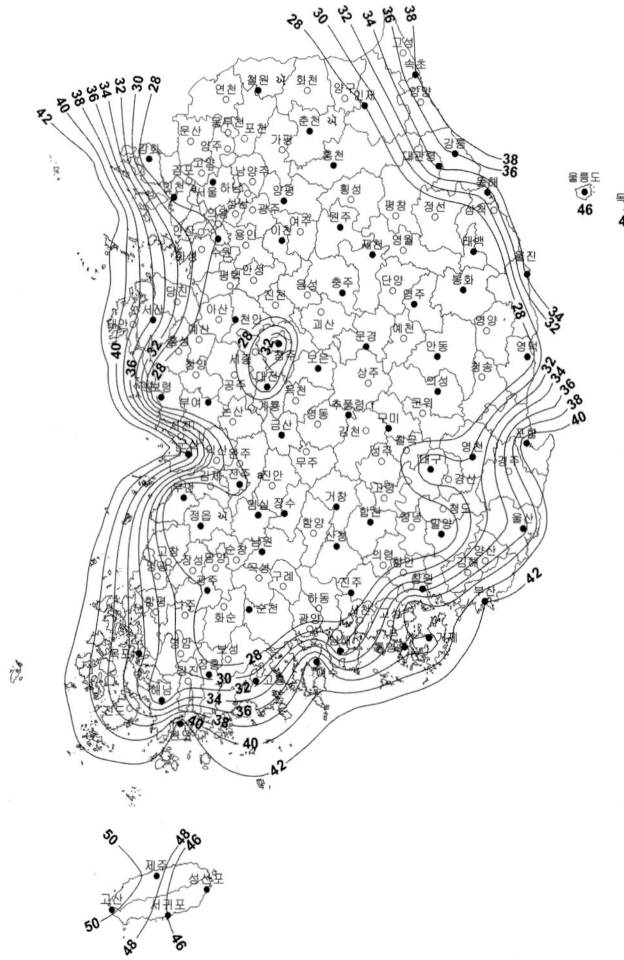

그림 2.4.2 500년 재현기간에 대한 기본풍속 V_0 (m/s)

풍속고도분포계수 K_{zr}

지표면 부근의 바람은 지표면과의 마찰 때문에 높이에 따라서 풍속이 변한다. 따라서, 지표면으로 부터의 높이에 따른 풍속의 크기와 분포상태는 건축물 주변지역의 지표면 상태 즉 지표면조도에 따라 달라진다. 그림에서 보는 바와 같이 풍속은 고도가 높아질수록 증가하는데 그 증가율은 지표면조도에 따라 달라진다. 즉, 지표면조도가 거칠수록 최대풍속 V_{max}에 도달하는 고도가 높아진다. 풍속고도분포계수는 이러한 사항을 반영하여 높이에 따른 풍속을 산정하기 위한 계수이다.

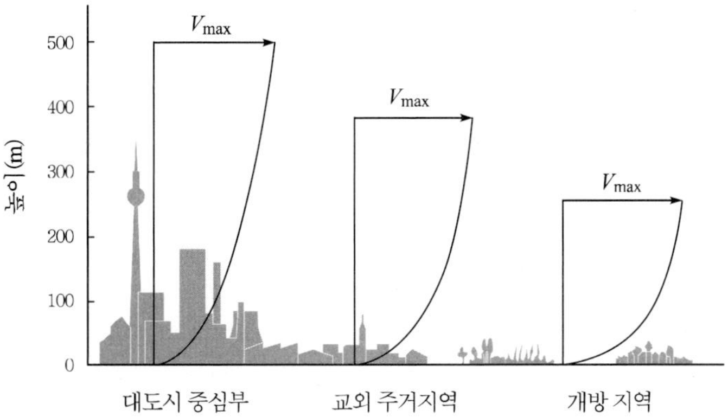

그림 2.4.3 지표면의 조도에 따른 풍속의 고도분포

지표면조도

풍속고도분포계수에 영향을 미치는 지표면조도는 다음 표와 같이 주변지역의 건물 또는 장애물의 높이와 분포 상태에 따라 A, B, C, D의 4단계로 구분한다. 주변지역이 대도시 중심부로서 10층 이상의 대규모 고층건물이 밀집한 지역을 가장 거친 상태의 지표면조도 A로, 높이 3.5m 정도의 단독주택과 같은 건축물이 밀집한 지역 또는 이 보다 높은 중층 건축물이 산재한 지역을 B로, 높이 1.5m~10m 정도의 장애물 또는 저층 건축물이 산재한 지역을 C로, 주변지역의 지표면 상태가 장애물이 거의 없거나 장애물의 평균높이가 1.5m 이하인 지역 또는 해안, 초원, 비행장인 경우를 가장 평탄한 상태의 지표면조도 D로 구분하여 적용한다. 지표면조도가 평탄한 상태일수록 최대풍속 V_{max}에 도달하는 고도가 낮아지므로 풍속고도분포계수가 커져서 설계풍속이 높게 산정된다.

표 2.4.1 지표면조도구분

지표면조도구분	주변지역의 지표면 상태
A	대도시 중심부에서 10층 이상의 대규모 고층건축물이 밀집해 있는 지역
B	수목·높이 3.5m 정도의 주택과 같은 건축물이 밀집해 있는 지역 중층건물(4~9층)이 산재해 있는 지역
C	높이 1.5~10 m 정도의 장애물이 산재해 있는 지역 수목·저층건축물이 산재해 있는 지역
D	장애물이 거의 없고, 주변 장애물의 평균높이가 1.5m 이하인 지역 해안, 초원, 비행장

그림 2.4.4 지표면조도 A - 고층건축물이 밀집한 대도시 중심부

그림 2.4.5 지표면조도 B - 저층건축물이 밀집한 교외 주거지역

그림 2.4.6 지표면조도 C - 높이 10m 이하의 장애물이 산재한 지역

그림 2.4.7 지표면조도 D - 해안 지역

지형계수 K_{zt}

산의 능선이나 정상, 언덕, 경사지, 절벽 등에서는 국지적인 지형의 영향으로 풍속이 증가하는데 이를 고려하기 위한 계수로서 평탄한 지형의 풍속에 대한 비율이다. 지형계수는 바람의 방향과 지형의 기울기 등의 형상에 따라 산정하며 다음 그림과 같은 범위에 적용한다.

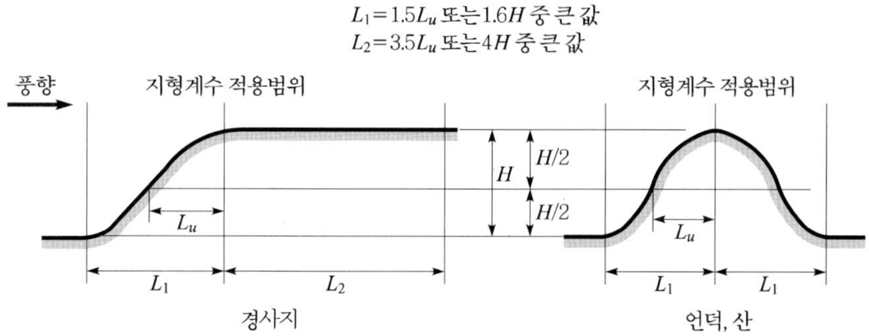

그림 2.4.8 지형계수 적용범위

중요도계수 I_w

풍속은 그 재현주기가 길수록 기대 값이 커진다. 건축물의 생애주기에 비하여 긴 재현주기의 풍속을 설계풍속으로 하여 풍하중을 산정하면 안전하기는 하지만 경제성이 없다. 반면에, 건축물의 생애주기보다 짧은 재현주기의 풍속을 설계풍속으로 하면 건축물의 생애주기 중에 설계풍속보다 큰 강풍을 받을 가능성이 있어어 안전성에 문제가 있다. 따라서 건축물의 생애주기에 따른 안전율 개념을 나타내는 중요도계수를 건축물의 중요도에 따라 달리 선정하여 사용한다.

표 2.4.2 중요도계수

중요도 분류	초고층 건축구조물	특	1	2	3
중요도계수 (I_w)	1.05	1.00		0.95	0.90

주) 35층 이상, 100m 이상인 건축물 또는 세장비가 5 이상인 건축물 및 공작물의 중요도계수 I_w 는 1.1 이상으로 한다.

주골조설계용 풍하중

주골조는 건축물의 노출된 모든 면에 작용하는 풍하중을 지지하여 건축물 전반에 걸친 안전성과 안정성을 유지하는 구조부재의 집합체를 말한다. 즉, 건축물 전체에 작용하는 풍하중을 지반으로 전달하는 구조골조 또는 이와 함께 거동하는 구조부재의 집합체이다. 가새골조, 전단벽, 지붕가새, 바닥격막 등의 구조요소를 전반적인 풍하중을 전달하는 구조부재로 사용한다면 이를 주골조의 일부로 보아야 한다. 건축물의 지붕면 또는 벽면에는 시간에 따라 변동하는 풍압이 작용하고 이에 따라 건축물은 임의의 순간에 최대의 변위가 발생한다. 주골조설계용 풍하중이란 건축물의 순간최대변위와 동일한 변위를 일으키는 등가의 정적하중을 말한다.

외장재설계용 풍하중

외장재는 풍압을 직접 받는 지붕과 벽면의 마감재와 마감재에 작용하는 풍압을 주골조로 전달하는 2차부재인 중도리와 띠장을 말한다. 이러한 외장재는 주골조에 비하여 고유진동수가 매우 크기 때문에 풍압에 대한 응답이 고주파 영역에서 발생한다. 이러한 순간적인 응답특성을 반영하기 위해서는 평가시간이 긴 평균풍압이 아닌 평가시간이 매우 짧은 순간풍압에 근거한 피크외압계수를 사용하여 풍하중을 산정한다. 피크외압계수는 벽면과 지붕면의 모서리 부분에서 더 크기 때문에 벽면과 지붕면의 위치에 따라 풍하중을 달리 적용하여야 한다.

설계속도압 q_z

속도압은 바람의 운동에너지에 의하여 건축물의 벽면과 지붕면에 작용하는 압력을 말한다. 속도압은 공기의 밀도에 비례하고 풍속의 제곱에 비례한다. 설계풍속은 지표면으로 부터의 높이가 높을수록 크기 때문에 설계속도압은 높이에 따라 증가하는 풍하중 산정에 기본이 되는 값이다. 높이에 따른 설계속도압 q_z는 다음 식으로 산정한다.

$$q_z = \frac{1}{2}\rho V_z^2 \ (\mathrm{N/m^2})$$

여기서, ρ : 공기밀도 $1.22\,\mathrm{kg/m^3}$ 적용

V_z : 높이 z에 대한 설계풍속 (m/s)

강체구조물과 유연구조물 : 주골조설계용 풍하중은 바람의 난동에 의하여 발생하는 건축물의 풍방향 진동을 가스트영향계수에 따라 등가정적하중으로 평가한 것이다.

가스트영향계수는 바람에 의한 건축물의 최대변위와 평균변위의 비로 정의한다. 따라서 건축물의 바람에 의한 최대변위는 평균풍하중에 가스트영향계수를 곱한 등가정적 풍하중에 의한 변위를 산정하여 평가할 수 있다. 바람에 의한 풍방향진동의 동적효과는 바람의 난동에 의한 직접적인 효과와 바람과 건축물의 동적 상호작용, 즉 공진에 의한 부가적인 하중효과의 합으로 나타낼 수 있다. 바람과 건축물의 공진효과는 건축물의 고유진동수가 작을수록 커진다. 이러한 공진효과의 크고 작음에 따라 건축물을 강체구조물과 유연구조물로 구분하여 서로 다른 방법으로 가스트영향계수를 산정하여야 한다.

강체구조물은 건축물의 고유진동수가 1Hz를 초과하거나 바람과 건축물의 공진효과에 의한 부가적인 하중효과를 무시할 수 있는 구조물로서 공진효과를 고려하지 않은 가스트영향계수를 사용하여 풍하중을 산정한다.

유연구조물은 건축물의 고유진동수가 1Hz 이하이거나 바람과 건축물의 공진효과에 의한 부가적인 하중효과를 고려하여야 하는 구조물로서 공진효과를 고려한 가스트영향계수를 사용하여 풍하중을 산정한다.

설계풍압

설계풍압은 건축물의 벽면과 지붕면에 작용하는 바람에 의한 압력으로 여기에 바람을 받는 면적을 곱하여 풍하중을 산정한다. 설계풍압은 건축물의 형상과 벽면의 위치(풍상벽, 풍하벽, 측벽), 지붕의 형상(평지붕, 경사지붕, 곡면지붕)과 위치(풍상면, 풍하면)에 따라 해당 설계속도압에 해당 풍압계수(외압계수, 내압계수)를 곱하여 산정한다. 이 때 풍상벽의 설계속도압은 높이에 따라 증가하고 풍하벽과 측벽의 설계속도압은 높이에 따라 변하지 않는 일정한 값(지붕면의 평균높이에 대한 설계속도압)으로 하여 설계풍압을 산정한다. 또한, 지붕면의 설계풍압과 내압은 지붕면의 평균높이에 대한 설계속도압을 사용하여 산정한다. 동일한 벽면 또는 지붕면에 외압과 내압이 동시에 작용할 경우에는 이들의 벡터 합으로 설계풍압을 구한다.

풍압계수

풍압계수는 건축물의 벽면과 지붕면에 작용하는 설계풍압을 산정하기 의하여 설계속도압에 곱하는 계수로서 외압계수와 내압계수가 있다.

외압계수

외압계수는 벽면과 지붕면의 외부에 작용하는 설계풍압(외압)을 산정하기위한 계수이다. 사각형 평면을 가진 건축물에서, 풍상벽과 측벽의 외압계수는 평면의 길이에 대한 폭의 비에 관계없이 일정한 값을 가지며, 풍하벽의 외압계수는 평면의 길이에 대한 폭의 비에 따라 달라진다. 경사지붕의 외압계수는 지붕면의 위치(풍상면, 풍하면), 바람의 방향, 지붕면평균높이에 대한 길이 또는 폭의 비, 지붕의 경사각 등에 따라 달라진다. 곡면지붕의 외압계수는 처마높이, 지붕의 높이에 대한 경간의 비, 지붕면의 위치에 따라 다르게 적용하여야 한다.

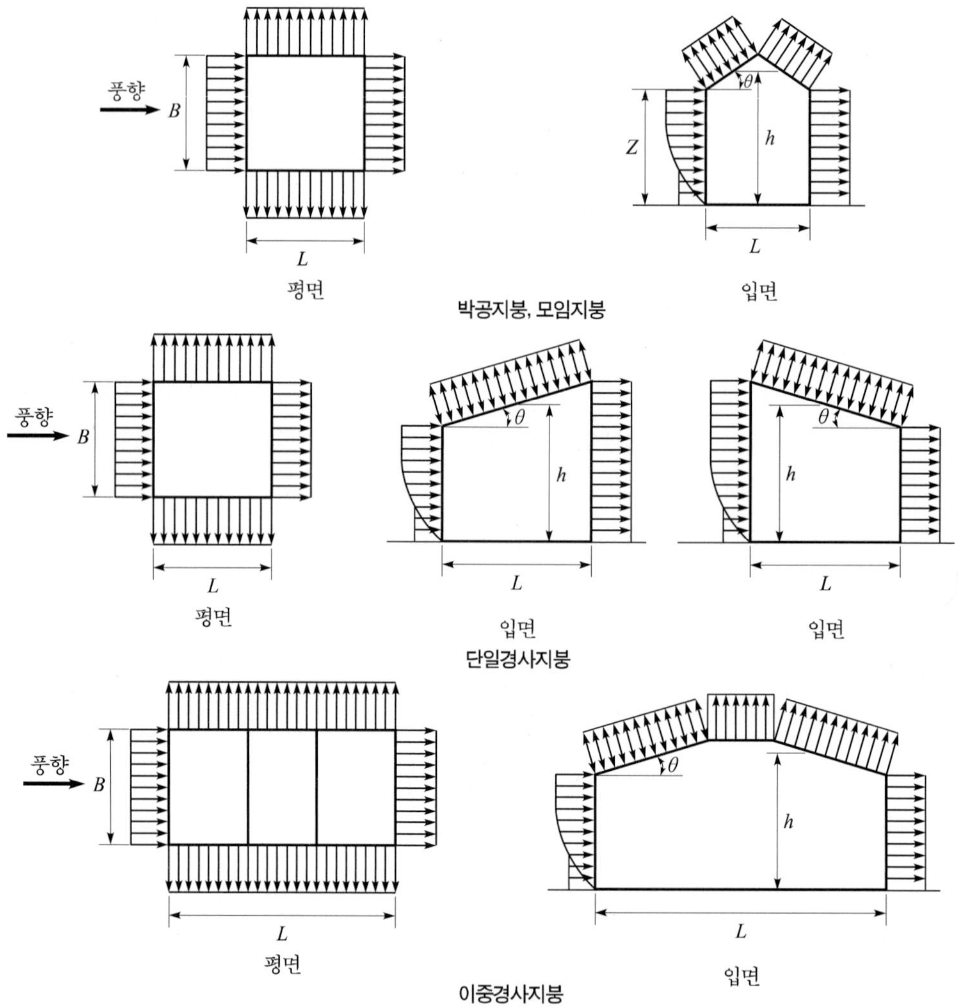

그림 2.4.9 주골조설계용 풍하중 – 외압

내압계수

건축물의 외벽에는 일반적으로 많은 틈새 또는 개구부가 존재하여, 바람에 의하여 외부와 내부의 압력차이가 발생하면, 그 틈새 또는 개구부를 통하여 공기가 내부로 유입되어 벽면과 지붕면에 작용하는 건축물 내부의 압력(내압)이 변화하게 된다. 이러한 내압을 산정하기 위한 계수를 내압계수라 하며, 건축물의 밀폐의 정도에 따라 다른 값을 가지며 일반적으로 정압과 부압이 존재한다. 내압계수는 내압가스트영향계수와 함께 지붕면평균높이에 대한 설계속도압에 곱하여 벽면과 지붕면에 대한 내부 설계풍압을 산정한다.

여기서 다음과 같은 건축구조물의 풍하중을 간단히 산정해 본다.

· 위치 : 서울
· 용도 : 사무소
· 층수 : 지상 20층
· 지상높이 : 80m

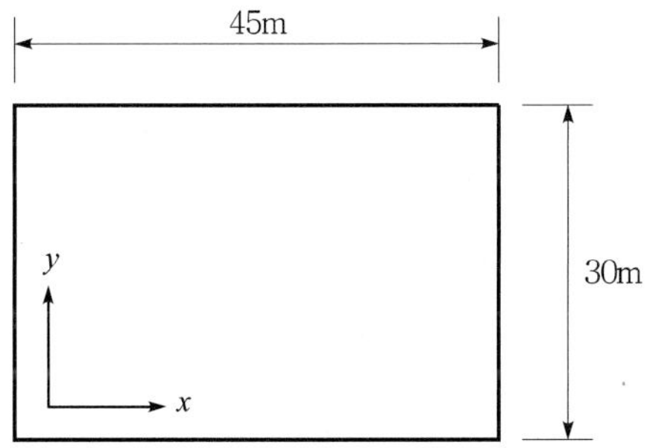

그림 2.4.10 건물의 평면 치수

풍하중 산정용 기본조건

· 기본풍속 : $V_0 = 28\,\mathrm{m/sec}$ (서울)
· 지표면조도구분 : B
· 지형계수 : $K_{zt} = 1.0$ (평탄한 지형)
· 중요도계수 : $I_w = 1.0$ (사무소 용도)

• 가스트영향계수 G_f

별도로 산정한 결과 이 건물은 강체구조물이며 가스트영향계수는 다음과 같다.

x-방향 : 2.30

y-방향 : 1.99

- 최상층의 설계풍속

$I_w = 1.0$, $K_{zt} = 1.0$ 이므로 V_Z 는 K_{zr}에 따라서 값이 달라진다. K_{zr}은 지표면조도구분 B에서 15m이하인 경우에는 0.81, 15m초과 400m이하에서는 $0.45 \times z^{0.22}$ (z : 지표면으로부터의 높이) 이므로 최상층($z = 80$m)의 설계풍속은 다음과 같이 산정한다.

$$V_z = V_0 K_{zr} K_{zt} I_w$$
$$= (28)(0.45 \times 80^{0.22})(1.0)(1.0)$$
$$= 33.0 \text{ m/sec}$$

- 최상층의 설계속도압

$$q_z = \frac{1}{2}\rho V_z^2 = \frac{1}{2}(1.22)(33.0)^2 = 664 \text{ N/m}^2$$

$$q_H = \frac{1}{2}\rho V_H^2 = \frac{1}{2}(1.22)(33.0)^2 = 664 \text{ N/m}^2$$

여기서 ρ는 공기밀도로 균일하게 1.22kg/m^3를 적용한다.

외압계수

각 방향에 대한 외압계수는 다음과 같이 산정되었다.

	D (m)	B (m)	풍상벽	풍하벽
X 방향	45	30	0.8	-0.4
Y 방향	30	45	0.8	-0.5

- 최상층의 X방향 설계풍압

가스트 영향계수가 2.30이고 외압계수가 0.8, -0.4이므로 다음과 같이 구해진다.

$$p_f = G_f(q_z C_{pe1} - q_H C_{pe2})$$
$$= 2.30[(664)(0.8) - (664)(-0.4)]$$
$$= 1{,}833 \text{ N/m}^2$$
$$= 1.8 \text{ kN/m}^2$$

- 최상층의 Y방향 설계풍압

가스트 영향계수가 2.09이고 외압계수가 0.8, -0.5이므로 다음과 같이 구해진다.

$$\begin{aligned} p_f &= G_f\,(q_z\,C_{pe1} - q_H\,C_{pe2}) \\ &= 1.99\,[(664)(0.8) - (664)(-0.5)] \\ &= 1.7\mathrm{kN/m^2} \end{aligned}$$

2.5 지진하중

지진하중은 지진으로 인하여 발생하는 지반운동에 의하여 구조물에 작용하는 일종의 관성력이다. 즉, 그림과 같이 구조물을 지지하는 지반이 지진에 의한 지반운동가속도로 인하여 갑자기 움직이게 되면 관성의 법칙에 의하여 정지해 있던 구조물에 지반운동과 반대방향의 관성력이 발생하게 되는 것이다. 이는 그림과 같이 자동차 위에 사람이 서있을 때 자동차가 갑자기 출발하면 반대방향으로 관성력이 작용하여 넘어지게 되는 현상을 연상하면 쉽게 이해할 수 있을 것이다. 자동차를 지반으로, 사람을 건물이라고 가정하여 지진이 발생할 때 관성력에 의해 건물에 수평방향 지진하중이 발생하는 것으로 이해하면 된다.

그림 2.5.1 지진하중

물체에 작용하는 힘은 잘 알려진 바와 같이 뉴턴의 제2법칙에 따라서 질량과 가속도에 비례한다.(제1장 식(1.4.27) 참조)

따라서 무거운 구조물일수록, 작용하는 가속도가 클수록 큰 지진하중이 작용하게 된다. 지진하중을 발생시키는 지반가속도를 정의하는 데는 재현주기라는 표현을 사용한다. 예를 들어서 500년 재현주기라 하면 500년에 한 번 꼴로 발생하는 지진이며, 2400년 재현주기라고 하면 2400년에 한 번 정도 발생하는 드문 지진이라는 의미이다. 재현주기가 클수록, 다시 말해서 드물게 발생하는 지진일수록 지진의 세기는 강하다고 할 수 있다.

건축구조기준에서는 한반도에서 2400년에 한 번 정도 발생할 것으로 예상되는 지진을 기준으로 지진하중을 산정하도록 하고 있다. 이러한 지진의 세기는 MM진도 VII~VIII 수준으로 볼 수 있으며, 해외의 통계를 참조할 때 리히터규모로는 대략 6.0 정도가 된다고 할 수 있다. 단, 진도와 규모 사이의 관계는 그 편차가 워낙 크기 때문에 이를 단정적으로 말할 수는 없다.

우리나라는 1905년에 지진계측이 시작된 이래로 인명에 심각한 피해를 준 지진은 아직 발생하지 않았기 때문에 내진설계에 직접적으로 참조할 만한 지진기록이 없다고 할 수 있다. 그러나 조선시대의 지진기록 중에는 성곽과 건물이 무너졌다는 기록을 여러 곳에서 찾을 수 있어서, 우리나라가 지진으로부터 안전한 지역이 아님을 잘 보여주고 있다. 따라서 우리나라의 지진하중은 계측된 지진기록 외에도 역사기록에 나와 있는 역사지진의 피해 기록을 참고하여 결정되었다.

내진설계는 예상되는 지진에 대해서 건물이 붕괴되지 않도록 설계하는 것을 목표로 하고 있다. 이는 내진설계가 되었다고 하더라도 예상한 지진이 발생하게 되면 구조물이 상당한 정도로 손상될 수 있으나, 구조물의 붕괴만은 막아 인명피해를 방지할 수 있다는 것을 의미한다. 이는 2400년 재현주기의 지진에 대해서는 구조물의 생애주기와 비교할 때 실제로 발생할 가능성은 무척 낮기 때문에 최소한의 안전만을 확보할 수 있도록 설계하고 있는 것이라고 이해할 수 있다. 반면에 건물의 생애주기 동안에 발생할 가능성이 높은 지진, 즉 재현주기가 짧은 지진에 대해서는 지진하중이 훨씬 작으므로 붕괴방지 수준보다 높은 내진성능을 나타낼 수 있을 것으로 기대할 수 있게 된다. 또한 구조기준에서는 건축물의 중요도에 따라 지진하중을 1.2배 또는 1.5배로 할증하여 더 높은 내진성능을 확보하도록 하고 있다.

지진의 규모(magnitude)와 지진의 진도(intensity)

이 두 가지 개념을 혼동하는 경우가 많은데 둘 사이에는 다음과 같이 엄밀한 차이가 있다. 지진의 규모는 진원에서 발생한 지진의 절대적 세기를 나타내는 것으로 발생한 지진에너지의 크기를 나타내는 척도이고, 지진의 진도는 지진이 일어난 부근에서 지진동에 의해 받은 영향 또는 피해의 정도를 나타내는 척도로서 진앙까지의 거리, 진원의 깊이 및 지반상태에 따라 달라지는 상대적인 값이다. 일반적으로 지진의 규모는 리히터규모(Richter magnitude scale)를 사용하고 지진의 진도는 수정메르칼리진도(modified Mercalli intensity scale)를 사용한다.

- **리히터규모(Richter magnitude scale, 릭터규모)**

1935년, 미국의 지진학자 찰스 릭터(Charles Richter)가 지진파를 측정하여 진폭으로 지진의 에너지를 추정하는 방법을 개발하였다(찰스 릭터는 미국인이므로 '리히터규모'가 아닌 '릭터규모'라 하여야 함). 리히터규모는 지진계에서 관측된 가장 큰 진폭으로부터 계산된 상용로그 값을 바탕으로 만들어진 단위이다. 예를 들어 M5.6 이라고 표현할 때 M은 Magnitude를 의미하고 수치는 보통 소수 1자리까지 나타낸다. 일반적으로 지진에너지 E와 지진규모 M의 관계는 다음 식으로 나타낸다.

$$\log_E = 11.8 + 1.5M$$

여기서, E는 에너지 단위이며 M은 단위가 없다. 이 식으로 계산해 보면 지진규모 M이 1.0 증가할 때 지진파의 진폭은 10배로, 지진에너지 E는 31.6배로 증가함을 알 수 있다.

- **수정메르칼리진도(modified Mercalli intensity scale, 수정머칼리진도)**

진도는 특정 장소에 나타난 지진동의 세기를 사람의 느낌이나 주변의 물체 또는 구조물의 흔들림 정도를 수치로 등급화한 척도이다. 즉, 특정 지역에서 지진의 진동에 의해 받은 영향 또는 피해의 정도를 나타내는 양이므로 진앙까지의 거리, 진원의 깊이 및 지반상태 등에 따라 값이 달라진다. 진도의 등급은 통일되어 있지 않아 나라마다 실정에 맞는 척도를 사용하고 있다. 우리나라에서는 수정메르칼리진도를 사용하고 있으며, 수정메르칼리진도는 피해정도에 따라 다음과 같이 진도 I부터 XII까지 12등급으로 구분하고 있다. 또한, 진도는 등급으로 구분하는 대신에 가속도단위(m/sec^2)로 나타내기도 하고, 중력가속도(1g=9.8m/sec^2)를 단위로 사용하기도 한다.

2.5.1 수정메르칼리진도 등급

진도	가속도(g)	상 황
I	-	특별히 좋은 상태에서 극소수의 사람을 제외하고는 전혀 느낄 수 없다. 지진계에만 감지되는 경우가 많다.
II	-	소수의 사람들, 특히 건물의 윗층에 있는 소수의 사람들에 의해서만 느낀다. 매달린 물체가 약하게 흔들린다.
III	-	실내에서 현저하게 느끼게 되는데, 특히 건물의 윗층에 있는 사람에게 더욱 그렇다. 그러나 많은 사람들이 지진이라고 인식하지 못한다. 정지하고 있는 차는 약간 흔들린다. 트럭이 지나가는 것과 같은 진동이 있고, 지속시간이 산출된다.
IV	0.015~0.02	낮에는 실내에 서 있는 많은 사람들이 느낄 수 있으나, 실외에서는 거의 느낄 수 없다. 밤에는 일부 사람들이 잠을 깬다. 그릇, 창문, 문 등이 소리를 내며, 벽이 갈라지는 소리를 낸다. 대형 트럭이 벽을 받는 느낌을 준다. 정지하고 있는 자동차가 뚜렷하게 움직인다.

2.5.1 수정메르칼리진도 등급(계속)

진도	가속도(g)	상 황
V	0.03~0.04	거의 모든 사람들이 지진동을 느낀다. 많은 사람들이 잠을 깬다. 그릇, 창문 등이 깨어지기도 하며, 어떤 곳에서는 회반죽에 금이 간다. 불안정한 물체는 넘어 진다. 나무, 전신주등 높은 물체가 심하게 흔들린다. 추시계가 멈추기도 한다.
VI	0.06~0.07	모든 사람들이 느낀다. 많은 사람들이 놀라서 밖으로 뛰어나간다. 무거운 가구가 움직이기도 한다. 벽의 석회가 떨어지기도 하며, 피해를 입는 굴뚝도 일부 있다.
VII	0.10~0.15	모든 사람들이 밖으로 뛰어 나온다. 설계 및 건축이 잘 된 건물에서는 피해가 무시할 수 있는 정도이지만, 보통 건축물에서는 약간의 피해가 발생한다. 설계 및 건축이 잘못된 부실건축물에서는 상당한 피해가 발생한다. 굴뚝이 무너지며 운전 중인 사람들도 지진동을 느낄 수 있다.
VIII	0.25~0.30	특별히 설계된 구조물에는 약간의 피해가 있고, 일반 건축물에서는 부분적인 붕괴와 더불어 상당한 피해를 일으키며, 부실 건축물에서는 아주 심하게 피해를 준다. 창틀로부터 창문이 떨어져 나간다. 굴뚝, 공장 물품더미, 기둥, 기념비, 벽들이 무너진다. 무거운 가구가 넘어진다. 모래와 진흙이 약간 분출된다. 우물물의 변화가 있다. 차량운행 하기가 어렵다.
IX	0.50~0.55	특별히 잘 설계된 구조물에도 상당한 피해를 준다. 잘 설계된 구조물의 골조가 기울어진다. 구조물에 부분적 붕괴와 함께 큰 피해를 준다. 건축물이 기초에서 벗어난다. 지표면에 선명한 금자국이 생긴다. 지하 송수관도 파괴된다.
X	0.60 이상	잘 지어진 목조 구조물이 부서지기도 하며, 대부분의 석조 건물과 그 구조물이 기초와 함께 무너진다. 지표면이 심하게 갈라진다. 기차 선로가 휘어진다. 강둑이나 경사면에서 산사태가 발생하며, 모래와 진흙이 이동한다. 물이 튀며, 둑을 넘어 흘러내린다.
XI	–	남아 있는 석조 구조물은 거의 없다. 다리가 부서지고 지표면에 심한 균열이 생긴다. 지하 송수관이 완전히 파괴된다. 지표면이 침하하며, 연약 지반에서는 땅이 꺼지고 지면이 어긋난다. 기차선로가 심하게 휘어진다.
XII	–	전면적인 피해 발생. 지표면에 파동이 보인다. 시야와 수평면이 뒤틀린다. 물체가 공중으로 튀어 나간다.

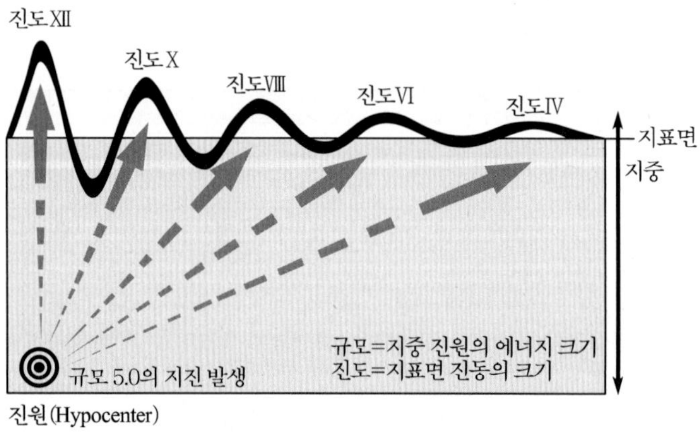

그림 2.5.2 지진의 규모와 진도의 관계

리히터 규모	진앙 부근 최대 수정메르칼리진도
2.0 미만	I
2.0~2.9	I ~ II
3.0~3.9	II ~ IV
4.0~4.9	IV ~ VI
5.0~5.9	VI ~ VIII
6.0~6.9	VII ~ X
7.0~7.9	VIII 이상
8.0이상	IX 이상

표 2.5.2 리히터규모와 수정메르칼리진도

지진구역 및 지역계수 S

우리나라의 지진구역은 크게 지진구역1과 지진구역2로 구분하고 이에 따른 지역계수를 정하여 지진하중을 산정하도록 하고 있다. 강원도 북부, 전라남도 남서부, 제주도가 지진구역2에 속하고 나머지 전지역이 지진구역1에 속한다. 지역계수는 지진구역1에서는 0.22, 지진구역2에서는 0.14로 정하여 사용하는데 이는 재현주기 2400년의 지진위험도로 정의된 최대예상지진의 유효지반가속도를 중력가속도의 비로 나타낸 값이다. 이 지역계수는 다음의 상세지진재해도를 이용하여 지역별로 상세한 값을 사용할 수 있으나 지진구역에 따라 정한 지역계수의 80%보다 작아서는 아니 된다.

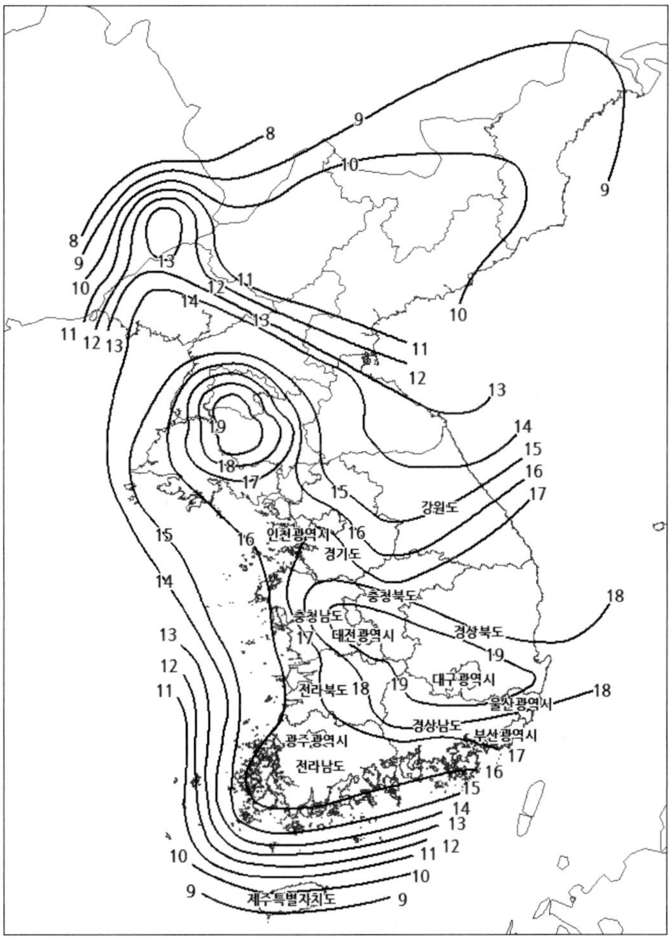

그림 2.5.3 국가지진위험지도

지반의 분류와 지반증폭계수

건축물이 위치한 지반의 성질에 따라 지진에 의한 지반운동이 다르기 때문에 이를 고려하기 위하여 지반을 5종류로 분류한다. 지반의 종류는 상부 30m 깊이에 대한 평균지반특성(전단파속도, 표준관입시험 타격횟수, 비배수전단강도)에 따라 다음 표와 같이 경암 지반, 보통암 지반, 매우 조밀한 토사 지반 / 연암 지반, 단단한 토사 지반, 연약한 토사 지반의 5단계로 분류한다.

지반증폭계수는 지반의 종류에 따라 유효지반가속도(지역계수)를 설계스펙트럼가속도로 변환하기 위한 계수이다. 지반증폭계수는 단주기 지반증폭계수 F_a와 1초주기 지반증폭계수 F_v를 각각 산정하며, 지반종류 S_2일 때를 기준으로 1.0이 되며, 이 보다 단단한 지반인 S_1일 때는 0.8로 감소하고, S_2보다 연약한 지반인 S_3에서 S_5로 가면서 크게 증가한다.

표 2.5.3 지반의 분류

지반종류	지반종류의 호칭	분류기준	
		기반암 깊이, H (m)	토층평균전단파속도, $V_{s,soil}$ (m/s)
S_1	암반 지반	1 미만	-
S_2	얕고 단단한 지반	1~20 이하	260 이상
S_3	얕고 연약한 지반		260 미만
S_4	깊고 단단한 지반	20 초과	180 이상
S_5	깊고 연약한 지반		180 미만
S_6	부지 고유의 특성평가 및 지반응답해석이 필요한 지반		

설계스펙트럼가속도 S_{DS}, S_{D1}

설계스펙트럼가속도는 지역계수 즉, 재현주기 2400년의 지진위험도로 정의한 최대예상지진에 대한 유효지반가속도에 지반에 의한 증폭효과를 고려하기 위한 지반증폭계수를 곱한 값의 2/3 값을 사용한다. 여기서 2/3 값은 최대예상지진에 대한 스펙트럼가속도를 설계스펙트럼가속도로 변환하는 계수이다. 이 때 정확한 스펙트럼가속도 곡선을 결정하기 위하여 단주기설계스펙트럼가속도 S_{DS}와 1초주기설계스펙트럼가속도 S_{D1}을 각각 다음과 정의하여 사용한다.

$$S_{DS} = S \times 2.5 \times F_a \times 2/3$$

$$S_{D1} = S \times F_v \times 2/3$$

여기서, F_a : 단주기지반증폭계수

F_v : 1초주기지반증폭계수

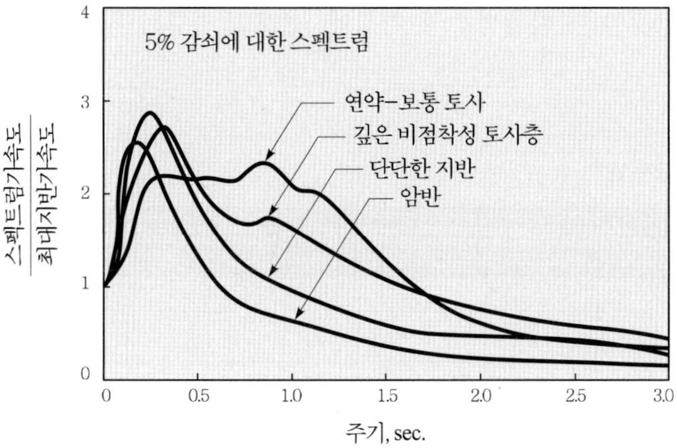

그림 2.5.4 지반증폭 효과

설계응답스펙트럼가속도 S_a

지진에 대한 구조물의 반응은 구조물의 고유진동주기에 따라 다르게 나타나는데, 이러한 구조물의 최대지진응답가속도를 고유진동주기의 변화에 대응하여 나타낸 함수 또는 곡선을 설계응답스펙트럼가속도라고 한다. 설계응답스펙트럼가속도는 구조물의 고유진동주기의 범위에 따라 다른 식으로 산정하며, 그 값은 고유진동주기, 단주기설계스펙트럼가속도, 1초주기설계스펙트럼가속도에 따라 결정된다.

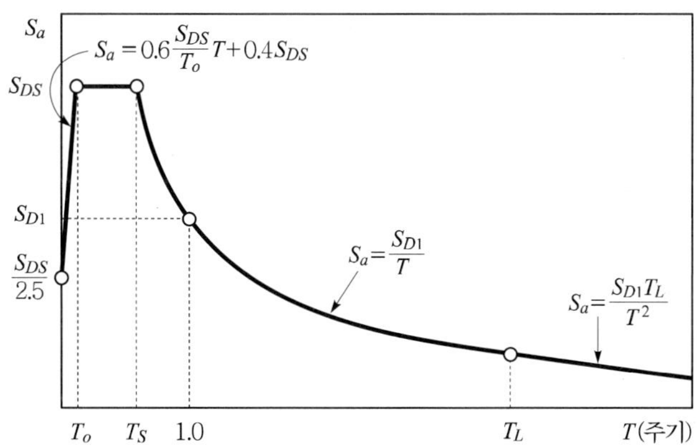

그림 2.5.5 설계응답스펙트럼가속도[2-1]

내진등급과 중요도계수 I_E

건축물의 중요도(특, 1, 2, 3)에 따라 내진등급(특, I, II)과 중요도계수(1.5, 1.2, 1.0)를 결정하여 사용하며 내진등급은 내진설계범주의 결정에, 중요도계수는 지진하중의 크기에 직접적으로 영향을 준다.

표 2.5.2 내진등급과 중요도계수

건축물의 중요도	내진등급	중요도계수 I_E
중요도(특)	(특)	1.5
중요도(1)	I	1.2
중요도(2), (3)	II	1.0

내진설계범주

내진설계범주는 내진등급과 단주기설계스펙트럼가속도, 내진등급과 1초주기설계스펙트럼가속도에 따라 결정하며 A, B, C, D 순으로 내진설계범주가 높아진다. 건축물은 내진설계범주에 따라 사용가능한 지진력저항시스템, 허용 높이, 비정형성에 대한 요구사항, 내진설계 대상 부재, 지진하중에 대한 구조해석 방법 등의 제한조건이 달라 진다. 내진설계범주는 근래에 개발된 성능기반 내진설계 개념에 따른 것으로서, 내진설계범주가 높을수록 앞에서 열거한 제한조건을 엄격히 하여 더 높은 수준의 내진성능을 확보하기 위함이다.

표 2.5.4 단주기 설계스펙트럼가속도에 따른 내진설계범주

S_{DS}의 값	내진등급		
	특	I	II
$0.50 \le S_{DS}$	D	D	D
$0.33 \le S_{DS} < 0.50$	D	C	C
$0.17 \le S_{DS} < 0.33$	C	B	B
$S_{DS} < 0.17$	A	A	A

표 2.5.5 주기1초에서 설계스펙트럼가속도에 따른 내진설계범주

S_{D1}의 값	내진등급		
	특	I	II
$0.20 \leq S_{D1}$	D	D	D
$0.14 \leq S_{D1} < 0.20$	D	C	C
$0.07 \leq S_{D1} < 0.14$	C	B	B
$S_{D1} < 0.07$	A	A	A

평면비정형성

평면비정형성의 유형에는 비틀림비정형, 요철형평면, 격막의 불연속, 면외 어긋남, 비평행시스템 등이 있으며 내진설계범주에 따라 추가의 요구사항을 만족하도록 구조해석과 설계를 하여야 한다.

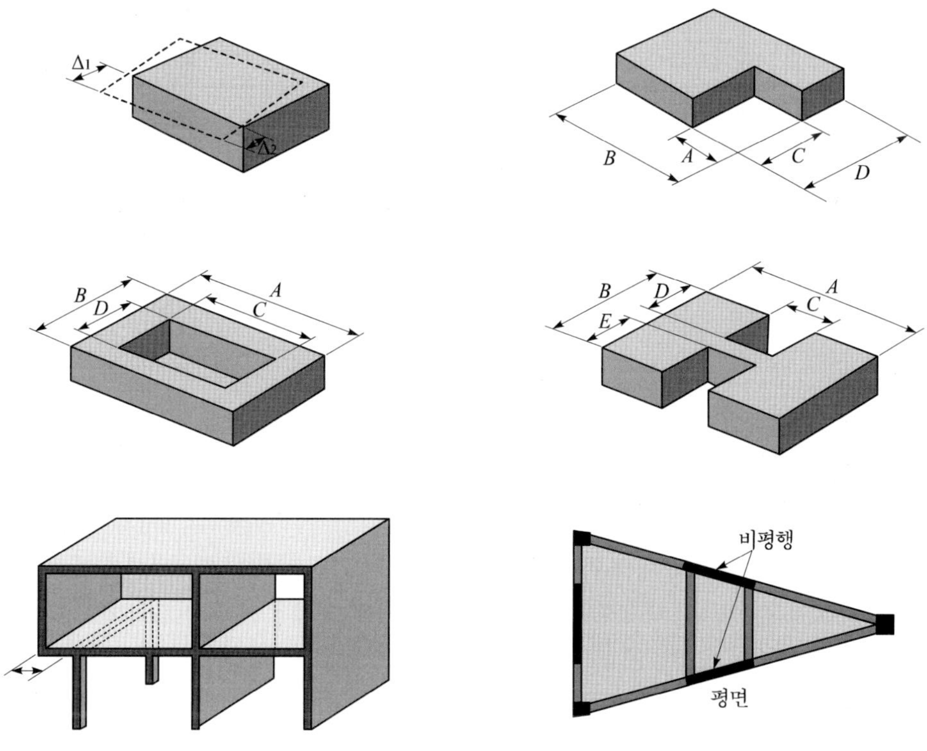

그림 2.5.6 평면비정형성의 유형

수직비정형성

수직비정형성의 유형에는 강성비정형-연층, 중량비정형, 기하학적비정형, 횡력저항 수직요소의 비정형, 강도의 불연속-약층 등이 있으며 내진설계범주에 따라 추가의 요구사항을 만족하도록 구조해석과 설계를 하여야 한다.

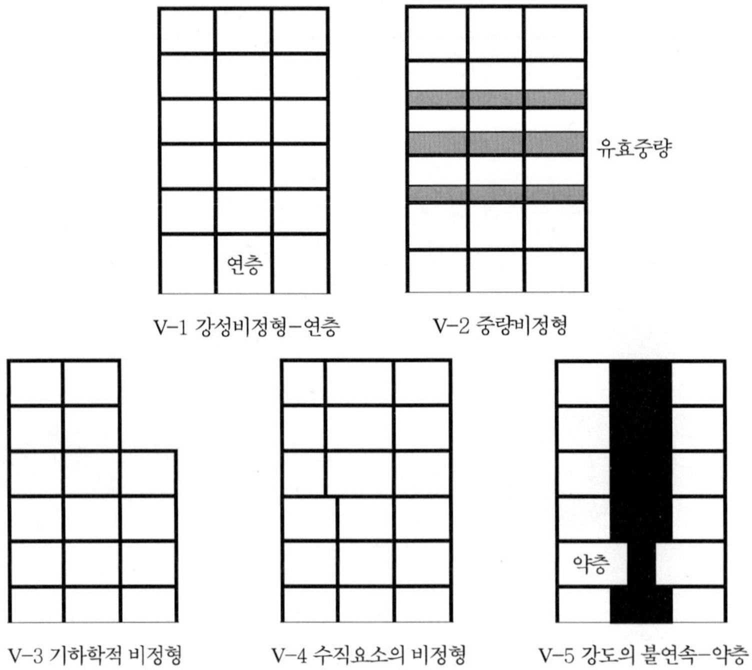

그림 2.5.7 수직비정형의 유형

횡변위의 제한

내진설계는 구조물의 비탄성변형 능력을 고려하여 저감한 지진하중을 적용하여 이루어진다. 그러나 과도한 비탄성변형으로 횡변위가 커지면 구조체의 강도저하와 $P-\Delta$효과에 의하여 구조물의 붕괴를 일으킬 수 있다. 따라서 건축구조기준에서는 건축물의 내진등급에 따라 층간변위를 제한하고 있다.

지진력저항구조요소

건축구조물에 작용하는 지진하중을 지지하는 지진력저항구조요소에는 모멘트저항골조, 가새골조, 전단벽 등이 있다.

- 모멘트저항골조 : 모멘트저항골조는 기둥과 보 또는 기둥과 슬래브로 구성된 모멘트골조로 지진하중에 저항하며, 보와 기둥의 접합부 부근의 상세설계 정도에 따라 보통모멘트골조, 중간모멘트골조, 특수모멘트골조로 분류한다.
- 가새골조 : 가새골조는 주로 가새의 인장력 또는 압축력으로 지진하중에 저항하며, 접합 형상에 따라 중심가새골조와 편심가새골조가 있으며, 중심가새골조는 보통중심가새골조와 특수중심가새골조가 있다. 또한, 가새골조에는 설계층간변위의 2.0배에 상당하는 힘과 변형에 대하여 가새의 압축좌굴이 발생하지 않도록 설계하는 좌굴방지가새골조도 있다.
- 전단벽 : 면내 휨강성과 면내 전단강성으로 지진하중에 저항하는 전단벽은 내력전단벽(bearing system shear wall)과 골조전단벽(frame system shear wall)으로 구분한다.

내력전단벽은 벽체만으로 중력하중과 지진하중에 저항하도록 벽체에 대한 설계요구사항에 따라 설계한 전단벽을 말한다.

반면에 골조전단벽은 벽체의 면내에 중력하중을 지지할 수 있는 기둥과 보 또는 기둥과 슬래브로 이루어진 골조를 설치하여, 전단벽이 손상을 입어 하중저항 능력이 없어지더라도 전단벽 하중을 포함한 중력하중에 저항하도록 설계한 전단벽이다. 벽체의 면내에 설치하는 골조는 벽체의 두께 내에서 처리하거나 필요하면 벽체 보다 두꺼운 기둥 또는 보로 처리할 수 있다.

내력전단벽 또는 골조전단벽은 단부 경계요소의 상세 처리에 따라 보통전단벽과 특수전단벽으로 분류한다.

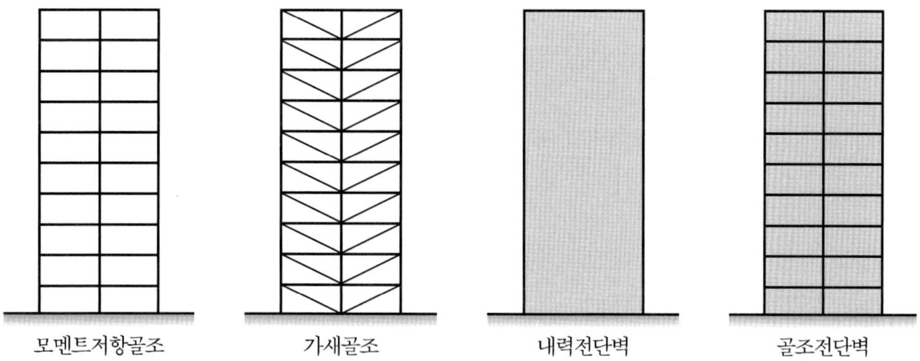

그림 2.5.8 지진력저항요소

지진력저항시스템

건축구조기준에서는 앞에서 설명한 지진력저항구조요소들의 조합 상태와, 중력하중과 지진하중을 지지하는 방법에 따라 다양한 지진력저항시스템을 규정하고 있다. 내진설계의 주요 설계계수인 반응수정계수 R, 시스템초과강도계수 Ω, 변위증폭계수 C_d 등은 지진력저항시스템에 따라 달라지며, 내진설계범주에 따라 사용할 수 없는 지진력저항시스템과 높이의 제한을 받는 지진력저항시스템이 있다. 건축물의 지진력저항시스템은 크게 다음 4가지로 나뉘어진다.

- 내력벽시스템 : 내력벽시스템은 중력하중을 지지하는 전단벽 즉, 내력전단벽이 모든 지진하중에 저항하는 지진력저항시스템이다. 내력벽시스템을 벽체의 면내에 중력하중을 지지하는 골조를 설치한 골조전단벽이 모든 지진하중에 저항하는 건물골조시스템과 혼동하여서는 아니 된다.

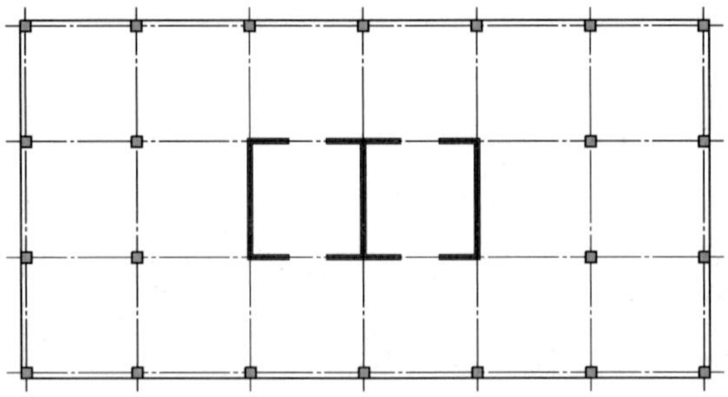

중력하중 : 모멘트저항골조+내력전단벽
지진하중 : 내력전단벽(100%)

그림 2.5.9 내력벽시스템

- 건물골조시스템 : 건물골조시스템은 벽체의 면내에 중력하중을 지지하는 골조를 설치한 골조전단벽 또는 가새골조가 모든 지진하중에 저항하는 지진력저항시스템이다. 즉, 전단벽 또는 가새가 없더라도 중력하중을 지지하는 완벽한 골조시스템을 갖춘 상태에서 전단벽 또는 가새골조가 모든 지진하중을 지지하도록 하여야 한다.

따라서, 건물골조시스템을 중력하중과 지진하중에 동시에 저항하는 내력전단벽을 사용하는 내력벽시스템과 혼동하지 않아야 한다.

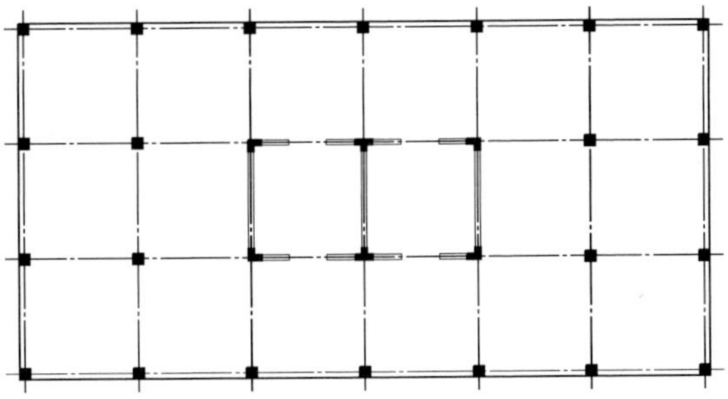

그림 2.5.10 건물골조시스템

- 모멘트저항골조시스템 : 모멘트저항골조시스템은 모멘트저항골조가 단독으로 모든 중력하중과 지진하중을 지지하는 지진력저항시스템이다.

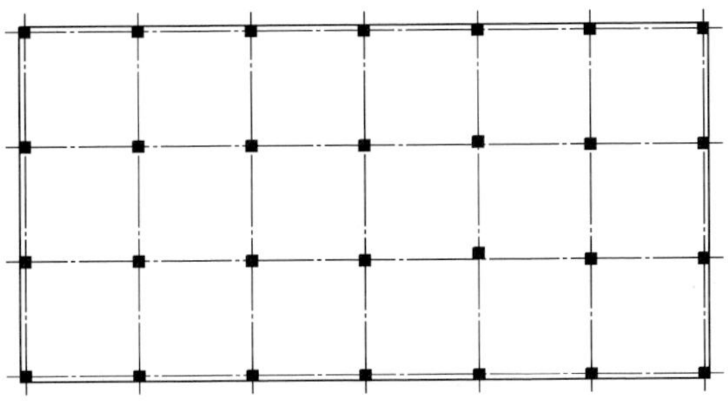

그림 2.5.11 모멘트저항골조시스템

- 이중골조시스템 : 이중골조시스템은 벽체의 면내에 중력하중을 지지하는 골조를 설치한 골조전단벽 또는 가새골조와 모멘트저항골조가 그 강성에 따라 지진하중을 분담하되, 모멘트저항골조가 별도로 지진하중의 25% 이상을 부담하여 지지하는 지진력저항시스템이다. 즉, 이중골조시스템의 기본 요건도 건물골조시스템과 마찬가지로 전단벽 또는 가새가 없더라도 중력하중을 지지하는 완벽한 골조시스템을 갖춘 상태에서 전단벽 또는 가새골조가 그 강성에 따라 지진하중을 지지하여야 한다는 것이다.

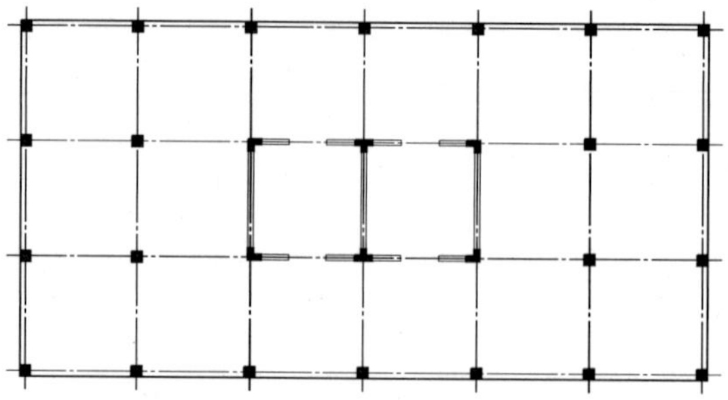

그림 2.5.12 이중골조시스템

내진설계계수

내진설계의 주요 설계계수로는 반응수정계수 R, 시스템초과강도계수 Ω, 변위증폭계수 C_d 등이 있으며 지진력저항시스템에 따라 달리 적용한다.

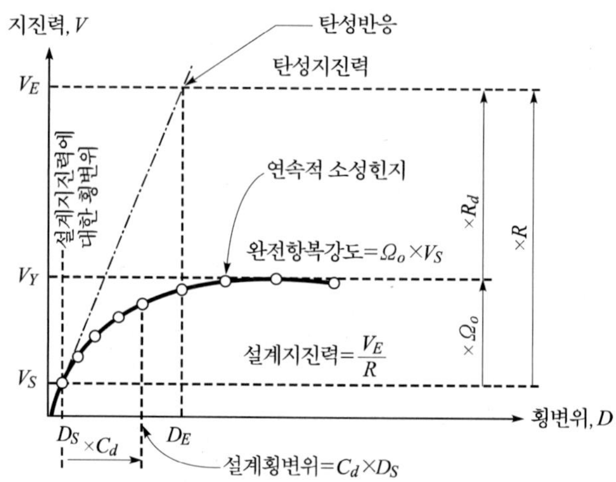

그림 2.5.13 내진설계계수

- 반응수정계수 R : 구조물의 비탄성변형능력과 시스템초과강도를 고려하여, 탄성 반응을 하는 구조물에 발생하는 지진하중을, 이 값으로 나누어 감소시켜서 설계지진하중을 산정하는 계수.

- 시스템초과강도계수 Ω_0 : 변형능력이 취약하거나 과도한 비탄성 변형능력이 요구되는 부재의 내진 안전성을 보장하기 위하여 구조물의 초과강도에 의하여 발생할 수 있는 특별지진하중에 저항하도록 해당 부재의 강도를 증가시키기 위한 계수.
- 변위증폭계수 C_d : 반응수정계수에 의하여 저감된 지진하중으로 탄성해석에 의하여 산정한 구조물의 횡변위에 곱하여 지진 발생시 실제로 발생하는 구조물의 비탄성 변위를 구하기 위한 계수.

등가정적해석법

지진하중에 대한 해석은 크게 등가정적해석과 동적해석이 있다. 등가정적해석은 말 그대로 실제로는 동적하중인 지진하중을 등가의 정적하중으로 변환하여 정적해석으로 지진하중에 대한 응답을 구하는 것이다. 등가정적해석은 구조물의 밑면에 작용하는 총지진하중인 밑면전단력을 산정하고 이를 각 층별로 분배하여 정적해석으로 변위와 부재력을 구하여 내진설계를 수행한다.

밑면전단력 V는 유효건물중량 W에 지진응답계수 C_s를 곱하여 산정하며, 지진응답계수는 지역계수 S와 지반증폭계수 F_a와 F_v에 따라 산정한 설계스펙트럼가속도 S_{DS}, S_{D1}과 지진력저항시스템에 따른 반응수정계수 R, 건축물의 중요도에 따른 중요도계수 I_E, 건축물의 고유진동주기 T를 고려하여 산정한다. 각 층의 지진하중은 밑면으로부터 층까지의 높이, 층의 중량, 건축물의 고유진동주기에 따라 산정한 수직분포계수를 밑면전단력에 곱하여 산정한다. 등가정적해석법은 저층의 정형 구조물에 대해서는 신뢰성이 높은 방법이지만 고층 또는 비정형 구조물에 대해서는 동적해석을 통한 보다 정확한 거동을 구하는 것이 필요할 경우도 있다.

여기서 다음과 같은 건축구조물의 지진하중을 등가정적해석법으로 간단히 산정해 본다.

· 위치 : 서울
· 용도 : 사무소
· 층수 : 지상 20층
· 지상높이 : 80m
· 지진력저항시스템 : 철근콘크리트 보통전단벽을 사용한 건물골조

- 유효중량 W 산정

이 건물의 유효중량(건물의 자중)은 W=163,000kN으로 산정되었다.

- 지진하중 산정용 계수

· 지역계수 : $S = 0.22$ (서울 ; 지진구역1)

· 중요도계수 : $I_E = 1.0$ (사무소 용도 ; 중요도(2))

· 지반종류 : S_B (보통암 지반)

· 반응수정계수 : 5.0 (건물골조시스템-철근콘크리트 보통전단벽)

- 설계스펙트럼가속도 S_{DS}, S_{D1}

$$S_{DS} = S \times 2.5 \times F_a \times 2/3 = 0.22 \times 2.5 \times 1.00 \times 2/3 = 0.367$$

$$S_{D1} = S \times F_v \times 2/3 = 0.22 \times 1.0 \times 2/3 = 0.147$$

여기서, 지반종류 S_B에 대한 단주기 지반증폭계수 F_a와 1초주기 지반증폭계수 F_v는 모두 1.0이다.

- 건물의 기본진동주기 T 산정

$$T = T_a = C_t h_n^x \text{ (철근콘크리트 보통전단벽 } C_t = 0.0488,\ x = 0.75,\ h_n = 80\text{m)}$$

$$T = 0.0488(h_n)^{0.75} = 0.0488 \times 80^{0.75} = 1.31\,\text{sec}$$

- 지진응답계수 C_s 산정

$$C_s = \frac{S_{D1}}{R/I_E \times T} = \frac{0.147}{(5/1.0) \times 1.31} = 0.0224$$

여기서, 이 건축물의 경우에는 수평 지진하중이 건물자중의 2.2% 정도의 크기임을 알 수 있다.

- 밑면전단력 V 산정

$$V = C_s W = (0.0224)(163{,}000) = 3{,}651\text{kN}$$

각 층의 지진하중은 층별 수직분포계수를 산정하여 이를 밑면전단력에 곱하여 산정한다.

동적해석법

동적해석법에는 응답스펙트럼해석법과 시간이력해석법이 있다.

- 응답스펙트럼해석법 : 모드해석법이라고도 불리는 이 방법은 구조물의 동적특성을 고려할 수 있는 가장 간편하고 경제적인 방법으로서 실제 내진설계에 널리 이용되고 있는 방법이다. 이 해석법은 특정한 동적하중을 작용시켰을 때 단자유도계에서 발생하는 최대응답(변위, 속도, 가속도)에 대하여 모드중첩법의 원리를 이용하여 다자유도계의 응답을 근사적으로 구하는 방법이다. 모드중첩법에 의한 응답스펙트럼해석법의 장점은 각 모드로부터 구성되는 단자유도계에 대한 독립적인 해석이 가능하다는 점으로서, 동적거동을 지배하는 몇 개의 저차모드에 대한 해석만으로도 정확한 해에 근접한 해를 얻을 수 있다는 것이다. 이 장점은 반대로 어떤 구조계의 특정부재의 응답치가 누락될 수 있으므로 반응하는 진동수를 확인하여야 하며, 각 모드를 중첩하여 해를 구하는 중첩의 원리에 의한 해석방법이므로 선형탄성해석에 한정되고 비선형해석에는 사용할 수 없다.

  응답스펙트럼해석법에서 밑면전단력, 층전단력, 층간변위, 층변위, 부재력 등의 최대 응답치를 구하는 방법으로는 제곱합제곱근법과 완전2차조합법이 있다.
- 시간이력해석법 : 지진발생시 지반운동의 시간에 따른 변화를 알 때에 구조물의 거동을 알아낼 수 있는 가장 정확한 해석방법이지만 예상되는 지진의 지반운동을 정확하게 예측하기가 어려우므로 실제 지진에서 얻었거나 합성된 여러 가지의 지진기록을 사용하여야 하는 번거로움이 있고 이미 설계된 구조물에 대한 정확한 안전점검의 수단이 될 수 있으나 설계를 위한 해석방법으로는 실용성이 적다는 약점이 있다. 그러므로 극히 중요한 구조물의 설계, 구조물의 비선형해석 등 정밀해석을 요구하는 경우에 사용된다.

특별지진하중

내진설계에 적용하는 지진하중은 구조물의 비탄성변형 능력과 초과강도를 고려하여 구조물이 탄성으로 거동할 때 발생하는 지진하중을 반응수정계수로 나누어 감소시켜 설계하고 있다. 이렇게 감소시킨 지진하중을 적용하기 위해서는 구조물에 소성변형이 수평, 수직으로 고르게 분포하여 큰 비탄성변형에서도 국부적인 취성파괴 없이 연성능력을 발휘하여야 한다. 그러나 구조시스템의 강성 또는 강도가 수평 또는 수직으로 급격하게 변화하는 경우에는 취약한 부재에 비탄성변형이 집중적으로 발생할 수 있다. 이로 인한 취성파괴를 방지하기 위하여 취약한 부재는 상대적으로 큰 지진하중으로 설계하여 탄성상태에서 지진하중을 지지하도록 하여야 한다. 이러한 지진하중을 특별지진하중이라 한다. 특별지진하중은 하중조합에서 지진하중 E 대신에 다음의 E_m을 사용하여야 한다.

$$E_m = \Omega_o E \pm 0.2 S_{DS} D$$

여기서, Ω_o는 시스템초과강도계수, S_{DS}는 단주기설계스펙트럼가속도, D는 고정하중이다.

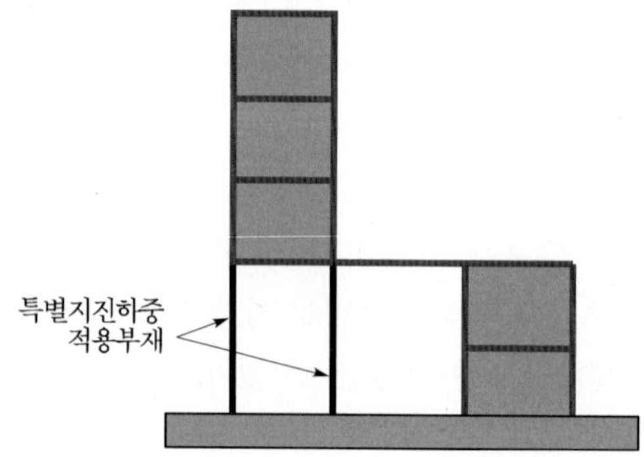

그림 2.5.14 특별지진하중 적용 부재

2.6 토압과 지하수압

토압 : 지표면은 오랜 기간의 지질연대를 거쳐서 생성되었으므로 거의 평형상태에 도달했다고 볼 수 있는데, 인위적으로 건축물의 지하실 또는 옹벽 등을 설치하여 단차가 생기게 되면 지표면의 평형상태가 깨지면서 지하실의 외벽 또는 옹벽에 수평방향으로 토압이 작용하게 된다. 다음 그림과 같이 흙을 쌓거나 깎아 냈을 때 흙이 자연 상태로 평형을 이루는 최대의 경사각을 휴식각이라고 하는데 이는 흙의 밀도와 흙을 구성하는 입자의 형상 등에 따른 입자간의 마찰력으로 정해진다.

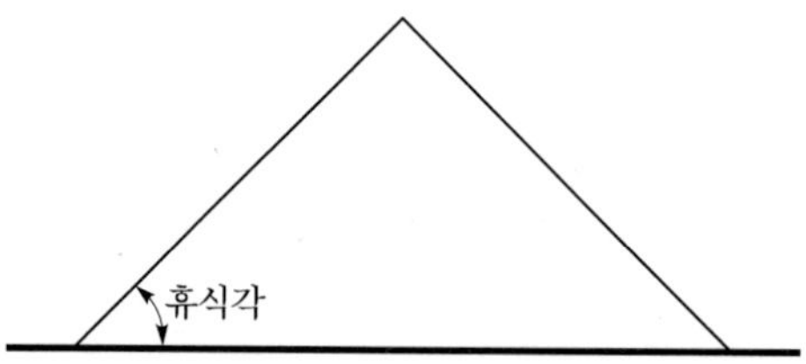

그림 2.6.1 휴식각

평형상태의 경사면을 그림 2.6.2와 같이 수직으로 굴착하면 평형상태가 깨지게 되어 수직면의 바닥으로부터 휴식각에 따라 안정된 경사면이 다시 형성되고 이 경사면 위쪽의 흙은 미끄러져 내리게 된다.

흙이 미끄러져 내리는 것을 방지하기 위하여 그림 2.6.3과 같이 옹벽을 설치하면 흙은 화살표 방향으로 옹벽을 밀게 되는데 이러한 힘을 토압이라 한다. 따라서 토압은 굴착된 지표면이 원래의 평형상태를 유지하는데 필요한 힘이라 할 수 있다.

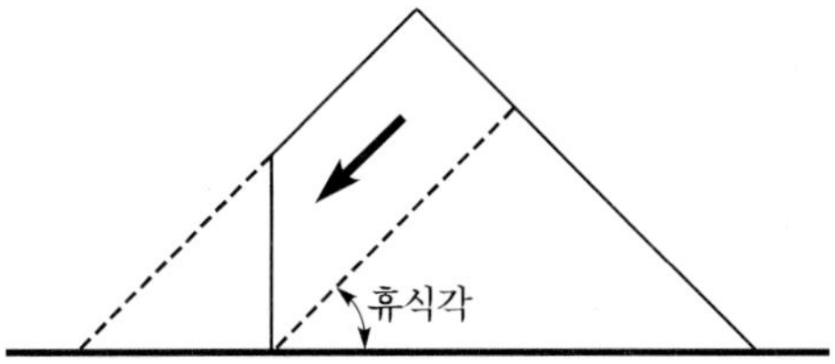

그림 2.6.2 경사면의 굴착

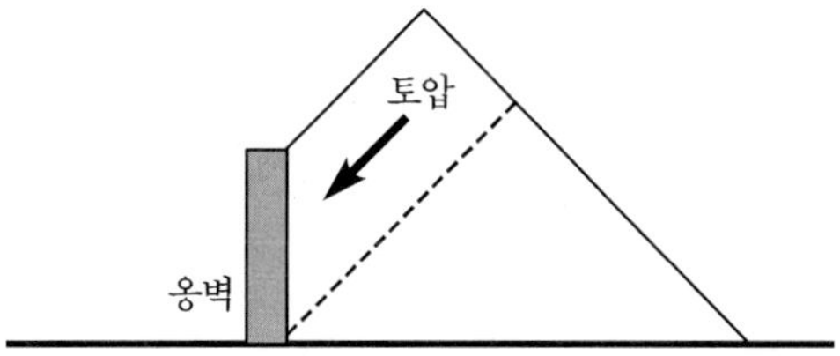

그림 2.6.3 옹벽과 토압

이러한 토압은 다음 그림과 같이 지하층이 있는 건축물 또는 경사지에 위치한 건축물에 작용한다. 토압의 영향을 받는 건축물의 모든 구조부재는 다른 하중과 조합하여 그 하중효과에 저항하여야 한다.

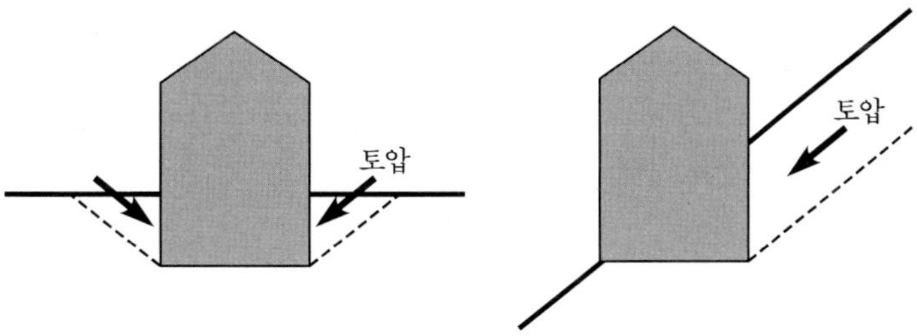

그림 2.6.4 건축물에 작용하는 토압

지하수압 : 땅을 파서 어떤 깊이에 이르면 지하수가 스미어 나와서 고이게 되는데 이렇게 물이 고이는 최상부의 수면을 지하수위라 한다. 지하수위는 그 지역의 지형 및 지질과 기후에 따라 다르게 분포한다. 건축물을 지하수위 아래에 설치하면 이로 인하여 원래의 정상적인 지하수위는 다음 그림과 같이 건축물 주변과 그 아래 부분으로 비정상적인 수위를 형성한다.

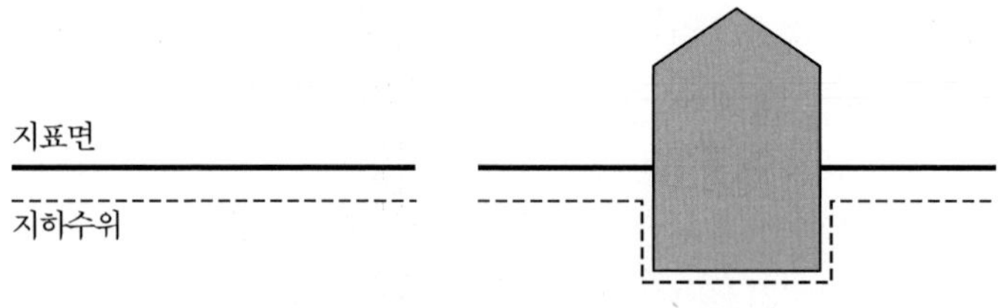

그림 2.6.6 지하수위

이러한 비정상적인 지하수위는 평형상태를 유지하기 위하여, 다음 그림과 같이 건축물의 바닥에서는 위로 향하는 수압 즉 부력을 일으키며, 지하외벽에서는 수평방향의 수압을 발생시킨다. 따라서 건축물의 맨 아래 바닥구조는 부력에 저항하여야 하며, 또한 건축물 전체가 부력에 의하여 떠오르지 않도록 하여야한다. 수평방향의 수압은 토압에 더하여 지하외벽에 작용하게 된다.

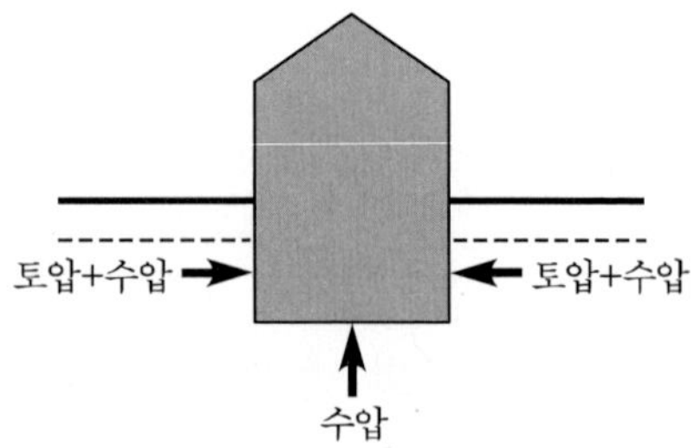

그림 2.6.7 지하수압

2.7 온도하중

모든 구조물은 온도변화에 따라 그 모양과 치수가 변한다. 낮과 밤의 기온 차이와 여름과 겨울 사이에 나타나는 기온차이에 따라 구조물의 온도는 변한다. 구조물의 온도가 변하더라도 구조물이 구속되어 있지 않으면 아무런 응력도 발생하지 않고 단순히 그 모양과 치수가 변할 뿐이다. 그러나 실제의 구조물은 그 정도의 차이는 있지만 어떤 형태로든지 구속되어 있으므로 이에 따른 온도응력이 발생한다. 이와 같이 온도변화에 따라 구조물에 발생하는 하중을 온도하중이라 한다.

구조물은 고정하중, 활하중, 풍하중 등과 같은 외력이 가해지면 변형이 생긴다. 반대로 온도변화에 따라 구조물에 변형이 먼저 발생하고 그 변형이 구속되어 있다면 당연히 하중이 생기게 되는 것이다. 이렇게 구조물 내의 변형으로 인하여 발생하는 하중을 자체변형하중이라 하는데 대표적인 것이 온도하중이다.

다음 그림은 모멘트골조에서 보의 온도가 시공시의 온도보다 낮아지는 경우의 온도하중 효과를 보여주고 있다. 보의 온도가 원래보다 낮아지면 보의 길이가 줄어드는 변형에 의하여 변위(Δ1,

Δ2, Δ3)가 발생하는데, 이를 기둥이 휨강성으로 구속하고 있으므로 보에는 인장력(F_1, F_2, F_3)이 기둥에는 휨모멘트(M_1, M_2, M_3)가 발생한다. 이러한 변위는 기둥의 휨강성이 커서 구속 정도가 클수록 작아지고, 인장력과 휨모멘트는 기둥의 휨강성이 커서 구속 정도가 클수록 커진다.

또한 각 보의 변위와 인장력, 각 기둥의 휨모멘트는 강성중심으로부터의 거리에 따라 달라진다. 보의 인장력은 강성중심에서 가장 가까운 경간에서 최대가 되고 보의 변위와 기둥의 휨모멘트는 강성중심에서 가장 먼 위치에서 최대가 된다. 즉, 다음과 같이 된다.

$\Delta 1 > \Delta 2 > \Delta 3$

$F_1 < F_2 < F_3$

$M_1 > M_2 > M_3$

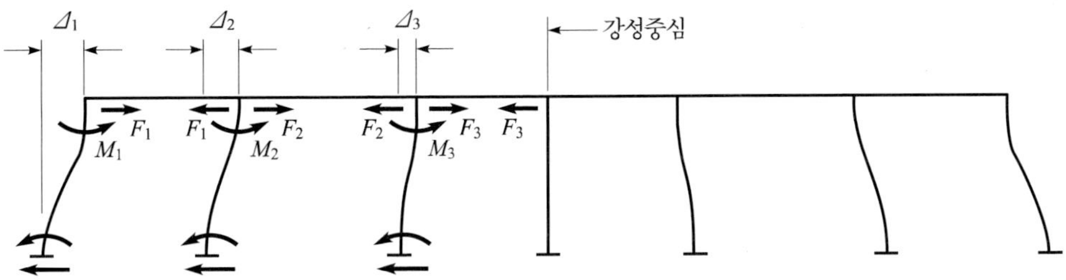

그림 2.7.1 모멘트골조의 온도하중 효과

2.8 하중의 조합

구조물은 안전성과 사용성을 가지도록 설계하여야 한다. 구조공학에서 안전성은 강도와 같은 뜻으로 사용한다. 안전한 구조물은 인명과 재산상의 손실을 일으키지 않고 모든 하중작용에 대하여 이를 지지할 수 있는 충분한 강도를 지닌 구조물이다. 안전성은 구조재료의 항복 또는 파단, 전체 및 국부적 구조안정성에 근거하여 구조물의 설계강도가 소요강도 이상이 되도록 함으로서 확보할 수 있다. 사용성은 강도와 상관없는 구조물의 기능에 대한 척도로서, 가장 일반적인 검토사항은 처짐과 진동이다. 처짐과 진동은 어느 것도 안전성과는 관계없지만 과도한 처짐과 진동은 구조물을 의도한 용도로 사용할 수 없도록 할 수 있다.

구조물의 안전성과 사용성은 작용하는 하중의 크기와 직접 관련이 있으므로, 안전성과 사용성을 평가하기 위해서는 구조물의 생애주기 동안 작용할 가능성이 있는 여러 가지 하중의 크기를 예측하여야한다. 또한, 이러한 하중이 동시에 작용할 가능성도 고려하여야한다.

대다수의 구조물은 생애주기 중 언젠가는 앞에서 기술한 하중의 전부는 아닐지라도 대부분의 하중을 만나게 된다. 건축구조물에 작용할 가능성이 있는 하중의 크기를 결정하고 나면, 다음 과제는 이러한 하중을 합리적으로 적절하게 조합하는 일이다. 모든 하중이 최대값으로 동시에 작용하는 경우는 확률적으로 가능성이 거의 없다고 볼 수 있다. 예를 들면, 최대의 설계풍하중이 작용할 때 최대의 활하중과 최대의 적설하중이 동시에 작용할 가능성은 거의 없다.

강도설계법 및 한계상태설계법의 하중조합에서는 일반적으로 1.0보다 큰 하중계수를 사용하여 하중을 증가시키는데, 이는 실제로 작용하는 하중이 설계 시에 산정한 하중을 초과할 가능성을 고려한 것이다. 활하중의 하중계수가 고정하중의 하중계수보다 더 큰 것은 활하중이 고정하중보다 변동 폭이 커서 초과할 확률이 더 높기 때문이다. 지진하중이 다른 하중에 비하여 변동 폭이 큼에도 불구하고 하중계수가 1.0인 것은 지진하중의 크기에 이를 반영하여 예상되는 최대의 값으로 산정하기 때문이다. 하중계수가 1.0보다 작은 경우는 조합되는 모든 하중이 최대의 값으로 작용하지 않을 가능성을 고려한 것이며, 고정하중 계수를 0.9로 한 하중조합은 고정하중이 클수록 풍하중, 지진하중, 토압 및 지하수압의 효과를 감소시키는 경우에 대비하여 안전성을 유지하기 위함이다.

건축구조기준에서는 강도설계법 및 한계상태설계법에 대한 하중조합과 허용응력설계법에 대한 하중조합을 다음과 같이 규정하고 있다. 사용하는 설계법에 적합하게 하중조합을 선택하여 적용하여야 한다.

건축구조물은 건축구조기준에서 규정한 하중을 기본으로 다음의 하중조합에 의한 하중효과에 저항하도록 설계하여야 한다. 다음의 하중조합에서 고정하중 외의 하중에 대해서는 하나 또는 그 이상의 하중이 작용하지 않을 경우도 검토하여야 한다.

콘크리트구조의 강도설계법과 강구조의 한계상태설계법에 적용하여야 하는 하중조합은 다음과 같다.

$$1.4(D+F)$$

$$1.2(D+F+T)+1.6L+0.5(L_r \text{ 또는 } S \text{ 또는 } R)$$

$$1.2D+1.6(L_r \text{ 또는 } S \text{ 또는 } R)+(1.0L \text{ 또는 } 0.5W)$$

$$1.2D+1.0W+1.0L+0.5(L_r \text{ 또는 } S \text{ 또는 } R)$$

$$1.2D+1.0E+1.0L+0.2S$$

$$0.9D+1.0W$$

$$0.9D+1.0E$$

허용응력설계법으로 설계하는 경우에는 다음의 하중조합을 적용하며, 이 하중조합에서는 단기하중이 포함되더라도 허용응력을 증대하지 않는다.

$D+F$

$D+F+L+T$

$D+F+(L_r$ 또는 S 또는 $R)$

$D+F+0.75(L+T)+0.75(L_r$ 또는 S 또는 $R)$

$D+F+(0.65W$ 또는 $0.7E)$

$D+F+0.75(0.65W$ 또는 $0.7E)+0.75L+0.75(L_r$ 또는 S 또는 $R)$

$0.6D+0.65W$

$0.6D+0.7E$

여기서, D는 고정하중, F는 유체압 및 용기내용물하중, T는 온도하중, L은 활하중, H는 토압 및 지하수압, L_r은 지붕활하중, S는 적설하중, R은 강우하중, W는 풍하중, E는 지진하중이다.

2.9 하중의 적용

구조해석은 건축구조물에 작용하는 다양한 하중에 대한 구조물의 응답(부재력, 반력, 변형 등)을 구조역학 이론으로 구하는 일이다. 건축구조물의 구조해석은 일반적으로 각 구조부재의 특성과 구조물의 지지조건에 대하여 많은 단순화와 이상화 과정을 거쳐서 정의한 해석모델을 사용한다.

기둥, 보, 가새 등의 구조부재는 1차원의 선 요소로, 벽체와 슬래브 등은 2차원의 평면 요소로 이상화하며 구조물의 지지조건은 고정, 힌지, 롤러 등으로 이상화하여 해석모델의 기하학적 형상을 정의한다. 이러한 구조물의 기하학적 형상에 구조재료의 특성, 부재의 단면크기 등을 반영하면 해석모델이 된다. 해석모델에 대한 상세한 사항은 '제5장 구조거동의 이해'를 참조한다.

구조해석은 건축구조물에 작용하는 하중에 대한 구조물의 응답을 구하는 일이므로 해석모델에 그 하중을 적용하여 구조해석을 수행하여야 한다. 고정하중, 활하중 등의 중력하중은 주로 건축물의 바닥에 작용하므로 그 재하상태에 따른 하중의 형상과 크기를 산정하여 다음 그림과 같이 보 또는 슬래브로 이루어지는 해석모델의 바닥 구조부재에 수직방향으로 적용한다. 반면에 풍하중과 지진하중은 횡하중이므로 건축구조기준에 따라 산정한 하중을 다음 그림과 같이 해석 모델의 각 층에 수평방향으로 적용한다.

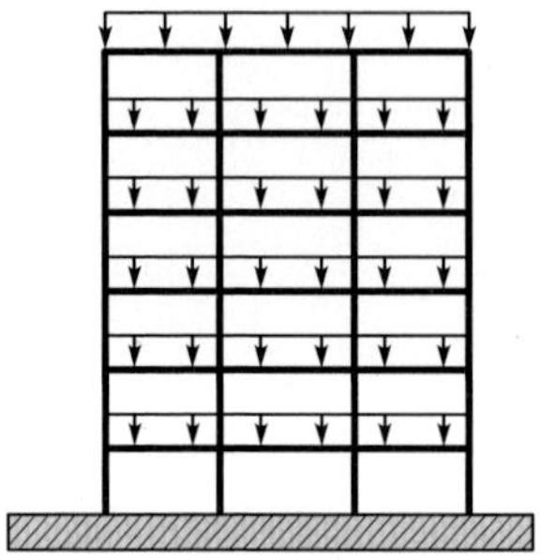

그림 2.9.1 중력하중의 적용

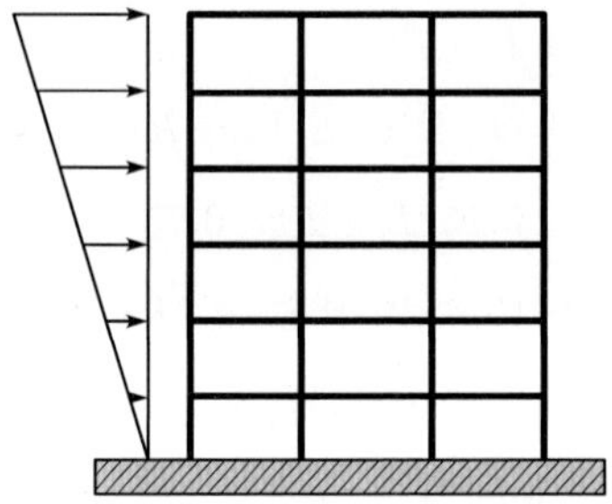

그림 2.9.2 횡하중의 적용

참고문헌

2-1 대한건축학회, 건축구조기준 및 해설

2-2 American Society of Civil Engineers, Minimum Design Loads for Buildings and Other Structures, 2010

2-3 Malcolm Millais, Building Structures From concepts to design, 2nd edition, Spon Press, 2005

2-4 살바도리 지음, 김용부·윤일주 옮김, 건축의 구조, 기문당, 2005

2-5 KDS 41 00 건축구조기준, 국토교통부, 2022

2-6 KDS 17 00 내진설계기준, 국토교통부, 2022

2-7 KDS 14 00 구조설계기준, 국토교통부, 2021

2-8 KSEA 112-09 건축구조사전, 한국건축구조기술사회, 2010

2-9 KSEA 120-12 소규모건축물 구조지침 및 해설, 한국건축구조기술사회, 2012

2-10 KSEA 191-12 건축구조실무 Q&A, 한국건축구조기술사회, 2012

2-11 KSEA 351-09 건축구조기준에 따른 내진설계 예제집, 한국건축구조기술사회, 2010

2-12 KSEA 551-09 철근콘크리트 배근상세, 한국건축구조기술사회, 2010

2-13 KSEA 591-11 콘크리트 건축물 구조설계 예제집, 한국건축구조기술사회/한국콘크리트학회, 2011

2-14 KSEA 731-12 H형강구조설계매뉴얼 해설 및 예제, 한국건축구조기술사회, 2012

2-15 KSEA 731-12 H형강구조설계매뉴얼 설계도움표, 한국건축구조기술사회, 2012

2-16 KSEA 732-10 KBC2009에 따른 강구조내진설계매뉴얼, 한국건축구조기술사회, 2010

2-17 KSEA 791-09 KBC2009에 따른 강구조설계 예제집, 한국건축구조기술사회/한국강구조학회, 2009

2-18 엔지니어를 위한 내풍공학, 한국건축구조기술사회/한국풍공학회, 2010

제3장 구조재료

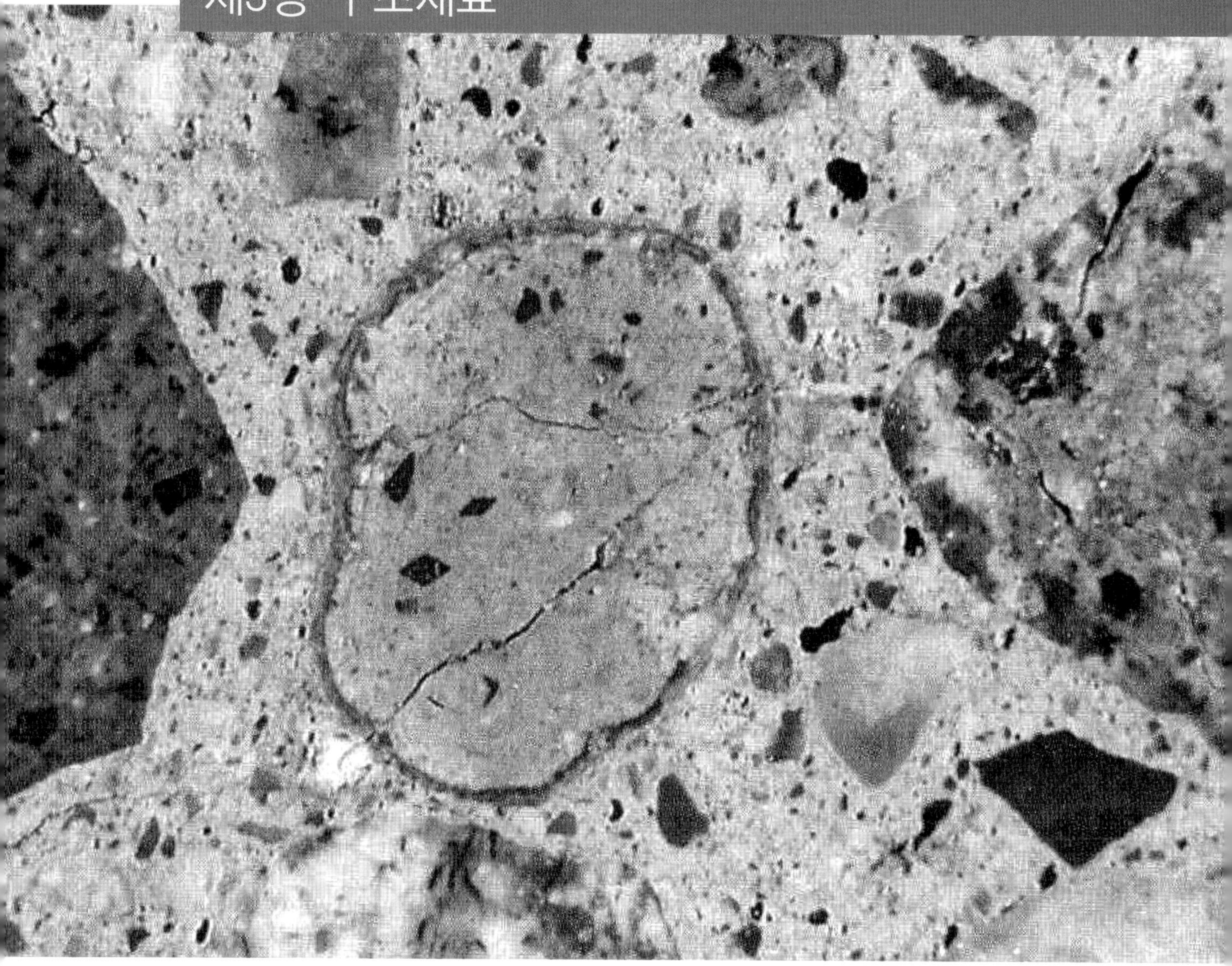

3.1 강도와 강성
3.2 응력-변형도 관계
3.3 구조재료의 거동
3.4 구조재료의 물리적 특성
3.5 비구조요소의 영향
3.6 구조재료의 종류
3.7 구조재료별 구조형식
3.8 지반으로서의 흙

제3장에서는 건축구조물은 그 용도에 적합한 재료로 만들어야하므로 강도와 강성, 응력 – 변형도 관계, 구조재료의 거동, 물리적 특성, 비구조요소의 영향, 구조재료의 종류, 구조재료별 구조형식, 지반으로서의 흙에 대하여 살펴본다.

제3장 구조재료

구조물은 구조물의 용도에 적합한 재료로 만들어야 한다. 재료는 필요한 최소한의 구조적 성질을 가져야 하는데, 2가지 기본적인 성질, 즉 강도(strength)와 강성(stiffness)을 갖는다. 구조체는 하중을 전달해야 하기 때문에 충분한 강도(strong enough)가 확보되어야 하고, 구조물 전체의 모양이 유지되어야 하기 때문에 충분한 강성(stiff enough)이 확보되어야 한다.

구조재료의 요구 성능은 건축물의 각 부분에 따라 다양하며, 다른 재료와 합하여 필요한 성질을 보충하거나 시공방법 등에 의하여 필요한 조건을 만족시켜야 한다. 구조재료는 사용목적에 알맞은 역학적·물리적·화학적·생물학적 성질과 사용 환경에 알맞은 내구성 및 보존성이 필요하며, 대량생산 및 공급이 가능하고 운반, 취급 및 가공이 용이해야 한다.

구조재료의 향후 발전방향으로는 재료를 공장제품화 하고 자연재료를 고분자 재료화하며, 소형부품을 대형부품 및 프리패브화 하여 현장가공의 최소화, 공기의 단축, 고성능화, 고급화, 불연화 및 난연화, 복합화, 내용 연한의 컨트롤과 산업 폐기물, 폐 콘크리트, 폐 목재 등의 재활용 등이 있다.

3.1 강도와 강성

구조재의 강도는 물체의 강한 정도이며, 재료에 하중이 걸린 경우 재료가 파괴되기까지의 변형저항을 그 재료의 강도라고 하며, 인장강도, 압축강도, 굽힘강도, 비틀림강도 등이 있다. 인장강도는 시험편을 서서히 잡아당기는 인장시험으로 측정한다.

구조재의 압축강도는 짧은 기둥모양의 시료에 축 방향으로 압축하중을 가하여 측정하며, 비틀림강도는 둥근 기둥모양의 시료가 비틀림에 의해 파괴되었을 때 가해진 비틀림모멘트로부터 계산에 의해 구한다.

구조재의 강성은 재료에 변형을 가할 때 재료가 그 변형에 저항하는 정도를 나타낸 것으로 탄성체에 외부의 힘이 가해졌을 때의 변형은 힘이나 모멘트의 크기 외에 탄성체의 형상, 지지방법, 재료의 탄성계수 등에 따라서 달라진다. 일반적으로 재료의 강성은 단위 변화량에 대한 외력의 값으로 나타내며 강도와 강성은 재료를 구조물로 사용할 때 고려해야 할 가장 중요한 성질이다.

재료의 강도는 구조물의 파괴하중을 결정하며 강성은 구조물이 하중 하에서 처짐이 크게 발생하지 않도록 하는 역할을 한다.

3.2 응력-변형도 관계

구조재료의 공학적 특성을 파악하는 가장 중요한 개념은 하중/변형 거동이다. 구조설계를 위해서는 재료의 강도(strength)를 아는 것이 필요하다. 흔히 쓰이는 구조재료의 대표적 4가지 가운데 강재가 가장 강하고 그 다음은 콘크리트이며 조적재와 목재가 서로 비슷한 강도를 나타낸다.

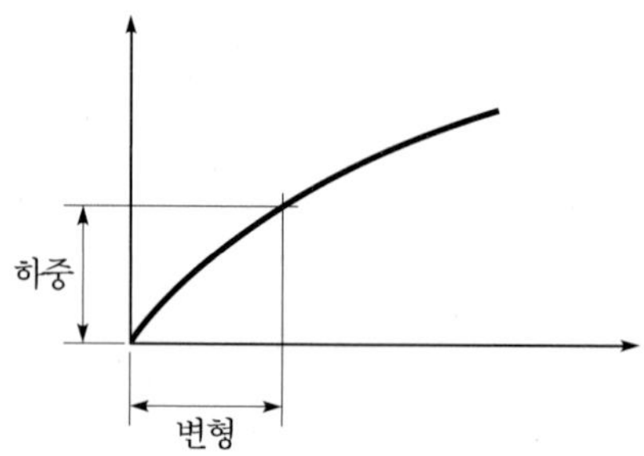

그림 3.2.1 탄성 고무줄의 하중/변형 곡선

모든 재료들은 공정 과정이 강도를 좌우하게 되며 목재의 경우는 재목의 종류에 따라 크게 변화한다. 강성 역시 강재가 가장 크며 콘크리트가 강재의 10분의 1정도 되고, 조적재의 경우는 강재의 12분의 1정도이며 목재는 강재에 비해 약 30분의 1정도이다. 이 역시 강재를 제외하고는 그 편차가 매우 크다.

모든 재료가 인장과 압축에 대해 똑 같은 강도를 갖는 것은 아니다. 강재와 목재는 인장과 압축이 모두 같으나 조적재와 콘크리트는 압축에는 강하고 인장에는 매우 약하다. 인장에 매우 약하기 때문에 사실상 구조설계를 할 때 인장강도를 무시한다. 이러한 거동은 구조형식을 선택하는 데 중요한 영향을 미친다. 만일 하중을 받는 구조가 인장력을 전달해야 한다면 강재와 목재가 사용되어야 한다.

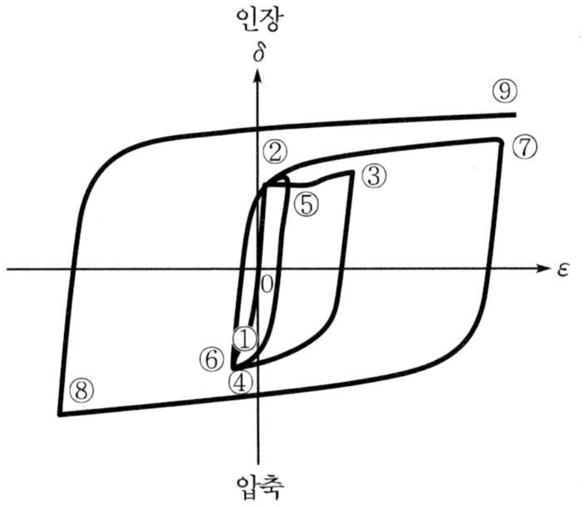

그림 3.2.2 반복하중의 경우

① 재료 실험 시작
①~② 하중(탄성구간)
② 인장 항복점
②~③ 변형도 경화
③ 하중제거
③~④ 바우싱거 효과 (강도 연화)
④ 재부하
⑤ 하중제거
⑥ 재부하
⑦ 하중제거
⑦~⑧ 바우싱거 효과
⑨ 파괴

또 하나의 중요한 특성은 강도와 자중의 비율이다. 강재와 목재로 이루어진 구조체에서 자중은 보통 총 하중의 15%를 넘지 않는 데 반하여 조적재나 콘크리트의 경우는 자중이 총 하중의 40%를 차지한다. 강재와 목재는 중량 대비 강도가 높으며 조적재와 콘크리트는 낮은 중량 대비 강도가 낮게 나타내기 때문이며 목재와 강재는 가벼운 재료, 조적조에 쓰이는 돌이나 벽돌, 콘크리트는 무거운 재료라 부른다.

물리적인 특성에서 탄성(elasticity)이란 재료에 외력이 작용하면 변형(deformation)이 생기며, 이 외력을 제거하면 재료가 원래의 모양, 크기로 되돌아가는 성질을 말하며, 소성(plasticity)은 외력을 제거하여도 재료가 원상으로 돌아가지 않고 변형된 그대로의 상태로 남아있는 성질이다.

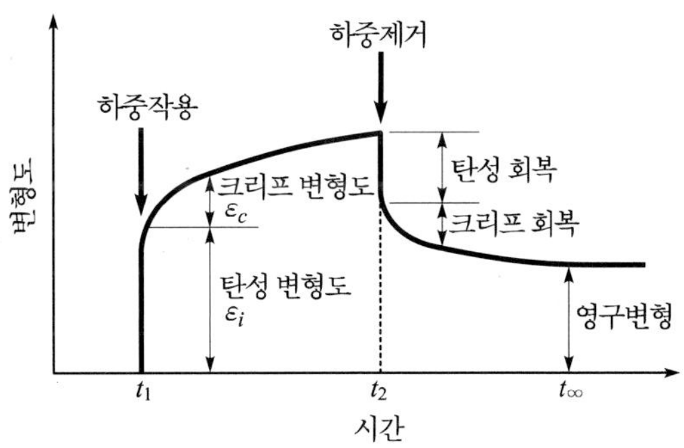

그림 3.2.3 콘크리트의 크리프 및 탄성변형도

또한 점성(粘性)은 외력이 작용하였을 때의 변형이 하중속도에 따라 영향되는 성질 즉, 엿 또는 아라비아고무와 같이 유동화 하였을 때 각부에 서로 저항이 생기는 성질을 말한다.

탄성의 성질을 가진 물체를 탄성체(elastic body)라 하고 소성의 성질을 가진 물체를 소성체(plastic body)라고 한다. 그러나 건축재료의 대부분은 대개 외력의 어느 한도 내에서는 탄성변형(elastic deformation)을 하지만 외력이 커지면 소성변형(plastic deformation)을 한다.

응력-변형률(stress-strain curve)은 탄성성질을 나타내는 재료의 수직응력(normal stress)이다.

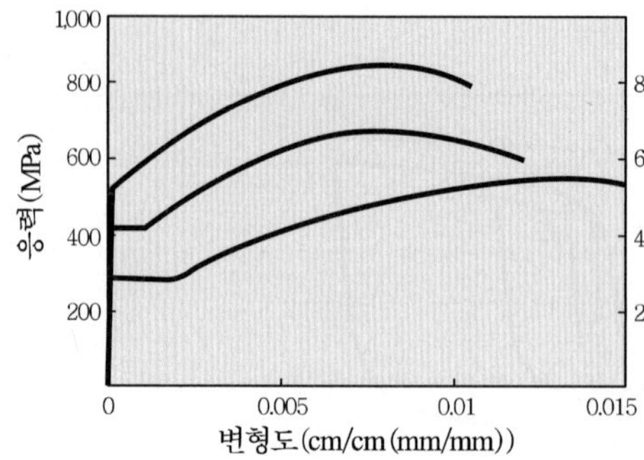

그림 3.2.4 여러 가지 강재에 대한 전형적인 응력-변형도

탄성계수(modulus of elasticity)에서 후크의 법칙(Hook's law)은 재료의 대부분이 실용범위 내에서 응력과 변형률이 비례하는 성질이다.

어떤 재료의 단면적이 A인 부재에 외력 P가 작용하여 길이 l이 Δl만큼 변형하였다면 후크의 법칙에 의하여 응력 $\sigma(P/A)$는 변형률 $\varepsilon(\Delta l/l)$에 비례하므로 이때의 비례상수를 E라고 한다. E는 탄성계수 또는 영계수(단위= N/mm^2)이다.

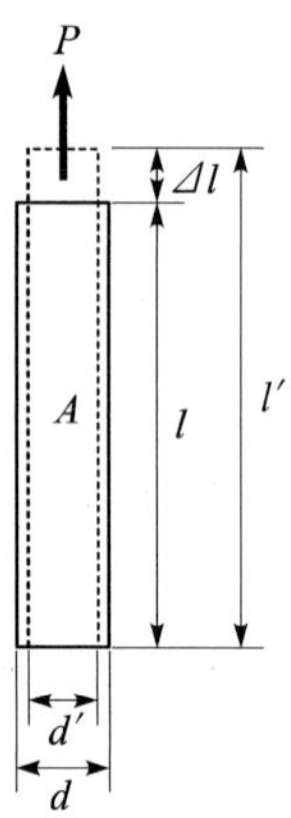

그림 3.2.5 인장응력과 변형과의 관계

탄성계수의 값이 클수록 그 물체는 변형되기 어렵다. 즉 구조재료로서 갖추어야 할 필요한 성질이지만 강도와 일치하지는 않는다. 그러나 전단력이 작용할 경우에도 구할 수 있고, 탄성체는 인장력이나 압축력이 작용할 때 외력의 방향으로 변형이 생기지만 외력과 직각의 방향으로도 변형이 생긴다. 이들의 변형률의 비를 프와송비(Poisson's raito)라 하고 이것의 역수를 프와송수(Poisson's number)라 하는데, 이 값은 재료에 따라 일정하며 보통은 3~4 정도이다.

프와송비(v) = 횡방향변형률/종방향변형률 = $1/m$,
프와송수(m) = $1/v$

강도(strength)는 재료에 외력(하중)을 작용하였을 때 그 외력에 저항하는 응력(stress, N/mm^2) 이며, 응력은 외력을 받은 재료의 내부에 생기는 외력에 저항하는 힘을 말하며, 강도는 외력 작용상태에 따라 전단강도(shearing strength), 비틀림강도(torsional strength) 등이 있으며 하중속도 및 작용에 따라 정적강도(static strength), 충격강도(impact strength), 피로강도(fatigue strength), 크리프강도(creep strength)가 있다.

3.3 구조재료의 거동

구조물은 하중을 받으면 탄성으로 거동하며, 그렇지 못한 경우에는 영구적인 변형이 생기게 된다(그림 3.3.1).

탄성과 소성의 성격을 동시에 가지고 있는 재료가 있는데, 그것이 바로 강재이다. 종이를 고정시키는 클립의 경우를 보면 이를 알 수 있다. 종이 묶음을 고정시킬 때, 클립은 탄성적(elastically)으로 거동하기 때문에 종이에서 빼면 이전의 모양으로 되돌아온다. 그러나 클립을 과도하게 구부리면 영구적으로 변형되는데 이는 소성적(plastically)으로 거동한 것이다. 하중/변형 곡선은 탄성부분(elastic part)과 소성부분(plastic part)으로 이루어진다(그림 3.3.2).

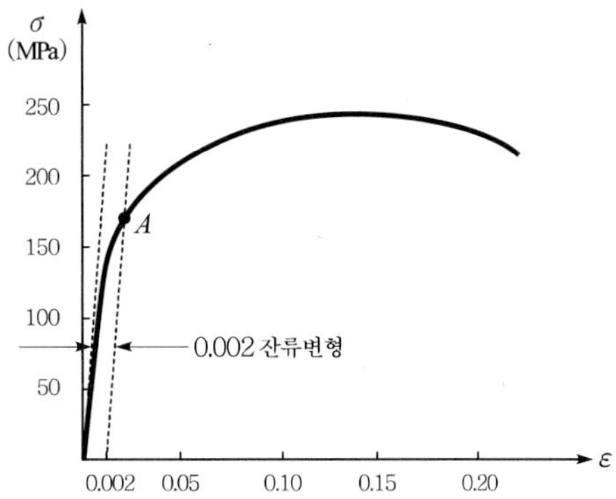

그림 3.3.1 응력-변형률 선도의 유형

이러한 이상화된 구조재료의 하중/변형 곡선은 2부분의 직선으로 구성된다. 선형탄성구간을 나타내는 기울어진 AB선과 완전소성구간을 나타내는 B점의 수평선이 그것이다. AB선이 직선인 것은 하중이 변형에 직접적으로 비례한다는 의미이다. 그래서 하중이 2배로 증가하면 변형도 2배가 된다. AB구간에서 하중의 변형에 대한 비례 정도를 숫자로 표시할 수 있다. 이 숫자는 재료마다 다르며 어떻게 잘 늘어나는가를 나타낸다. 이를 토머스 영(Thomas Young)의 이름을 따서 영의 탄성계수(Young's modulus of elasticity)라고 부르며 약자 E로 쓴다. 작은 수의 E값은 재료가 '잘 늘어난다'는 것을 의미하고, 큰 값의 E는 딱딱해서 '늘어나지 않으려는 것'을 의미한다. 예를 들면 목재는 E값이 작고 강재는 E값이 크다.

어떤 재료들은 탄성적으로 거동하다가 하중을 더 가하게 되면 갑자기 파괴된다. 유리나 석고 같은 재료들이 이러한 예이다. 이러한 재료를 취성(brittle)이라고 한다. 이러한 재료들은 갑작스런 과하중이 작용하면 큰 문제를 일으킬 가능성이 있으므로 중요한 구조요소에는 적합하지 않다.

구조설계과정을 쉽게 하기위해 재료는 가능한 선형탄성/완전소성(linear elastic/perfectly plastic)으로 이상화해야 한다(그림 3.3.3).

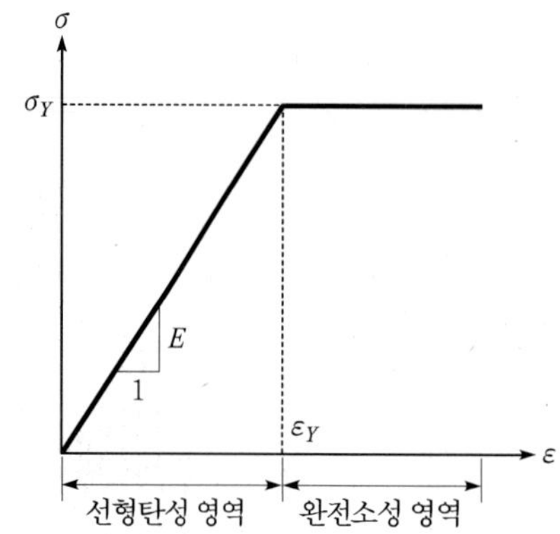

그림 3.3.2 선형탄성/완전소성 재료의 하중/변형 곡선

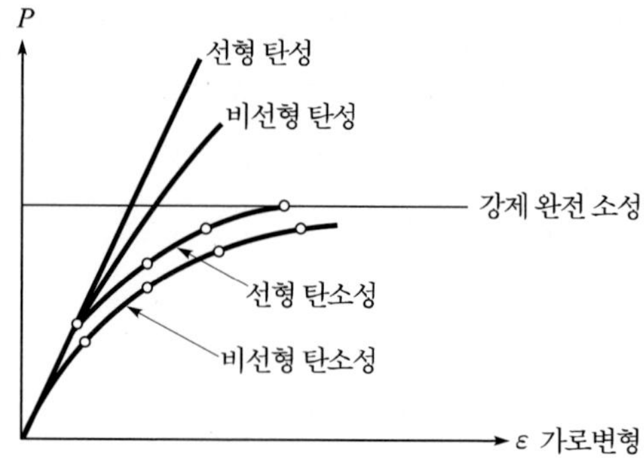

그림 3.3.3 구조적 이론들의 관계

3.4 구조재료의 물리적 특성

중량에 관한 성질(character)에서 비중(specific gravity)은 재료의 중량을 그와 동일한 체적의 4℃인 물의 중량으로 나눈 값이고, 진비중(true specific gravity)은 공극·수분을 포함하지 않는 실질적인 비중을 말하며 겉보기비중(apparent specific gravity)-공극·수분을 포함시킨 비중 이다

함수율(含水率)은 재료 중에 포함되어 있는 수분의 중량을 그 재료의 건조시의 중량으로 나눈 값이며 완전히 건조된 재료의 함수율은 0 이다. 건축재료에서는 습윤중량 함수율 보다는 건조중량 함수율을 쓰는 경우가 많다.

흡수율(吸水率)은 재료를 일정시간 물속에 넣었을 때 재료의 건조중량에 대한 흡수량의 비율(%)이다.

열에 관한 성질에서 비열(specific heat)은 중량이 1g인 재료의 온도를 1℃ 높이는 데 필요한 열량(cal/g℃, kcal/kg℃)이며, 열전도(熱傳導)는 동일한 재료 내에서 온도차가 있을 경우 높은 온도의 분자로 부터 인접한 다른 분자로 열이 전달되는 과정이다. 열전도율(熱傳導率)은 재료의 열전도 특성을 나타내는 비례정수이다.

열관류(熱灌流)는 어떤 재료를 통과하는 열 이동의 과정으로 재료의 표면에서의 열전달, 재료 속에서의 열전도, 전체 재료에서의 열전달의 3개의 과정으로 이루어진다. 이 전 과정에 의한 열 이동을 열관류라 한다. 열관류율(熱灌流率)은 열관류에 의한 관류열량의 계수로 열관류저항(resistance of heat transmission)-열관류율의 역수로서 열관류가 어려운 정도를 표시한다.

열팽창계수(coefficient of thermal expansion)는 온도의 변화에 따라 재료가 수축팽창하는 비율로서 선팽창계수는 길이에 관한 비율이며 체적팽창계수는 용적에 관한 비율로써 주로 선팽창계수를 이용. 일반적으로 체적팽창계수는 선팽창계수의 3배이다.

열용량(heat capacity)은 재료에 열을 저장할 수 있는 용량으로 비열에다 비중을 곱하여 구하며 단위는 kcal/℃로 표시한다.

연화점(softening point)·용융점(melting point)은 재료에 열을 가하면 곧 연화하거나 용융하여 고체에서 액체로 변화하는데 이 상태에 달할 때의 온도를 말한다.

용융점은 금속재료와 같이 열에 의하여 고체에서 액체로 변하는 경계점(境界點)이 뚜렷한 것이며, 연화점은 아스팔트나 유리와 같이 경계점이 불분명한 것을 말한다.

3.5 비구조요소의 영향

구조재료가 구조물에 적용되면 '비구조적'인 특성을 나타내기도 한다. 온도변화, 화재노출, 기후변화, 그리고 습도편차로 생기는 치수의 변화 등이다. 보통의 구조재료가 이러한 영향을 받게 되면 재료의 거동이 다르게 나타난다. 재료의 비구조적인 특성은 구조적 성능에는 직접적인 영향을 주지 않으나, 사용상 매우 큰 영향을 미치기 때문이다.

콘크리트의 수화열에 의해 매스가 큰 부분과 갑자기 매스가 작아지는 부분에서는 균열이 발생하기도 하고 넓은 바닥면적의 기초나 슬래브에서도 온도변화에 의한 균열이 발생하기도 하는데 일정한 곳에서 균열이 발생할 수 있도록 균열유발줄눈을 설치하기도 한다(그림 3.5.1).

강구조물에서도 경간이 긴 부재의 접합에서는 온도변화에 따른 부재의 수축 팽창의 길이 변화에 의한 응력을 흡수하기 위하여 슬롯 홀(slot hole)을 설치하기도 한다(그림 3.5.2).

온도변화에 따른 구조체의 변위를 흡수할 수 있는 조치를 만들어 놓지 않으면 콘크리트의 경우 제멋대로 균열이 발생하기도 하고 강구조의 경우 부재의 변형이 심하게 발생하여 미관상 또는 구조적인 안전성에도 문제가 될 수 있다.

구조재료는 화재에 노출되면 서로 다르게 거동한다. 강재, 석재, 콘크리트는 모두 보통의 화재에 노출되었을 때는 불연성(incombustible)재료이지만 목재는 연소(burn)한다. 목재구조라 하더라도 특별한 경우 강구조보다 더 내화성능을 갖출 수도 있다.

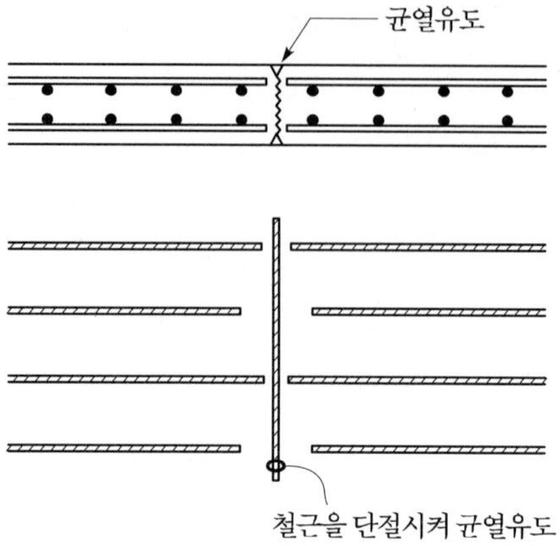

그림 3.5.1 균열유발줄눈

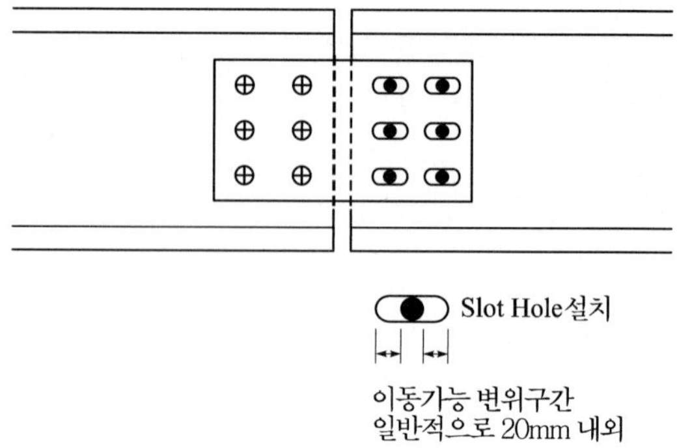

그림 3.5.2 슬롯 홀 설치

단면이 큰 목재가 연소될 때 표면부터 타게 되는데 연소되는 속도는 계산을 통해 알 수 있다. 이때 연소된 표면 안쪽의 목재는 구조적 강도를 그대로 유지하기 때문에 화재 시 목재는 단면의 크기가 감소하면서 강도가 감소된다.

이에 반하여, 강재는 불에 타지 않으나 보통의 화재온도인 약550℃에서 구조적 성질이 변한다. 이러한 온도에서 강재는 강도와 강성을 거의 잃게 되고 구조적인 작용도 멈추게 되며, 화재 후에는 엉켜버린 강재덩어리로만 남게 된다.

그림 3.5.3 화재로 엉켜버린 강구조물

대부분의 경우에서처럼 구조물의 내화성능 면에서 볼 때 강재나 목재 구조는 특별한 주의가 필요하다. 목재구조물은 연소 후에 구조요소의 크기를 검토하여 강도확인을 반드시 해야 하며, 강구조물의 경우에는 강재를 일정 온도 이상으로 올라가지 못하도록 보호하는 장치가 필요하다. 따라서 강구조물의 주요 구조부재는 내화구조를 사용하여야하며 화재에 대한 안전성을 확보하도록 법으로 정하고 있다.

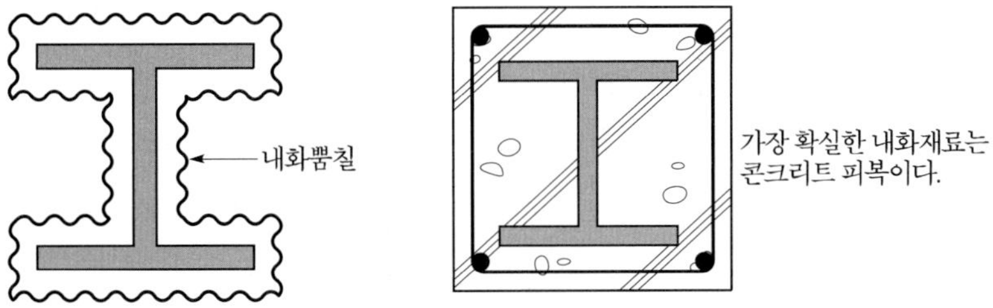

그림 3.5.4 내화피복

강재는 수분이나 산소로 인하여 부식된다. 구리나 알루미늄과 같은 금속과는 달리 강재가 부식되면 보호피막을 형성하지 않고 재료가 모두 없어질 때까지 부식이 계속 진행된다. 부식 부산물인 산화철은 강재보다 밀도가 낮아서 부식이 되면 철은 부피가 팽창하며, 이러한 팽창은 철을 둘러싸고 있는 재료의 균열과 박리를 야기 시킨다. 이러한 부식을 막기 위해서 강재표면에 부식 생성을 막는 재료를 입힐 수 있다. 이러한 재료로는 아연이나 알루미늄 또는 특수페인트 등을 들 수 있다. 일반적으로 쓰이는 보통페인트는 부식방지기능이 전혀 없다.

석재나 콘크리트가 100여 년을 견디기도 하지만 동결융해나 화학적 침식으로 인하여 짧은 시간 동안에 노후화될 수도 있다. 만일 좁은 균열에 수분이 존재하여 얼게 되면 부피가 팽창한다. 이는 균열을 더 커지게 하고 콘크리트나 석재의 표면에 박리를 야기 시킬 수 있다. 또한 여러 가지 화학물질도 석재나 콘크리트에 다양한 형태의 노후화를 야기시킬 수 있다.

그림 3.5.5 철근 부식된 노후화 된 철근콘크리트조

콘크리트가 화학적 또는 동결융해의 공격을 받기도 하지만, 사실상은 철근의 부식으로 인한 피해가 더욱 흔하다. 강도를 높이고자 철근으로 보강한 콘크리트가 철근의 부식으로 노후화된다는 것이 어찌 보면 비논리적으로 여겨질지 모르나, 이 경우는 수분과 산소가 부식을 일으킬 수 있을 정도로 콘크리트를 파고 들어갈 수 있는 경우에 일어난다.

근래 들어 콘크리트구조물의 보수에 대한 관심이 늘어나고 있는데, 이는 내구성의 문제가 중요한 문제임을 의미한다. 이러한 문제는 스테인리스 스틸을 보강재로 사용하면 해결할 수 있으나 아직까지는 구조재로 사용하기에 충분히 저렴하지 않다.

석재나 콘크리트와 마찬가지로 목재도 몇 백 년을 견딜 수 있다. 그러나 목재 역시 노후화된다. 다양한 동물들, 특히 유충들이나 흰개미들이 목재를 파먹기도 하고, 다양한 식물들, 주로 곰팡이들이 목재에서 자라기도 한다. 이러한 식물이나 동물들의 작용은 목재구조를 변화시켜 더 이상 목재로서 기능을 달성할 수 없게 만든다. 어떤 종류의 목재는 다른 종류보다 공격을 쉽게 받는데, 이러한 목재는 여러 형태의 화학적 처리를 함으로써 보전할 수 있다.

재료의 특성이 구조물의 선택에 영향을 미칠 뿐만 아니라 선정된 재료를 이용한 시공 과정에도 영향을 미친다. 앞서 언급한 4가지의 대표적인 구조재료는 각각 매우 다른 형태로 사용된다.

강구조의 형상이나 그 크기는 거의 무제한이다. 강재는 표준두께의 철판에서 일정한 모양과 크기를 지닌 강재형상에 이르기까지 다양한 형태로 구입이 가능하다. 이들은 어떤 크기의 구조물로도 조립이 가능하며 흔히 공장에서 만들어져 현장에 반입된다. 가장 큰 조립품 부재의 크기는 운반이 될 수 있는 최대크기에 의해 결정된다.

강재와 마찬가지로 콘크리트 구조물도 크기나 형상에서 제한 없이 자유롭다. 콘크리트는 어느 곳에서나 현장콘크리트에 의해 만들어질 수 있으며, 프리캐스트 콘크리트의 경우는 프리캐스팅 현장에서 만들어져 현장으로 옮겨진다. 강재와 마찬가지로 프리캐스트의 최대크기는 운반할 수 있는 최대크기에 의해 결정된다.

목재의 크기는 자연적인 나무크기에 의해 정해진다. 더 큰 목재는 합판목재에 의해 만들어질 수 있다. 합판은 자연크기의 목재를 겹쳐 접착함으로써 만들어진다. 합판목재는 곡면이나 굽은 구조로도 만들 수 있다.

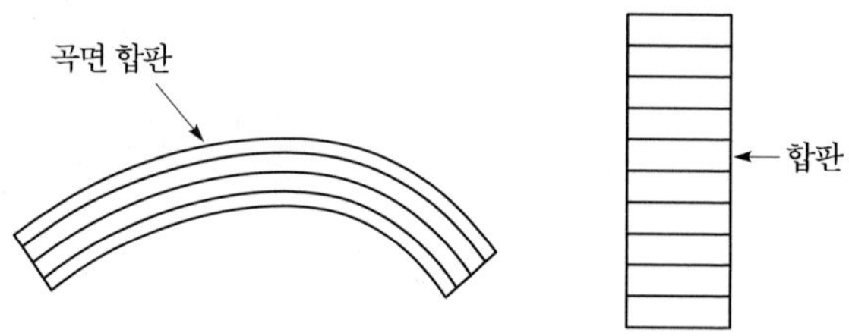

그림 3.5.6 합판 목재의 형태

이론적으로 석재나 벽돌의 크기는 제한이 없으나, 석재의 경우는 사람에 의해 시공되기 때문에 개별 단위의 크기가 벽돌공의 인체치수에 의해 정해진다. 이 때문에 벽돌은 한 손으로 들 수 있는 크기로 되고, 블록은 여러 범위의 크기가 되었는데 2명이 들어 올려야 하는 무거운 콘크리트 블록도 있다.

3.6 구조재료의 종류

모든 단단한 물체는 구조체라 할 수 있기 때문에 적당한 재료의 선택은 무궁무진하다. 그러나 재료가 강하고, 단단하고, 견고하면서도 저렴해야하기 때문에 건축구조물을 위한 적절한 재료의 선택은 매우 제한되어있다. 구조재료는 하중에 과도한 변형 없이 견딜 만큼 강하고 단단해야하며, 사용 기간 내에서는 충분히 견고하고 경제적으로 시공할 수 있을 정도로 저렴해야 한다. 건축구조물은 막대한 양의 재료를 소비하기 때문에 그 양이 매우 풍부해야한다.

역사적으로 모든 문명에서 이러한 요구조건을 만족하는 재료들이 존재해 왔다. 오래된 전통 건축물은 자연재료를 이용하여 축조되었다. 서서히 인공(man-made)재료가 개발되어 진흙을 굳혀 만든 벽돌과 실로 짠 옷감이 사용되고, 돌도 자연 그대로보다는 모양을 다듬은 형태가 사용되었다. 나중에는 가마에서 구운 벽돌과 석회로 된 모르타르와 콘크리트가 사용되었다.

BC 4500년에 만들어진 청동과 BC 2500년에 만들어진 철은 강하고 단단하며 견고했으나 건축구조용으로 사용하기에는 너무 고가였다. 서기 1750년경에도 철로 된 못을 사용하는 것은 경제적으로 힘든 수준이었다. 몇 천년동안 건축물은 주로 나무와 벽돌 그리고 돌로 만들어졌다.

이러한 경향은 산업혁명을 계기로 바뀌게 되는데, 혁명이라기보다는 150년에 걸친 점진적 변화였으므로 발전이라고 해야 옳을 것이다. 1709년 아브라함 다비(Abraham Darby)가 석탄(실제로는 석탄에서 나오는 코크스)을 이용하여 철광석 녹이는 방법을 발견했다. 이전까지는 철광석 재료는 풍부했으나 숯을 이용하여 녹였기 때문에, 숯이 저렴하지도 않았으며 나무의 공급이 줄어들면서 숯이 흔하지 않게 되었다. 이러한 발견으로 철은 구하기 쉽고 값싼 재료가 되었다. 이리하여 철, 엄밀히 말해서 주철(cast iron)이 건축구조물에 쓰일 수 있게 되었다.

구조물들의 크기나 하중의 강도가 일반 건축물보다 훨씬 크기 때문에, 새로운 형식의 건물과 구조재료의 생산이 불가피해졌다. 주철이 사용되기 시작한 후, 1784녀 헨리 코트(Henry Cort)에 의해 단철(wrought iron)이, 이후 1850년대 베세머 제강법(Bessemer process)덕분에 지금의 강철(steel)이 나오기에 이르렀다. 1811년경 조셉 아스프딘(Joseph Aspdin)은 소석회에 점토를 혼합하여 포틀랜드 돌과 유사한 인공 시멘트를 개발하였다. 1892년에는 프랑소와 헨네비크(Francoise Hennebique)가 콘크리트에 철과 강철을 사용함으로써 현재 우리가 쓰고 있는 철근콘크리트(reinforced concrete)의 특허를 받았다. 이리하여 1900년경 현재 쓰이고 있는 건축구조재료들이 유통되기 시작했다.

근래 건축물들은 콘크리트와 철근콘크리트, 목재, 벽돌, 또는 블록과 강재 등을 사용하여 시공하고 있으며 철과 콘크리트, 그리고 전통적인 재료들, 벽돌과 목재 등의 합성재료가 쓰이고 있다. 주철과 단철, 그리고 석재들은 거의 사용되지 않고 있다. '새로운' 건축재료들이 꾸준히

연구되어 오고 있기는 하나 저렴하지 않다는 이유로 보편화되고 있지 못하고 있다. 1900년 대 이래 지속적으로 개발이 진행되고 있으나, 주로 설계나 시공 효과, 또는 방법론에 그치고 있는 실정이다.

실제 구조물의 거동이 구조적 이론에 의해서 형상화되기에는 매우 복잡하기 때문에, 구조설계에서는 단순화된 이론들을 사용한다. 비선형탄성재료로 지어진 구조물의 거동은 매우 복잡하기 때문에 재료를 선형탄성으로 가정할 경우 계산량은 매우 단순화될 것이다.

여러 재료들 가운데 강재(이 경우는 연강)가 이상화된 탄성/완전소성의 거동에 가깝다는 것을 알 수 있다. 거의 모든 재료가 하중/변형 곡선의 초기 부분에서는 탄성거동의 형태를 보여 주고 있다. 그러므로 연구목적이 아닌 설계측면에서 본다면 강재, 콘크리트, 목재, 조적식 돌이나 모두 선형탄성이라고 가정할 수 있다. 이는 '보통의 구조이론'을 우리가 흔히 쓰는 재료의 구조설계에 사용할 수 있다는 의미이다.

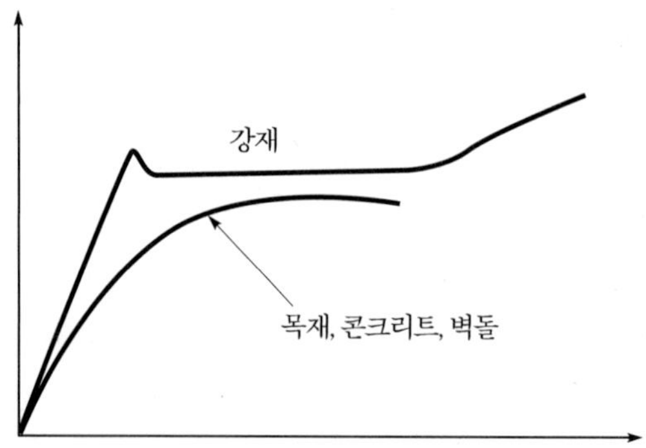

그림 3.6.1 재료들의 하중-변형곡선/형상만 개념적으로 표현

3.7 구조재료별 구조형식

철근콘크리트조(R.C조)

철근콘크리트(R.C)는 철근을 뼈대로 넣는 콘크리트이다. 콘크리트 속에 철근을 넣어서 두 재료가 일체로 거동하도록 하여 외력에 저항할 수 있도록 한 것을 철근콘크리트라고 하며, 철근이란 콘크리트 속에 묻혀서 콘크리트를 보강하기 위하여 사용되는 강재를 말한다. 줄여서 RC조라 부르기도 한다.

즉, 철근콘크리트란 '철근을 사용하여 보강된 콘크리트'를 말하며, 철근콘크리트는 철근과 콘크리트의 상호 보완적인 장점을 효과적으로 살려 외력에 잘 견딜 수 있는 부재를 만들기 위해서 사용된다. 철근은 인장을 받는데 적합한 재료이고, 콘크리트는 인장에는 매우 약하지만 압축을 받는데는 경제적인 재료이다.

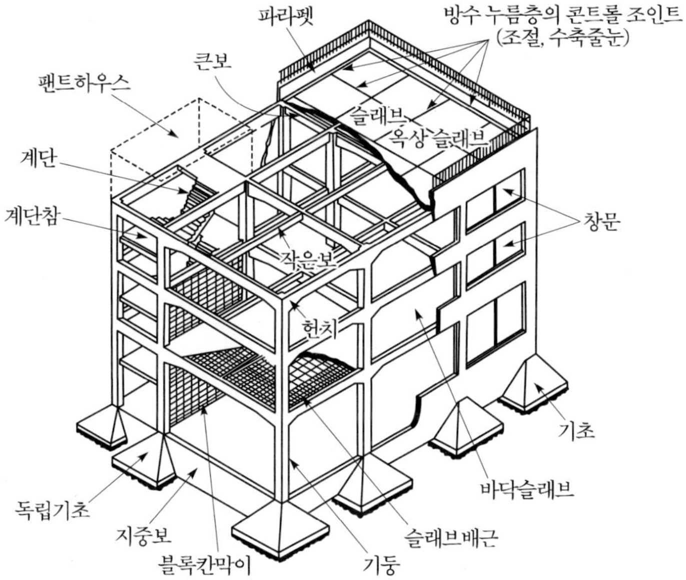

그림 3.7.1 철근콘크리트 골구도

철근콘크리트의 장점은 구조물의 형상과 치수에 크게 제약받는 일이 없이 구조물을 만들 수 있고, 구조물을 일체적으로 만들 수 있다. 즉, 콘크리트구조물은 각 부재를 일체적으로 만들 수 있으므로 전체적으로 강성이 큰 구조를 얻을 수 있다.

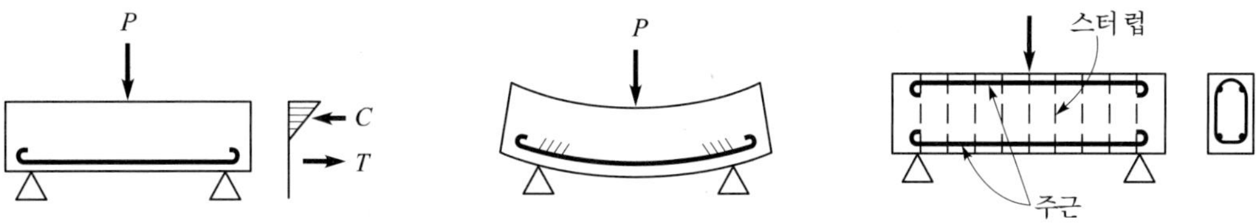

그림 3.7.2 콘크리트보의 하중, 응력, 배근관계도

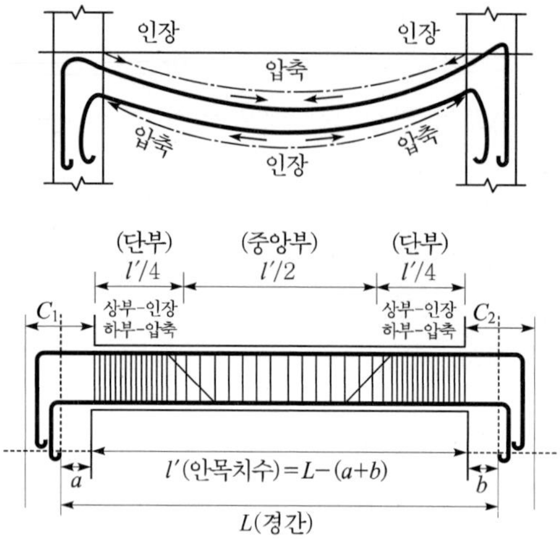

그림 3.7.3 철근의 인장, 압축관계도

콘크리트는 압축을 받고 철근은 인장을 받도록 두 재료를 적절히 합성한 철근콘크리트는 일반적으로 경제적인 구조재료이다. 내구성이 좋다.

일반적으로 콘크리트는 보통의 기상작용에 의하여 유해한 영향을 거의 받지 않으며, 설계에서 콘크리트의 균열 폭을 제한함으로써 철근의 부식을 방지할 수 있으므로 내구적이다. 따라서 유지비가 거의 들지 않는다.

철근콘크리트의 단점은 부재의 단면과 중량이 크며 콘크리트 경화 및 거푸집 존치기간 때문에 공사기간이 길어진다. 거푸집 및 지주로 지지하여야 하고 이에 대한 공사비용이 많이 든다.(공사비의 약 30%정도)

또한 작업방법 및 기후, 온도, 양생방법과 조건 등이 강도에 큰 영향을 주어 구조물 전체에 균일한 시공이 곤란하며 재료의 재사용 및 철거작업이 어렵고 품질관리가 어렵다.(건조수축과 크리이프 등으로 콘크리트 내에 균열발생) 콘크리트는 압축강도의 약 1/10 정도의 낮은 인장강도로 인해 균열 및 취성파괴가 발생한다.

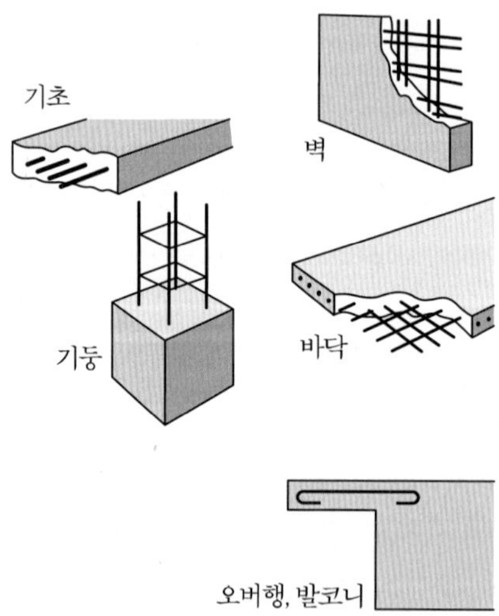

그림 3.7.4 철근콘크리트구조의 배근

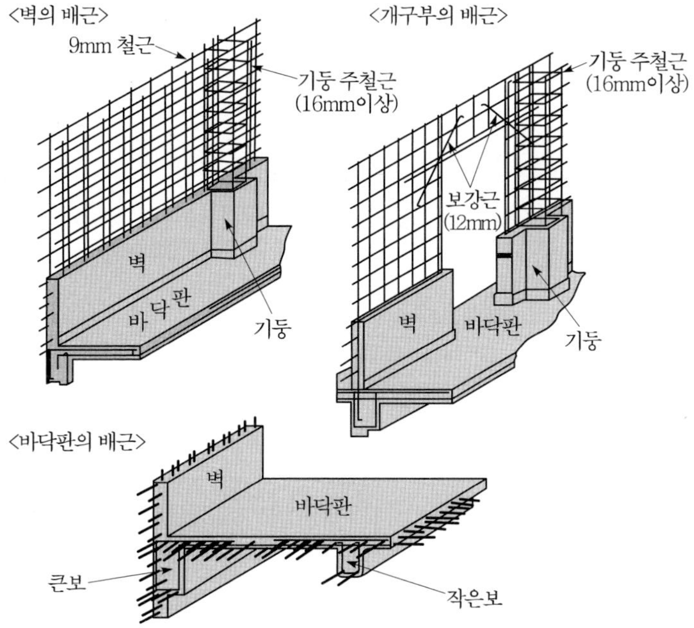

그림 3.7.5 벽, 개구부, 바닥판의 배근

강구조

강구조는 'H형강(단면이 H자 모양으로 생긴 강철 부재)' 등으로 구조를 짠 것으로 이것이 구조체의 역할을 한다.

건축물이 점차로 대형화, 고층화되어감에 따라 건축물에서 요구하는 대공간의 수요 역시 급격히 증가되었다. 이에 따라 긴 경간의 건축물이 요구되었고, 이러한 형태의 건축물을 구현하기 위해서는 기존의 모멘트골조방식만으로는 여러 가지 측면에서 어려움을 갖게 되었다. 이러한 요구를 수용하기 위해서, 산업혁명 초창기 주철을 사용한 구조물이 등장하였으며, 강재의 대량생산이 가능해짐에 따라 철강재를 구조재로 활용하기 시작하였다. 이에 따라 건축물에서도 강재를 이용한 다양한 형식의 건축이 가능하게 되었다.

강구조의 장점은 내부수리를 마음대로 할 수 있다는 것이다. 기존의 철근콘크리트에 비해 기둥이 적기 때문에 내부를 자유로이 변경, 배치할 수 있다.(주차장도 벽식구조가 아닌 기둥식구조로, 건물의 지하공간을 효율적으로 활용할 수 있다)

기존의 철근콘크리트 구조의 수명이 20년이라면 강구조의 수명은 1백년, 거의 반영구적이다. 부식을 방지할 수 있고, 층간소음을 줄이고 내진설계가 가능하다.

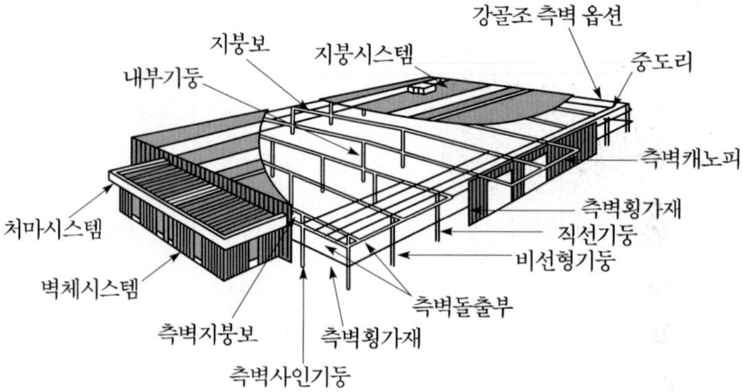

그림 3.7.6 강구조의 구성

미리 공장에서 자재를 제작하기 때문에 30층 기준 건물의 경우 6개월 이상 공기단축이 가능하다.

철근콘크리트구조가 노후화하면 모두 헐고 새로 짓는 수밖에 방법이 없지만, 강구조는 그대로 남겨두고 내장과 외장 수리만 다시 할 수 있으므로 리모델링이 훨씬 쉽고 간단하다. 공법이 자유롭고 공기가 단축된다.

강구조의 단점은 비용이 비싸며 화재에 조금 취약할 수 있다. 특히 강재는 콘크리트에 비해 열에 약하고 고온에서는 강도가 저하된다. 이러한 단점을 개선하기 위해 내화피복을 하고 있는데, 강구조 아파트의 시공현장에서 내화피복의 두께가 규정보다 얇아 문제가 제기된 적이 있다. 철근콘크리트조에 비해 벽체가 얇기 때문에 소음이나 진동이 심할 수 있다. 가공조립에 시공정밀도가 요구되며 재료의 인성이 크다.

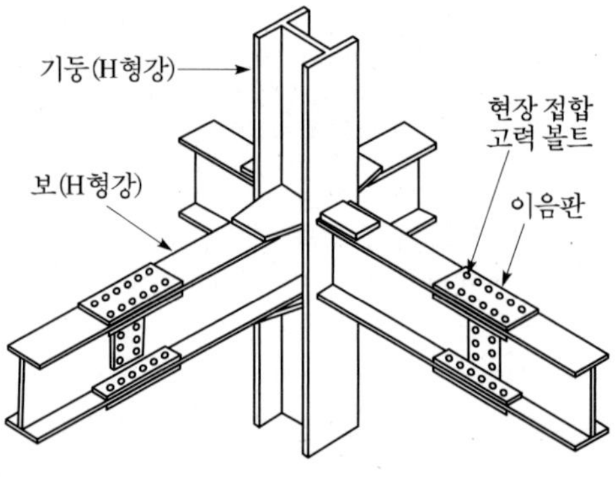

그림 3.7.7 강구조

합성구조(강재+철근콘크리트)

합성구조(SRC구조)란 강재를 철근콘크리트로 둘러 싼 것 즉, 덧붙인 것으로 보면 된다. 시공부위는 주로 기둥이나 보가 주 대상이며 강구조물인 형강주변에 철근을 배근 한 다음 콘크리트를 타설한다.

합성구조의 장점은 일반적으로 콘크리트조가 압축력에 강한 기둥을 확보 하는데 유리하고 강구조는 인장력이 강한 보를 확보하는데 유리하며, 내화성이 낮은 강재를 콘크리트로 피복함에 따라 내화성이 강화되어 긴 경간이나 층고가 높은 건물에 대한 적용성이 높다는 점이다. 또한 세장한 강재를 철근콘크리트로 감쌈에 따라 좌굴에 대한 저항성이 높아지고 하중에 의한 처짐이 감소하며 내진성이 향상되는 우수한 구조이다.

합성구조의 단점은 시공이 복잡해지고 비용이 높아진다는 점이다. 철근배근, 접합부 철근배근 등 콘크리트타설이 어려우며 공사비가 비싸고 건물이 무거워진다.

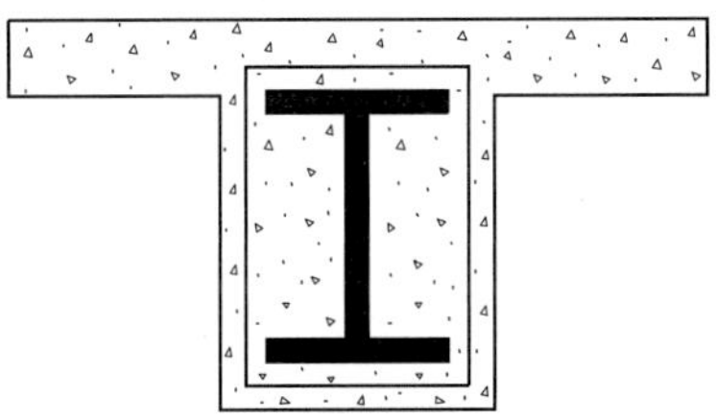

(a) 합성보

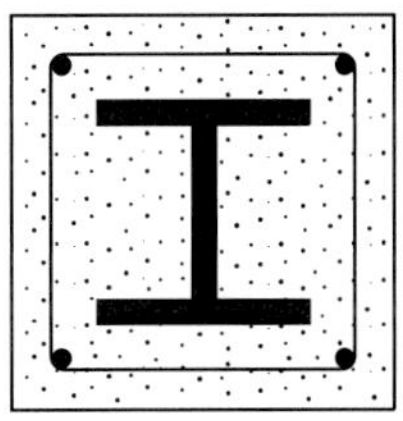

(a) 합성기둥

그림 3.7.8 합성구조 구성 I

합성구조를 사용하는 경우는 철근콘크리트구조로 하고 싶지만 고층으로 인하여 아래층 부분의 응력이 크게 되고 변형능력이 충분하지 못하다고 생각되는 경우, 철근콘크리트구조로 하기에는 스팬이 지나치게 길어서 기둥 하나가 부담하는 바닥면적이 지나치게 넓은 경우 스팬이 길기 때문에 보를 철근콘크리트구조로 설계하기 어려운 경우 등에 사용된다.

이러한 각각의 특징들을 적절하게 조합해서 설계하게 될 경우 경제성, 안정성, 시공성을 높일 수가 있다. 그리고 디자인으로도 뛰어난 건축물을 만들 수가 있다. 굳이 말한다면 합성구조의 각 특징은 이미 철근콘크리트나 강재에 사용하는 특징이 서로 보완하는 역할을 하고 이를 적절히 사용함으로써 큰 효과를 발휘할 수 있다.

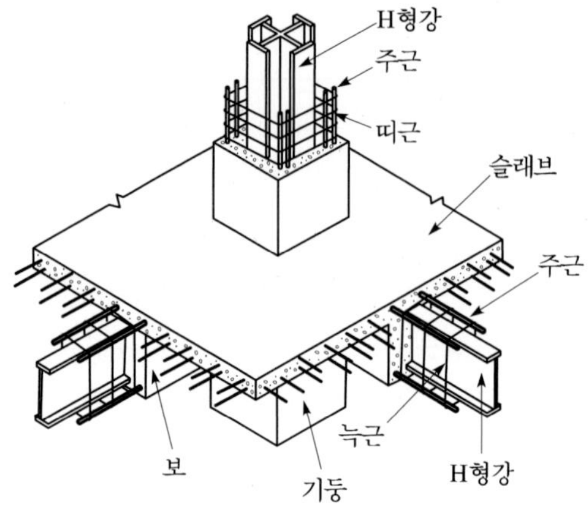

그림 3.7.9 합성구조의 구성II

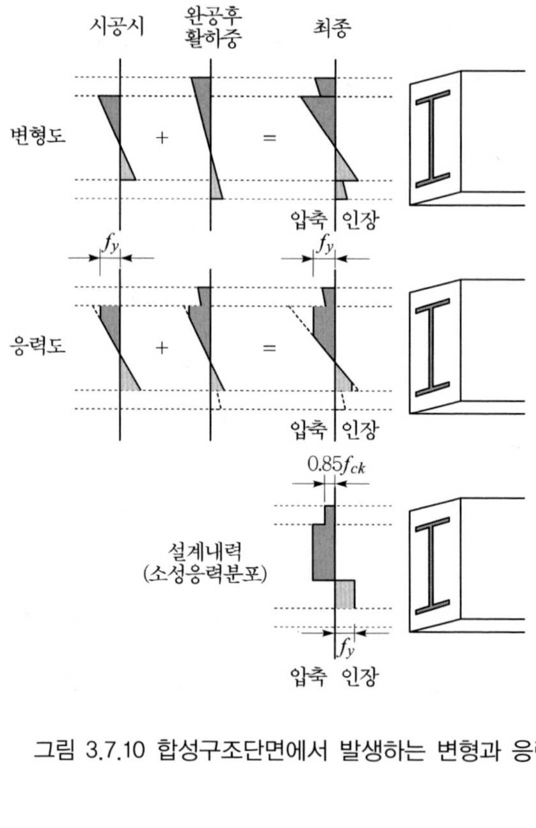

그림 3.7.10 합성구조단면에서 발생하는 변형과 응력

프리스트레스 콘크리트

PS콘크리트(Prestressed concrete)의 개념은 콘크리트 부재의 인장력이 작용하는 곳에 미리 PS강재를 배치하고 이 PS강재에 프리스트레스를 주어 부재에 압축력을 가하여 이 두 힘을 상쇄시키는 콘크리트로 근래에 교량의 보, 말뚝, 전주, 도로의 포장콘크리트 등 거의 모든 구조물에 사용된다.

PS콘크리트의 장점으로는 복원성이 크고 조립강철 구조로 만들기가 쉬우며 부재에 확실한 강도와 안전율을 갖게 할 수 있어서 공정이 빠르고 동바리공, 거푸집, 가설물 등의 비용이 절감할 수 있고, 설계하중 하에서 구조물의 균열을 방지할 수 있으므로 내구성이 크며 전단면이 유효하게 작용하므로 자중을 줄일 수 있고 지간을 길게 할 수 있다.

단점으로는 단면의 휨강성이 작아 진동하기 쉬우며 고강도의 재료를 사용함으로써 단가가 높아지며 공사가 복잡하므로 고도의 기술을 필요로 한다.

또한 화재의 해를 받기 쉽고, 두께 5cm 이하의 PS판은 화재 시 폭발할 가능성이 크며 정착장치, 쉬스(sheath), 기타 보조재료 및 그라우팅작업, 강재 절단비 등이 든다.

PS콘크리트의 사용강재로는 PS강선(piano wire)이 사용되며 지름 2~5mm의 고인장 강선을 주로 사용한다. PS스트랜드(strand wire)는 PS강선을 꼰 것으로 2, 7, 12 스트랜드를 많이 사용하며 부착이 좋다. PS강봉(steel bar)은 지름이 8mm이상의 것으로 포스트 텐션(post-tension)에서만 사용할 수 있다.

PS콘크리트의 공법의 특성 중 프리텐션공법(pre-tension system)의 순서는 PS강재를 긴장하여 프리스트레스(prestress)를 도입하고 콘크리트의 치기 작업으로 PS강재와 콘크리트를 부착시켜 PS강재에 가한 인장응력을 콘크리트 부재에 전달한다.

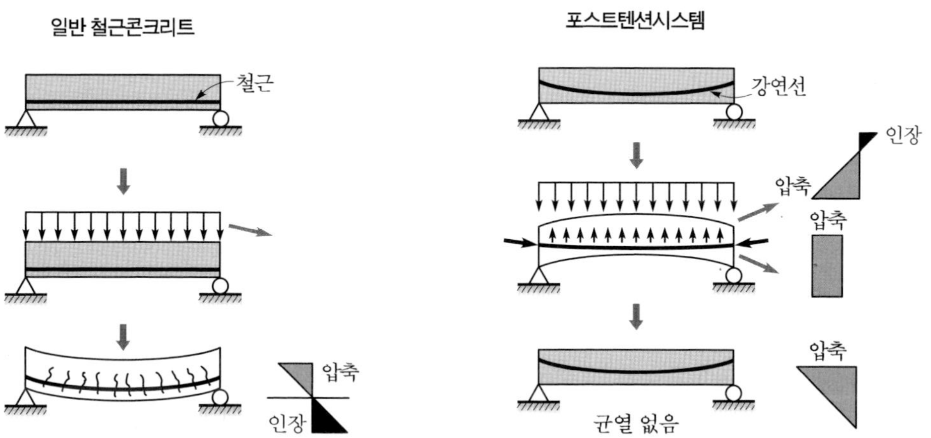

그림 3.7.11 콘크리트보와 PS보의 응력곡선

포스트텐션공법(post-tension system)의 순서는 거푸집의 조립과 쉬스(sheath)를 배치하여 콘크리트의 치기 작업을 한 후 PS강재를 긴장시키면서 PS강재에 준 인장응력을 콘크리트 부재에 전달한 다음 PS강재와 콘크리트를 부착시키기 위한 쉬스(sheath)내의 그라우팅 작업을 한다.

프리스트레스트 콘크리트(PC)제품은 철근콘크리트 제품에 비하여 금이 잘 가지 않아 안전도가 높고, 제품의 단면이 작으며, 무게가 가볍고, 강재의 사용량이 작아지는 등의 특징이 있다.

프리스트레스트 콘크리트의 특성은 철근콘크리트 제품의 일종으로 콘크리트에서 인장응력이 생기는 부분에 미리 압축응력을 부여하여 콘크리트에 외면상의 인장강도를 증가시켜 휨저항력을 높인 것으로 약칭하여 PS라 한다. 콘크리트는 압축강도는 크지만 인장강도와 인장에 의한 늘어남에 극히 약하다. 이러한 이유로 큰 인장응력이 생기는 휨재는 철근으로 인장강도의 부족을 보강하는 철근콘크리트를 채택한다. 그러나 보통의 철근콘크리트의 휨재는 작은 휨하중에 의해서도 콘크리트의 인장측에 균열이 발생되어 내구성이 저하된다. 이에 미리 RC의 인장측에 압축응력을 부여하고, 이 압축응력으로 부재에 가해지는 휨하중에 의한 인장응력을 상쇄시켜 콘크리트에는 인장응력이 생기지 않게 하므로 균열이 발생하지 않게 된다.

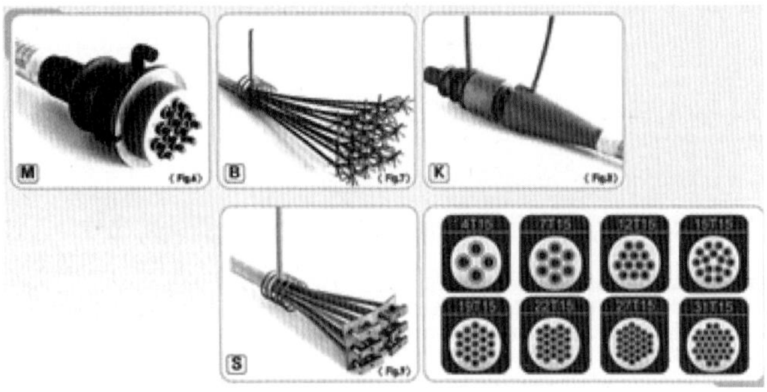

그림 3.7.12 PS보 내부 강재의 형상

이러한 것을 고려해 만들어진 RC의 특징은 설계하중을 부담할 때 균열이 없고 이러한 특징은 반복적인 응력이나 충격을 받는 부재에도 적합하다. 또한 콘크리트의 건조수축에 의한 균열이 적고 탄성과 가소성이 크며 강재의 사용량이 적어서 부재단면이 작아서 제품의 중량을 가볍게 할 수 있다.

다만 휨만을 고려할 경우는 역으로 무겁게 되는 경우도 있다. 결점으로는 제작에 수고가 들어서 고가가 되거나, 보강근의 응력도가 높기 때문에 그만큼 변형이 증대될 수 있다는 것이다. 또 고열을 받으면 피아노선이 녹아내리게 되어, 강도가 회복되지 않기 때문에 보통 철근콘크리트보다 강도저하가 크다. 따라서 콘크리트의 강도를 가능한 높게 할 필요가 있지만, 고강도의 밀실한 콘크리트는 일반적으로 화재시에 폭발하기 쉽기 때문에 이 점도 고려해야 한다.

바닥판의 프리스트레스트 콘크리트 제품의 종류로는 T를 2개 나열한 형상의 단면을 가진 더블T슬래브와 내부에 공동을 가진 단면인 것(예:스판크리트) 등이 있다. 스판은 5~12m 이상도 가능하지만, 휘는 관계로 오히려 2~3m 스판쪽이 효과가 있다. 1개의 폭이 1~1.2m이기 때문에 옆으로 여러 장을 나열하여 바닥면을 만든다.

프리스트레스트 콘크리트 외벽판의 형상은 보통의 철근콘크리트 외벽판과 같지만, 길이는 3~16m의 큰 길이인 것이 많다. 철근콘크리트에 비해 단면이 작아지므로 경량이고, 다져 넣는 것이 용이하다. 또 균열이 생길 염려가 적어서 내구성이 높다.

프리스트레스트 콘크리트 널말뚝은 프리텐션 방식에 의하여 길이방향으로 미리 응력을 주어 만들기 때문에 비교적 단면이 얇고 길게 제작된 콘크리트 널말뚝으로서, 주로 흙막이벽에 사용된다.

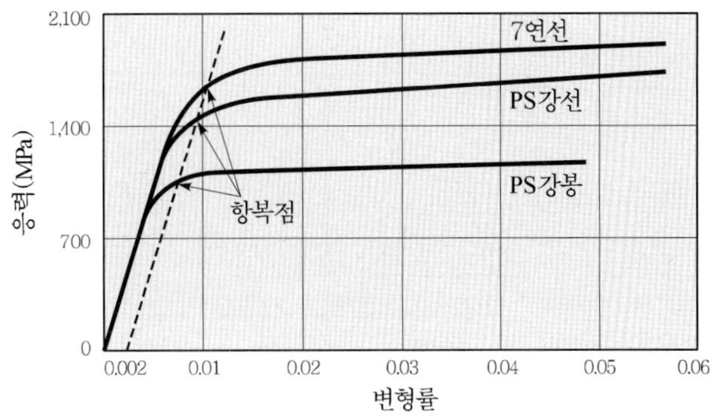

그림 3.7.13 PS강재의 응력-변형률 선도

기타 기초말뚝(파일), 관(파이프), 침목 등에도 PS제품이 많이 사용된다.

PS제품 시공사례는 '프리캐스트 콘크리트 방음벽 기초 구조물'로서 L형 형태의 단면으로 구성되며, 저판의 상면과 수직벽의 외면에 소정의 두께와 폭으로 풍압 등의 외력에 대하여 충분한 강성을 갖도록 한 제품이다.

도로에 인접한 주택이나 건물 밀집 지역에는 차량에서 발생되는 소음이나 매연에 항상 노출되어있어 정신적으로나 육체적으로 많은 피해를 입게 되는 것은 잘 알려진 사실이다. 이러한 공해를 차단하기 위하여 방음벽의 설치가 날로 증가하는 추세에 있다. 지금까지 방음벽을 지지하기 위한 기초구조물은 현장타설식 공법으로 사용하여 왔다. 그러나 이러한 현장타설식 방음벽 기초는 현장에서 거푸집과 철근을 설치하고 콘크리트를 타설한 후 충분한 양생기간을 가져야 하기 때문에 토공사 등 후속공정 진행에 큰 지장을 초래하는 문제점이 있다.

특히 현장기능공들의 숙련도에 따라 품질이 크게 좌우되는 경향이 있고 양생과정에서 발생하는 균열발생을 억제하기가 기술적으로 어렵다. 종래의 제반 문제점을 해소하기 위해 개발된 것으로, 종래에는 전혀 시도되지 아니하던 프리캐스트 방식에 의하여 공장 제작한 후 현장에서 용이하게 조립할 수 있는 새로운 구조의 프리캐스트 콘크리트 방음벽 기초이다.

PS제품은 고품질 확보가 가능하여 제품면 미려, 균열 최소화할 수 있고, 35MPa 고강도 콘크리트 사용으로 내구성 우수하며 1일 평균 32m시공, 토공사 병행 작업을 할 수 있어 급속시공이 가능하며 재료비, 부대비용 대폭 절감할 수 있어 경쟁이 우수하다.

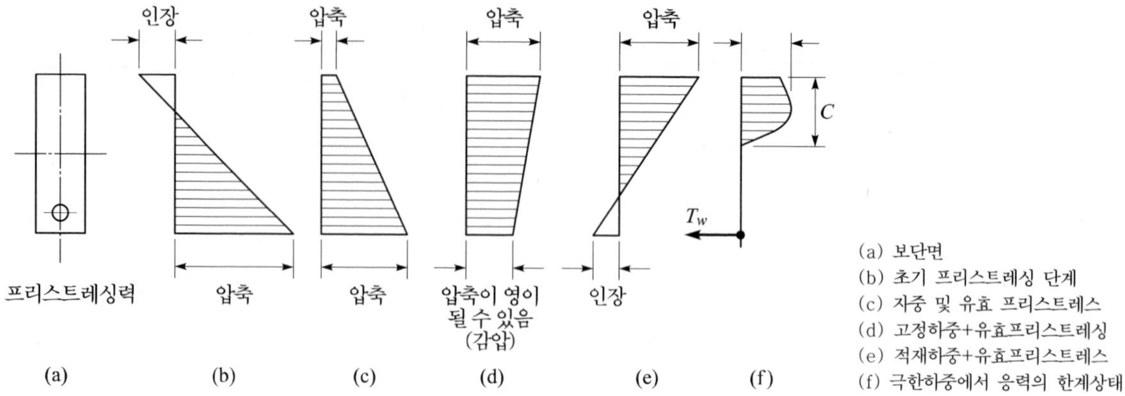

그림 3.7.14 전하중 이력을 통한 휨응력분포

목구조

목구조는 건축물의 주요구조부인 벽체·기둥·바닥·들보·지붕 등에 나무를 사용하여 가구식의 구조로 만든 것을 목구조라 하며, 조적식 구조·일체식 구조보다는 시공이 간단하고 공사기간이 단축되며 건축물의 무게가 가볍고 경쾌하며 친밀감이 있다. 그러나 우리나라에서는 건축비가 비싸고 원목 부재의 길이가 짧아서 경간이 긴 건물에서는 사용이 어렵지만 최근에 집성목재에 의한 간사이 길이가 긴 부재까지 생산되고 있으므로 앞으로는 사용한 재료의 새로운 발전이 기대되고 있다.

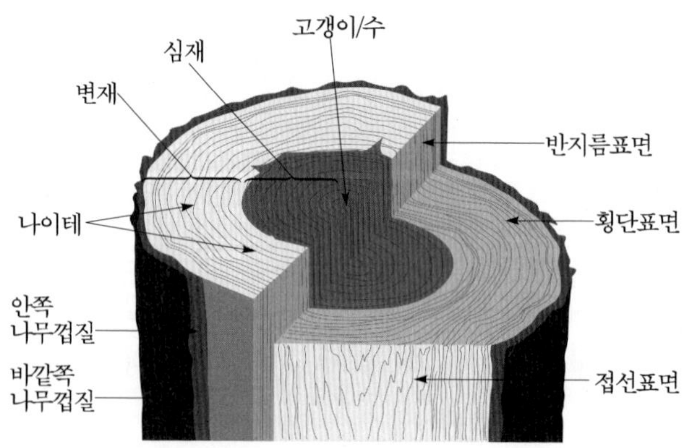

그림 3.7.15 목재의 구성

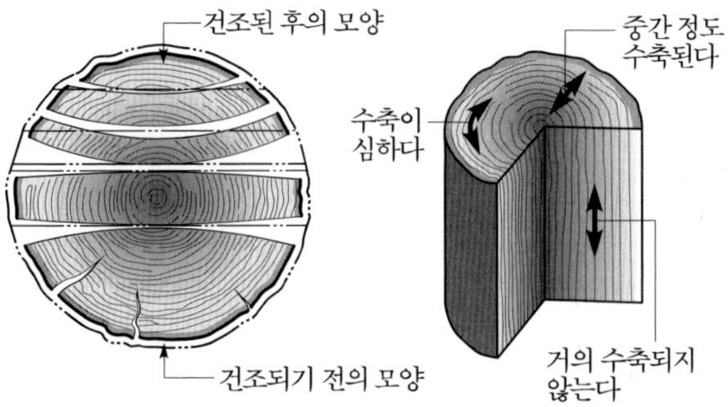

그림 3.7.16 목재의 수축과 변형

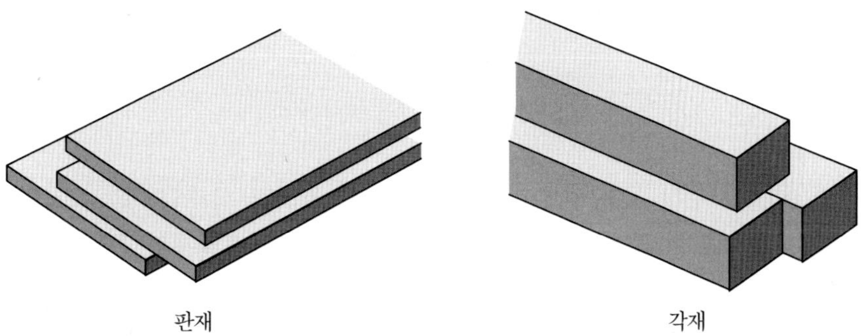

그림 3.7.17 판재와 각재

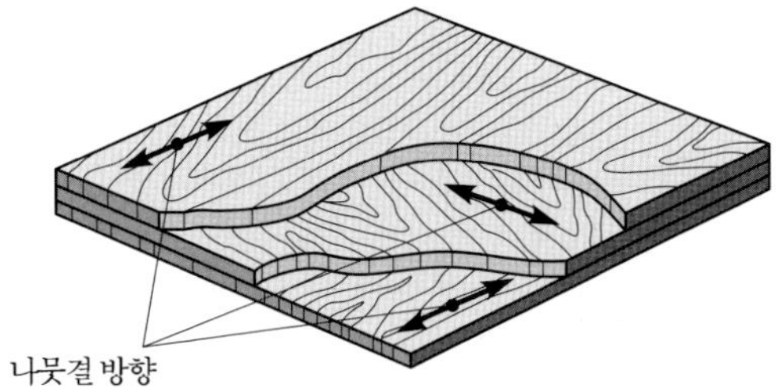

그림 3.7.18 합판의 제조

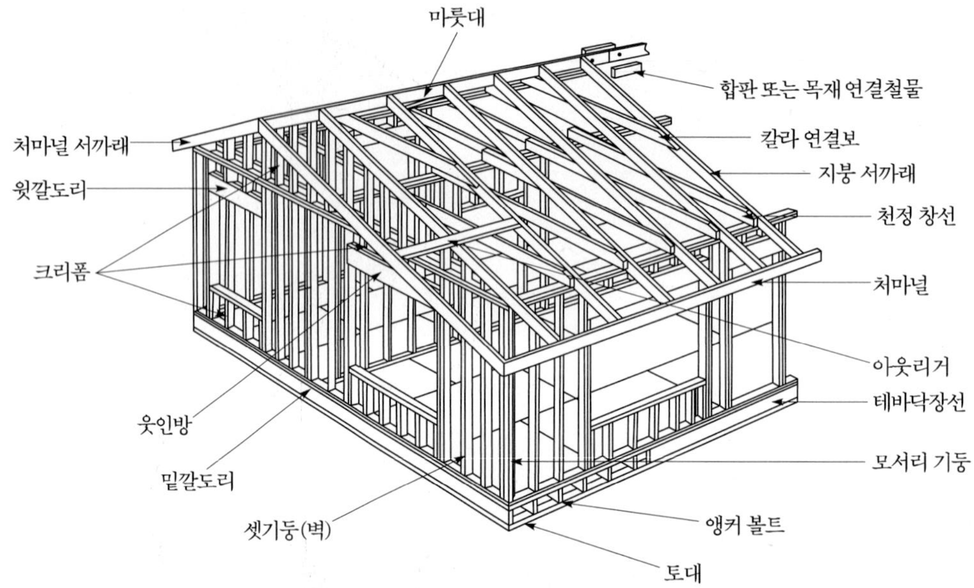

그림 3.7.19 목조주택의 구조

목구조의 장점은 숨 쉬는 목재의 특성상 자연적으로 쾌적한 실내환경을 유지해 주며 목재 자체의 낮은 열전도율뿐만 아니라 부위별로 규격화된 목자재와 단열재의 결합으로 기밀성을 유지하므로 높은 단열성능 및 탁월한 냉난방 에너지효율의 증대 효과가 있다.

일정치수 이상의 목재는 강철보다 열전도율이 훨씬 낮기 때문에 화재 시 쉽게 불이 붙지 않고 유독가스 발생률이 적어 인명피해가 적으며 내화구조에 의한 화재의 안전성이 확보되어 있다.

목재의 천연적인 흡음 효과로 소음을 차단하여 층간, 실간, 또는 외부와의 우수한 방음효과가 있다.

목구조 주택은 우리의 고건축 역사를 보더라도 풍부한 환경 적응성을 지니고 있어 평균 내구년수가 100년 이상의 수명을 지니고 있다. 유지관리를 철저히 하는 경우에는 그 이상의 내구성이 보장된다.

보수가 요구되는 부위에 한하여 국부적으로 보수공사가 손쉽게 이루어지며 가공, 절단이 편리하여 증·개축이나 유지 및 관리가 쉽다.

구조체를 구성하는 각 부재들이 가변성을 가지고 있어 어떠한 형태의 건축물에서도 손쉽게 가공·조립하여 구조체를 형성할 수 있는 설계의 유연성과 다양성을 지니고 있다.

목구조의 각 부재가 역학적으로 표준화되어 있고 벽체를 구성하는 스터드(stud)등의 구조부재가 차지하는 면적이 작아 타 공법보다 실내공간 활용성이 양호하다.

목재는 다른 재료와 비교할 때 무게에 비해 강도가 높고 건축물 자체의 지지 무게를 최소라 하며 목조 자체가 유연성을 갖고 있어 건축물에 대한 충격 흡수력과 부재간의 결속력이 뛰어나 지진과 태풍 등에도 강하다.

목구조의 단점은 원자재 가격의 변동 폭이 크므로 공사비 단가에 영향을 미치며 방음을 위한 정밀시공이 필요하며 환기공사에 유념하여 시공해야한다.

또한 부패 및 충해로 인한 비내구적이며 함수율에 의한 변형이 크고 비내화적이다. 목재는 250도에서 인화하여 450도에서 발화한다.

목재의 종류에서 구조재는 옹이·엇결·죽·썩음 등의 강도를 축소하는 요인이 되는 흠을 제거하고 변형이 생기지 않도록 건조된 목재로, 침엽수로서 적송·흑송·삼나무·잣나무·전나무 등이 쓰이고, 활엽수로는 밤나무·느티나무 등이 사용된다.

수장재는 치장을 위해 사용되는 목재로 옹이가 없는 곧은 결재가 좋으며 창호재나 가구재와 같이 변형이 되지 않도록 함수율 15%의 기건상태로 건조시켜 사용한다. 적송·홍송·낙엽송 등의 침엽수가 사용되고, 느티나무·단풍나무·박달나무·참나무 등의 활엽수가 사용된다.

창호재·가구재는 가공·변형·건조에 가장 주의하여야 하며, 창호재로는 나왕·전나무·느티나무·벚나무·티이크가 사용되고, 가구재로는 나왕·자단·흑단·마호가니 등이 쓰인다.

조적구조

조적구조는 현대 건축에서 현재 많이 사용하고 있는 재료로는 시멘트와 벽돌을 우선적으로 생각하게 된다. 특히, 벽돌은 규격화와 대량생산이 가능해짐으로서 건축에 있어서 시공의 편의성이나, 공기단축 등에서 큰 역할을 하고 있다고 봐도 과언이 아닐 것이다.

시공방법 상으로 볼 때, 강구조와 같이 뼈대를 세우고 건물을 올리는 것이나, 콘크리트구조처럼 거푸집과 같은 형틀을 준비하고 시멘트를 부어 만드는 것과 달리, 이러한 조적구조는 벽돌·돌·시멘트 블록 등의 재료를 각각 모르타르 등의 교착제로 부착시켜 쌓아 만드는 구조이다. 이러한 시공방법상의 조적식 구조는 예로부터 건축시공행위에 있어서 주로 사용되어왔던 방법이다.

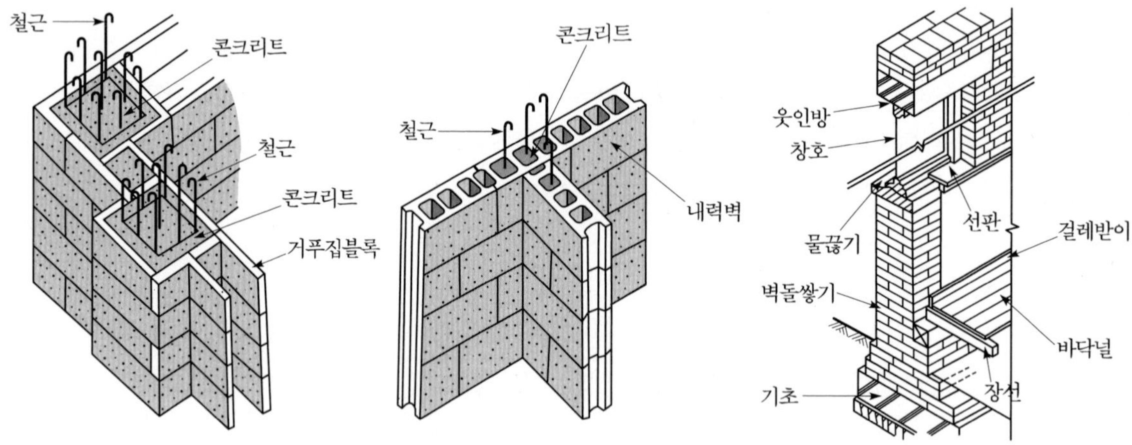

그림 3.7.20 조적식 구조

일례로 서양건축사에서 이러한 조적식 구조를 이용한 흔적을 살펴볼 수 있는데, 메소포타미아 지역의 수메르 왕국에서는 '햇볕에 말린 벽돌'을 사용하여 건축행위를 했다는 기록을 확인할 수 있다.(1.3절 참조)

이렇듯 조적식 구조는 인간이 초창기 건축 행위를 시작할 때부터 이성적 사고에 의한 본능에 의해 구축적 원리의 이해 속에서 탄생했다고 볼 수 있다.

조적구조의 장점은 자연적인 분위기를 연출할 수 있고, 건축계획상의 다양성을 충족시킬 수 있고 조형미가 뛰어나며 다양한 공간 활용이 가능하고 내화 및 내구성이 뛰어나며 수명이 길다.

단점은 공사기간이 길고 목재나 흙에 비해 습도조절 능력이 떨어지며 벽체가 두꺼워져 실내면적이 줄어들고 횡력이나 인장력에 매우 약하며 균열발생 우려가 있다.

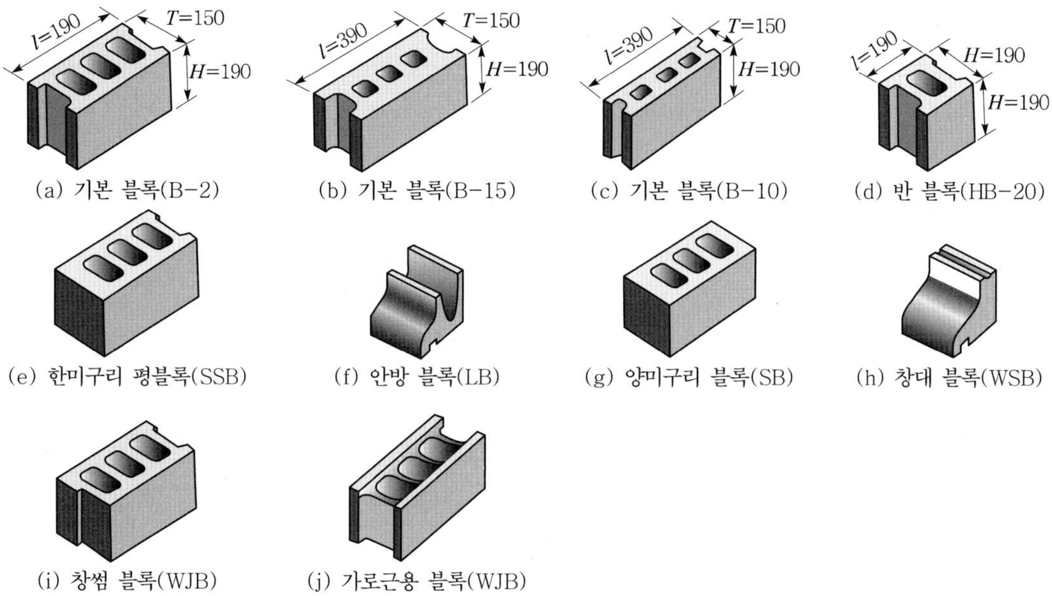

그림 3.7.21 블록의 형태

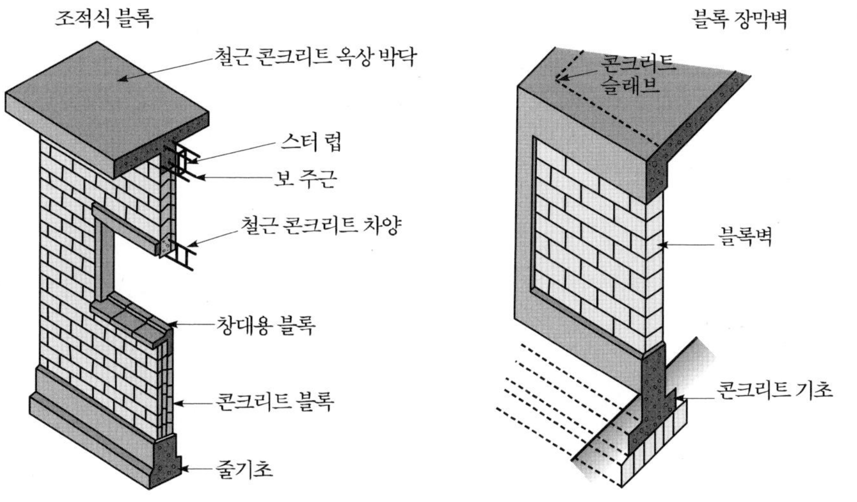

그림 3.7.22 조적식블록과 블록장막벽

벽돌구조는 벽돌을 사용한 시기는 정확하지 않으나, 고대 시대에도 탑이나 성벽 등에 굽지 않은 벽돌이 사용되었다. 구운 벽돌은 후기 바빌론 시대에 사용되었고, 우리나라에서도 19세기 후반에 여러 형태의 벽돌이 본격적으로 사용된다.

벽돌구조는 뼈대는 벽돌로 쌓고 지붕틀, 천장, 마루, 창호 등은 나무나 철근콘크리트 등을 사용하고, 블록, 돌, 타일 등을 혼용해서 사용하기도 한다.

벽돌구조의 장점은 내구, 내화적이며 방한, 방서에 유리하며 외관이 장중하고 구조 및 시공이 용이하며 값이 싸고 재료를 구하기가 쉽다는 점이다.

단점은 벽체에 습기가 차기 쉬우므로 공간쌓기를 해야 하며 지진, 바람 등과 같은 횡력에 약하여 대규모 건물에는 부적합하고 벽 두께가 두꺼워져 실내 유효면적이 감소한다는 점이다.

또한 건물 자체 무게가 무겁고 접착제의 강도에 따라 구조물의 강도가 변화되며 습식 공법이기 때문에 기후의 영향을 받는다.

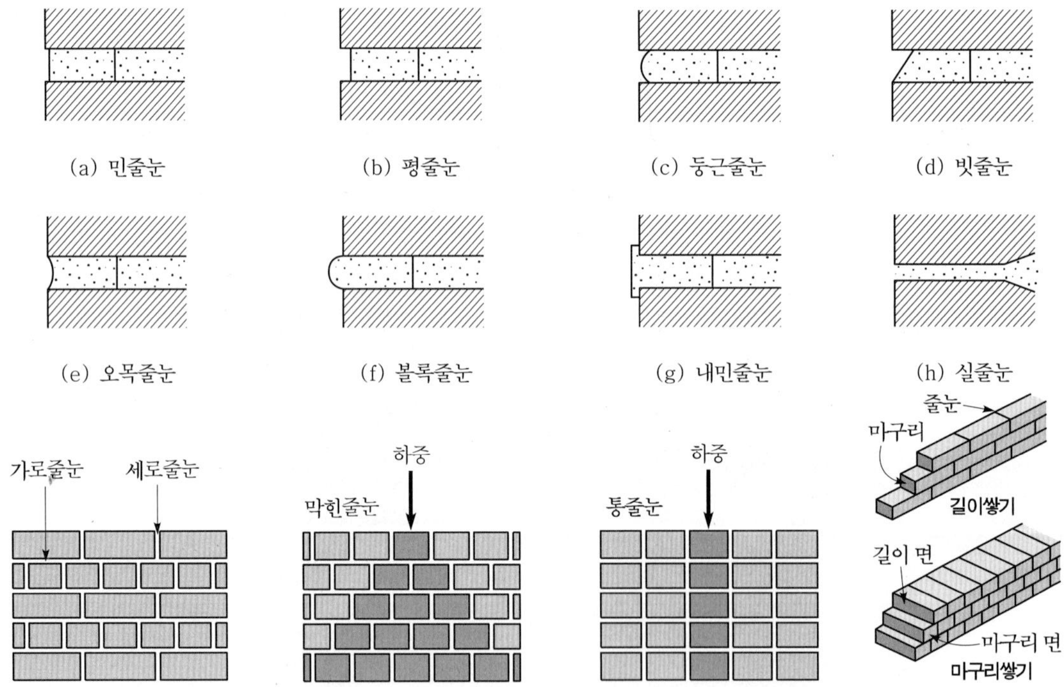

그림 3.7.23 벽돌쌓기 형태

그림 3.7.24 벽돌쌓기의 종류

돌구조

돌구조는 가공된 돌을 쌓아 올려 벽체를 만드는 조적식 구조법의 일종이다. 뒷벽에 벽돌 또는 콘크리트조로 축조하고 보이는 면은 석재벽체와 일체로 되게 축조하거나 판석을 벽체에 붙여 외장으로 쓰인다.

돌구조의 장점은 불연성으로서 압축에 강하며 내구성, 내화성이 크며, 내화적 마모·풍화에 대하여 손색이 없고, 양질의 석재가 풍부하며 외관이 장중 미려하고 방한·방서적이다는 점이다.

단점은 인장강도는 압축강도의 약 1/20~1/40 내외로서 잘라지고 긴 부재를 얻기가 어렵고 가구재에 부적당하며, 돌의 비중은 크고 견고하나 가공이 곤란하며 열에는 균열이 생기고, 지진 및 횡력에 약하고, 공사기간이 길며, 시공도 까다롭고 고가라는 점이다.

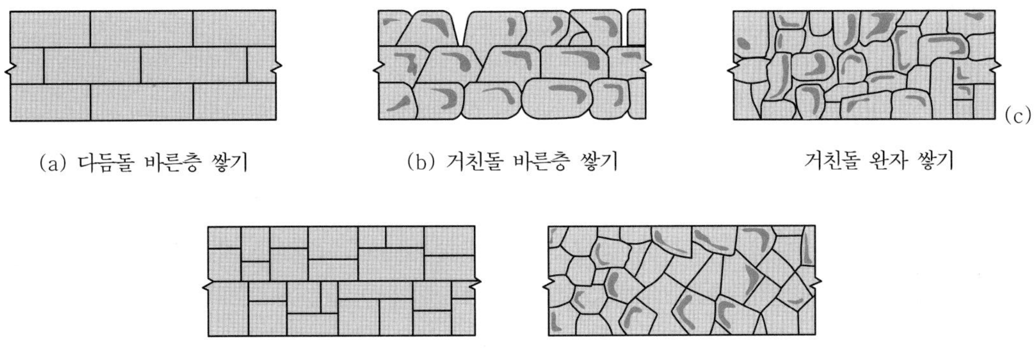

그림 3.7.25 돌쌓기 형태

그림 3.7.26 돌쌓기의 예

석재의 종류에서 화강암은 경도, 강도, 내마모성, 내구성, 빛깔, 광택 등이 우수하고, 흡수성이 적고, 돌결의 간격이 크며, 돌금이 있으므로 큰 재를 얻을 수 있어 석재 중에서는 가공성이 가장 풍부하다. 구조용, 장식용에 가장 우수하다. 단점으로는 화열에 맞으면 균열이 생기고 푸석푸석 붕괴하는 결점이 있다.

안산암은 산출량이 가장 많고 성질은 화강암 다음가는 것으로서, 빛깔이 좋지 않고 갈아도 광택이 나지 않는다. 또한 가공성도 떨어지지만 내화력은 화강암보다 크고, 강도와 내구성이 크므로 주로 구조용석 재로 쓰인다.

3.8 지반으로서의 흙

모든 구조물의 기초는 구조물의 아랫부분으로 지표면위에 위치한다.

구조물의 하중이 지반으로 전달되는 것은 문제될 것이 없으나 지반의 부분적인 거동은 중요한 문제이다. 기초는 이러한 하중이 지반의 안전한 지지력의 범위 안에 들도록 해야 한다. 지표면을 파고들어 가면 종국에는 암반을 찾을 수 있다. 이 암반의 크기가 수십 미터에 이르기 때문에 기초를 이곳 암반에 정착시키기도 한다.

토질층은 깊이에 따라 하중이 가해지면 압축하는 성질을 가지고 있기 때문에, 기초는 아래로 움직이며 건물 전체를 강체 운동하여 아래로 움직이게 하거나 건물을 기울게 하고 뒤틀리게도 한다. 따라서 기초를 설계할 때는 지내력이나 지반의 움직임이 공학 설계자한테는 매우 중요한 고려 대상이 된다.

흙의 유형을 판별하면 크게는 암석(rocks), 입상토(granular soils), 점성토(clayey soils)로 나뉜다. 토질의 지층(strata)에서 볼 수 있는 지표면 아래쪽 여러 층의 토질유형들이 존재한다.

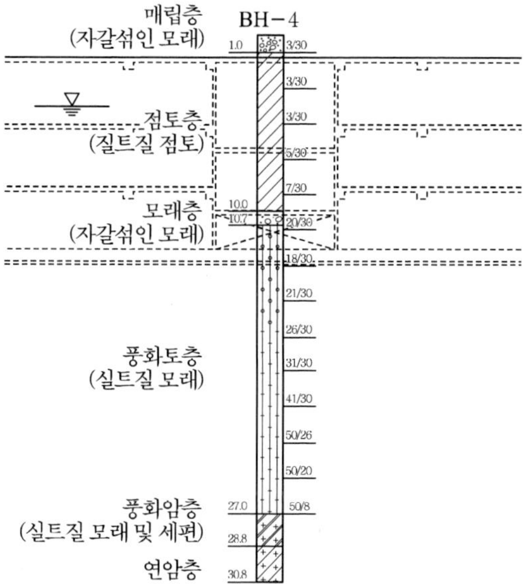

그림 3.8.1 여러층의 토질 유형

암석에 지지한 기초는 안정되기 때문에 구조물에 영향을 주지 않으나 입상토나 점성토의 토질에서는 주의가 요구된다. 구조요소의 거동과 지반의 구조적인 거동은 2가지의 근본적인 차이점이 있다. 그 하나는 구조물의 기초부분에 의해 하중을 받는 지반은 기둥과 같이 독립적으로 거동할 수 없다는 점이다.

하중을 받는 지반은 '하중을 받지 않는' 인접지반의 영향을 받는다.

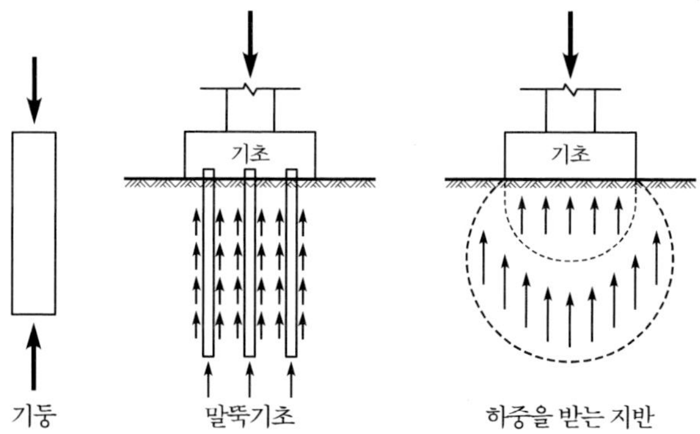

그림 3.8.2 구조요소의 거동과 지반의 구조적인 거동

하중이 인접지반에 얼마만큼의 영향을 미치는지를 알아보기는 쉽지 않다. 이러한 형상이 왜 생기는지 알아보기 위해 2가지의 단순화된 지반모형을 보자. 하나는 서로 연결되지 않은 탄성스프링(coil springs)과 다른 하나는 탄성구(elastic spheres)로 구성되었다고 가정할때 피트(pit)바닥과 측면은 이동이 허용되지 않는 완전강체로 가정한다.

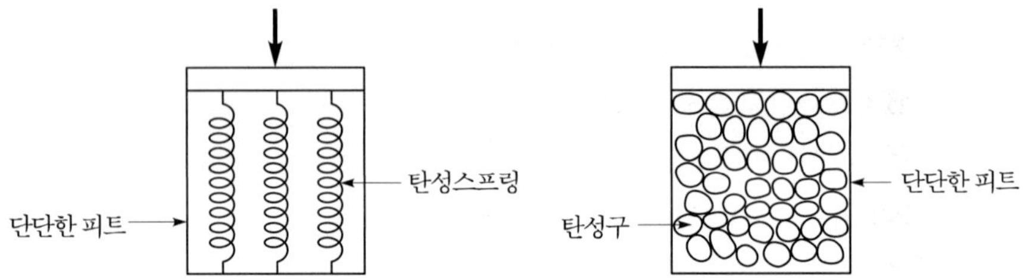

그림 3.8.3 탄성스프링과 탄성구

첫 번째 모형은 매우 간단하다. 기초에서 전달된 하중을 받으면 각각의 스프링은 분담된 하중에 따라 수직으로 변형된다. 하중이 증가함에 따라 변형도 증가한다. 주위 강체의 바닥과 벽은 움직이지 않는다.

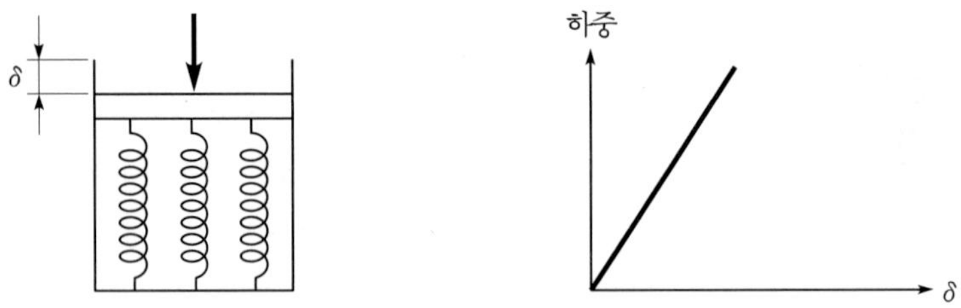

그림 3.8.4 탄성스프링의 하중-변형 관계

이러한 모형은 기초 아랫부분에 있는 지반이 독립적인 구조체(스프링)로 거동한다고 가정한 것이다. 기초 아랫부분에 흙의 탄성기둥이 있는 것과 같으며, 지반의 바닥과 측면의 '강체 박스(rigid box)'에는 영향을 받지 않는다.

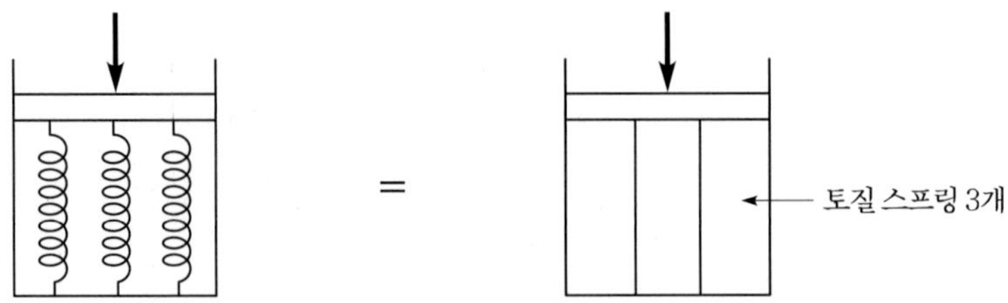

그림 3.8.5 탄성스프링의 거동

두 번째 모형은 탄성구로 가득 찬 경우로서, 3가지 유형의 거동이 존재하므로 복잡하다. 강체에 체워진 탄성구는 촘촘히 배열되지 않았기 때문에 하중은 탄성구를 압밀시킨다. 이처럼 다지기효과는 용기를 흔들어 흔들기 전후의 깊이변화를 살펴보면 알 수 있다.

그림 3.8.6 하중으로 인해 압밀된 탄성구

두 번째 유형은 탄성구가 변형될 때 그 형상에 관한 제한이다. 탄성구는 서로 인접해 있기 때문에 각각 독립적으로 자유롭게 변형할 수 없다(그림 3.8.7). 기초가 압밀침하되면 탄성구가 변형되어 영역이 줄어 탄성구 간의 공극 크기도 줄어든다(그림 3.8.8).

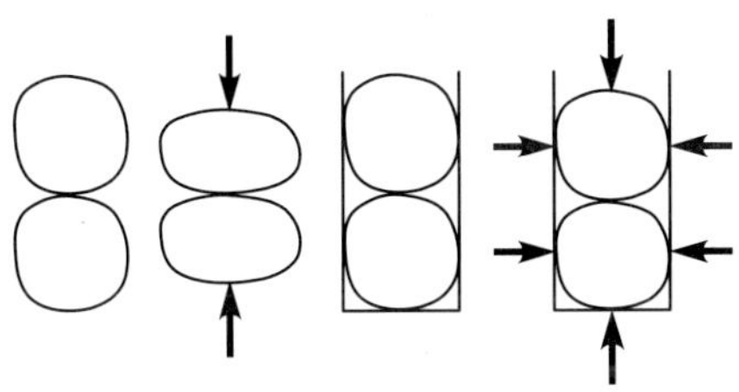

그림 3.8.7 탄성구의 변형

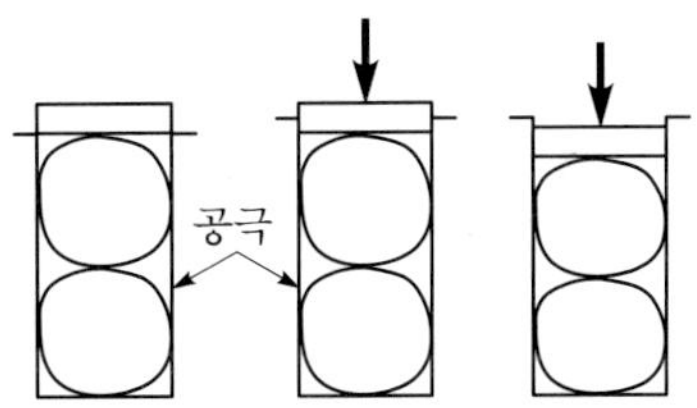

그림 3.8.8 탄성구 사이의 공극

공극이 채워지면 주어진 공간이 탄성재료로 가득 채워진다. 따라서 내부탄성구는 다음 3가지 단계를 거치게 된다.

- 단계1 다짐으로 인한 공극의 줄어듦
- 단계2 공극이 채워질 때까지의 탄성구 변형
- 단계3 탄성재료로 가득 찬 공간의 변형

위의 상태는 다음과 같은 하중/변형 곡선의 3단계로 표현된다(그림 3.8.9).

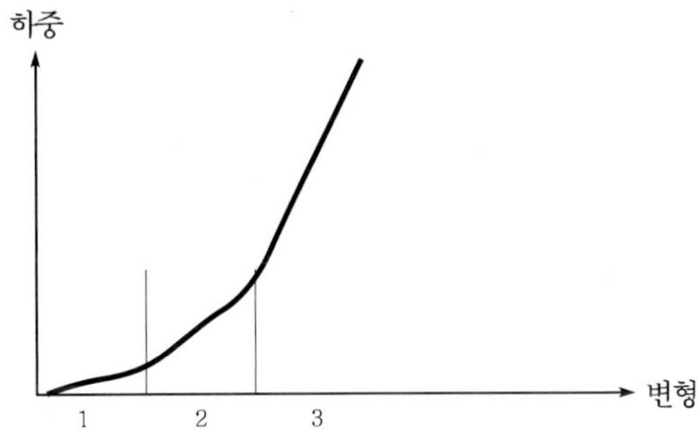

그림 3.8.9 탄성구의 거동 I

해변의 조약돌에서 볼 수 있는 것처럼, 비슷한 크기의 원형 돌은 자연에서 흔하게 볼 수 있다. 토질을 나타내는 탄성구 모형은 일정한 두께를 갖는 탄성구가 무한히 넓은 면적에 분포하고 있다고 보는 것이다. 탄성구의 일정한 두께 층은 단단한 노반 위에 있다고 본다(그림 3.8.10). 기초에 작용하는 하중에 의해 탄성구는 다져진다. 따라서, 탄성구는 변형되기 시작한다. 주위에 강체의 벽이 없기 때문에 '하중을 받지 않는(unloaded)' 탄성구가 수평력을 제공한다(그림 3.8.11).

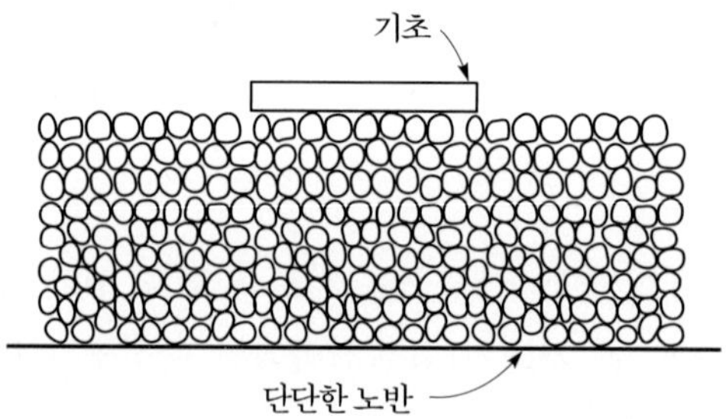

그림 3.8.10 토질을 나타내는 탄성구 모형

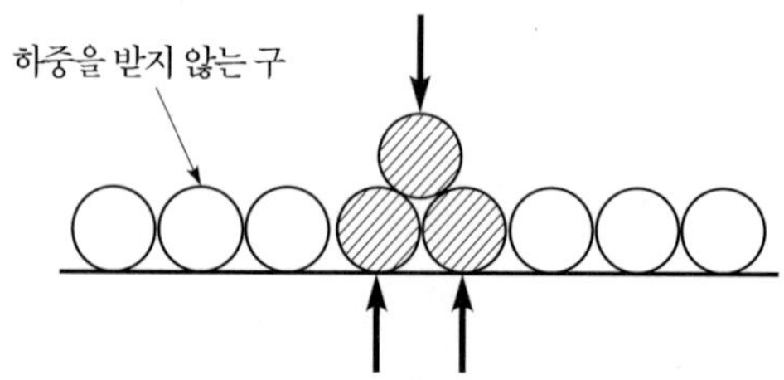

그림 3.8.11 하중을 받지 않는 탄성구

각각의 탄성구 층은 아래쪽으로 하중을 전달하며 이때 아래쪽으로 갈수록 많은 탄성구가 필요하다.

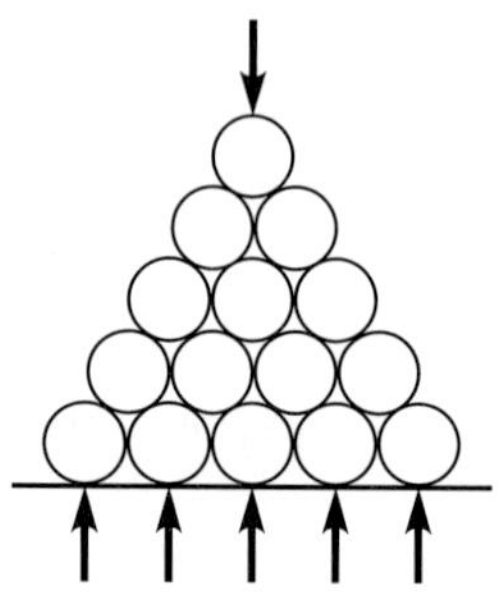

그림 3.8.12 탄성구의 하중 전달

따라서 하중을 받는 탄성구의 면적이 증가하게 되고 부담하는 하중은 점차로 증가한다(그림 3.8.13).

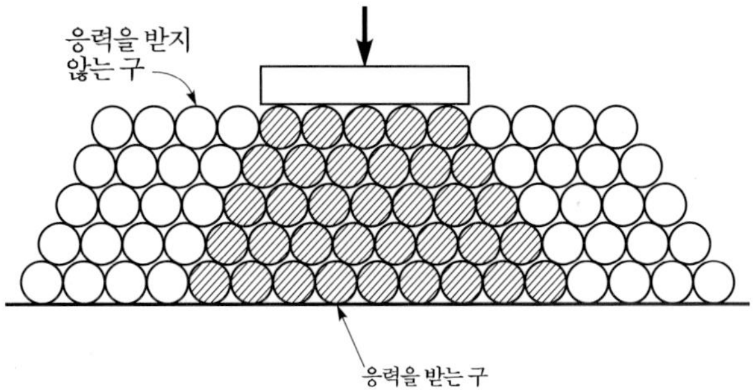

그림 3.8.13 탄성구의 부담하중

실제로 지반은 탄성구로 되어 있지도 않고 단단한 노반 위에 있지 않기 때문에, 기초 아래쪽 응력을 받는 부분의 영역은 전구 모양이 된다.

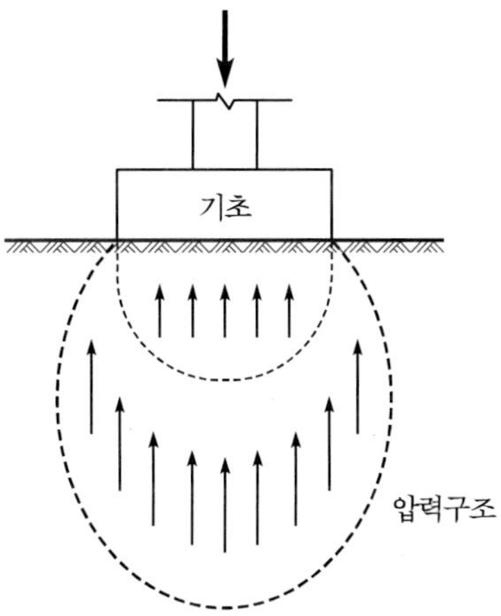

그림 3.8.14 응력을 받는 실제 지반

탄성구가 공극이 줄어 탄성육면체로 변형되면 재료는 탄성적이 된다. 그러나 돌과 같은 원형체는 정육면체로 변하지 않고 깨지게 된다. 기초의 하중이 증가하면 초과응력을 받는 탄성구가 파괴되거나 수평하중이 크게 되어 하중을 받지 않는 탄성구 부분이 위로 부풀어 오르게 된다.

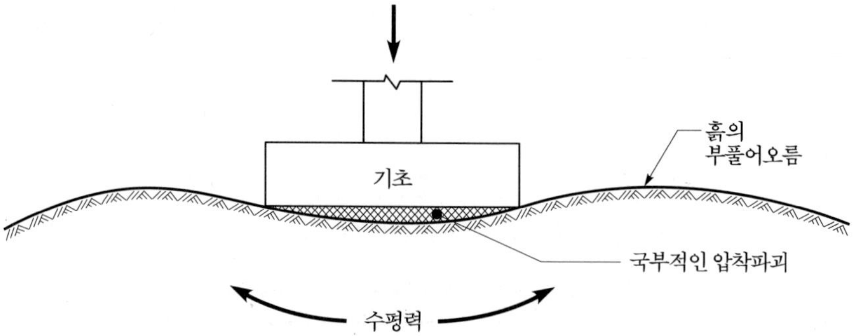

그림 3.8.15 초과응력을 받는 흙의 변형

따라서, 이러한 모형의 하중/변형 곡선도 역시 3가지 단계로 나누어 볼 수 있다.

- •단계 1 다짐으로 인한 공극의 줄어듦
- •단계 2 탄성구의 변형
- •단계 3 으스러져 파괴되거나 부풀어 오름

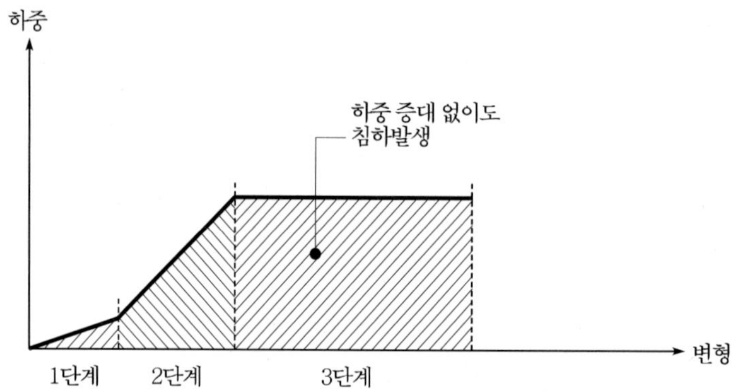

그림 3.8.16 초과응력을 받는 흙의 하중-변형도 곡선

실제로 토질 내부에는 간극수(pore water)가 존재하며 토질 골격의 모형과 간극수의 모형도 첨가해야 한다. 간극수란 흙의 입자 사이에 포함되어 흙의 부피를 구성하는 물을 말한다. 이러한 합성구조의 거동은 토질의 거동과는 다른 양상을 보인다.

간극수가 외부로 유출될 수 없다고 가정하면 물은 압축이 거의 되지 않기 때문에, 2가지 모형의 기초에서 내려오는 하중은 물의 압력으로 견디며 변형은 없게 된다.

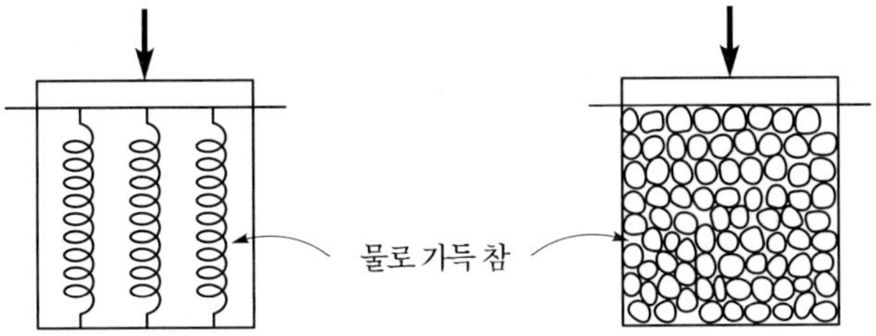

그림 3.8.17 간극수가 유출되지 못할 경우

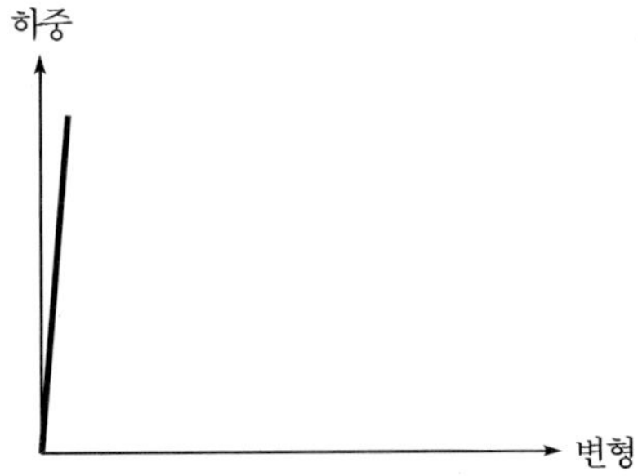

그림 3.8.18 간극수 존재할 경우 변형의 정도

만일 기초에 구멍을 뚫게 되면 물이 유출되어 물의 압력이 줄어들어 거동하는 양상이 변하게 된다(그림 3.8.19). 토질 내부의 공극을 채우고 있는 물의 배수로(drainage path)가 생긴 것이다. 물이 공극에서 빠져나오게 되면 토질은 전과 같이 하중을 지지하게 된다. 구멍이 크면 물이 한꺼번에 밖으로 나오고 구멍이 매우 작으면 서서히 빠져 나오게 될 것이다.

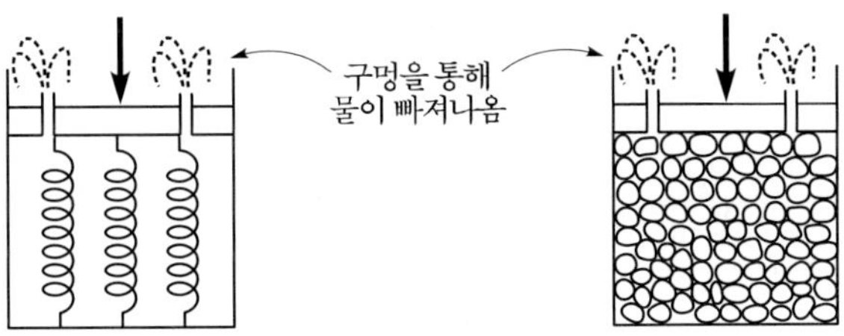

그림 3.8.19 간극수가 빠져 나오는 경우

물이 빠져나온 스프링 모형에서 변형은 하중이 2배가 되면 2시 두배로 변한다. 이는 선형 모형이기 때문에 변형도 2배가 된다(그림 3.8.20). 물이 고인 웅덩이에 있는 기초에 아주 작은 구멍을 낸다면 물이 빠져나오는 데는 시간이 걸릴 것이다. 초기에 물이 전체의 하중을 견디지만 서서히 빠져나온 물 때문에 압력이 점차로 감소되며 하중이 스프링으로 이동한다. 변형은 시간에 따라 변하게 되며(time dependent), 일정한 하중에서 스프링이 전체하중을 부담하기까지는 비선형으로 변형한다(그림 3.8.21).

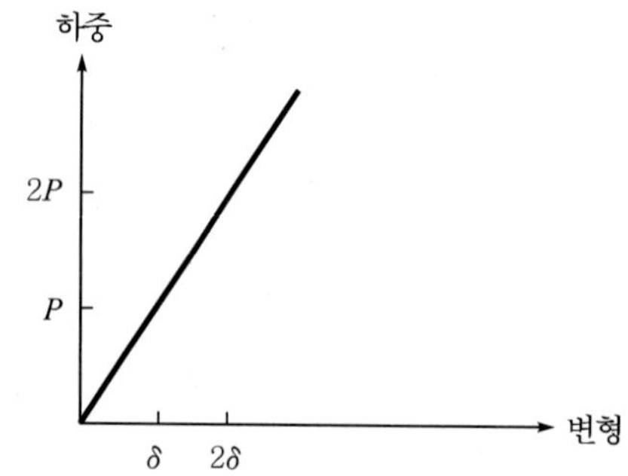

그림 3.8.20 물이 없는 스프링 모형에서의 선형 변형

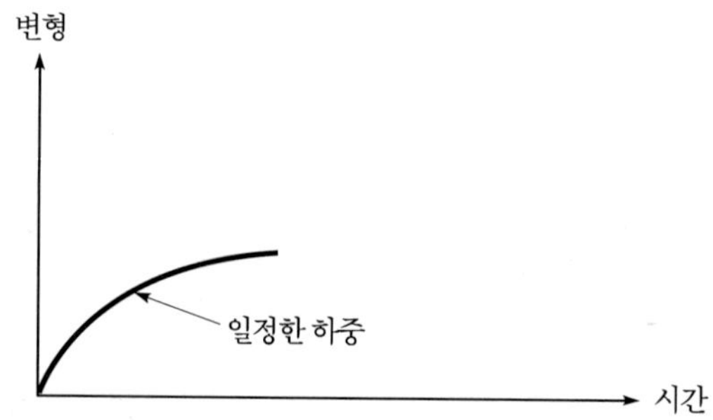

그림 3.8.21 시간에 따른 비선형 변형

만일에 하중이 더 가해지면 똑같은 과정이 반복된다(그림 3.8.22).

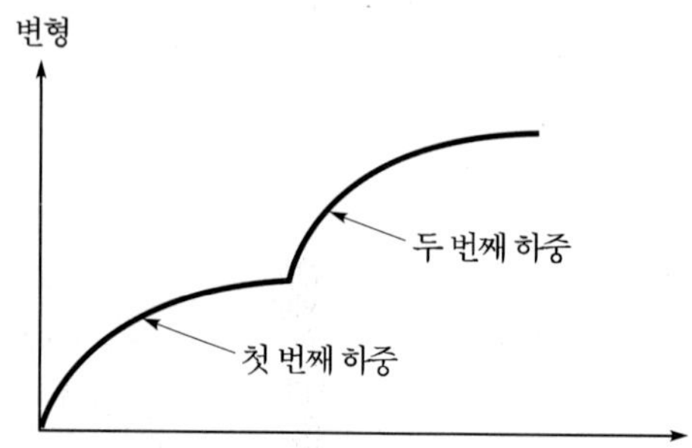

그림 3.8.22 추가하중에 의한 변형

물이 가득찬 토질에서 공극을 채우고 있는 물의 압력을 간극수압(pore water pressure)이라고 한다. 하중이 가해지기 전의 간극수압은 정수압을 나타내고 하중은 간극수압을 증가시킨다. 배수구가 작을수록 배수되는 시간이 길게 된다. 실제 토질에서 물은 수평방향으로 배수될 뿐만 아니라 수직방향으로도 배수된다.

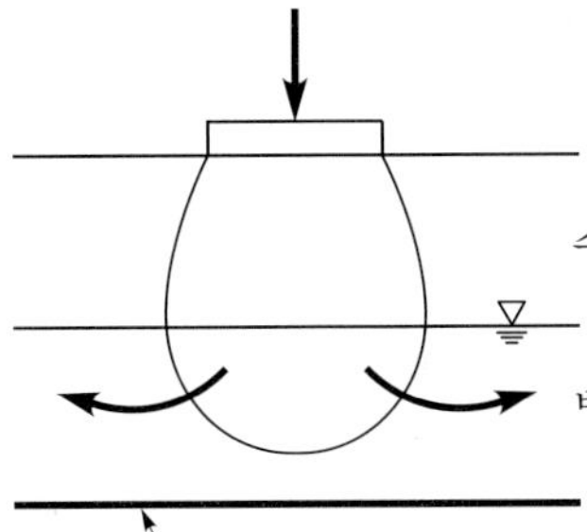

그림 3.8.23 실제 토질에서의 배수

참고문헌

3-1 Malcolm Millais, Building Structures From concepts to design, 2nd edition, Spon Press, 2005
3-2 건축구법, 안형준·오상균·윤성원·최병정 공저, 기문당, 2005
3-3 구조계획, 대한건축학회, 기문당, 1997
3-4 대한건축학회, 건축구조기준 및 해설
3-5 살바도리 지음, 김용부·윤일주 옮김, 건축의 구조, 기문당, 2005
3-6 KDS 41 00 건축구조기준, 국토교통부, 2022
3-7 KDS 17 00 내진설계기준, 국토교통부, 2022
3-8 KDS 14 00 구조설계기준, 국토교통부, 2021
3-9 KSEA 112-09 건축구조사전, 한국건축구조기술사회, 2010
3-10 KSEA 120-12 소규모건축물 구조지침 및 해설, 한국건축구조기술사회, 2012
3-11 KSEA 191-12 건축구조실무 Q&A, 한국건축구조기술사회, 2012
3-12 KSEA 351-09 건축구조기준에 따른 내진설계 예제집, 한국건축구조기술사회, 2010
3-13 KSEA 551-09 철근콘크리트 배근상세, 한국건축구조기술사회, 2010
3-14 KSEA 591-11 콘크리트 건축물 구조설계 예제집, 한국건축구조기술사회/한국콘크리트학회, 2011
3-15 KSEA 731-12 H형강구조설계매뉴얼 해설 및 예제, 한국건축구조기술사회, 2012
3-16 KSEA 731-12 H형강구조설계매뉴얼 설계도움표, 한국건축구조기술사회, 2012
3-17 KSEA 732-10 KBC2009에 따른 강구조내진설계매뉴얼, 한국건축구조기술사회, 2010
3-18 KSEA 791-09 KBC2009에 따른 강구조설계 예제집, 한국건축구조기술사회/한국강구조학회, 2009
3-19 엔지니어를 위한 내풍공학, 한국건축구조기술사회/한국풍공학회, 2010

제4장 골조의 구성요소

4장에서는 건축물의 뼈대의 구성요소인 슬래브와 보, 기둥, 벽체, 기초에 대하여 여러 형태의 종류와 그 특징 및 하중전달의 구조적 역할에 대하여 살펴본다.

제4장 골조의 구성요소

이 장에서는 건물골조를 이루고 있는 구성요소에 관하여 살펴본다. 건물골조의 구성요소라고 함은 쉽게 이야기해서 건축물의 뼈대의 구성요소라 할 수 있다.

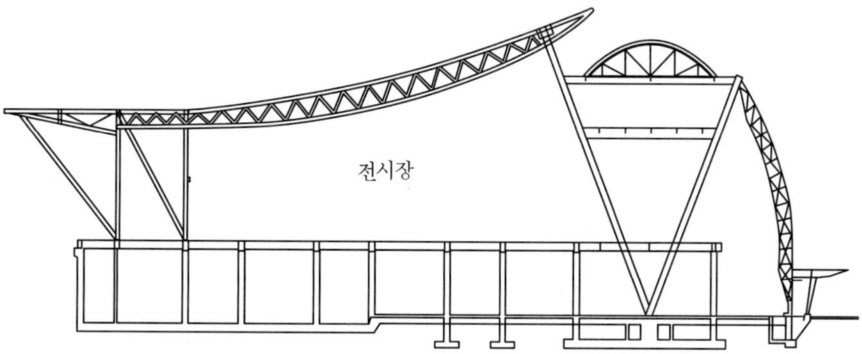

그림 4.0.1 건축구조물의 뼈대

건축구조물을 이루고 있는 가장 기본적인 구조부재는 슬래브이다. 슬래브는 바닥을 이루고 있는 부재를 말하는 것인데, 이것은 슬래브의 자중 뿐이 아니라 바닥 마감은 물론이고 그 위에서 생활하는 사람, 가구 등 모든 하중을 일차적으로 지탱한다. 이 슬래브는 작은보가 지탱 할 것이고, 작은보는 큰보가 큰보는 각 층 하부에 있는 기둥에 하중을 전달 할 것이다. 그리고 각층의 기둥들은 위층의 기둥하중을 전달 받아 기초로 하중을 전달하며, 기초는 모든 건물의 하중을 받아 땅에 전달하게 된다(그림 4.0.2).

이 장에서는 먼저 여러 형태의 슬래브의 설명과 구조적 역할에 대해 살펴본다. 또한 슬래브는 보와 연결되고, 보와 여러 형태로 뼈대를 구성하므로 서로 연계되어 나타나는 수평구조의 여러 시스템도 동시에 설명한다. 이어서 상부구조의 하중을 받아서 기초로 모든 하중을 전달시키는 여러 형태의 기둥에 대해 설명한다.

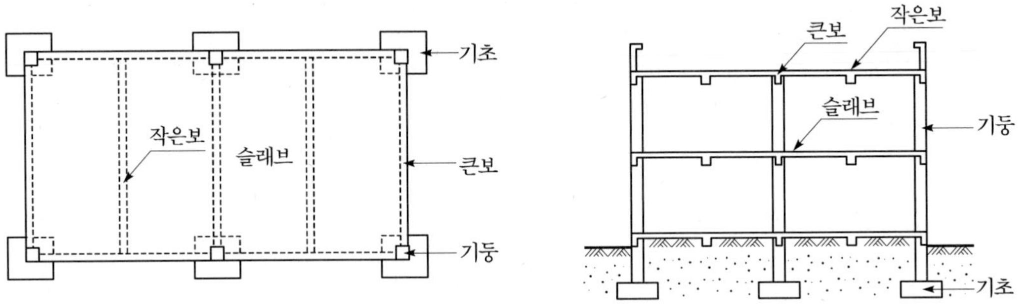

그림 4.0.2 철근콘크리트 구조물의 뼈대

벽체는 공간을 나누는 역할을 하지만 구조에서는 더욱 더 구조적 역할이 중요시 되는 부재이다. 즉, 중력하중인 수직하중을 지탱하는 동시에 횡력에 해당하는 바람이나 지진을 견디어 내는 아주 중요한 역할을 하는 부재이다. 이것이 연결되어 여러 형태를 가진 엘리베이터실 또는 계단실 등은 통상 코어라고 하는 강한 강성을 가지는 횡력저항구조시스템이 된다.

최종적으로는 이런 벽체의 설명에 이어서 건축구조물에서 가장 튼튼해야할 부재인 기초의 거동과 여러 가지 형태를 가진 기초의 종류에 대해 알아보기로 한다.

4.1 슬래브와 보

슬래브와 보의 거동

슬래브의 구조적 역할

사람은 비와 눈, 그리고 바람과 지진 등을 피해 자연적인 공간이나 인공적으로 만들어 진 구조물에서 생활하고 있다. 인공으로 만들어진 구조물 중 여러 구성요소가 있는데 그 중 슬래브는 사람들이 인공적으로 생활하기 위해 만든 바닥판이다. 그래서 구조물에서 슬래브는 사람이 위에서 생활하고 일하는 곳이며 공간과 공간을 구분하거나 이어주는 구조부재이다.

슬래브 바닥구조는 수평평면구조로 형성되며 건물의 수직구조인 기둥과 벽체에 연결되어 건물의 강성을 증가시킨다. 또한 수직하중인 자중이나 사람 가구 등 중력하중에 대해 건물을 지지하며 기둥이나 벽체에 수직하중을 전달한다. 그래서 적절한 바닥구조의 선택은 바닥구조가 연직하중의 흐름의 방향을 결정하고 풍하중이나 지진하중을 전달하는 역할을 하기 때문에 매우 중요하며 건물구조의 기하학적인 형태도 결정한다. 바닥에서 천정까지의 높이가 일정하다고 가정하면 슬래브와 보의 높이는 건물높이를 결정한다. 슬래브와 보의 높이에 따른 건물높이의 증가는 건축비용을 증가시키기 때문에 슬래브와 보의 높이는 최적설계가 되어야 한다.

또한, 건물의 층고는 덕트와 밀접한 관계가 있는데, 덕트는 하부(트러스, 철골조의 경우에는 웨브에 설치 될 수도 있음)에 설치되어 건축물의 층고의 결정에 영향을 미친다. 그러나 공사비를 줄이기 위해 슬래브의 두께를 줄여 마냥 경제적으로만 설계하려 하면 구조물의 처짐이나 변형 등의 안전성에 취약 할 수 있으며 공간과 공간에서 일어나는 소음과 진동에도 취약해질 수 있다. 즉 ,바로 위층에서 걷거나 뛰거나 하면 아래층에 그 소리가 전달되어 생활에 제약을 받게 된다. 근본적으로 진동과 소음을 줄 일 수 있는 방법 중에 하나는 슬래브의 두께를 키워 강성을 증가시키는 방법이 일반적이나 이것은 공사비를 증가시키는 요인이 되기도 한다. 이렇듯 슬래브는 인간이 생활하는 1차 부재로써의 고유 역할인 바닥판으로써 우리가 생활할 수 있게 만드는 것을 제외하고 몇가지 중요한 구조적인 역할이 있다.

첫째로 자기 자중은 물론이고 적재되는 활하중을 전달받아 작은보나 큰보로 전달시키는 역할을 한다. 슬래브의 자중 그리고 바닥판의 마감이나 천정 등의 하중은 고정하중이라 하며, 그 위에 놓여지는 가구나 생활을 하는데 필요한 모든 물건들과 사람들은 활하중이라 한다. 슬래브는 이러한 하중들을 작은보와 큰보로 전달시키는 고유의 역할을 한다.

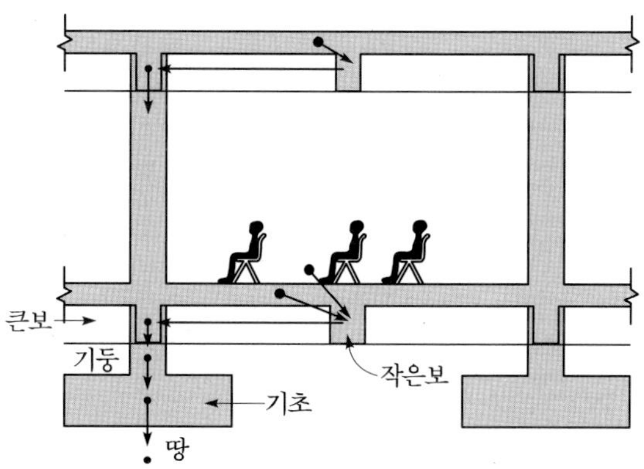

그림 4.1.1 슬래브와 보에 적재되는 사람과 가구

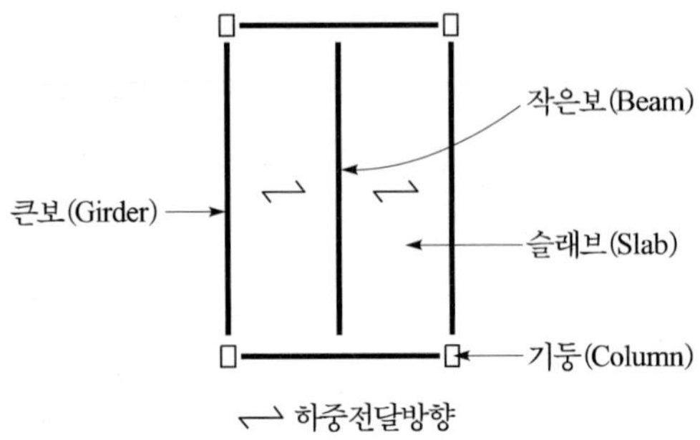

그림 4.1.2 단위모듈의 슬래브, 보, 기둥

그림 4.1.2는 4개의 기둥과 기둥을 연결하는 4개의 큰보. 그리고 슬래브를 가로 지르는 1개의 작은보를 나타내는 구조평면도를 나타내고 있다.

여기에서 두께가 두꺼운 슬래브를 가질 수 있다면 작은보는 없앨 수 있으며, 두께가 얇은 슬래브로 한다면 작은보가 필요하게 될 것이다.

둘째로는 바람이나 지진으로 인한 횡하중을 수직부재인 기둥이나 코어(core) 통상 엘리베이터실이나 계단실로 이루어진 전단벽에 전달시키는 역할을 담당한다. 통상 구조에서는 강성이 작은 기둥보다는 강성이 큰 기둥이, 작은 강성의 코어보다는 큰 강성을 가진 코어가 수평하중을 더 많이 부담하게 된다. 이 횡하중을 골고루 전달시키는 역할을 슬래브가 담당하게 된다. 이는 일반적으로 우리가 구조물을 설계할 때 슬래브가 횡하중방향으로 넓고 길이가 크기 때문에 수평방향으로 무한한 강성을 가지고 있다고 가정하여 설계를 하게 된다.

그림 4.1.3은 바람이나 지진으로 생긴 횡력이 슬래브를 타고 각각의 기둥에 횡력을 전달하는 것을 형상화한 그림이다.

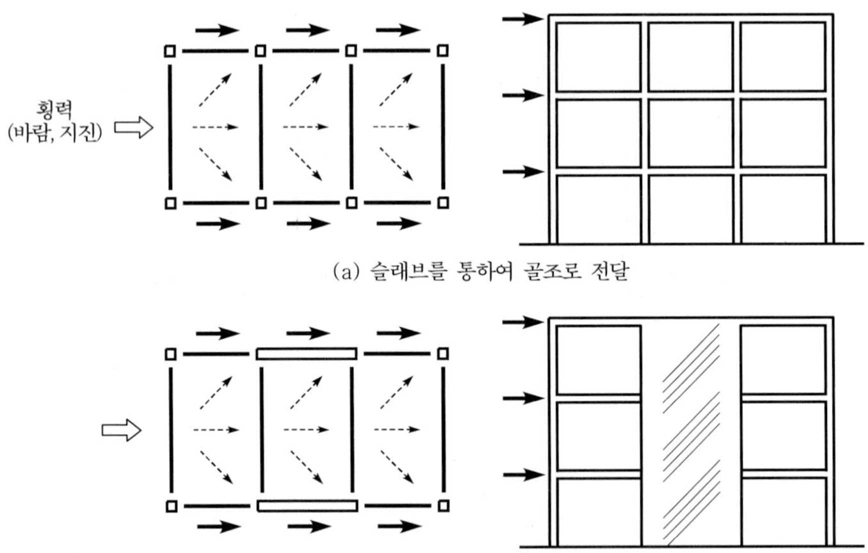

(a) 슬래브를 통하여 골조로 전달

(b) 슬래브를 통하여 전단벽과 골조로 전달

그림 4.1.3 횡력을 전달하는 격막 역할을 하는 슬래브

그림 4.1.3(a)은 기둥과 보로만 이루어진 강성골조이며 이것은 횡력을 상하부에 있는 2개의 강성골조가 부담하게 된다. 그림 4.1.3(b)는 상하부에 있는 전단벽과 강성골조로 이루어진 2개의 횡력저항요소가 있는데 이같은 경우에는 골조는 전단벽에 비해 강성이 아주 적기 때문에 전단벽이 횡력을 거의 분담하게 될 것이다.

셋째는 지하층에서의 슬래브의 역할이다. 지하층에서의 슬래브의 역할 중에 하나가 건물 주위에서 전달되는 토압과 수압을 저항하기 위한 버팀대 역할이다.

그림 4.1.4에서와 같이 지하층에는 깊게 파 내려갈수록 흙의 하중인 토압이 크게 되며 만약 지하층에 수압이 있다면 토압과 더불어 수압까지 누적되기 때문에 지하층에서의 슬래브는 각각의 지하층에서의 버팀대 역할이 매우 중요하게 된다. 따라서 지하층 특히 지하층 외벽주위의 슬래브가 연속이 되지 않는 곳과 개구부가 큰 곳은 주의 깊게 설계하여야 하며 기존건물의 슬래브를 전부나 일부를 철거하는 경우에는 구조전문가에게 자문을 받아 공간계획을 하여야만 한다.

또한 최초 설계 시에도 적절한 지하층의 층고를 정하지 않는다면 층고에 따라 지하층의 흙의 토공량이 증가될 뿐만 아니라 토압이나 수압의 영향으로 지하층 벽체의 두께나 벽체 철근량에 영향을 주어 경제성이 떨어지게 되므로 주의 깊은 검토가 필요하다.

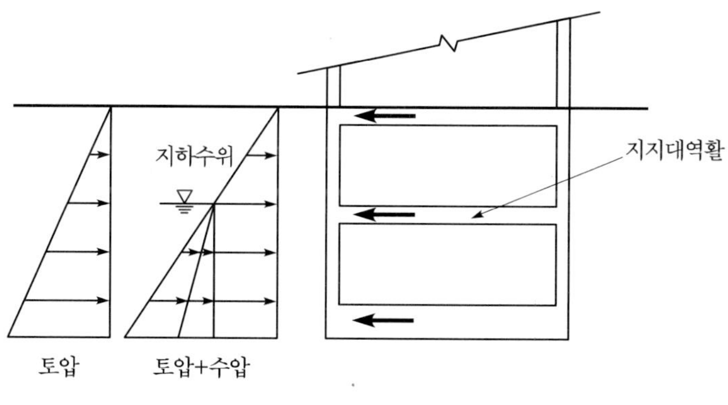

그림 4.1.4 지하층에서 지지대 역할을 하는 슬래브

슬래브의 구조적 분류

슬래브는 구조적으로 슬래브의 짧은 변과 긴 변의 비에 따라 1방향슬래브와 2방향슬래브로 나누게 되는데 1방향슬래브는 슬래브의 자중과 적재하중을 1방향으로만 전달하는 경우를 말하며, 2방향슬래브는 그림 4.1.5와 같이 하중을 2방향으로 전달하게 된다.

따라서 일반적으로는 작은 경간의 길이가 같을 경우 2방향슬래브의 두께가 1방향슬래브의 두께보다는 적어지게 된다.

그림 4.1.6과 같이 1방향슬래브는 짧은 변과 긴 변의 비가 2배를 넘을 경우를 말하는데, 실무에서 이 경우에는 짧은 변의 길이를 28로 나눈 수치를 슬래브의 최소 수치로 하기도 한다. 그리고 화살표 방향과 같이 하중을 1방향으로만 전달하게 된다.

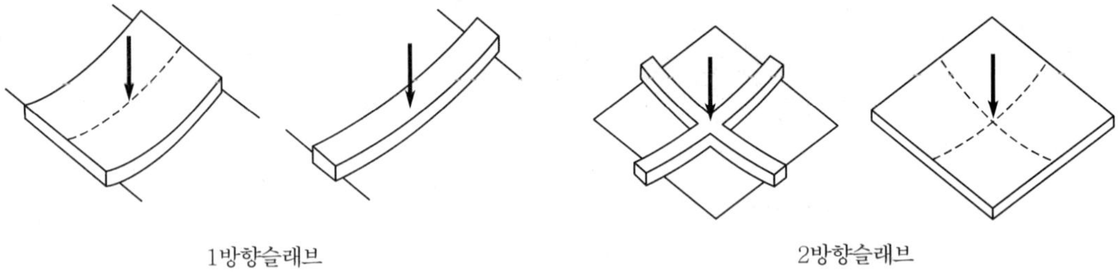

그림 4.1.5 하중의 전달

또한 2방향슬래브의 경우에는 짧은 변과 긴 변의 비가 2배 미만일 경우를 말하는데 이럴 경우, 실무에서는 짧은 변의 길이를 32로 나눈 수치이상을 슬래브의 최소 수치로 한다. 이것보다 적은 수치를 가지는 슬래브로 할 경우에는 구조전문가의 검토가 필요하다(그림 4.1.7).

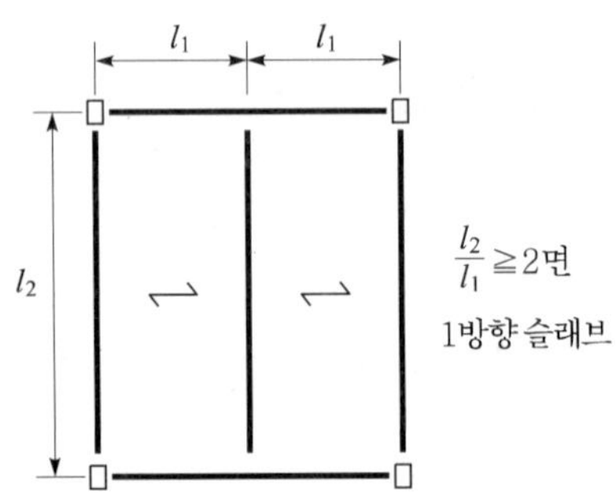

그림 4.1.6 1방향슬래브

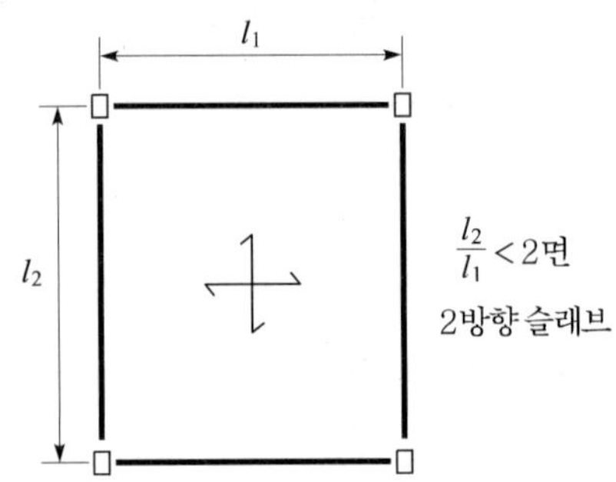

그림 4.1.7 2방향슬래브

보의 구조적 역할

구조물에서 보는 첫 번째로 슬래브에서 전달받는 중력하중을 지탱하며 그 하중을 작은보는 큰보로, 큰보는 기둥으로 전달하는 역할을 한다. 그리고 두 번째로는 기둥과 연결된 큰보는 중력하중 뿐 아니라 기둥과 함께 강접골조로 되어 바람이나 지진 등의 횡력을 부담하는 역할을 하게 된다. 건물이 저층일 경우에는 보와 기둥으로 구성된 강접골조만으로 횡력을 저항 할 수 있다.

그림 4.1.8은 하중의 전달과정을 도식화 하였는데, 이것은 슬래브에 자기가 견딜수 있는 하중보다 더 많은 하중이 적재 되었을 때 슬래브가 파괴가 일어나게 되는데 그 파괴선은 그림과 같이 슬래브의 모서리에서 45도의 파괴선을 가지게 되며 궁극적으로는 그림중 위쪽의 그림의 빗금친 부분은 작은보가 부담해야 할 부분의 하중이 된다는 것을 알 수가 있다. 그리고 작은보가 받은 하중의 반은 아래 그림과 같이 집중하중으로써 큰보에 전달하며 나머지 부분의 삼각형 부분의 하중과 함께 양쪽의 기둥으로 하중을 전달하게 될 것이다.

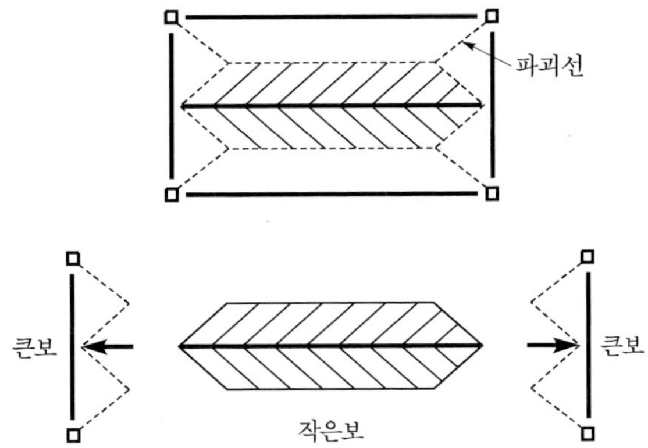

그림 4.1.8 슬래브 하중이 작은보와 큰보에 부담시키는 하중

그림 4.1.9은 보가 기둥과 연결되어 강접골조가 이루어지며 그 강접골조는 횡력에 대하여 그림과 같이 저항한다. 그리고 강접골조는 보와 기둥의 강성이 커짐에 따라 더 많은 횡력을 부담 할 수 있다. 또한, 기둥과 주각 또는 기초와의 접합방법에 따라 횡력에 대한 저항력(변위)의 차이도 있다.

기둥과 기초의 접합이 회전단 지점의 접합방법을 가질 때가 고정단 지점의 접합방법을 가졌을 보다 변위가 많이 일어나게 되어 부재는 더 커질 수도 있다.

일반적으로는 철근콘크리트구조일 경우에는 회전단으로 설계·시공하기가 어렵기 때문에 거의 고정단이 되겠지만 강구조에서는 회전단이나 고정단의 설계·시공이 자유스럽기 때문에 시공성, 경제성을 고려하여 설계·시공을 하면 될 것이다.

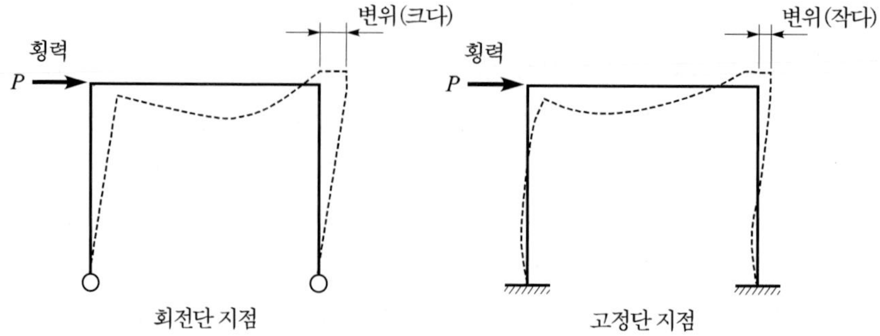

그림 4.1.9 횡력에 의한 강접골조의 거동

플랫플레이트 · 플랫슬래브

슬래브를 구성하는 데에 있어서 보가 없는 경우에는 무량판 슬래브(플랫플레이트, flat plate)라 하며, 이럴 경우에도 2방향슬래브인 경우에 속하므로 2방향슬래브로 설계 · 시공하면 될 것이다.

이 경우에는 슬래브의 자중과 사람이나 가구 등의 적재하중은 보가 있는 구조물과는 다르게 슬래브의 휨강성과 비틀림강성이 크게 영향을 준다. 그리고 기둥과 기둥이 연결되는 가상의 폭을 주열대라고 하고 슬래브의 중앙부의 가상의 연결대를 중간대라 하는데 주열대는 보의 역할을 하며 중간대 부분은 2방향슬래브라 보면 된다.

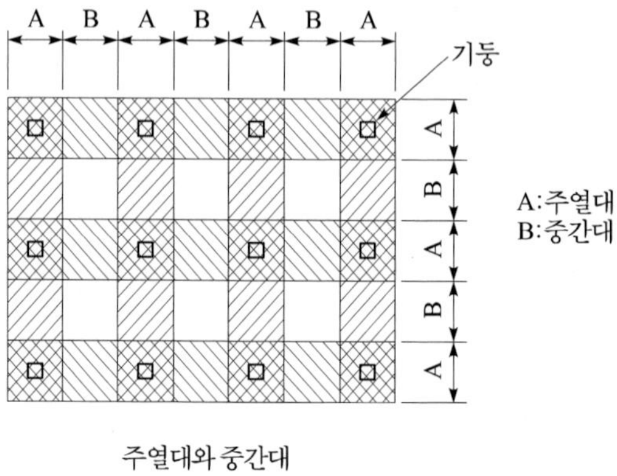

그림 4.1.10 주열대와 중간대

따라서 플랫플레이트의 구조가 효과적으로 되려면 기둥의 경간이 양방향으로 같아야만 최대의 효과를 볼 수가 있다. 그리고 경간이 넓어 질 경우 기둥 주위에 펀칭이 일어나기 쉬운데 이를 보강하기 위해 지판(drop panel)과 주두(capital)를 설치하게 된다. 이럴 경우에는 플랫슬래브(flat slab)라 한다.

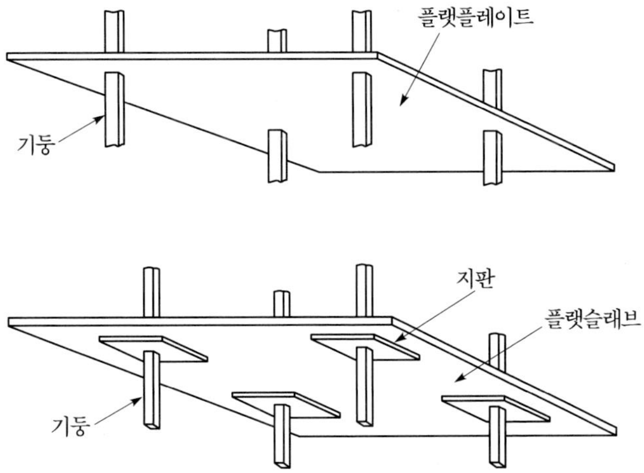

그림 4.1.11 플랫플레이트와 플랫슬래브

그림 4.1.12의 플랫슬래브로 설계된 건축구조물이다. 경간은 가로 9m 세로 9m인 사무실 건물이다. 슬래브의 두께는 250mm이며 지판은 150mm로 설계되어 있다. 일반적으로 경제적인 구조형식은 슬래브와 보로 이루어진 경우이지만 여러 가지 이유로 플랫슬래브 시스템을 적용하게 된다.

이 구조물인 경우 지하2층에 지상5층으로 규모가 적은 경우이나 지하수위가 높아서 구조물이 부상할 우려가 많아 자중을 증가시키는 동시에 층고를 낮추어서 지하굴착 토공량을 줄이는 대신에 수위의 영향을 줄이기 위해 채택되었다. 그리고 공기정화시설이나 스프링클러 등 배관 닥트 시설 등을 지판이 없는 슬래브의 중간으로 보낼 수 있기 때문에 층고를 줄이는 데는 매우 효과적이다.

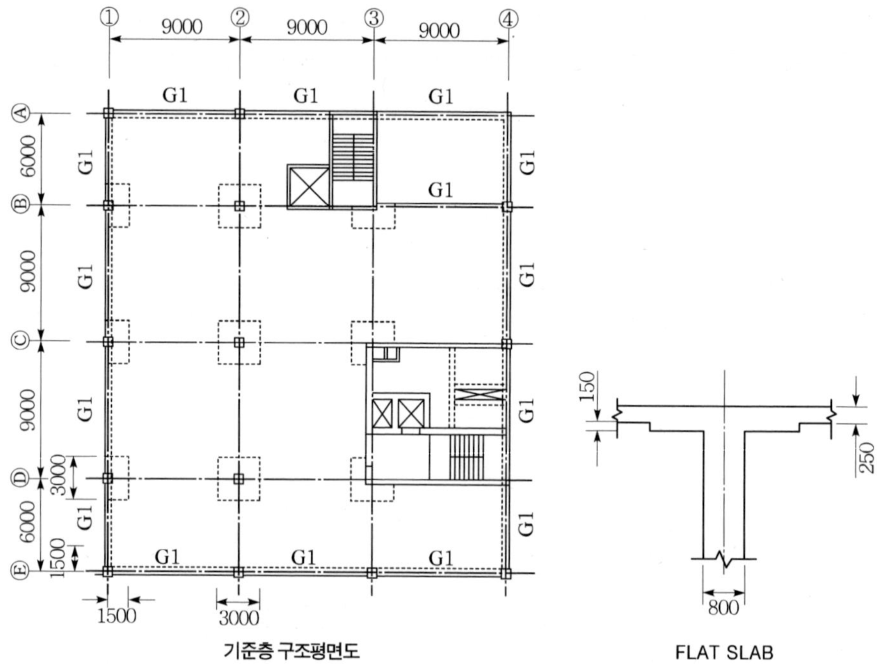

그림 4.1.12 플랫슬래브로 설계된 구조물의 구조평면도

그러나 플랫슬래브로 설계된 구조물은 설계나 시공시 특별히 주의해야 할 사항이 몇가지가 있다.

첫째는 설계 시 슬래브 두께가 두꺼워 자중이 무겁고, 바닥판 강성은 보의 강성에 비해 작기 때문에 설계 시 장기처짐에 대한 고려를 주의 깊게 하여야한다. 따라서, 경험적으로는 경간이 9m이상 되면 장기처짐에 대한 특별한 고려가 필요하다. 경간대비 슬래브의 두께는 기둥의간격이 가로세로 같은 경우 기둥의 간격/32 정도의 두께는 되어야 하며, 기둥의 간격이 그 이상일 경우는 일반 철근콘크리트 플랫슬래브 시스템보다는 포스트텐션공법을 적용하는 것이 장기처짐에 유리할 것이다. 그리고 슬래브의 거푸집을 설치할 때 중앙부를 들어 올리는 치올림(camber)을 두는 것도 경험적으로 좋은 방법이 될 것이다.

둘째는 콘크리트 이어치기에 따라 시공이음이 생기는데 콘크리트 타설시에 이어붓기를 잘못하여 생기는 시공실패사례가 많다는 것이다. 가장 큰 실패는 슬래브와 지판을 수평으로 분리 타설할 경우, 시공이음이 생겨 시공 시점에는 징조가 보이지 않다가도 준공이 되어 사용시 슬래브와 지판이 분리되어 균열이 생기고 심한 경우에는 지판이 탈락하는 경우도 있다는 것이다. 이것은 지판의 탈락으로 끝나는 것이 아니고 슬래브의 강성이 저하되어 슬래브의 중앙부의 처짐과 균열로 연결된다는 것이다.

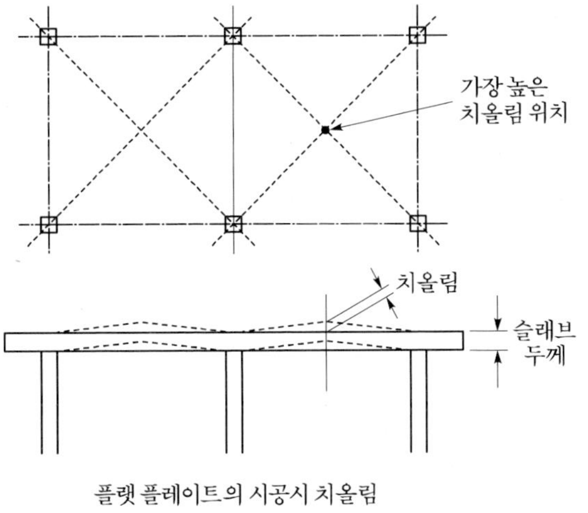

그림 4.1.13 치올림을 두고 시공하는 플랫슬래브 그림

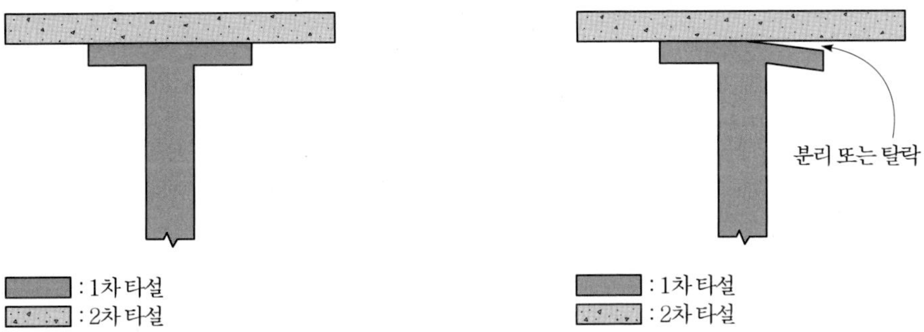

그림 4.1.14 잘못된 시공과 지판의 탈락

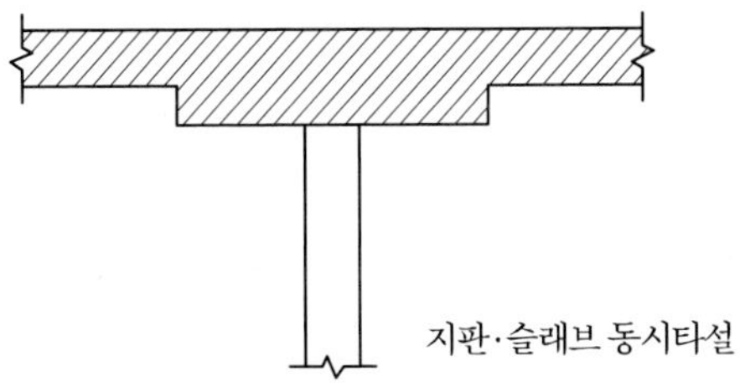

그림 4.1.15 올바른 시공

셋째는 시공 시 동바리 설계나 동바리 철거시점에 따른 실패가 많다. 플랫플레이트나 플랫슬래브 구조는 단위면적당 자중이 다른 수평구조시스템보다 무겁기 때문에 하부 한개 층이 견딜 수 있는 하중을 초과하므로 하부에 한 개층만의 동바리를 설치할 경우 하부층에 심각한 구조적 문제가 발생할 것이다. 따라서 일반적인 구조물에서는 동바리의 철거시점을 그 층의 양생만 되면 철거할 수 있으나 플랫슬래브시스템에서는 최소한 3~4개층의 동바리를 계속 유지해야만 안정적으로 시공할 수 있다. 따라서, 이 구조시스템의 거푸집과 동바리 등의 가설구조물 설계와 동바리 철거시점등은 구조기술자에게 면밀하게 검토를 받아야 한다.

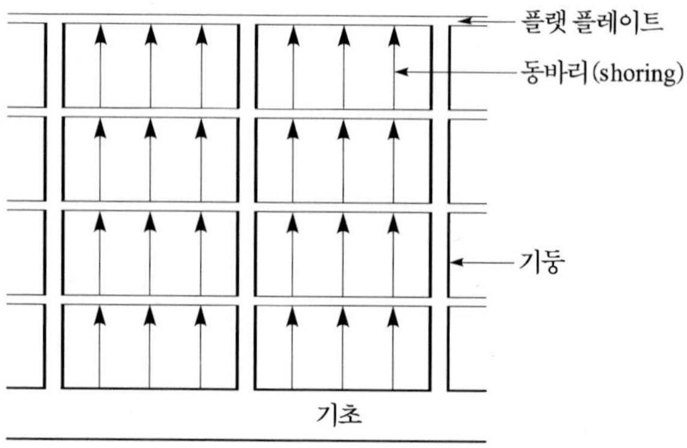

플랫 플레이트 구조 시공시 동바리 시공 예

그림 4.1.16 연속적인 동바리 설치가 필요한 플렛플레이트

슬래브와 작은보 · 큰보

슬래브와 보 구조형식(이하 보구조 형식)은 구조물에 가장 광범위 하게 사용하는 형식이다. 앞서 이야기한 플랫플레이트 구조는 거푸집을 시공하거나 층고를 낮추는 데에는 좋은 장점을 가지고 있으나 건물의 자중의 증가와 함께 공사비가 증가되는 것이 일반적이다.

보구조 형식은 기둥과 기둥을 연결하는 큰보(Girder)를 설치한다. 그리고 내부는 슬래브를 설치한다. 일반적으로 기둥의 간격이 적을 경우에는 슬래브만 설치하고 그 이상이 될 경우에는 큰보와 큰보 사이에 작은보(Beam)를 보내게 된다.

이 작은보의 간격은 슬래브를 1방향 슬래브로 하느냐 2방향슬래브으로 하느냐 하는 구조계획에 따라 정해지게 되는데, 1방향으로 계획하는 경우에는 작은보의 간격을 3m~4m 정도로 한다.

철근이나 거푸집 제작등의 시공성에 의해 대부분 1방향성을 가진 슬래브와 보구조 형식으로 구조계획을 하게 된다.

그림 4.1.17~4.1.18은 2개의 구조물의 구조평면도이다. 하나는 전형적인 1방향슬래브의 구조형식이고 다른 하나는 2방향슬래브와 격자보 형식으로 설계된 구조물이다

일반적으로 실제 현장에서는 1방향슬래브의 철근배근이 2방향슬래브의 철근배근보다 훨신 쉽기 때문에 구조설계자나 시공자가 선호하는 경우가 많다.

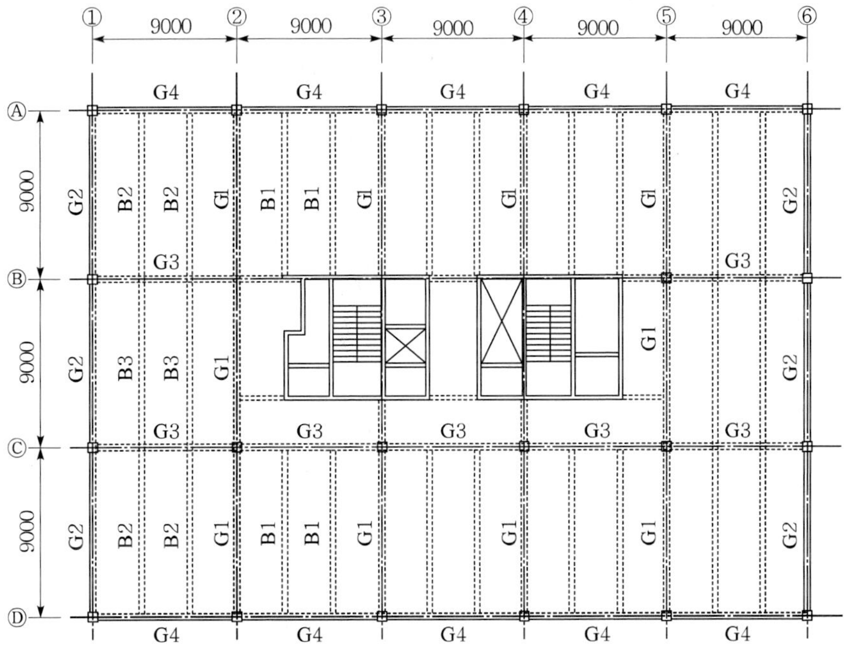

그림 4.1.17 1방향슬래브로 설계된 구조물

그림 4.1.17의 구조물은 지하4층, 지상8층 규모의 사무실 건물이다. 경간은 가로 9m, 세로 9m이다. 슬래브는 1방향슬래브로 설계하였으며 슬래브 두께는 120mm로 하였다. 아마도 철근콘크리트구조물에 가장 일반적인 형태가 아닌가 한다. 보는 경간이 9m이므로 보의 춤은 경간대비 16배로 보면 600mm가 적절하지만 건축의 층고의 이유로 500mm로 하였다.

그림 4.1.18의 구조물은 지하2층이고 지상5층인 사무실 건물이다. 평면의 가운데 부분은 위의 건물과 경간이 같으나 상부부분과 하부부분은 경간이 6m로 짧다. 따라서 구조계획을 하는 방법은 여러 가지 경우가 있을 수 있으나 이 구조물은 슬래브의 크기를 가능한 균등하게 하기 위해 어느 정도 일정한 크기의 2방향슬래브를 적용하였고 가운데 9m 경간부분을 격자보로 설계하였다.

일반적으로 격자보는 슬래브를 2방향으로 설계하고 그 슬래브의 하중을 상하와 좌우의 4개의 큰보에 하중을 균등하게 배분하게 한다. 그 이점으로 슬래브의 두께는 줄일 수 있으며 격자보도 춤을 다소 줄일 수 있다. 즉, 격자보의 개수를 증가시키게 되면 더욱더 슬래브의 두께와 격자보의 춤을 줄일 수 있다.

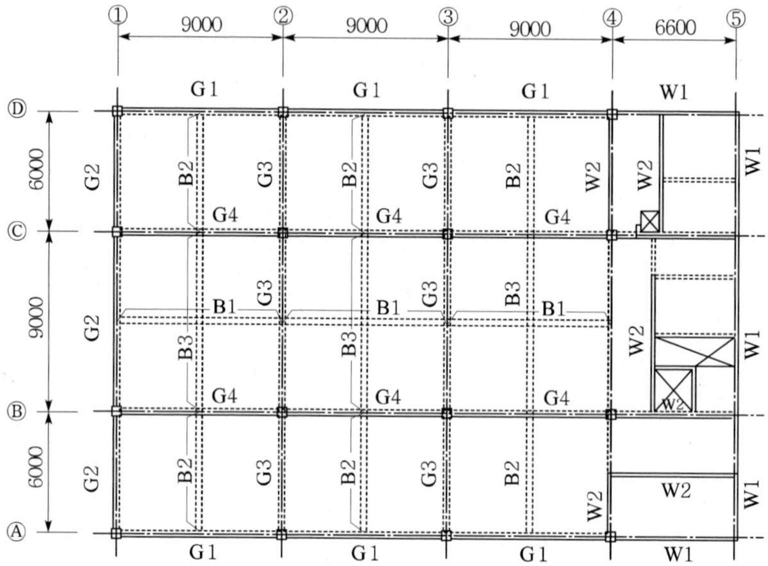

구조평면도

그림 4.1.18 2방향슬래브와 격자보를 이용한 구조물

일반적으로 보의 간격은 3~4m이나 이보다 좀 더 촘촘히 구조계획을 하는 경우가 있는데 이럴 경우에는 일반 슬래브와 보구조 형식의 경간보다 더 크게 보낼 수 있다.

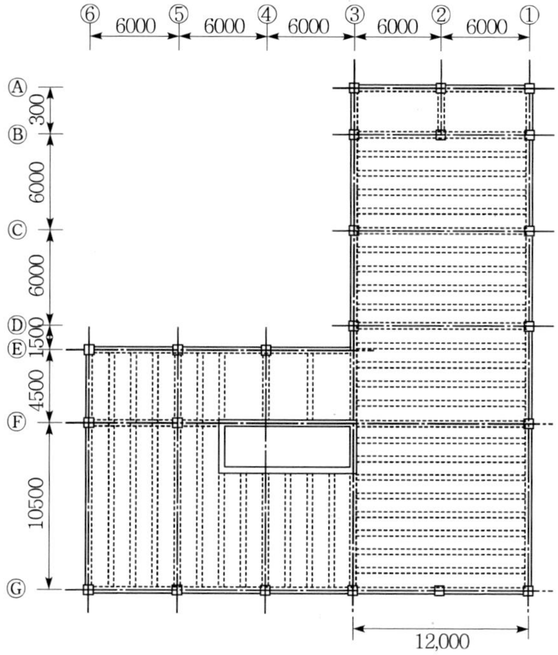

구조평면도

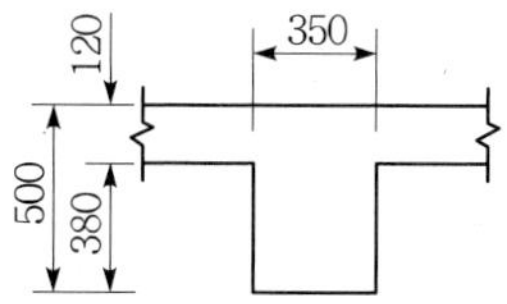

보의 단면

그림 4.1.19 간격이 적은 작은보

위의 구조평면도는 지하1층, 지상4층 규모의 사무실 건물이다. 기둥의 경간이 6m 와 12m이다

보통 일반적인 보구조 시스템으로 한다면 보의 춤이 750mm는 돼야하나 그러면 층고가 높아져야 하므로 보다 보의 간격을 줄여서 설계하였다. 보의 춤은 500mm로 하였으며 간격은 1.2m로 계획하였다. 작은보를 지지하는 큰보는 경간이 6m이기는 하지만 12m의 작은보를 지지하기 때문에 하중부담이 있을 뿐더러 건물외부에만 있기 때문에 보의 춤도 키울 수 있어 보의 춤을 800mm로 설계하였다.

이와 같이 건축적인 제약으로 인하여 경간은 크고 보의 춤은 제한이 있을 때에는 작은보의 간격을 줄여 설계하면 보의 춤을 줄일 수 있을 것이다. 그러나 이 같은 장스팬의 보는 장기처짐의 검토는 필수적으로 해야한다.

와플슬래브

일반 보구조 형식이 1방향으로 지지 되다면, 와플(waffle)슬래브는 작은보를 격자형태로 해서 2방향으로 하중을 전달하는 방식이다. 따라서, 경제적으로 설계하기 위해서는 기둥의 경간이 양방향으로 같은 것이 효과적이다. 또한 슬래브도 2방향으로 만들어 지게 되며 슬래브의 두께는 더욱더 줄일 수 있게 된다.

그러나 하부구조가 거푸집을 시공하기가 까다로워지는 단점이 있어 이미 만들어진 표준 형태의 플라스틱이나 강판 등으로 만들어진 기성 거푸집을 사용하는 것이 필요하다.

그러나 거푸집을 탈형하고 나서의 미관이 수려하기 때문에 천정마감을 할 필요가 없어 구조체를 노출시키는 경우도 있다.

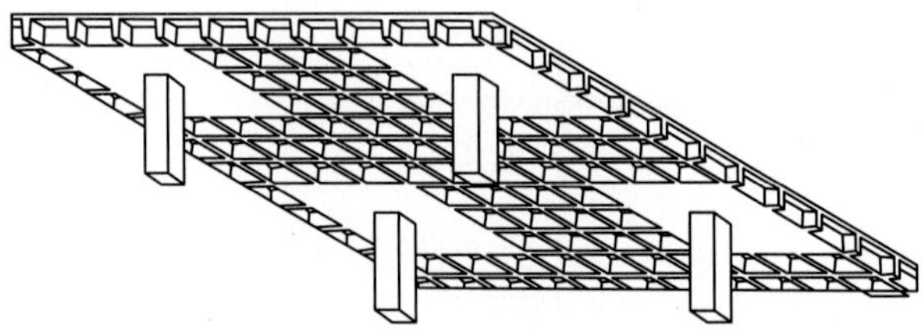

그림 4.1.20 와플슬래브

헌치보

헌치보를 사용하는 경우는 보의 경간이 넓어서 보의 춤이 커지게 되므로 보의 춤을 작게 할 필요성이 있는 경우에 사용하는 경우이거나, 횡력을 부담하는 강성골조일 경우 보의 휨강성을 키우기 위해 사용한다.

보의 중앙부의 춤이 단부의 보의 춤보다 작기 때문에 보의 하부에 기계배관등의 공간을 유효하게 되어 궁극적으로 층고가 적어져서 건물의 높이에 비해 많은 층을 계획할 수 있다.
아래의 그림은 헌치보로 계획한 구조물의 평면도를 나타내고 있다.

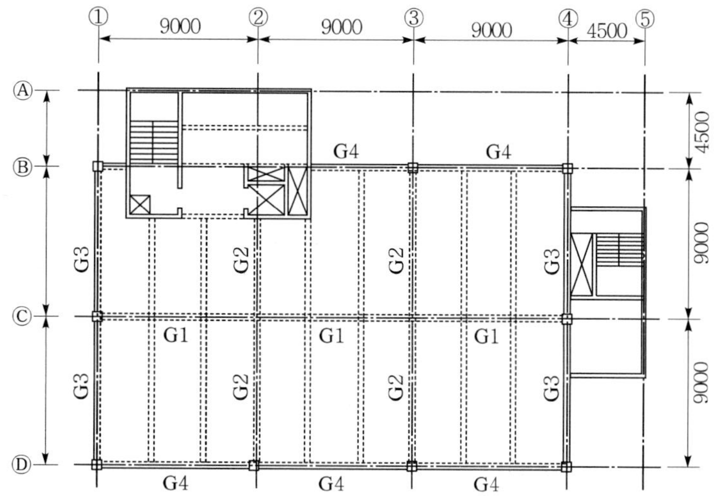

구조평면도

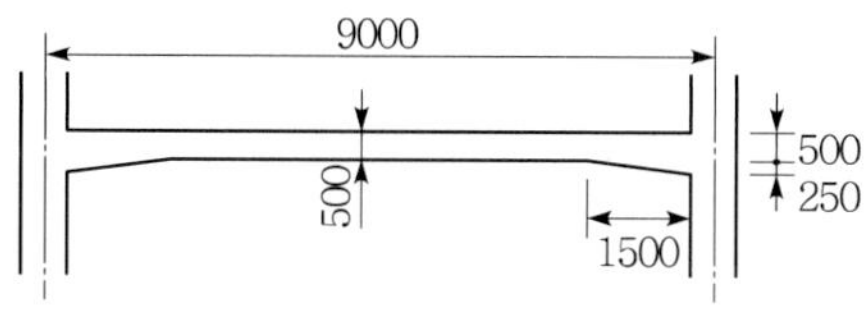

주요 큰보(G1)

그림 4.1.21 헌치보로 계획한 구조물의 평면도

위 구조물은 지하3층, 지상5층 규모의 사무실 용도의 구조물이다. 일반적인 보의 춤은 600mm가 적절하지만 층고의 여유가 없어 보의 춤을 500mm로 하였으나 헌치를 둠으로 해서 작은보의 연속되는 구간에 철근량을 줄일 수 있으며 기둥과 연결된 큰보도 강성을 증가시켜 횡력의 저항함과 동시에 경제적으로 설계할 수가 있었다. 헌치보는 경사가 높이 대 길이 비가 1:6 정도의 비율을 가졌을 때 효과적인 것으로 알려져 있다. 따라서 위의 구조물은 높이가 250mm에 길이 1500mm을 가지게 헌치보를 구성하였다.

연결보

연결보는 전단벽과 전단벽을 서로 연결하는 보를 말하는데 이것의 효과는 따로 떨어져 있는 전단벽을 연결시켜 전단벽의 강성을 증진시킨다.

아래의 그림에서 보듯이 3가지 경우의 전단벽이 있다고 하자. 첫 번째의 그림은 2개의 전단벽이 각각의 전단벽의 사이에 오로지 슬래브만이 있는 경우이다. 이와 같은 경우에는 전단벽의 강성은 2개의 전단벽의 강성의 합이 될 것이다. 그러나 3번째의 그림처럼 이 2개의 전단벽이 연결되어 있다면 전단벽의 강성은 매우 클 것이다. 그러나 건축물은 사람이 출입하는 문등의 개구부로 인하여 전단벽이 연속 될 수가 없다.

이럴 경우에는 2개의 전단벽 사이에 보를 보내, 전 길이를 전단벽으로 하는 전단벽 보다는 강성은 작아지지만 전단벽의 강성을 증가 시킬 수 있다. 이것을 2개의 전단벽을 묶는 보를 연결보라 하고 이 벽체를 연결전단벽이라 한다.

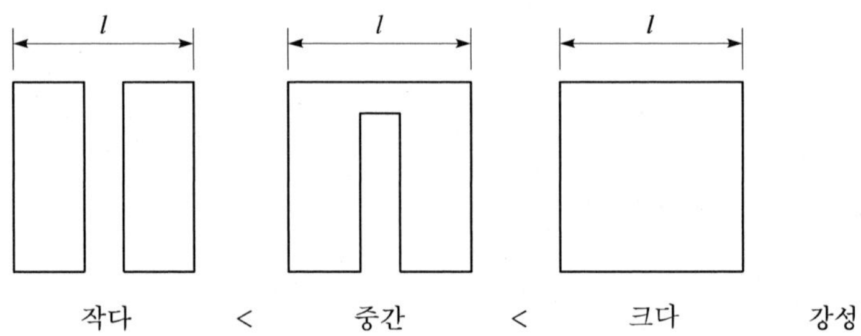

그림 4.1.22 전단벽의 3가지 경우의 그림

그림 4.1.23은 연결보와 벽체의 횡력 부담 개념을 그림으로 나타난 것이다.

최근 들어 설계되고 시공되는 건물은 계단실이나 엘리베이터실은 전단벽으로 구성되는데 이 부분에 사람이 다니는 출입문이 있으므로 상부부분은 자연스럽게 연결보가 생기게 되며, 이것이 양쪽에 있는 전단벽을 연결하여 전단벽이 독립적으로 횡력에 저항할 때 보다 강성이 커서 유리하게 된다. 박스형태 즉, 코어를 갖게 될 때에도 연결보가 서로 연결되어 강력한 코어로 구성되어 횡력에 저항한다.

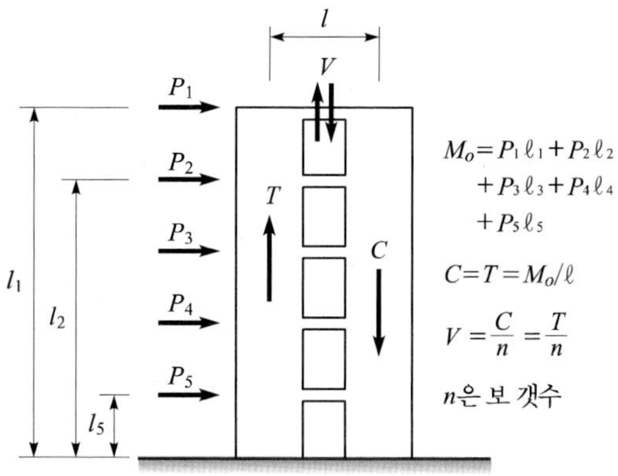

그림 4.1.23 연결보와 벽체의 횡력부담 개념도

합성슬래브와 합성보

합성슬래브

합성슬래브는 공장 생산된 철근콘크리트 판을 이용하거나 철로 만든 데크플레이트를 이용하여 구성되는 슬래브구조이다. 합성슬래브를 사용하는 장점은 일반적으로 슬래브 시공시 거푸집과 동바리가 필요하지 않기 때문에 공기의 단축과 시공이 수월하다. 이 절에서는 요즈음 많이 구조물에 적용되는 데크플레이트를 이용한 합성슬래브에 대해 설명하기로 한다(그림 4.1.24).

데크플레이트를 이용한 합성슬래브

요즈음 철골조로 짓는 건축물에서는 일반적으로 데크플레이트를 사용하고 있다. 데크플레이트는 거푸집용과 합성용 2가지로 나눌 수가 있다. 거푸집용은 말 그대로 거푸집용도로만 사용하는 것이고 그림 4.1.24와 같이 철판에 접착력을 증진시키는 철판의 굴곡이나 돌기(엠보스멘트)가 없이 미끈한 형태를 가지고 있다. 따라서 거푸집 형태의 데크플레이트는 콘크리트가 굳기 전까지를 지탱하고, 콘크리트가 굳은 후 부터는 휨을 저항하기 위해 철근을 배근하여야한다.

합성용 데크플레이트는 콘크리트가 굳기전 까지도 물론 견디어야 하지만 콘크리트가 굳은 후에는 데크플레이트가 휨인장에 저항하는 철근 역할을 해야 한다. 그러나 데크플레이트를 이용한 합성슬래브가 영구부재의 구성요소로 되기 위해서는 다음의 몇가지를 만족하여야 한다.

재료가 철이므로 내구성과 내화성을 확보해야만 하는 조건이 있다. 녹이 발생하는 문제에서는 일반적으로 아연도도금한 철판을 이용한다. 내화는 비록 철판이 노출되어 있지만 콘크리트가 밀착되어 있어 열전도에 의한 내화성이 있다고 본다.

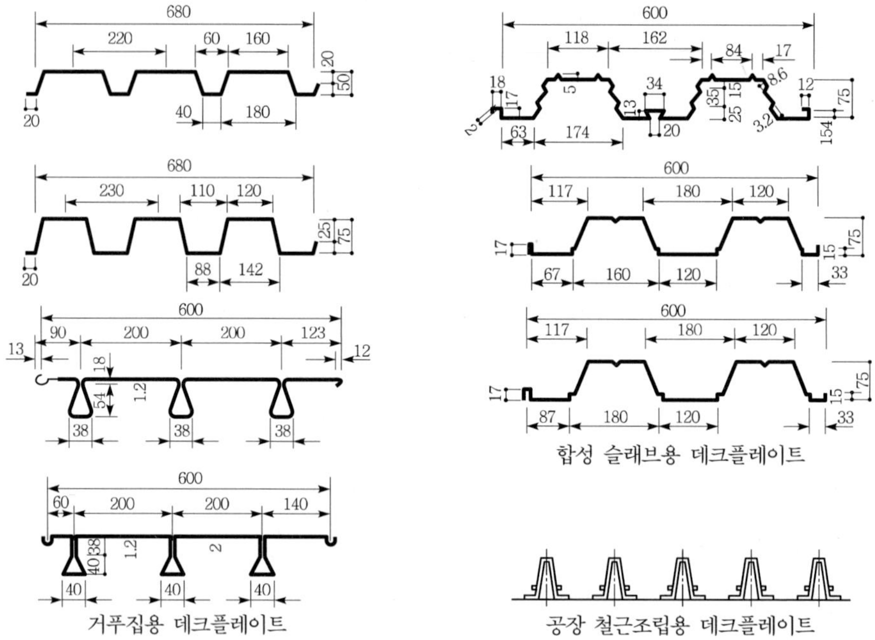

그림 4.1.24 여러 종류의 데크플레이트

예를 들어 종이컵에 아무것도 들어있지 않은 컵과 커피가 들어 있는 컵에 불을 가한다면 아무것도 들어있지 않은 컵은 바로 타지만 그렇치 않은 컵인 경우에는 오래 동안 견딜수 있는 것이 이것을 증명한다. 그러나 내화성은 구조체 마다 내화성능이 다르기 때문에 데크플레이트 생산업체에서 국가가 인정하는 공공기관에 내화실험을 통하여 확인된 것만 사용 할 수가 있다. 더욱더 중요한 것은 그것이 합성효과가 있느냐 없느냐 가 중요한 검토사항이 될 것이며, 구조적 성능은 이론상은 물론 실험으로써 증명해야 할 것이다.

공장 철근조립용 데크플레이트(이하 철근데크)를 소개하다면, 철근데크는 시공 시에는 상하에 있는 철근을 철선을 이용하여 트러스 형태로 공장에서 만든 후에 현장에서는 보위에 얹어 용접으로 고정시키고 콘크리트가 굳을 때까지 지지 될 수 있도록 만든 데크플레이트를 말한다. 그리고 콘크리트가 굳은 후에는 상하에 있는 철근이 영구 고정하중과 적재하중을 지지하도록 되어있다. 따라서 공장에서의 생산과 현장에서의 시공이 적절하게 이루어진다면 큰 무리가 없다. 하지만 몇 가지의 단점을 보안해야지만 좀 더 나은 시공의 질을 지킬 수 있을 것이라 생각한다.

대개의 경우에는 주근으로 철근을 사용하지 않고 철선을 사용하고 있기때문에 철근이 가지고 있는 흑피가 없기 때문에 금방 녹슬게 되는 단점이 있다. 철선을 사용하는 커다란 이유는 생산 시 철선이 롤 형태로 말려져 있기 때문에 대량 생산하기가 수월하며(철근도 코일 형태로 구매하여 생산할 수 있음),트러스 형태로 용접할 때 용접성이 좋기 때문인 것으로 알고 있다. 또한 공장생산이기 때문에 웨브 트러스의 간격이 일정한데 ,실제 구조물의 경간은 일정하지 않기 때문에 끝부분의 디테일이 부실한 경우가 많게 되는데 이를 현장에서서는 주의 깊은 검토가 필요하다.

합성보

합성보는 철근콘크리트의 장점과 철골보의 장점을 최대한 이용하는 구조형태이다. 즉 콘크리트는 압축력에 강한 재료이므로 합성보의 압축부에 있게 하고 인장력에 강한 철골보를 인장부에 위치 함으로써 재료의 특성을 최대한으로 이용하여 경제적인 설계를 할 수 있게 한다.

그림 4.1.25는 건축구조물에 가장 많이 사용하는 합성보이다.

철골 매입형은 일반적으로 철골조로 지어지는 건물의 지하부분에 많이 쓰는 합성보인데 그것은 지하층인 경우 건물 주위에 가해지는 토압을 슬래브와 같이 버팀대 역할을 하기 때문에 철근콘크리트로 주위를 감싸서 하는 경우가 많다. 그러나 이 같은 경우는 콘크리트를 타설하기 위한

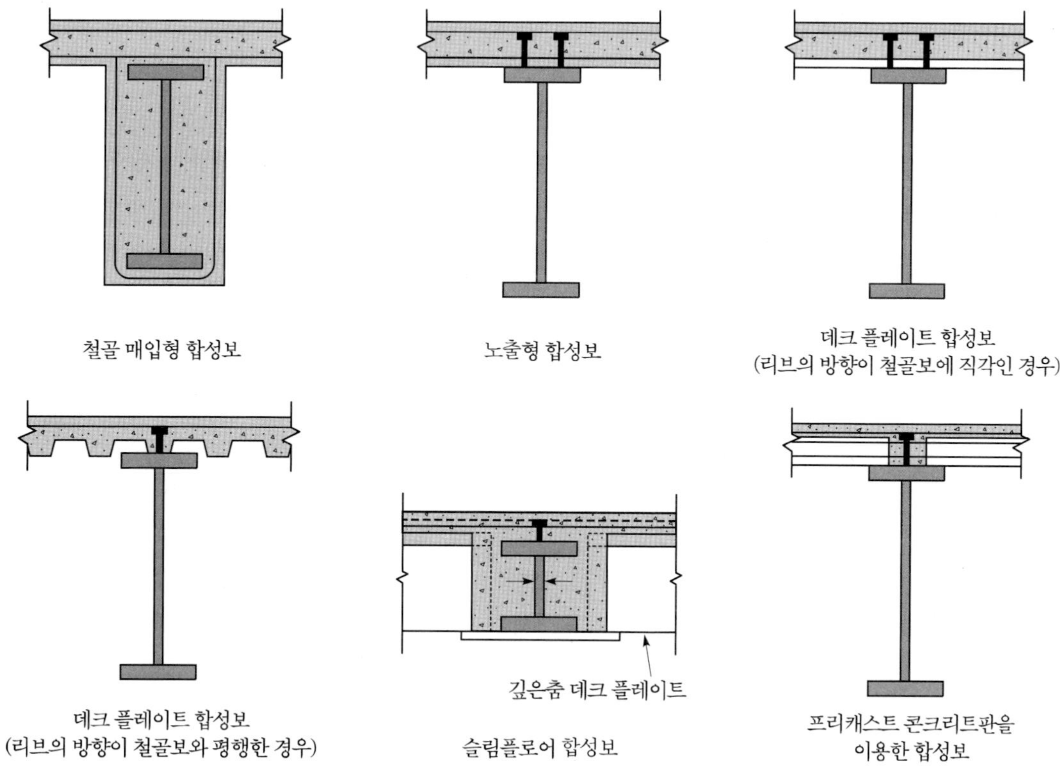

그림 4.1.25 합성보 단면형태

거푸집이나 동바리가 필요하기 때문에 철골조의 장점을 이용하지 못한다.

노출형 항성보는 가장 기본적인 형태를 지닌 합성보이다.

이 합성보는 철근콘크리트 슬래브와 H형강으로 이루어진 형태이며 데크플레이트가 나타나기 전까지는 상부구조에 가장 많이 사용된 합성보이다.

노출형 합성보 역시 슬래브를 시공할 때 거푸집과 동바리가 필요하게 되어 많은 비용과 시간이 더 필요하다 따라서 거푸집과 동바리를 없앨 수 있는 데크플레이트가 생산된 후로는 데크플레이트를 이용한 합성보가 많이 쓰이게 되었다. 앞서 설명하였듯이 데크플레이트는 거푸집 용도로만 쓰는 경우와 합성슬래브 용도로 쓰는 경우가 있다.

슬림플로어 합성보는 춤이 큰 데크플레이트를 이용하여 슬래브도 경간을 넓힐 수 있는 동시에 보의 춤도 줄일 수 있는 장점이 있는 시스템이다.

또한 합성보는 데크플레이트를 이용하는 대신에 공장에서 미리 생산된 PC 슬래브판을 이용하여 합성보를 구성할 수도 있다.

전단연결재

상부의 철근콘크리트 슬래브는 합성보가 하중을 받을 때 압축력을 받게 될 것이며 하부에 위치한 철골보는 인장을 받게 된다. 이렇게 합성보가 휨하중을 받게 되면 2개의 부재가 분리되어 있으므로, 2개의 부재사이에는 수평전단력에 의해 접촉면이 들뜨거나 미끄러짐 현상이 일어나게 된다. 따라서 합성보에서는 2개의 부재를 연결시켜주는 전단연결재(shear connector)가 필요하게 된다.

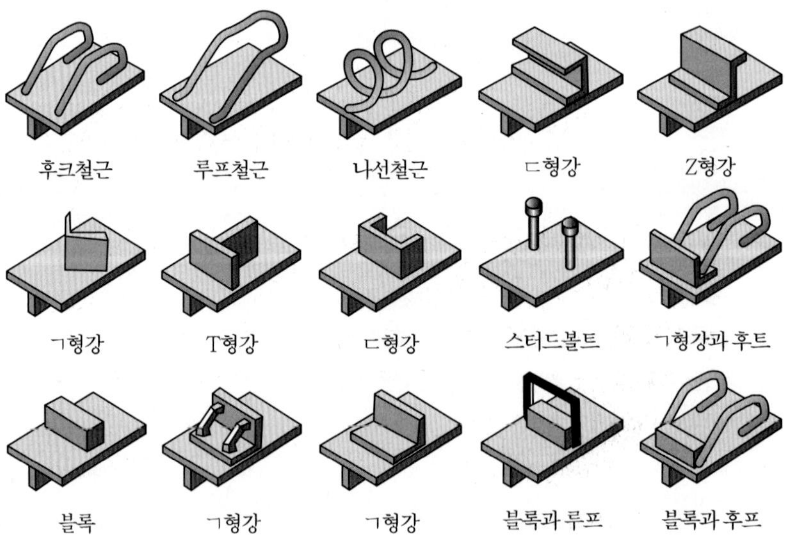

그림 4.1.26 여러 가지 형태의 전단연결재

예전에는 그림 4.1.26과 같이 여러 가지 형태의 전단연결재를 사용했지만 현재는 볼트형태를 가진 스터드를 쓰는 것이 일반적이다. 스터드는 철골보 위에 마치 총과 비슷한 형태의 스터드 용접용 기기로 용접을 하며 볼트형태의 스터드의 내부에는 용접에 필요한 용접심이 있다.

4.2 기둥

기둥의 거동

기둥의 기본적인 구조적 역할은 상부 구조물의 축하중을 받아서 하부구조의 기둥으로 전달시키며 궁극적으로는 기초로 축하중을 전달시키는 것이다. 슬래브가 받는 하중을 작은보가, 작은보가 받는 하중은 큰보가 전달받게 된다. 큰보가 전달받은 하중은 기둥에 전달하게 된다. 따라서 각 층의 기둥은 상부층의 전 하중을 받게 된다. 각층의 기둥은 자기 바로 상부에 있는 층하중은 물론이고 자기층 위에 있는 모든 층의 하중을 누적하여 받게 된다.

예를 들면 10층 규모의 건축구조물이 있다고 하자, 10층 기둥들은 지붕층의 전하중을 받게되며 1층의 기둥들은 지붕층 하중은 물론이며 10층, 9, 8, 7, 6, 5, 4, 3, 2층의 누적된 하중을 받게 된다.

그리고 큰보와 기둥은 철근콘크리트구조일 경우 시공상 일체식으로 콘크리트가 타설되어 기둥과 보의 접합부가 강접이 되는데 이것은 횡력을 부담하는 강접골조가 된다. 이럴 경우의 기둥은 중력하중은 물론이고 지진이나 태풍으로 생기는 횡력을 부담한다.

일반적으로 기둥과 보로 이루어지는 강접골조는 10층 이하의 구조물에 적당하고, 또한 10층정도의 구조물에는 계단실이나 엘리베이터실로 이루어진 코어가 있기 때문에 강접골조와 코어가 각각의 강성만큼 횡력을 부담하면 될 것이다.

기둥에서 설계시 가장 중요시 여겨야 할 것은 기둥의 세장비인데, 이것은 기둥의 단면이 같다하더라도 기둥의 길이가 길면 좌굴의 영향으로 압축내력이 떨어지기 때문에 기둥의 설계·시공시 중요하게 여겨야 한다.

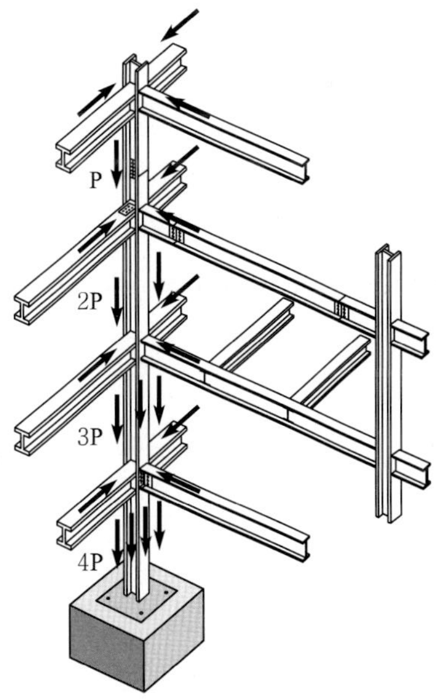

그림 4.2.1 각층에서 기둥에 누적되는 중력하중

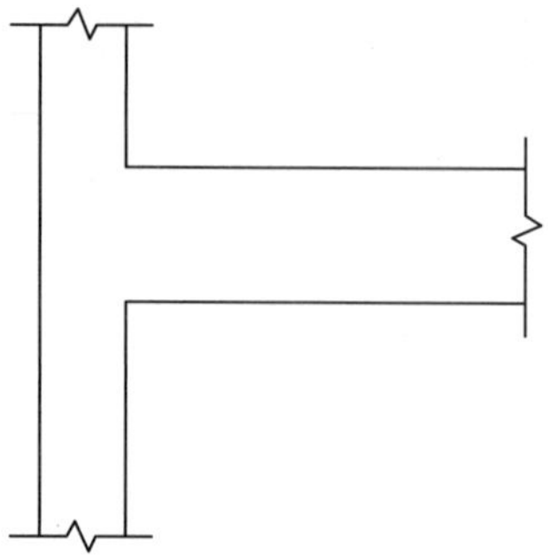

그림 4.2.2 철근콘크리트조의 강접골조

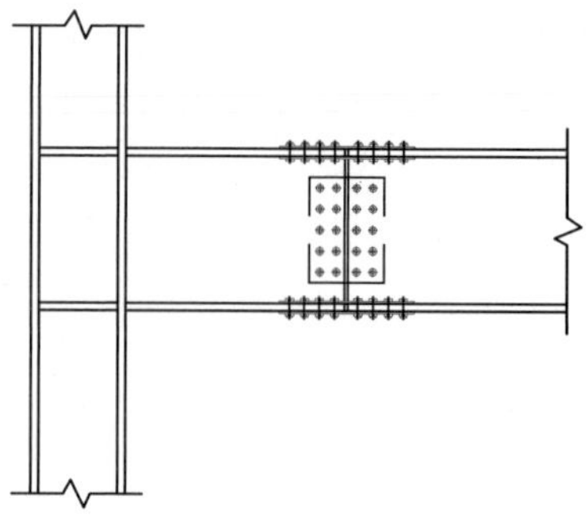

그림 4.2.3 철골구조의 강접골조

철근콘크리트 기둥

가장 일반적인 기둥은 철근콘크리트 기둥이다. 사각형의 기둥단면을 보면 주철근과 띠철근으로 구성이 되어 있다. 주철근은 축하중을 콘크리트와 분담을 하며 기둥에 작용하는 휨에 의한 인장부분의 보강재의 역할을 동시에 수행한다. 띠철근은 주근의 위치를 고정하는 동시에 기둥이 압축력을 받을 때 콘크리트의 벌어짐을 구속하는 역할도 한다. 그리고 기둥에서 띠철근의 간격을 촘촘히 한다면 기둥의 연성능력이 향상되어 지진 등의 횡력저항에 보다 효과적이 된다.

원형기둥인 경우에는 주근의 배치가 원형이므로 사각기둥의 띠철근 역할을 하는 것이 나선철근이며, 시공상 어려움이 있는 경우에는 원형형태의 띠철근을 사용하기도 한다. 이럴 경우에는 원형띠철근이 구속효과를 가지려면 철근 끝부분의 디테일을 주의깊게 검토하여 만들어야 한다.

기둥은 최소 수치는 200mm 이상이어야 하며 단면적은 60,000mm^{2}이 되어야 한다. 주철근의 기둥의 단면적에 대한 최소철근비는 1%이며, 최대는 8%이나 2~2.5%가 넘어서면 철근간격이 너무 가까워서 시공상 무리가 있다.

그림 4.2.4 철근콘크리트 기둥의 단면

강재 기둥

철은 철광석을 석회석과 코우크스 등을 혼합하는 과정인 제선과정을 거쳐서 선철이 만들어 지며, 그리고 여러 혼합물을 넣어서 강도와 연성 즉, 인성이 좋은 재료로 태어나는 과정인 제강공정을 거쳐 강철로 태어나게 된다. 이 강철로 여러 구조물에 사용하는 구조용 형강을 만들게 되는데 이것이 성형과정이다.

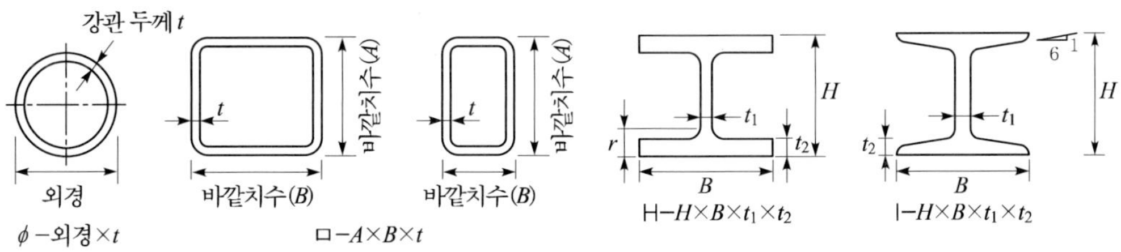

그림 4.2.5 기둥에 쓰이는 구조용 강재의 종류

그중 기둥으로 사용되는 구조용 형강은 H형강을 사용하는 것이 일반적이다. 일반적으로 철골기둥에 사용하는 철골은 일반 콘크리트기둥에 사용하는 콘크리트 보다 강도가 10배 이상으로 강하기 때문에 기둥의 단면이 작아지며, 이로 인해 강성이 작아지게 된다. 기둥부재의 강성이 작아지게 되면 부재좌굴에 취약하게 되므로 기둥설계시 좌굴을 고려한 설계가 필요하다.

강구조에서는 기둥과 큰보의 접합을 구조기술자들이 판단하여 필요에 따라 강접합을 하여 강접골조로 할 수 있으며, 전단접합을 사용하여 횡력에 대해 저항하지 않고 중력하중에만 저항하게끔 할 수도 있다.

철골기둥은 철근콘크리트의 기둥과 비교하면 같은 하중을 받을 경우 기둥단면이 작기 때문에 앞서 말했듯이 세장비의 검토가 필요하고, 또 좌굴길이는 기둥과 큰보의 접합방법에도 달라지기 때문에 이를 고려해야 한다.

그리고 철근콘크리트기둥보다 연성이 뛰어나기 때문에 지진 등의 횡력에 대해 에너지 흡수능력이 뛰어나다. 그러나 철은 화재 등에 의한 열에 약하므로 내화설계가 필요하다. 따라서 철골기둥은 화재에 대해 보호하기 위해 내화재료를 이용한 내화피복을 꼭 하여야만 한다.

일반적으로 콘크리트는 내화재료이므로 철골기둥 주위에 타설하여 단순히 내화재로써만 사용하기도 하지만 구조재료로서도 사용하기도 한다. 또한 콘크리트 외에 가장 많이 쓰이는 것은 내화재료를 액상화 상태로 만들어 현장에서 뿜칠 하듯이 시공을 하는 것이 있으며, 마감재로도 많이 쓰이는 석고판도 철골기둥에 붙여 사용하는 내화재료 중의 하나이다.

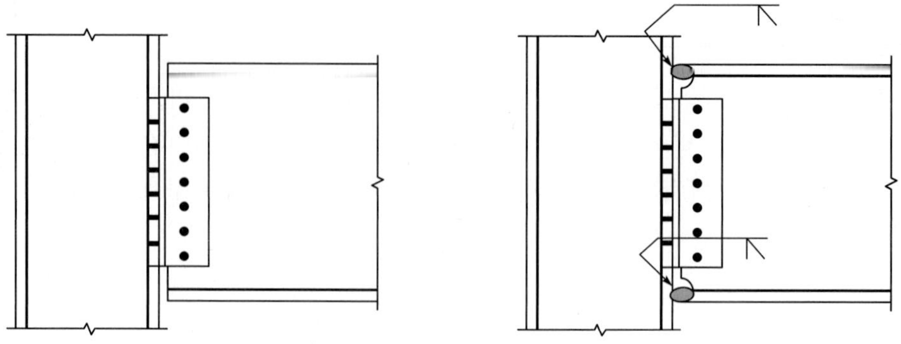

그림 4.2.6 강구조의 전단접합과 모멘트접합

매입형 합성기둥

합성기둥은 철골기둥의 장점과 철근콘크리트기둥의 장점을 이용하여 구조물을 설계할 수 있으므로 탄생하게 되었다. 말하자면 철골기둥의 높은 강도 및 좋은 연성, 그리고 철근콘크리트의 좋은 강성과 내화성을 고루 갖출 수 있기 때문에 점점 높아지는 초고층 건물에 많이 사용하고 있다.

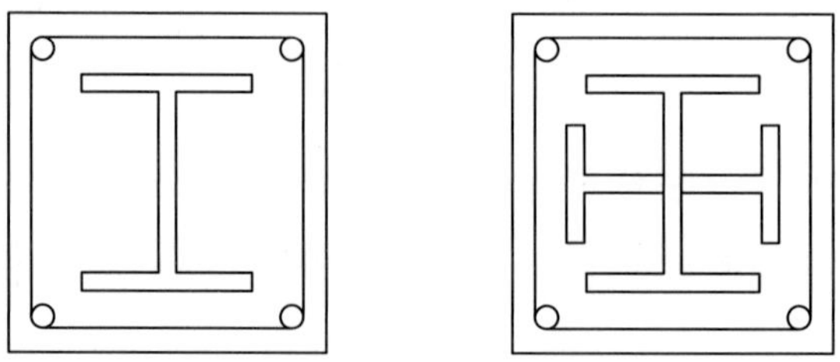

그림 4.2.7 합성기둥의 종류

구조물이 고층화 하면서 누적하중의 증가로 기둥의 크기는 커야만 하는데 철근콘크리트기둥으로써는 한계가 있기 때문에 철골기둥을 이용하여 기둥의 단면적을 최대한 줄이면서 철근콘크리트도 하중을 분담하는 동시에 내화성도 확보하는 철골철근콘크리트 기둥이 많이 쓰여 지고 있다. 또한, 철골구조나 철근콘크리트구조를 적절히 사용하면 고층구조물의 시공성도 좋아진다.

일반적으로는 2가지 방법이 많이 사용하는데 첫 번째는 먼저 철골기둥과 철골보로 이루어진 골조를 먼저 조립해 나가면서 뒤이어 철근조립과 콘크리트를 타설하여 구조물을 이루는 철골구조 선공법이다.

두 번째는 이와 반대로 철근콘크리트 주요 부재를 먼저 시공하고 연이어 철골구조 시공을 후 시공으로 하는 방법이다. 통상적으로는 횡력을 부담하는 코어를 선시공하면서 철골보가 접합되는 부분에는 철판 등을 콘크리트타설 전에 매립하여 후에 철골기둥과 연결된 철골보를 접합하는 방법이다

이와 같이 철근콘크리트구조와 철골구조의 장단점을 적절히 이용하면 훌륭한 공법인 합성기둥 구성요소가 형성될 수 있을 것이다.

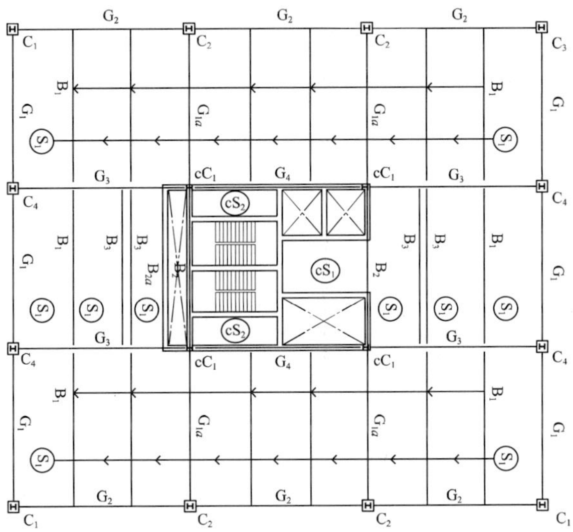

그림 4.2.8 합성기둥을 이용한 구조물

충전형 합성기둥

CFT기둥은 철근콘크리트의 장점과 철골의 장점을 이용한 합성기둥의 일종이다. 하지만 대부분의 합성기둥이 철골기둥을 철근콘크리트가 둘러싸는 형태이지만 이것은 철골기둥이 외부에 있고 내부에는 콘크리트가 채워지는 형태로 되어 있다. 따라서 철골기둥 겉으로 거푸집을 짜서 콘크리트를 부어넣는 합성기둥은 거푸집을 짜거나 콘크리트를 부어넣은 후 거푸집을 탈형하는 공정이 있어 번거롭고 공기를 늘게 하는 요인이 된다.

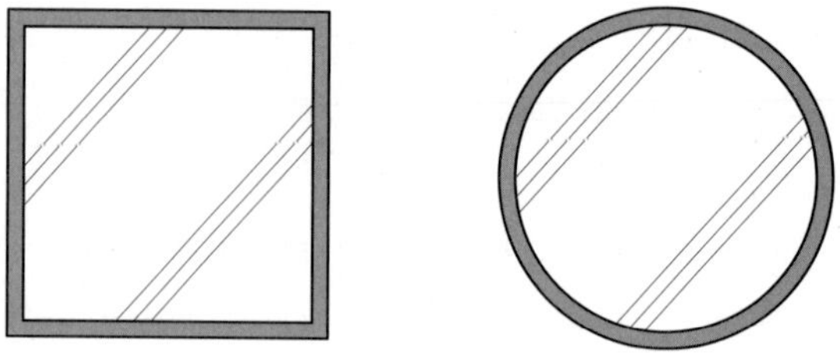

그림 4.2.9 CFT기둥의 종류

CFT기둥은 철골 사각기둥이나 원형형강을 사용하게 되고 철골조립 후 철골형강이 거푸집 역할을 하게 되어 시공 편의성이 좋아지게 된다. 그러나 철골형강 내부에 타설하게 되는 콘크리트가 밀실하게 타설되어야하는 시공정밀성과 내화에 대한 대책이 필요하다.

CFT기둥 중 축력에 대한 내력은 원형기둥이 외부에 있는 강관의 구속효과 때문에 단면효율이 좋지만 기둥이 원형이기 때문에 내화재의 시공이 어려운 단점이 있고 사각기둥은 내화재의 시공은 쉬운 장점이 있으나 철판의 구속효과는 보기 어려운 동시에 콘크리트 타설 시에 액상화 상태의 콘크리트의 압력에 의한 철판두께의 검토가 필수적이다.

그림 4.2.10은 원형강관을 이용한 CFT기둥을 사용한 구조물의 구조평면도이다.

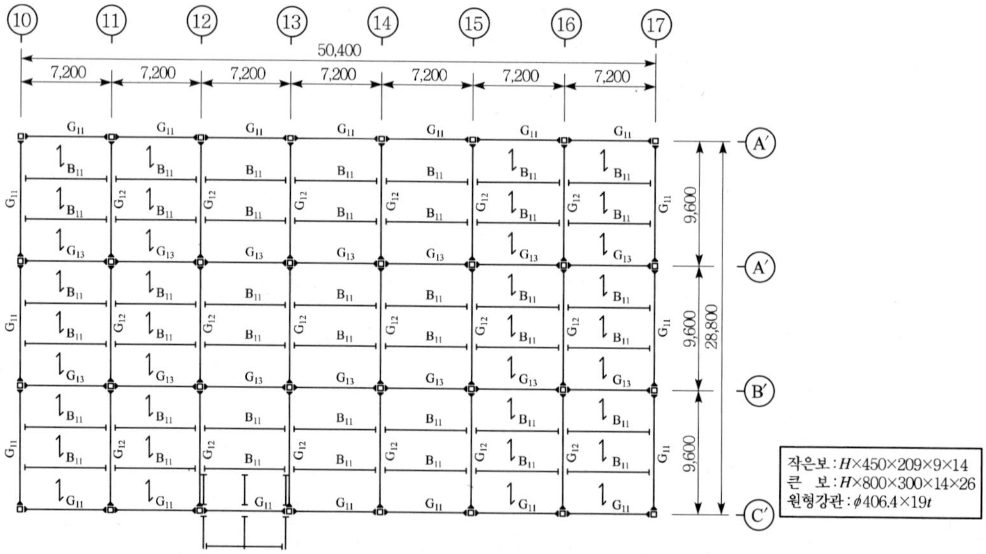

그림 4.2.10 CFT를 이용한 구조물의 구조평면도

층수는 5층으로 저층이나 건축설계자가 기둥단면의 증가를 꺼려하고, 지진력저항시스템으로 가새나 기타 전단벽설치도 꺼려하여 강접골조로 설계하였으나, 기둥단면의 증가 대신에 강관내에 콘크리트를 타설하는 CFT기둥을 적용하였다.

그림 4.2.11은 위의 구조물의 기둥 제작시 사진이고, 그림 4.2.12는 현장에서 기둥에 콘크리트를 부어 넣기전의 사진이다.

그림 4.2.11 CFT기둥과 철골보 디테일 사진

그림 4.2.12 콘크리트 타설 전의 원형CFT 기둥

통상 CET기둥의 콘크리트타설 방법에는 위의 구조물에 적용했던 트레미관을 기둥에 삽입하여 위에서 타설하는 방법과 아래의 사진과 같이 기둥하부에서 압입하는 방식으로 콘크리트를 타설하는 방법의 2가지 방법이 있다.

그림 4.2.13 콘크리트 타설중인 CFT기둥 사진

4.3 벽체

벽체의 거동

여기에서 말하는 벽체는 철근콘크리트로 만들어진 구조용 벽체를 의미한다. 따라서 외부에 놓일 때는 건물의 형태를 구성하고 내부에 있을 때는 내부 공간을 구성하고 엘리베이터실이나 계단실과 배관샤프트도 구성한다.

철근콘크리트 벽체는 일반적으로 200mm 안팍의 길이에 비해 얇은 두께를 가지게 되며 길이는 작게는 수m 내외에서 많게는 수십m도 될 수가 있다. 건축구조물에서 벽체는 수직하중에는 물론이고 바람이나 지진 등의 횡력에 저항할 수 있는 훌륭한 구조부재이다. 이러한 횡력을 받는 벽체를 전단벽이라고 하며, 이것에 대해 자세히 살펴보도록 한다.

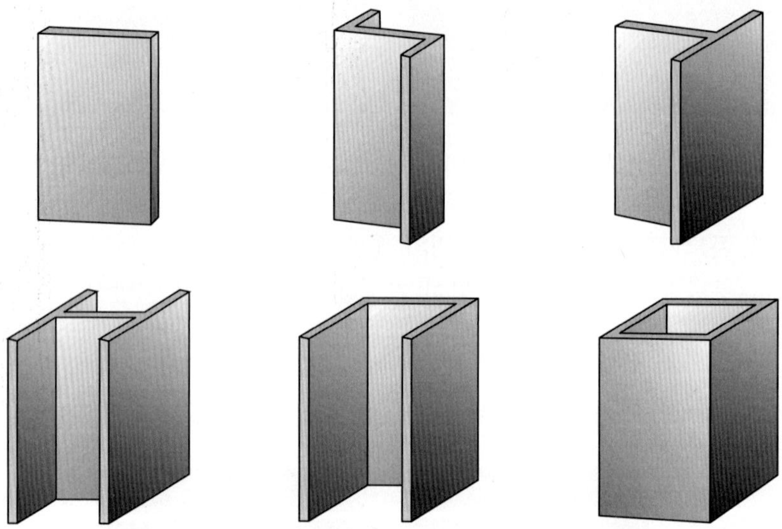

그림 4.3.1 건축구조물의 평면도에서 여러 가지 형태의 전단벽

벽체

일반적으로 건축구조물에서 벽체는 건축계획적인 측면에서는 공간을 분할하고 공간을 독립적으로 분리하는 역할을 한다. 건축구조적인 측면에서 보면 벽체는 중력하중은 물론이고 횡력하중을

받는 중요 구성부재이다.

아래 도면은 전단벽식 아파트의 구조평면도이다. 아래 구조물의 벽체는 건축계획적으로는 각 실을 분리하는 역할을 하는 동시에 구조계획적으로는 지진이나 바람의 횡력에 대하여 저항하는 벽체이다. 따라서 횡력의 전단력을 저항한다고 해서 통상 전단벽이라 한다.

이런 경우의 전단벽은 고정하중이나 활하중의 중력하중도 견뎌야 하지만 지진이나 바람의 횡력에도 저항하므로 매우 중요한 구조부재인 경우이다. 이렇듯 구조물에서의 벽체는 구조적으로 매우 중요한 구성부재이다.

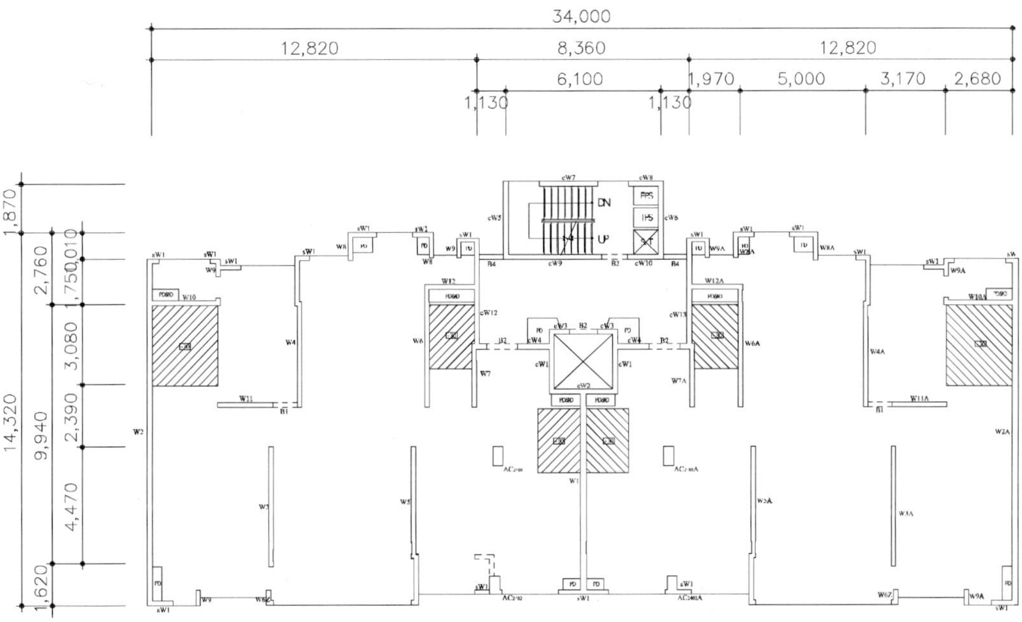

그림 4.3.2 아파트 구조평면도

위와 같은 구조물은 단변방향으로는 건물의 폭이 작으며 전단벽은 많고 장변방향으로는 전단벽이 적기 때문에 장변방향의 횡력을 저항하기 위해서는 단변방향의 전단벽과 장변방향의 전단벽을 연결보로 연결하여 강성을 높여 설계해야한다. 따라서 윗부분의 계단실과 아랫부분의 엘레베이터실에 이루어진 박스형 전단벽이 장변방향 횡력에 대해 많이 저항하게 될 것이다.

코어벽

계난실이나 엘레베이터실 또는 여러 전기·기계시설의 샤프트를 철근콘크리트 벽체로 구성한다면 이들의 형태는 개폐형의 박스형태로 될 것이다. 이 박스를 통상 건축물의 코어(core)라고 한다. 그 코어가 부담하는 면적에 상응하는 수직하중은 물론이고 횡력의 많은 부분를 이 코어가 부담한다.

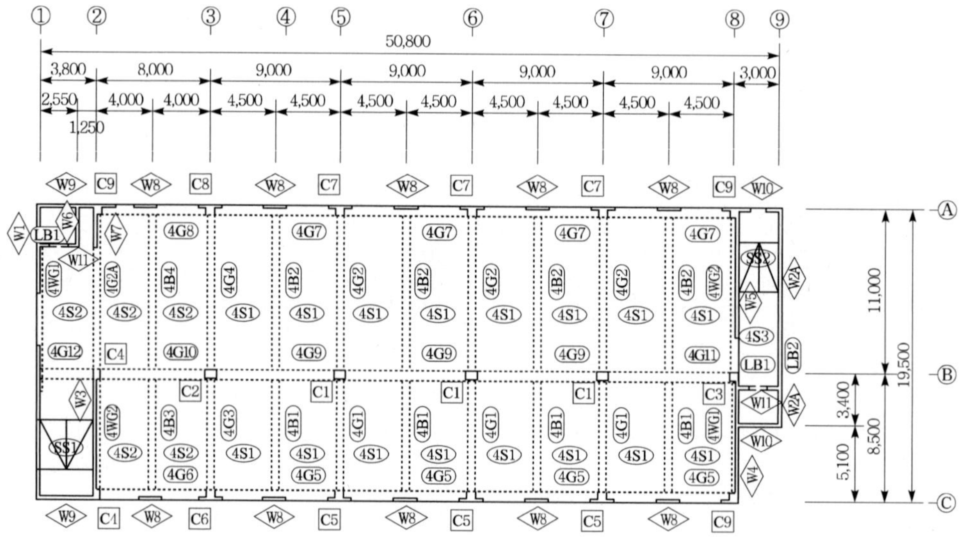

그림 4.3.3 일반 건물에서 엘리베이터 계단실(코어)

그림 4.3.3은 기둥과 보로 이루어진 일반 건물의 구조평면도인데 구조물 좌우에 있는 계단실과 엘리베이터실이 코어가 되면 이것들이 지진이나 바람의 횡력을 부담하는 전단벽이 될 것이다.

위의 구조물인 경우 장변방향이든 단변방향이든 횡력에 대해 계단실과 엘리베이터실로 이루어진 박스형 전단벽(코어)와 기둥과 보로 이루어진 강접골조가 나누어 가진게 되는데 이런 경우 강접골조의 강성보다는 코어의 강성이 확연히 크기 때문에 최소 횡력의 90% 이상을 가져가게 될 것이다. 이같이 코어는 횡력에 대해서는 강력한 저항구조요소이기 때문에 적절한 위치와 크기를 가지게 구조계획 할때 부터 면밀한 검토가 필요하다.

4.4 기초

기초의 거동

슬래브에서 전달받은 하중은 작은보로, 작은보로 전달 받은 하중은 큰보로, 이어서 기둥으로, 전달 받은 하중은 기초로 전달한다. 기초는 기둥에서 전달 받은 하중을 땅으로 안전하게 전달하는 건물의 가장 중요한 부재이다. 기초형태는 지반의 상태에 따라 달라지기 때문에 지반에 대한 정밀한 조사가 필수적이다.

통상적으로는 지반을 전공한 지반전문가에 의한 지반조사보고서를 통하여 기초의 종류나 깊이를 결정하게 되는데, 이를 결정하기 위해서는 기둥을 통해 전달되는 하중이 기초형식과 기초깊이를 결정하기 위해 필요하므로 구조전문가와 토질전문가의 밀접한 협조가 필요하다.

지반조사보고서에는 기초의 형식과 크기, 그리고 말뚝기초의 경우에는 말뚝이 지지되는 예상깊이, 말뚝의 허용내력 등을 나타내야하고, 지하수위의 위치등도 나타내야 한다. 결론적으로 건물이 세워지는 대지와 건물에 영향을 줄 만한 모든 지질학적 정보가 포함되어야한다.

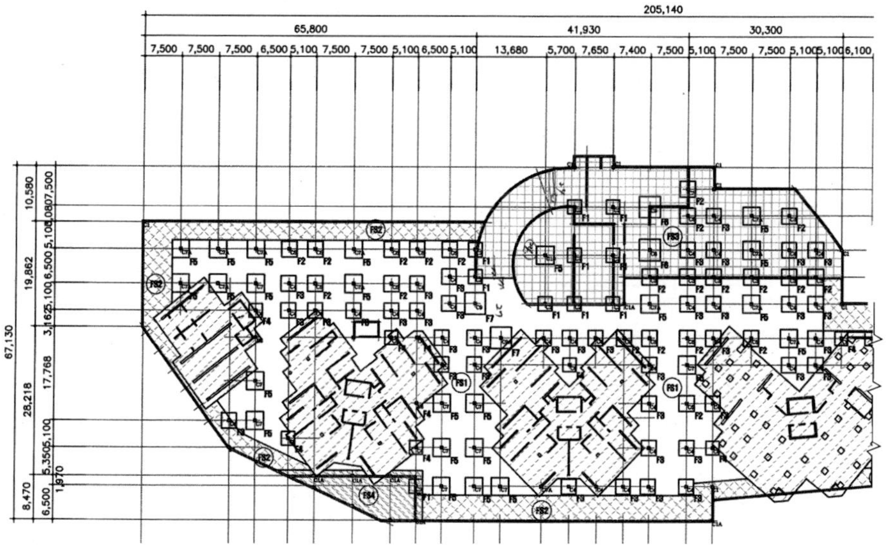

그림 4.4.1 기초 구조평면도

독립기초, 복합기초, 줄기초(연속기초)

독립기초는 가장 일반적이고 기본적인 기초형태이며 단순한 형태를 가지고 있다. 하나의 기둥에 하나의 기초를 갖는 것을 말하며 사각형 기초가 가장 단순한 형태이다.

복합기초는 기둥 간격이 좁아서 2개 이상의 기둥이 하나의 기초를 갖게 될 때의 기초형태를 말하며, 반대로 2개의 기둥을 받치고 있는 기초의 크기가 커서 기초끼리 서로 붙게 되는 경우에도 복합기초가 만들어 진다.

3개 이상의 기둥이 하나의 기초를 갖게 되는 경우와 벽체의 길이방향으로 길게 기초가 형성될 경우의 기초를 줄기초 또는 연속기초라 한다.

기초의 크기는 기초가 놓여지는 지반에 따라 달라지게 된다.

예를 들면 독립기초에 작용하는 하중이 2000kN이고, 지반의 허용 지내력이 200kN/m^{2}이라면 기초의 소요면적은 2000/200=10m^{2}가 될 것이며 정사각형 독립기초로 설계한다면 3.2×3.2=10.24m^{2}로 설계할 수 있다. 또한 기초의 두께는 기초폭의 1/6~1/3 정도이면 적절 하나 정확한 것은 지반의 상태와 밀접한 관계가 있으므로 구조전문가의 검토와 판단이 필요하다.

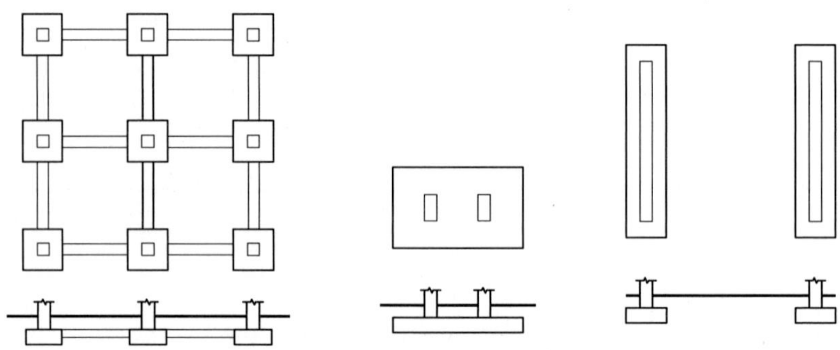

(a) 독립기초 (b) 복합기초 (c) 줄기초(연속기초)

그림 4.4.2 독립기초, 복합기초, 줄기초

특히 독립기초인 경우에는 기초와 기초사이에 부등침하가 있게 되는데 안정성을 확보하기 위해 일반적으로 지중보를 두게 된다.

온통기초

건물 단변방향이나 장변방향으로 여러 기둥이 촘촘히 배열되어 있거나 건물이 놓이는 지반이 너무 나빠서 기초의 면적이 크게 되어 기초들이 서로 붙을 경우에는 건물의 건축면적 전부 또는 일부를 기초로 갖는 온통기초로 설계 시공하는 것이 시공상으로 더 경제적일 수가 있다.

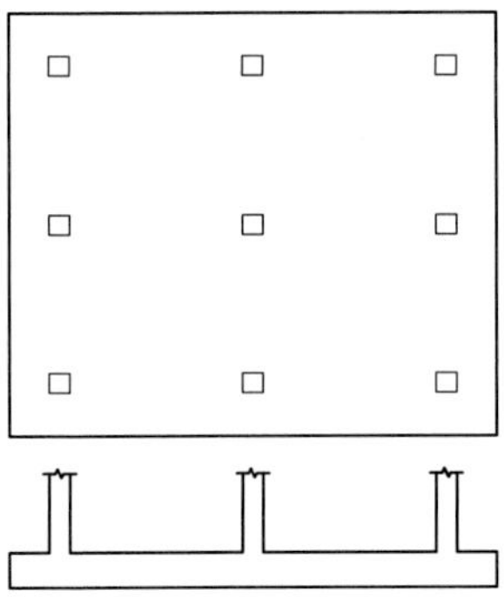

그림 4.4.3 일반적인 형태의 온통기초

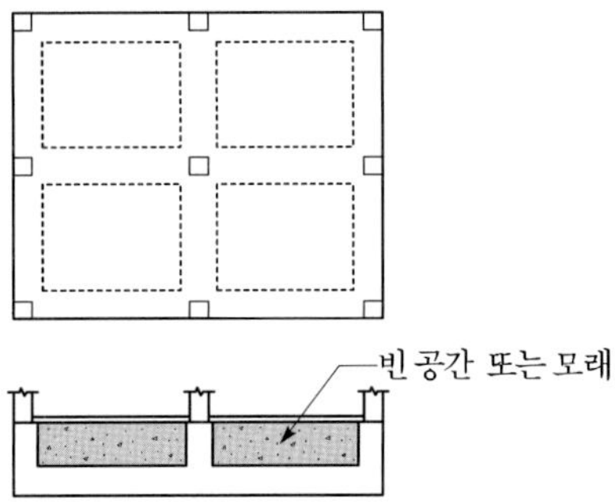

그림 4.4.4 이중 슬래브 방식의 온통기초

일반적으로 온통기초는 위와 같이 2가지 경우가 많게 되는데 그림 4.4.3의 온통기초의 경우에는 시공상 쉽고 지하층 터파기 깊이를 줄일 수 있는 장점이 있지만 정작 기초물량은 증가되어 공사비가 증가될 수가 있다. 이 온통기초는 기둥과 온통기초의 기초판 만으로 이루어지므로 상부구조물의 플랫플레이트와 같이 되므로 펀칭전단에 대한 주의 깊은 고려가 필요하며 슬래브와 같이 주열대와 중간대의 철근배근의 설계도 중요하게 된다.

그림 4.4.4의 이중 슬래브 방식의 온통기초는 지하층을 갖게 되거나 구조물의 층수가 높을 경우 기초판에 작용하는 접지압이 높아지는 경우에 적용하게 된다. 접지압이 높아 기초 슬래브판만으로 설계하기 어렵거나 경제성을 상실하기 때문에 상부 구조물에서의 슬래브와 보 구조 시스템처럼 되어야 한다. 그렇게 되면 슬래브와 보는 단면형상이 거꾸로 놓이게 되는 역보형태를 가지게 된다. 따라서 최하층 지하 공간을 사용하기 위해서는 또 하나의 슬래브를 가져야 하므로 이중 슬래브 방식의 온통기초라 한다.

기초판 슬래브와 최하층 슬래브 사이에는 빈 공간이 생기게 되는데 이를 지하저수조로 사용하는 경우도 있으며, 지하수위가 높아서 자중을 증가시킬 목적으로 모래등으로 채워넣어 지하수압을 상쇄시켜 설계하기도 한다.

말뚝기초

구조물이 놓이는 기초지반이 구조물의 무게를 지지하기에 너무 연약한 경우에는 그 땅에 기초를 놓을 수가 없다. 그럴 경우에는 좋은 지지기반까지 건물의 하중을 전달시켜야 된다. 이것을 전달시키는 역할을 하는 것이 말뚝이다. 그래서 앞서 살펴본 기초형태를 직접기초라 한다면 이 기초형태는 간접기초라 할 수 있다.

말뚝은 재료에 따라 나무말뚝, 철근콘크리트 말뚝, PC말뚝 , PHC말뚝, 강관말뚝 등이 있지만 건축구조물에서는 PHC말뚝이나 현장에서 철근 케이지를 삽입하여 콘크리트를 타설하여 만드는 현장타설 말뚝을 많이 사용한다.

그림 4.4.5는 말뚝 개수에 따른 말뚝기초판의 형태를 그린 것이다. 말뚝의 개수의 산정을 대략 설명하자면, 기초에 전달되는 하중이 5000kN이고 PHC말뚝 지름 400mm의 견딜 수 있는 내력이 700kN이라면 5000/700=7.14이므로 이 말뚝기초는 말뚝이 8개가 필요하다. 따라서 PHC 말뚝 8개가 배치된 기초판으로 설계하면 될 것이다.

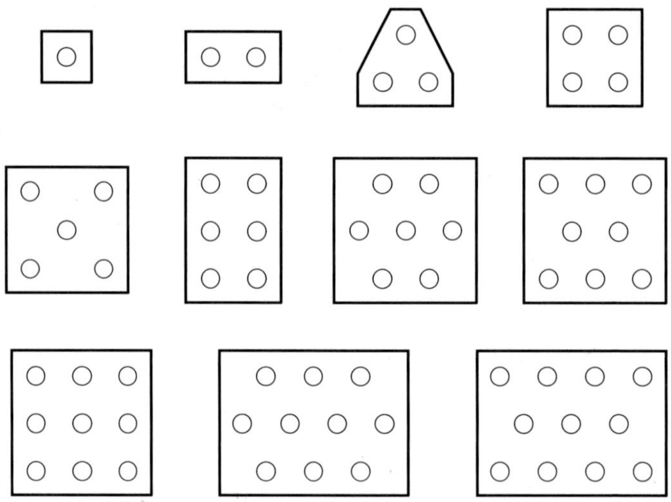

그림 4.4.5 말뚝 개수에 따른 여러 형태의 말뚝기초

일반적으로 말뚝과 말뚝의 중심간의 거리는 사용된 말뚝지름의 2.5배 이상을 적용하며 말뚝과 기초판 끝면까지의 거리는 말뚝지름의 1.25배 이상이면 된다.

그러나 부마찰력이 생기는 지반일 경우에는 말뚝간격을 크게 하여 이를 줄여야 할 필요성도 있다. 말뚝설계를 할 때 말뚝이 1개인 경우에는 양쪽방향으로, 말뚝이 2개인 경우에는 한쪽방향으로 기둥과 말뚝의 중심선을 시공상 맞추기 어렵기 때문에 기초판에 편심모멘트가 작용하게 되는데 이런 경우에는 꼭 지중보를 설치하여 안전성을 확보해야 한다.

또 말뚝설계·시공에서 중요한 것은 말뚝의 지지위치이다. 말뚝은 지지상태에 따라 마찰말뚝과 지지말뚝으로 구분되는데 마찰말뚝은 말뚝과 흙과의 마찰력과 끝의 말뚝지지력으로 내력이 확보되며, 지지말뚝은 말뚝 끝의 지지력만으로 내력이 확보된다.

어떤 경우이더라도 현장에서는 말뚝재하시험 등으로 말뚝의 허용내력을 검증하여 말뚝지지위치와 말뚝길이를 확정해야 한다.

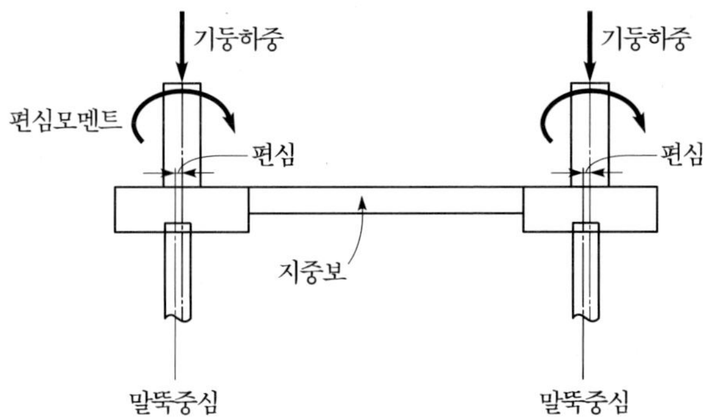

그림 4.4.6 말뚝과 기둥의 편심

참고문헌

4-1 강도안 외 16명 지음, 노희일 감수, 건축구조개론, 공간예술사. 2004

4-2 Wolfgang Schueller 지음, 김성수 외 3인 옮김, 고층건물의 구조, 1982

4-3 김상식 지음, 철근콘크리트 구조설계, 문운당, 2006

4-4 Taranath Bungale S. 지음, Strucrural analysis and design of tall buildings, Mcgraw-Hill, 1988

4-5 T.Y.Lin 지음, Structural Concepts and Systems for Architects and Engineers, Van Nostrand Reinhold Company Inc., 1988

4-6 KDS 41 00 건축구조기준, 국토교통부, 2022

4-7 KDS 17 00 내진설계기준, 국토교통부, 2022

4-8 KDS 14 00 구조설계기준, 국토교통부, 2021

4-9 KSEA 112-09 건축구조사전, 한국건축구조기술사회, 2010

4-10 KSEA 120-12 소규모건축물 구조지침 및 해설, 한국건축구조기술사회, 2012

4-11 KSEA 191-12 건축구조실무 Q&A, 한국건축구조기술사회, 2012

4-12 KSEA 351-09 건축구조기준에 따른 내진설계 예제집, 한국건축구조기술사회, 2010

4-13 KSEA 551-09 철근콘크리트 배근상세, 한국건축구조기술사회, 2010

4-14 KSEA 591-11 콘크리트 건축물 구조설계 예제집, 한국건축구조기술사회/한국콘크리트학회, 2011

4-15 KSEA 731-12 H형강구조설계매뉴얼 해설 및 예제, 한국건축구조기술사회, 2012

4-16 KSEA 731-12 H형강구조설계매뉴얼 설계도움표, 한국건축구조기술사회, 2012

4-17 KSEA 732-10 KBC2009에 따른 강구조내진설계매뉴얼, 한국건축구조기술사회, 2010

4-18 KSEA 791-09 KBC2009에 따른 강구조설계 예제집, 한국건축구조기술사회/한국강구조학회, 2009

4-19 엔지니어를 위한 내풍공학, 한국건축구조기술사회/한국풍공학회, 2010

제5장 구조거동의 이해

제5장에서는 건축물에 작용하는 하중에 대한 구조거동을 살펴보기 위하여, 구조물의 해석 모델링, 횡력에 대한 구조물의 거동, 구조형식에 따른 하중전달, 구조거동별 피해사례를 살펴본다.

제5장 구조거동의 이해

구조물에 작용하는 하중은 방향에 따라서 크게 수직하중과 수평하중으로 나눌 수 있다. 구조부재 중에서도 수직하중만을 주로 전달하는 구조부재와 수평하중만을 주로 전달하는 부재 및 수직하중과 수평하중을 모두 저항하는 구조부재로 구분할 수 있다.

아래 그림 5.0.1에서 보는 바와 같이 수평하중과 수직하중에 대하여 동시에 저항하는 구조부재에서도 하중의 종류에 따라 전달하는 힘의 흐름은 달라진다. 수직하중에 대해서는 제4장에서 설명한 것과 같이 바닥판과 보 부재를 통하여 휨모멘트와 전단력의 형태로 하중을 기둥까지 전달하고 기둥에서는 압축력의 형태로 기초판까지 수직하중을 전달하게 된다. 그러나 바닥판이 지면에 직접 접하는 경우에는 바닥판을 통하여 직접 하중을 지반으로 전달하기도 한다. 이에 반하여 수평하중인 경우에는 하중방향이 수직부재에 직각이기 때문에 수직부재에 전단력과 휨모멘트를 동반하게 된다. 그리고 수평하중으로 인한 전도모멘트는 수직부재의 인장 및 압축력 또는 수직부재의 휨모멘트로 기초까지 전달되게 된다.

구조물에 작용하는 수직하중에 대한 전달 메커니즘은 앞장에서 다루고 있으므로 이 장에서는 수평하중에 대한 구조물의 거동을 위주로 설명하고자 한다.

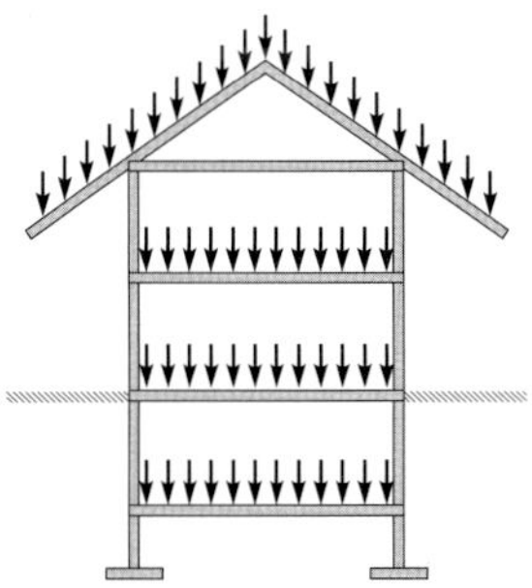

(a) 구조물에 작용하는 수직하중

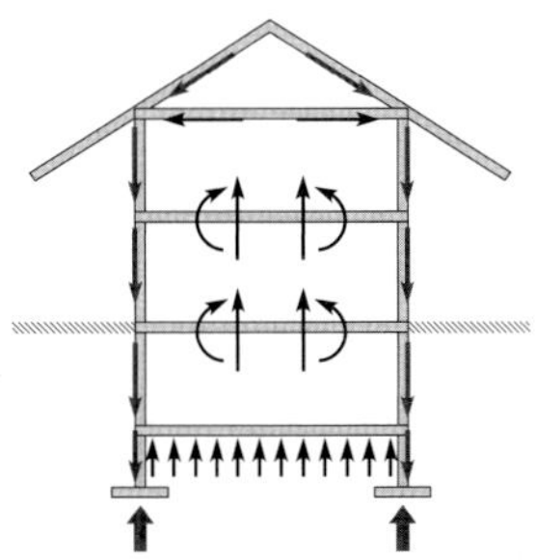

(b) 수직하중에 대한 힘의 전달

그림 5.0.1 하중에 대한 구조물의 힘의 전달

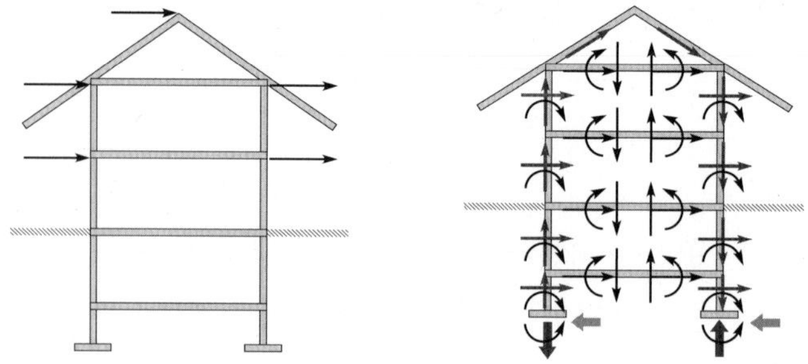

(c) 구조물에 작용하는 수평하중 (d) 수평하중에 대한 힘의 전달

그림 5.0.1 하중에 대한 구조물의 힘의 전달(계속)

5.1 구조물의 해석모델링

건축물에 하중이 가해졌을 때 구조부재를 통하여 전달되어야 하는 부재력을 알아내기 위해서는 실제 구조물을 해석하여야 한다. 비행기와 자동차와 같이 하나의 설계를 이용하여 대량 생산품을 만드는 경우에는 실제 구조물의 거동을 자세히 분석하여 경제성과 안전성에 대한 검증을 보다 면밀히 하겠지만, 건축물의 경우에는 하나의 설계로 하나의 건물만 지어지게 되므로 구조물의 거동을 알아내는데 비행기나 자동차와 같이 많은 경비를 사용할 수 없고 건물의 구성요소가 비행기나 자동차보다 훨씬 복잡하게 얽혀 있으므로 실제 구조물의 거동을 정확하게 반영하기는 현실적으로 어렵다. 그러므로 건물에 대해서는 많은 단순화와 이상화 과정을 거쳐서 구조물을 해석하는 것이 일반적이다.

해석모델의 이상화

경계조건은 구조요소의 지지조건을 해당 주변환경에 따라 정의하는 해석모델 요소이다. 일반적으로 건축구조물의 지지조건 중에서 가장 널리 사용되는 것은 그림 5.1.1에 나타나 있는 3가지 경우이다.

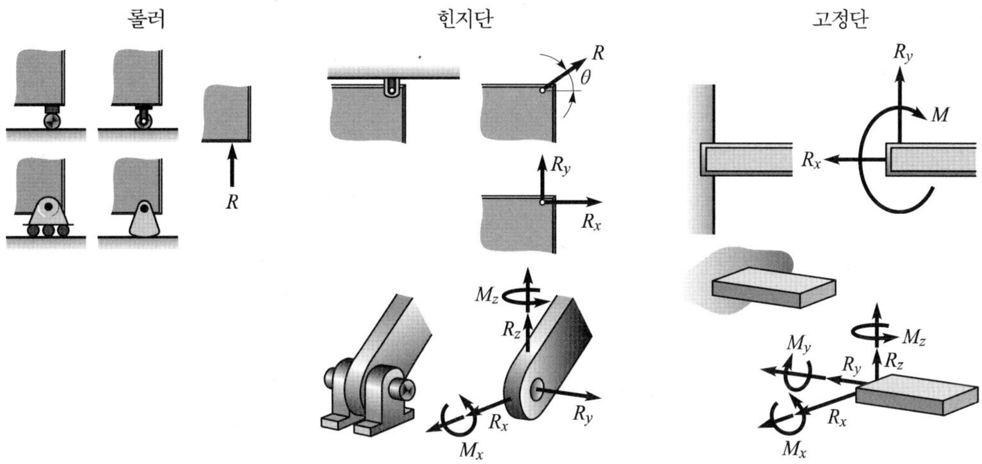

그림 5.1.1 구조물의 지지조건

다음 '부분적 구조물에 대한 해석모델링'에서 설명하겠지만 구조물을 분리하여 검토할 때에도 부재가 분리된 부분의 경계조건을 사용하는데 이 경우에도 3가지 지지조건 중에 하나를 선택하는 것이 일반적이다. 그런데 이 3가지 조건 중에서 어떤 지지조건을 선택해야 하는지는 저항할 수 있는 반력의 종류 및 크기와 이 때 발생하는 변형이 될 것이다.

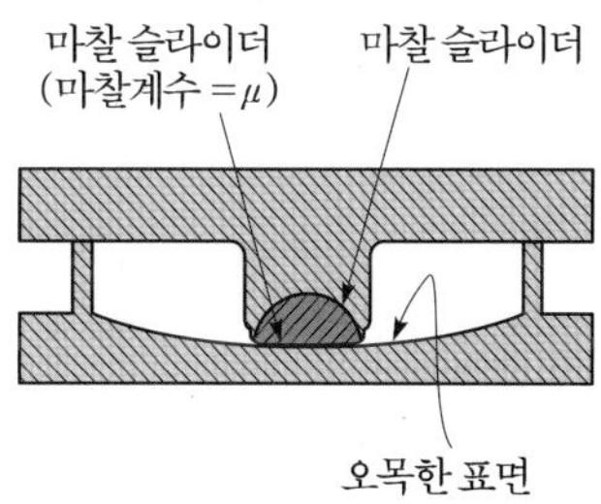

(a) 마찰진자베이링 개념

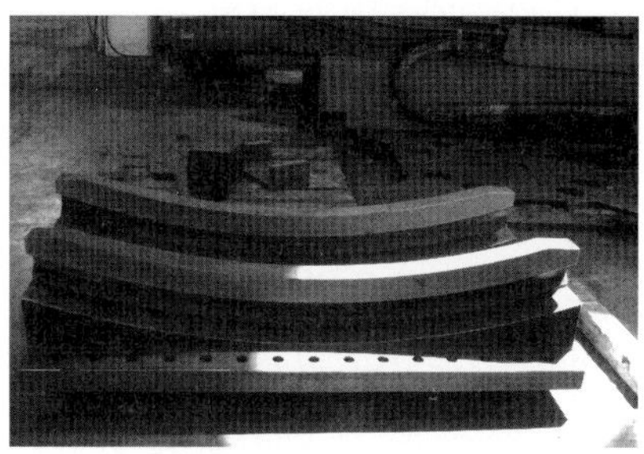

(b) IT 캡슐에 사용되는 FPB

그림 5.1.2 마찰진자베어링

그림 5.1.1에서 보는 바와 같이 첫 번째 지지조건인 롤러는 흔히 바퀴달린 의자와 같은 상태를 의미한다. 건물에서는 수직방향 뿐만 아니라 수평방향에 대해서도 안정상태를 유지하여야 하기 때문에 잘 사용하지는 않지만 두 건물을 이어주는 스카이브릿지의 경우에는 지진에 대해서 안전하도록 그림 5.1.2에 나타난 것과 같은 상세를 사용하여 수평방향 변위를 허용하는 설계를 하기도 한다.

그림 5.1.1의 2번째 지지조건은 수직방향과 수평방향에 대한 변위는 구속하지만 회전은 자유롭게 움직일 수 있는 조건을 의미하며, 지지점과 하나의 핀으로 연결되어 있으면 회전에 대해서는 자유롭지만 변위는 구속시킬 수 있다.

다음으로는 3번째 지지조건인 수직, 수평방향 변위뿐

만 아니라 회전도 구속된 고정단이 있다.

이상적인 핀접합 상세를 적용한 사례를 실제 구조물에서 찾아보기는 쉽지 않다. 특히 콘크리트 구조물에서는 모든 구조부재가 일체로 만들어지기 때문에 겉에서 볼 경우에는 어떤 경계조건을 적용시켜야 할지 판단하기 어려운 경우가 많다. 앞에서도 말했듯이 구조물을 해석하기 위해서는 실제 구조물을 이상화시켜야 한다. 이상화에 대한 명확한 기준은 없지만 이상화 시킨 구조물의 해석결과를 이용하여 구조물에 요구되는 안전성능과 사용성능을 만족시킬 수 있는 설계가 가능하다면 구조물에 대한 이상화를 제대로 수행했다고 볼 수 있을 것이다.

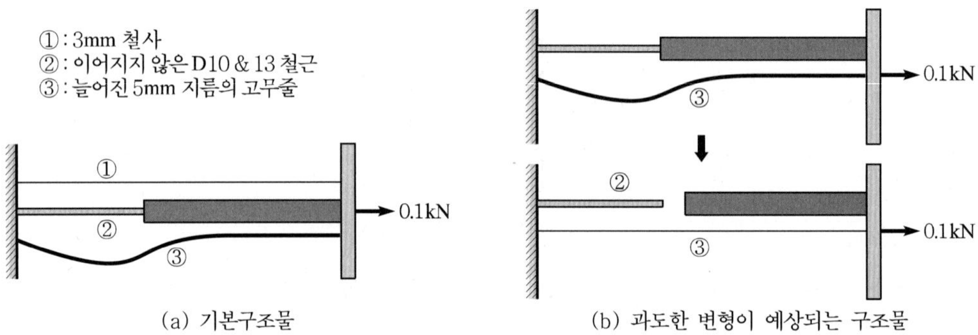

그림 5.1.3 상이한 조건을 가진 구조물에서의 힘의 전달

힘이 전달되는 경로를 알아보기 위하여 그림 5.1.3(a)에서 보는 바와 같이 3개의 끈이 연결된 부분에서 힘을 가하게 경우를 생각해 보자. 이 경우에 2번째와 3번째 끈은 힘을 받지 않고 첫 번째 철사만 힘을 전달할 것이다. 이것은 힘을 전달하는 과정에서 모든 물체는 변형을 일으키게 되는데 힘은 자연적으로 변형이 작게 발생하는 경로를 찾아서 이동하게 된다.

하지만 첫 번째 철사가 없이 2번째와 3번째 끈이 있는 곳에서 잡아당기게 된다면 그림 5.1.3(b)와 같이 변형이 많이 발생하면서 하중을 전달할 것이다. 구조물을 분리하여 부분적 구조물로 검토할 때 부분 구조물에 작용하는 힘을 견딜 수 있도록 설계한 후에 부분 구조물로부터 전달되는 반력을 지지부 구조물이 견딜 수 있도록 단계별로 설계하면 된다.

그런데 하중을 견딜 수 있다고 모두 지지점에서 반력이 발생하는 것으로 간주할 수 있을까? 늘어진 고무줄이 힘을 전달하기 위해서는 상당한 변형을 수반해야 한다. 그런데 상당한 변형까지 수반하도록 구조물을 설계하게 된다면 그 건물에는 지나친 변형으로 인하여 누수, 균열 등 많은 문제점이 발생할 수 있다.

구조물을 분리하는 경계조건에서 반력이 있는 지지점으로 선택할지 아닐지는 그 부분의 변형도 함께 고려해야 한다. 그림 5.1.4는 철골 접합방법에 따른 힘과 변형 관계를 나타내는 그래프이다. 그림 5.1.4에서 보면 Ⓐ접합방법은 견딜 수 있는 하중도 작지만 작은 하중에도 상대적으로 큰 변형을 나타내는 것을 볼 수 있다.

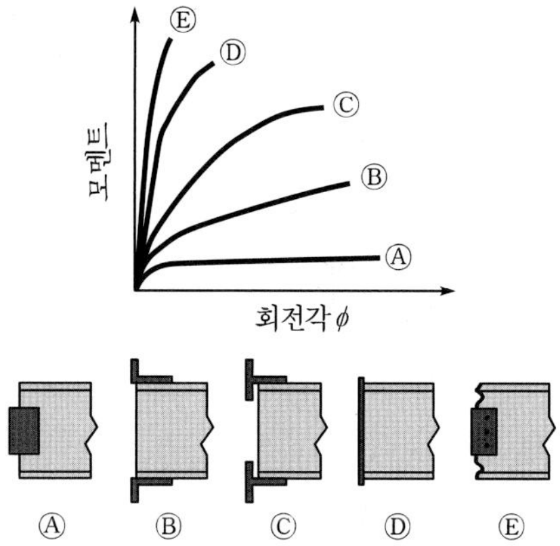

그림 5.1.4 철골 접합방법에 따른 힘과 변형 관계

이에 반하여 Ⓔ접합방법의 경우에는 견딜 수 있는 휨모멘트도 크지만 하중에 대한 변형도 작은 것을 볼 수 있다. 앞에서 나온 이상적인 경계조건에서 핀 지지인 경우에는 수평축과 같은 거동을 나타내고 고정단인 경우에는 수직축과 같은 거동을 가정하게 된다.

만약 구조물을 분리하였을 때 경계부분에서 저항할 수 있는 하중만으로 경계조건을 결정하게 된다면 하중이 작을 경우에는 Ⓐ접합방법도 고정단이 될 수 있을 것이다. 하지만 이 경우에 검토된 것보다 구조물에 과도한 변형이 발생하게 되는 문제점이 있다.

그래서 어떤 경계조건을 선택할 것인지는 경계조건에서 예상되는 변형을 고려하여 선택하는 것이 합리적이고 주어진 조건이 모호할 경우에는 가능하면 안전측으로 변형이 예상되는 부분의 반력은 무시하는 것이 일반적이다.

뒤에서 구조물을 분리에 대하여 다시 설명하겠지만 그림 5.1.5(a) 점선 안에 있는 SB1만을 분리하여 경계조건을 나타내면 ⊤로 표시된 위 쪽 부분은 그림 5.1.4의 Ⓐ와 같은 접합을 의미하고 ▲로 표시된 아래쪽은 Ⓔ와 같은 접합을 의미하므로 그림 5.1.5(b)와 같이 나타낼 수 있다.

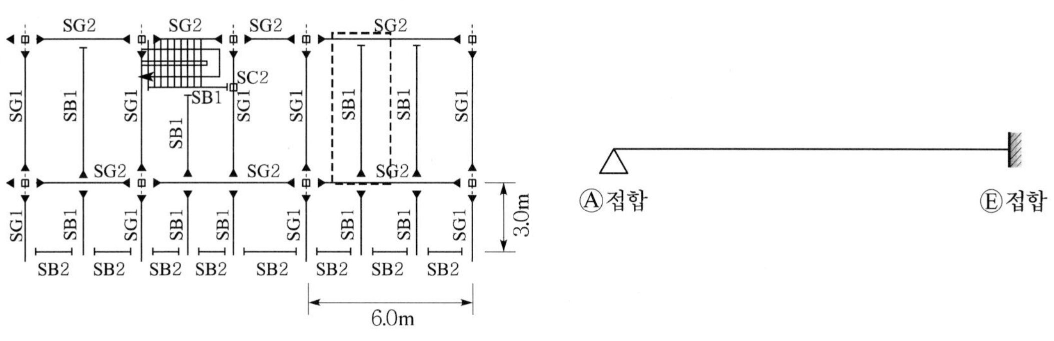

(a) 철골 구조평면도

(b) SB1 해석모델링

그림 5.1.5 철골 구조평면도와 부분 구조물 해석모델링

부분적 구조물에 대한 해석모델링

부분적인 구조물에 작용하는 하중을 알아보기 위하여 그림 5.1.6과 같이 책상위에 놓인 스탠드가 지반까지 하중을 전달하는 통로를 살펴보자. 먼저 스탠드는 직접 접하고 있는 책상에 하중을 전달한다. 스탠드로부터 하중을 전달받은 책상은 역시 책상다리의 접촉면을 통해 1층 바닥으로 하중을 전달하고 1층 바닥은 지반과의 접촉면을 통하여 하중을 지반으로 전달한다.

이것을 보다 쉽게 그림으로 도시하기 위해서는 자유물체도를 이용하는 것이 편리하다. 자유물체도는 그림 5.1.7에서 보는 바와 같이 한 절점에 작용하는 힘을 정의하기 위한 도구로서 절점과 절점에 작용하는 모든 힘들을 나타내기 위한 절점의 스케치를 말한다.

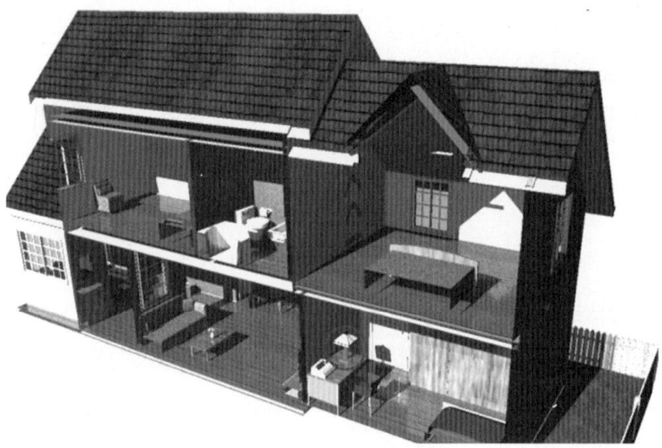

그림 5.1.6 전체구조물

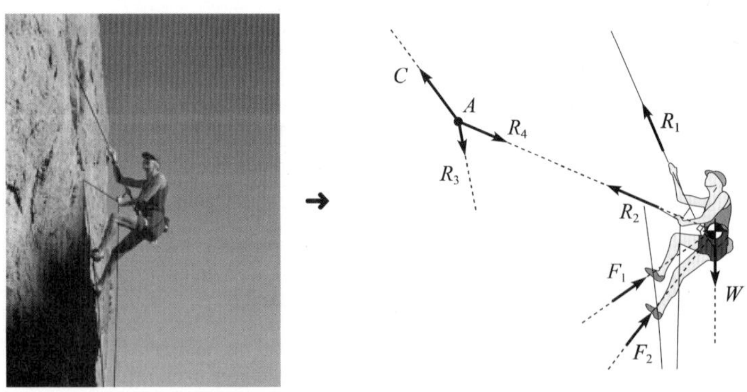

그림 5.1.7 자유물체도 예시

스탠드의 하중경로에 따라 물체별로 자유물체도를 도시한 것이 그림 5.1.8에 나타나 있다.

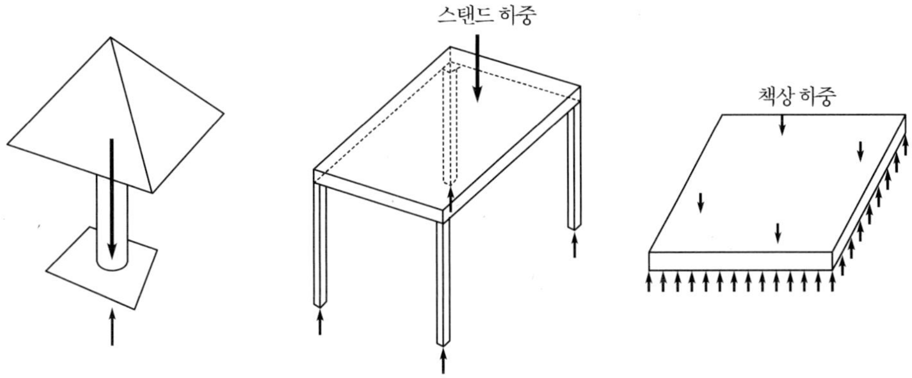

(a) 스탠드 자유물체도 (b) 책상 자유물체도 (c) 1층 바닥판 자유물체도

그림 5.1.8 책상 위 스탠드의 하중경로에 따른 부분구조물에서의 자유물체도

건축구조물의 경우에는 많은 구조부재들이 복잡하게 얽혀 있으므로 구조물들을 부분적으로 분리하여 다루는 것이 편리할 수 있다. 구조물을 해석할 경우에도 구조물 전체를 모두 모델링하기 보다는 검토하고자 하는 구조물을 분리하여 간편하게 해석한다. 예를 들면 그림 5.1.5(a) 구조평면도에서 점선으로 표시된 내부에 있는 부재를 검토하기 위해서는 SB1부재만을 분리시켜야 한다.

분리시킨 부재에 대한 자유물체도를 도시할 때 부재에 작용하는 하중뿐만 아니라 경계부분에서의 반력도 도시하여야 하므로 그림 5.1.9에 나타난 것과 같이 부재에 작용하는 하중과 분리되는 부분에서 반작용력으로 작용할 수 있는 부재력까지 모두 표현해 주어야 한다.

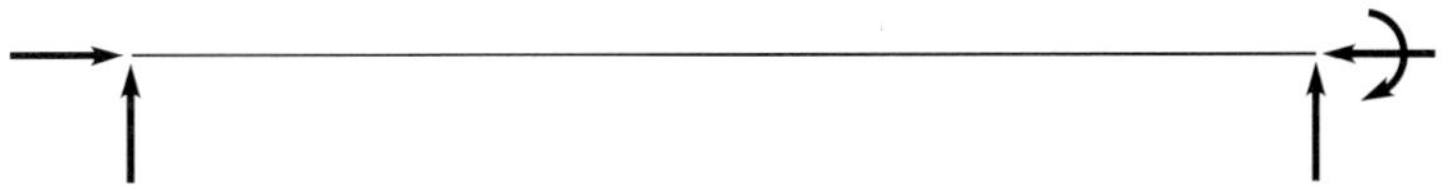

그림 5.1.9 부재 SB1의 자유물체도

최근에는 컴퓨터 해석프로그램의 발달로 구조물 전체를 모델링하는 경향이 많아졌지만 1980~90년대만 하더라도 수직하중에 대해서는 그림 5.1.10과 같이 1개층에 대하여 구조물을 분리하여 수작업으로 해석하는 것이 일반적이었다.

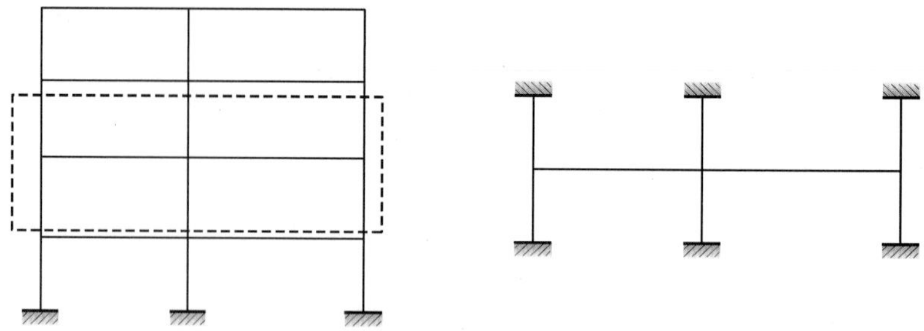

(a) 수직하중을 받는 4층 건물의 2차원 골조　　　(b) 1개층에 대한 부분 구조물

그림 5.1.10 수직하중을 받는 2차원 골조와 부분구조물

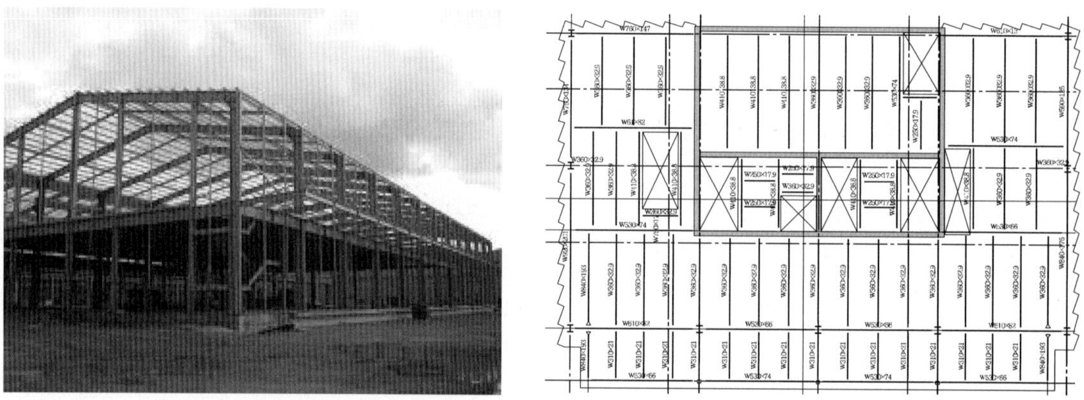

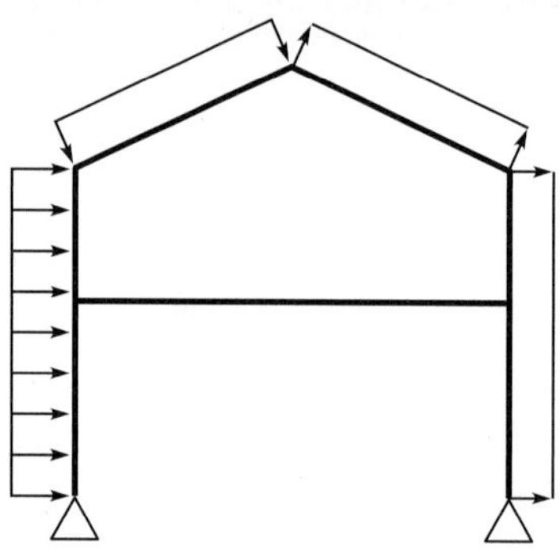

정형화된 구조물에서는 하중 부담면적 또는 강성비를 알아내기 쉬우므로 하나의 2차원 골조에 대해서만 수평하중에 대한 해석 수행

(a) 정형화된 구조물

코어 벽체만 횡력에 저항하는 경우

(b) 특정부재에 강성이 집중된 구조물

그림 5.1.11 수평하중에 대한 부분구조물의 분리

일반적으로 수직하중에 대해서는 수직하중이 작용하는 영향 범위 내에 있는 부분만을 분리하여 해석할 수 있지만 수평하중인 경우에는 5.3절에 소개된 바와 같이 다양한 구조형식에 따라서 구조물 전체가 거동해야 하므로 구조물을 분리할 수 없는 경우가 많이 생긴다.

하지만 수평하중에 대해서도 구조물의 일부분이 부담해야 하는 수평하중의 크기를 합리적으로 예측할 수 있다면 그림 5.1.11(a)와 같이 간단한 2차원 구조물로 분리할 수 있거나 그림 5.1.11(b)에서 보는 바와 같이 일부 부재에 건물 전체 강성의 대부분이 집중되어 있다면 강성이 집중된 일부 부재에 대해서만 구조물을 해석할 수 있다.

하지만 최근에는 컴퓨터 및 해석기법 등의 발달로 건물전체에 대해서 해석하는 것이 많이 간편해지고 지진이 발생했을 때 수평하중을 부담하지 않는 것으로 간주했던 부재들에서 파괴가 발생하는 경우가 발생하면서 수평하중에 대해서는 건물전체에 대해서 해석하는 것이 보편화 되어 있다.

구조물의 안정성 판별

2차원 구조물이 안정적으로 구성되어 있는지를 아래에 있는 판별식을 이용하여 간편하게 판별할 수 있다.

- 부재수+반력수+강접합수−2×절점수＞0(부정정구조물)
- 부재수+반력수+강접합수−2×절점수=0(정정구조물)
- 부재수+반력수+강접합수−2×절점수＜0(불안정구조물)

정정구조물은 구조물의 변형에 관계없이 힘의 평형만으로 각 부재에 전달되는 힘의 크기가 결정되는 구조물이고 불안정구조물은 힘을 전달할 능력이 없는 구조물을 말한다. 이에 반하여 부정정구조물은 하중이 전달되는 경로를 다양하게 가지고 있는데 이 중에서 최소 변형을 발생시키는 경로로 하중이 전달된다.

대부분의 건물은 높은 차수의 부정정구조물로 이루어져 있다. 건물에서 많이 사용되는 재료 중의 하나가 콘크리트인데 콘크리트의 경우에는 인장력에 약하기 때문에 콘크리트가 견딜 수 있는 한도 이상의 인장이 작용하는 곳에서는 균열이 발생하게 된다. 그런데 균열이 발생하게 되면 작은 힘에도 변형이 커지게 되므로 하중의 전달경로가 변하게 되는 특성이 있다.

구조물 전체의 관점에서는 고차의 부정정구조물이지만 구조물을 분리하였을 때는 정정구조물인 경우도 많고 불안정 구조물로 만들어져 보강을 요구하게 되는 경우도 발생한다. 그림 5.1.12에서 ①번 부재의 경우에는 양쪽 접합이 웨브 부분에만 볼트접합을 한 그림 5.1.4 Ⓐ접합이므로

그림 5.1.13과 같이 ①번 부재를 분리하여 이상화 할 수 있고 이 경우에는 판별식에 넣어 보면 정정구조물인 것을 알 수 있다.

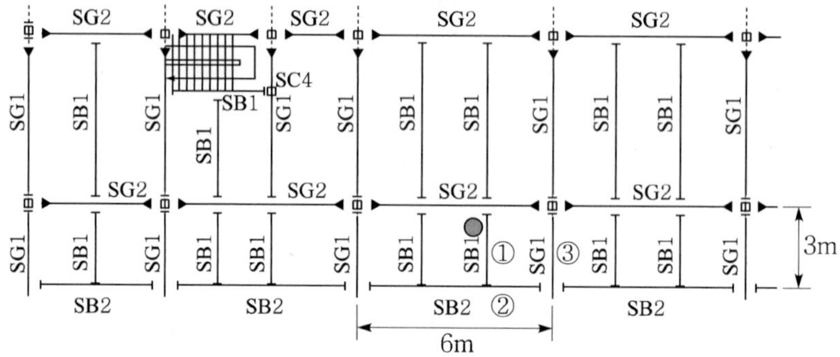

그림 5.1.12 예제 구조물에 대한 철골 구조평면도

그림 5.1.13 예제구조물의 ①번 부재 모델링

다음으로 ②번 부재도 SG1에 지지되어 기둥으로 하중을 전달하여야 하므로 ②번 부재도 ①번 부재와 동일한 경계조건을 가진 구조물로 분리할 수 있다. 마지막으로 ②번 부재를 지지하는 ③번 부재의 경우에는 그림 5.1.14와 같이 아래쪽 부분을 지지하는 부재가 없기 때문에 자유단으로 볼 수 있고 기둥과의 접합부는 Ⓐ접합이므로 핀으로 이상화할 수 있을 것이다. 이 때 ③번 부재의 해석모델은 다음과 같이 불안정구조물이 되므로 하중을 안전하게 전달시킬 수 없게 된다.

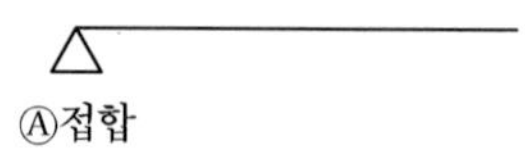

그림 5.1.14 예제구조물의 ③번 부재 모델링

그러나 그림 5.1.15와 같이 ③번 부재와 기둥과의 접합부를 고정단과 유사한 거동을 하는 그림 5.1.4 Ⓔ접합으로 변경한다면 마지막 ③번 부재에서도 그림 5.1.16과 같은 정정구조물이 될 수 있으므로 안전하게 하중을 전달시킬 수 있다. 그러므로 구조물을 설계할 때에는 건물 전체에 대한 안정성뿐만 아니라 부분적인 구조물에서도 불안정 상태가 발생하지 않도록 유의해야 한다.

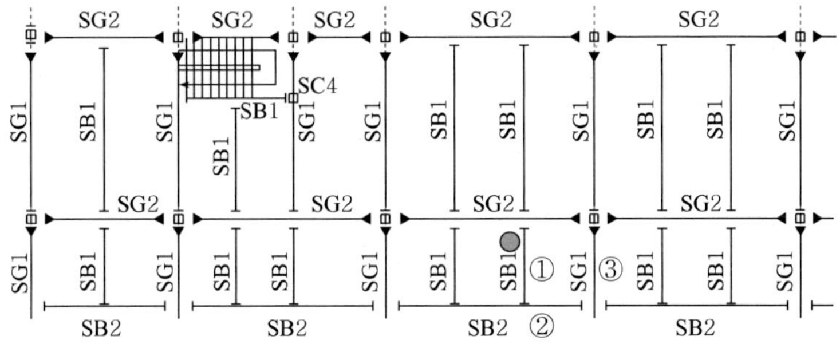

그림 5.1.15 예제구조물 ③번 부재의 접합방법 변경

Ⓔ접합

그림 5.1.16 변경된 예제구조물 ③번 부재 모델링

앞에서도 설명하였듯이 수평하중에 대해서는 코어벽체가 많은 하중을 분담하고 있고 코어벽체의 경우에는 벽체군으로 이루어진 캔틸레버 구조물로 볼 수 있으므로 앞에서 제시한 판별식에 의해서는 대부분 건물이 부정정구조물로 판별된다. 그러나 바람 등 수평하중에 의하여 구조물의 변위가 너무 커지게 되면 구조물의 사용성이 저하될 뿐만 아니라 기둥에서 축력으로 전달되는 하중에도 추가적으로 휨모멘트를 발생시키는 것과 같이 구조물 전체의 안정성에 불리하게 작용하므로 수평하중에 대해서는 변위값이 일정 범위를 넘어서면 불안정성이 있는 구조물로 판단한다.

지지부재에 전달되는 하중산정

지지부재에 전달되는 하중의 크기는 지지되는 구조물을 분리하였을 때 요구되는 반력으로부터 구하게 된다. 그림 5.1.12 또는 그림 5.1.15에서 ③번 부재에 작용하는 하중을 산정하기 위해서는 ①번 부재를 먼저 해석하고 그 반력을 ②번 부재에 하중으로 가하여 ②번 부재를 해석해야 ③번 부재에 작용하는 하중을 산정할 수 있다. ①번 부재를 해석하기 위해서는 슬래브를 통해 ①번 부재에 전달되는 하중을 산정해야 한다.

슬래브를 통해 보에 전달되는 하중은 그림 5.1.17에서 보는 바와 같이 슬래브의 형태에 따라 달라진다. 평평한 바닥판을 가진 구조물에서는 그림 5.1.17(a)에서 보는 바와 같이 양 방향으로 모두 하중이 전달되는데 만약 보로 구획된 바닥판의 형상비가 1:2를 초과하면 대부분의 하중이 단변방향으로 하중이 전달되기 때문에 한 방향으로 하중이 전달된다고 볼 수 있다.

만약 바닥판이 평평한 상태가 아니라 그림 5.1.17(b)에서 보는 바와 같이 특정한 한 방향으로 보강된 구조를 가졌을 경우에는 1방향으로만 대부분의 하중이 전달된다.

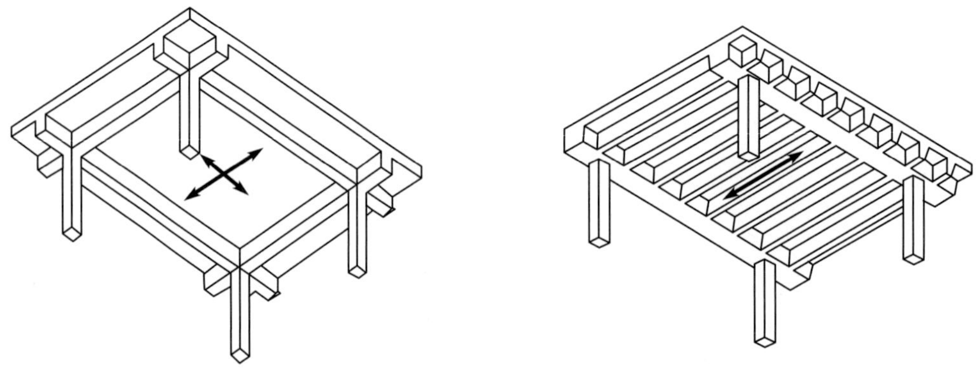

(a) 평평한 바닥판에서의 힘의 흐름　　(b) 보강된 바닥판의 힘의 흐름

그림 5.1.17 바닥판 보강방법에 따른 힘의 흐름

일반적으로 특정한 방향으로 보강된 바닥판을 가지는 구조물에서의 힘의 흐름이 더 간단하므로 그림 5.1.12의 ①번 부재에 지지되는 바닥판도 단변 방향으로 보강된 부재로 구성되었다고 보면 ①~③번 부재까지의 순차적인 해석 과정은 다음과 같다.

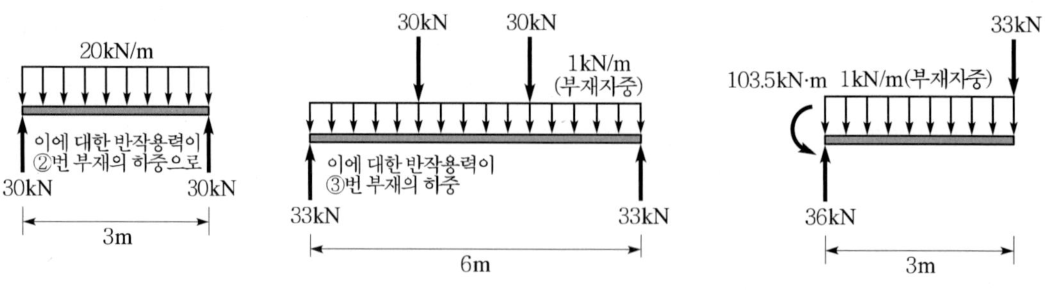

(a) ①번 구조물 해석　　(b) ②번 구조물 해석　　(c) ③번 구조물 해석

그림 5.1.18 예제 구조물에서의 힘의 흐름에 따른 부분구조물 해석모델

수직하중인 경우에는 하중작용위치에 의하여 하중전달경로가 많은 영향을 받는다. 예제구조물에서 SB1의 강성이 약간 부족하여도 그림 5.1.12 또는 그림 5.1.15에 표시되어 있는 ①번 부재 근처에 작용하는 수직하중이 좌측 최외단부에 있는 SG1으로 하중이 전달되지는 않는다.

이에 반하여 수평하중인 경우에는 바닥판의 강막거동으로 인하여 구조물에 가해지는 하중의 위치보다 구조부재의 수평하중에 대한 강성의 영향을 더 많이 받게 된다. 그러므로 구조부재에 전달되는 수평하중의 값은 복잡한 과정을 거쳐서 산정하게 되므로 그림 5.1.11과 같은 경우를 제외하고는 간략하게 부재에 작용하는 수평하중을 산정하는 방법이 알려져 있지는 않다.

5.2 횡력에 대한 구조물의 거동

구조물은 그림 5.2.1에서 보는 것과 같이 막대기를 땅 속에 꽂고 옆에서 밀면 휘게 된다. 계속해서 밀게 되면 휘는 정도가 커지게 되면서 결국에는 막대가 넘어가게 될 것이다. 그런데 갈대와 같이 호리호리한 막대기를 꽂아 두면 휘는 정도가 심하지만 통나무와 같이 아주 뚱뚱한 막대기를 꽂아두면 휘는 것을 육안으로 관찰하기 힘들 정도로 작게 휘고 막대기를 넘기기 위한 힘도 훨씬 크게 될 것이다.

책상 위에 생수병을 얹어놓고 꼭대기인 마개 부분에서 밀어보면 한 쪽이 들리면서 움직이는 것을 볼 수 있다. 이에 반해 생수병 중간보다 아래 부분에서 밀어보면 그냥 옆으로 밀리면서 움직이게 된다. 이것은 세장하고 호리호리한 건물과 두껍고 낮은 건물의 거동 특성을 보여준다.

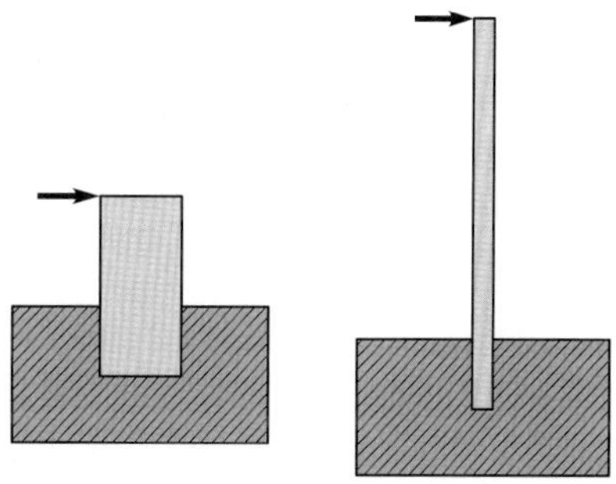

그림 5.2.1 수평하중을 받는 구조물

세장하고 호리호리한 건물에서는 옆에서 미는 힘에 의해 발생하는 전도모멘트(overturning moment)의 영향을 주로 받기 때문에 건물의 한 쪽 면에서는 인장력이 발생하고 다른 면에서는 압축력이 발생하는 것이고 낮고 뭉뚱한 건물인 경우에는 전도모멘트에 의한 영향보다는 미끄러짐을 유발하는 전단력의 영향을 더 많이 받게 된다.

생수병을 흙에 1cm 정도 묻어두고 미끄러짐이 발생했을 때와 마찬가지의 하중을 가하면 처음보다 훨씬 더 큰 힘에서 한 쪽이 들리면서 움직이는 것을 볼 수 있을 것이다. 미끄러짐에 대해서는 물체를 지반에 약간 꽂아두기만 해도 큰 저항력이 발생하게 되므로 지반에 꽂힌 구조물들은 구조물의 형태와 관계없이 대부분 전도모멘트의 영향을 받아 설계하게 된다. 그림 5.2.2에서 보는 바와 같이 지진에 의한 전도모멘트로 인하여 대부분의 건축물이 손상을 입었다.

이에 반하여 구조물이 미끄러지는 것은 경사지에서 토압을 받는 경우에 가끔 발생하는데 그림 5.2.2(c)에서 보여주는 것과 같이 옹벽에서 이러한 현상이 발생하게 된다. 토압을 저항하는 구조물이 파괴되는 경우에는 그림 5.2.2(d)에서 보는 것과 같이 지반에 대한 구속력 저하로 인하여 지반의 지지력도 같이 저하되게 된다.

(a) 바람에 의한 전도모멘트로 넘어진 구조물

(b) 지진에 의한 전도모멘트로 넘어진 구조물

(c) 옹벽의 미끄러짐

(d) 옹벽의 이동으로 지지력이 상실된 지반

그림 5.2.2 수평하중에 의한 구조물 피해사례

건물도 땅속에 꽂아둔 막대기와 같이 건물이 뚱뚱할수록 즉 높이에 비해 건물 폭이 클수록 옆에서 미는 힘에 대하여 작게 변형을 일으키고 같은 구조부재를 사용하였을 때 훨씬 큰 횡력에 대하여서 견딜 수 있다.

이에 반하여 호리호리한 막대기와 같이 세장한 건물 즉 높이에 비해 건물폭이 작은 경우에는 옆에서 미는 힘에 대하여 변형도 크고 견딜 수 있는 횡력도 작아지게 된다. 그리고 세장한 건물의 경우에는 건물이 무너지지 않더라도 변형이 너무 커지게 되면 그 속에서 생활하는 사람들이 편안하고 쾌적한 환경에서 생활할 수 없기 때문에 건물로서의 기능을 충분히 할 수 없게 된다.

그렇기 때문에 건물을 구조설계할 때는 건물의 파괴에 대한 안전성능 뿐만 아니라 사용하는 사람들이 쾌적하게 생활할 수 있는 사용성능까지도 확보하여야 한다.

우리 주위의 건물을 살펴보면 아주 높고 가느다랗게 여겨지는 건물부터 아주 넓고 낮은 건물과 같이 형태도 다양하고 나무, 강재, 콘크리트 등 재료도 다양하기 때문에 건물의 일반적인 거동을 대표할 수 있는 사례를 제시할 수는 없지만 실제 지어진 특정 구조물을 사례로 힘의 전달경로를 살펴봄으로써 구조물에서의 힘의 전달경향이라도 살펴보고자 한다.

이 절에서는 건물에 횡력이 가해질 때 건축물에서 힘이 어떻게 전달되는지를 알아보기 위하여 을지로 SK T-타워를 들어 설명하고자 한다. SK T-타워는 2004년 준공된 건물로 연면적 90,748m^2의 지하 6층, 지상 33층 규모의 고층구조물로써 휴대폰 모양으로 컨셉을 잡은 구조물이다.

(a) 전체 외관

그림 5.2.3 SK T-타워

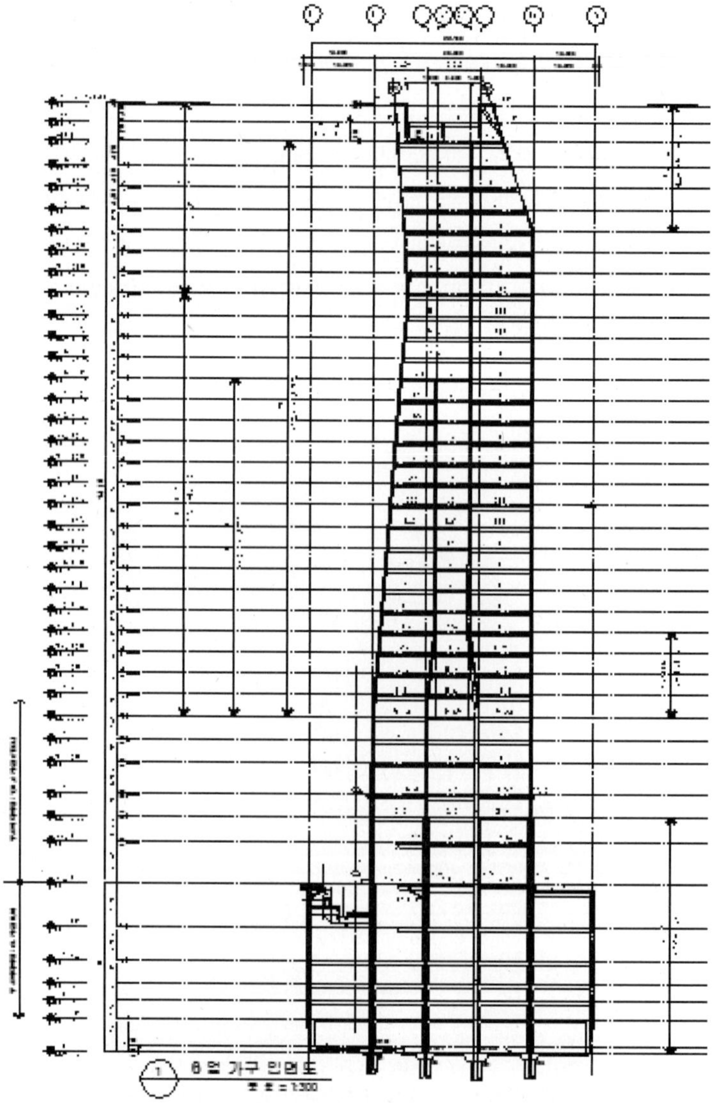

(b) 단면도

그림 5.2.3 SK T-타워(계속)

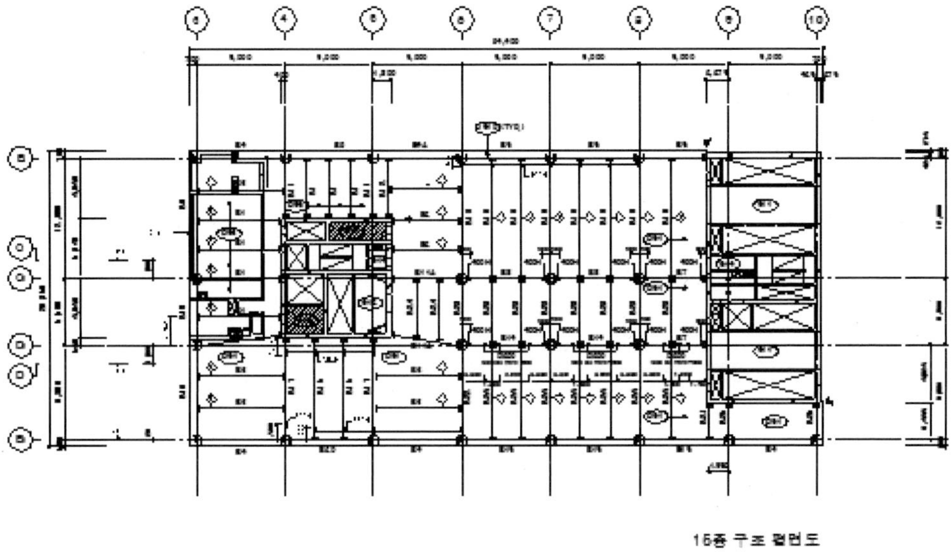

(c) 15층 구조평면도

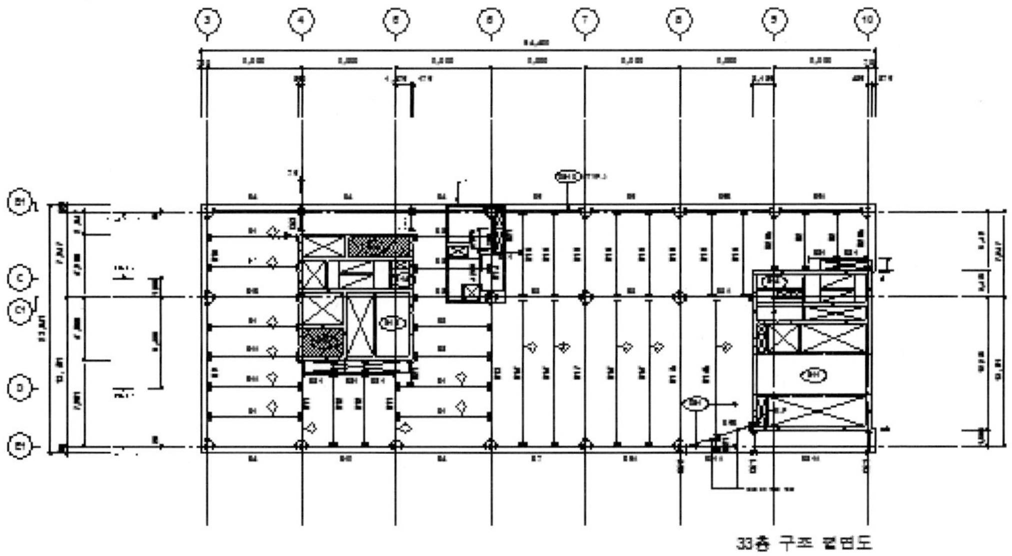

(b) 33층 구조평면도

그림 5.2.3 SK T-타워(계속)

예제 구조물의 소개

건축물을 이루는 구조요소는 형태에 따라서 선요소와 면요소로 구분할 수 있다. 선요소로 구성된 대표적인 구조부재로는 보와 기둥을 들 수 있고 면요소로는 슬래브와 벽체 등을 들 수 있다. 선요소의 부재에서는 구조물에 하중이 작용할 때 휨모멘트로 전달할지 축력으로 전달할지는 가해지는 하중이 부재의 길이방향에 직각인지 평행인지에 따라 결정된다.

아래 그림 5.2.4(a)에서 보는 것과 같이 보 위에 사람이 올라서게 되면 보는 휘면서 하중을 지지점으로 전달하게 된다. 하지만 그림 5.2.4(b)에서와 같이 기둥 위에 사람이 올라서게 된다면 하중방향이 부재 길이방향과 평행을 이루므로 기둥에 압축력의 형태로 하중을 전달하게 된다.

그리고 휨모멘트와 축력으로 전달하는 부재의 거동을 비교하면 휨모멘트의 형태로 하중을 전달하는 부재의 변형이 축력의 형태로 하중을 전달하는 부재에 비하여 상대적으로 큰 것이 일반적이다.

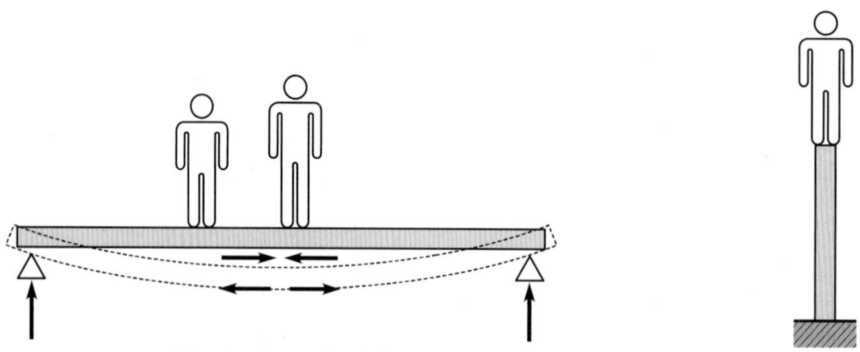

(a) 휨모멘트로 하중전달 (b) 축력으로 하중전달

그림 5.2.4 부재배치방향에 따른 하중전달

그러나 면요소의 구조부재의 거동은 선요소 구조부재보다 상당히 복잡한 경향을 띤다. 우선 길이방향 자체가 모호한 측면이 있다. 오히려 하중방향과 길이방향에 대한 분류보다는 그림 5.2.5에서 보는 바와 같이 면내방향하중과 면외방향하중으로 분류하는 것이 명확하게 구분될 수 있다.

면요소의 구조부재들은 일반적으로 면내방향에 대해서는 변형이 작은 반면에 판 두께 방향으로의 휨에 대해서는 변형량이 상대적으로 크게 나타난다. 면요소의 대표적인 구조부재 중의 하나인 바닥판은 특히 이러한 경향을 강하게 띠는 경우가 많다. 특히 건물에 작용하는 횡력은 바닥판에 면내하중으로 작용하게 되므로 미미한 변형량으로 하중을 전달할 수 있다. 바닥판의 이러한 거동을 격막거동이라 한다. 여기서 격막(diaphragm)이란 면내변형이 무시할 수 있을 정도로 강한 물체를 말한다.

SK사옥 건물을 예로 들면 건물의 평면형태가 그림 5.1.21(c)와 같고 슬래브의 두께가 150mm 때 x방향과 평행한 방향에서 작용하는 하중에 대해서는 150×29,360= 4,404,000mm^2가 되는데 이 값을 정사각형 기둥으로 치환하면 약 2100mm의 크기를 가진 비교적 큰 기둥과 같은 크기를 가진다. 이에 반하여 슬래브를 통하여 전달되는 하중은 풍하중이 비교적 큰 것으로 가정할 때 단위 제곱미터에 대하여 5kN의 하중이 작용한다고 보면 층고가 4.5m일 때 x방향으로의 하중은 4.5×5×29.36=660.6kN의 하중이 작용한다. 즉 슬래브에 작용하는 응력은 (660.6)/(4,404,000) =0.00015kN/mm^2=0.15MPa이 된다.

일반적으로 국내에서 사용되는 콘크리트의 대부분은 24MPa이므로 안전율 등을 고려하여도 슬래브는 횡력을 전달할만한 충분한 크기를 확보하고 있고 축력에 의한 변형율도 무시할 수 있을 정도로 작다는 것을 알 수 있다. 즉 슬래브의 면내방향으로 작용하는 힘은 바람과 같이 건물 측면에서 가해지는 하중인데 이 하중에 비하여 슬래브의 면적이 충분히 크다면 면내방향의 변형은 무시할 수 있을 것이다.

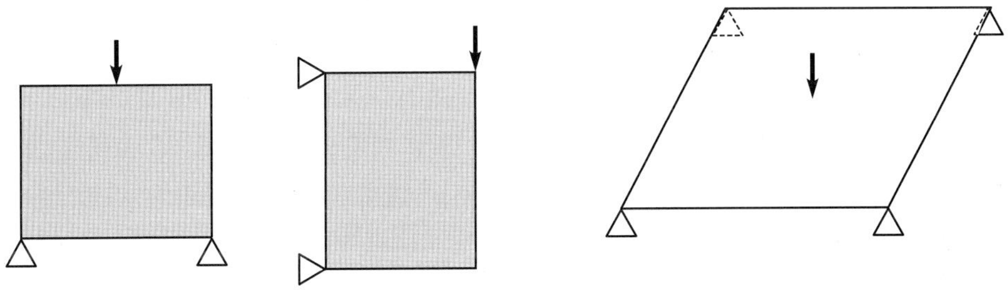

(a) 면내방향으로 작용하는 하중 (b) 면외방향으로 작용하는 하중

그림 5.2.5 부재배치방향에 따른 하중전달

일반적으로 건물들을 살펴보면 중간에 슬래브가 뚫린 것을 볼 수 있다. 가장 대표적인 것이 계단인데 계단의 경우에는 그 크기도 작고 절판형태로는 연결되어 있지만 대형 건물의 로비에서와 같이 넓은 범위의 슬래브가 뚫린 경우에는 외부하중인 횡력이 구조물의 횡력저항부재로 전달되는 과정에서 부족한 부분이 없는지도 확인되어야 한다.

SK건물에서는 상층부에 경사기둥이 설치되었다. 경사기둥은 시공 중에 안전성을 확보하기 위하여 추가조치가 요구되기 때문에 수직기둥에 비하여 비싼 구조부재로 볼 수 있다.

그림 5.2.6에서 보면 수직기둥의 경우에는 땅 위에 얹어둔 상태로도 중력하중을 지반으로 전달할 수 있다. 이에 반하여 땅 위에 얹어둔 경사기둥의 경우에는 불안정 상태로 자체 중량에 대

한 하중만으로도 넘어갈 것이다. 하지만 경사기둥을 땅 속에 꽂아 두게 되면 안정적으로 버티고 있을 수 있을 것이다. 땅 속에 꽂아둔 경사기둥에 중력하중에 대하여 넘어지지 않고 버티는 것은 땅 속에서 경사기둥이 넘어지려고 하는 반대방향으로 반력이 작용할 수 있기 때문이다. 경사기둥이 넘어진다고 하는 것은 전도모멘트(overturning moment)에 저항할 수 없는 상태라는 것을 의미하는 것이고 버티고 있다는 것은 이 전도모멘트에 저항할 수 있다는 것이다.

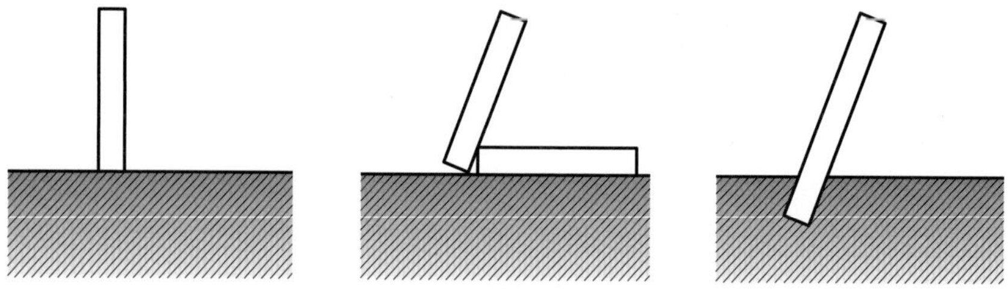

그림 5.2.6 수직부재의 경사도 및 지지조건에 따른 거동

그림 5.2.6에서 보는 바와 같이 수직기둥은 중력하중에 대하여 반력과 작용하중이 하중방향으로 일직선상에 있을 수 있는 상태이지만 경사기둥의 경우에 하중이 가해지는 지점과 땅에서 지지하는 지점이 하중방향으로 일직선을 이루지 못하고 회전하려고 하는 힘이 생긴다.

땅에 꽂아둔 경사기둥은 이런 회전하려고 하는 힘에 저항하기 위해서 땅 속에서 그림 5.2.7과 같은 반력이 생길 수 있기 때문에 중력하중에 대하여 버틸 수 있는 것이다. 만약 경사기둥을 더 깊이 꽂아 둔다면 모멘트 팔이 길어지기 때문에 회전하는 힘에 대하여 저항하기 위하여 지반에서 요구되는 수평방향 반력이 줄어들 수 있으므로 같은 지반에 대해서 더 깊이 꽂아둔다면 더 큰 하중에 대해서 저항할 수 있게 된다.

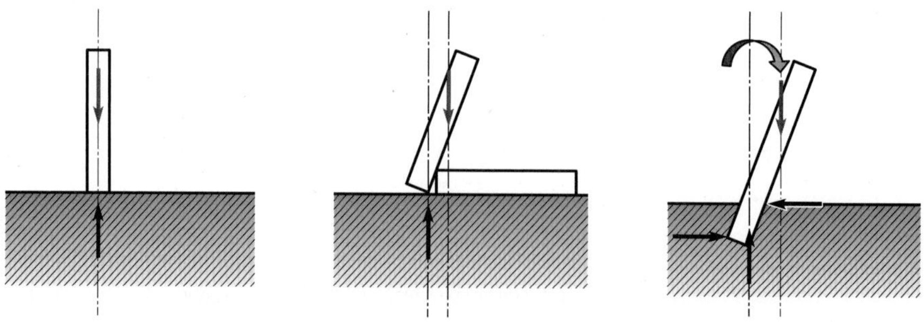

그림 5.2.7 수직부재의 경사도 및 지지조건에 따른 자유물체도

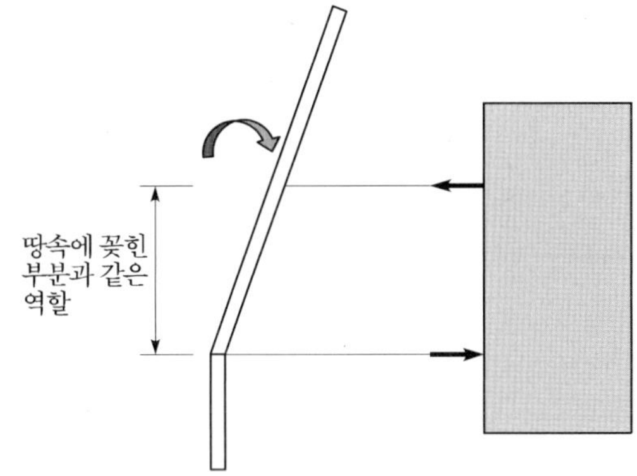

그림 5.2.8 경사기둥의 안정성 확보를 위한 하중흐름

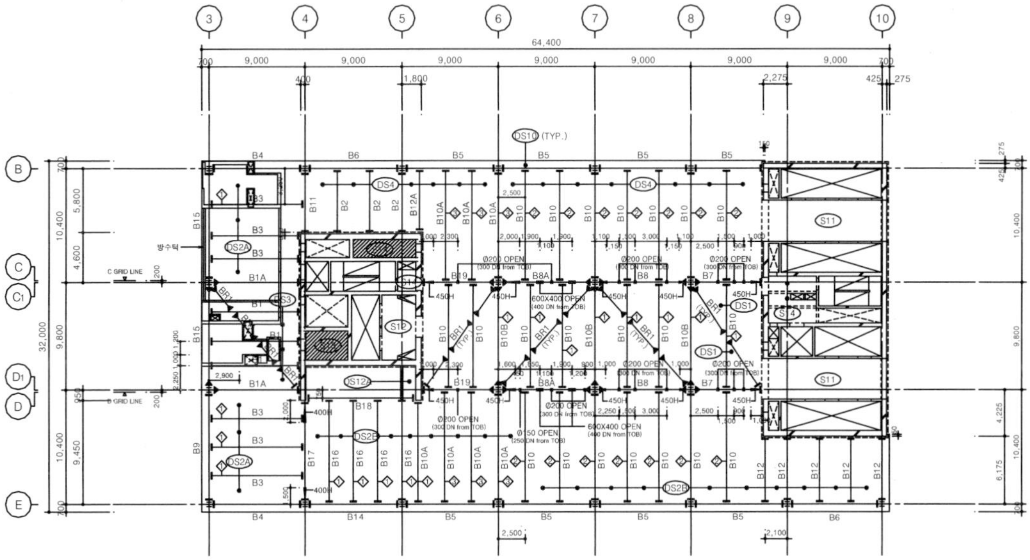

그림 5.2.9 시공중 수평하중을 전달하기 위한 철골배치

SK건물에서 설치된 경사기둥의 경우에는 수직하중을 전달하면서 발생하는 전도모멘트를 내부 코어벽체가 버텨줄 수 있다. 그런데 경사기둥이 넘어지려고 하는 것을 코어벽체가 버텨주기 위해서는 그림 5.2.8에서 보는 바와 같이 경사기둥의 회전에 반대방향으로 작용할 수 있는 수평하중이 슬래브를 통해 수평하중이 전달될 수 있어야 한다. 건물이 완공된 이후에는 이러한 힘의 전달이 가능하겠지만 시공 중에 슬래브가 설치되기 이전에는 수평하중이 전달될 수 있는 별도

의 통로를 확보하여야 한다.

SK건물에서는 슬래브가 설치되기 이전에 시공중의 경사기둥의 안정성 확보를 위하여 그림 5.2.9에 나타난 것과 같이 7층과 11층 슬래브에 평평한 가새부재를 설치하면서 시공하였다. 이렇게 되면 그림 5.2.8에서 보는 바와 같이 7층과 11층을 기준으로 땅 속에 꽂힌 경사기둥과 같이 작용할 수 있기 때문에 11층 상부의 경사기둥에 대해서는 추가적인 조치 없이 안정적으로 힘이 전달 될 수 있다.

횡력에 대한 힘의 전달경로

구조물에 작용하는 대표적인 횡력으로는 풍하중과 지진하중을 들 수 있다. 지진하중의 경우에는 지반의 흔들림으로 인하여 동적거동을 하게 되고 움직이는 물체에 작용하는 관성력에 의하여 구조물에 영향을 미치게 된다. 이에 반하여 풍하중의 경우에는 공기의 압력이 구조물에 직접적인 하중으로 작용하게 된다. 풍하중에 대한 구조물의 힘의 전달경로를 SK건물을 예로 들어 살펴보자.

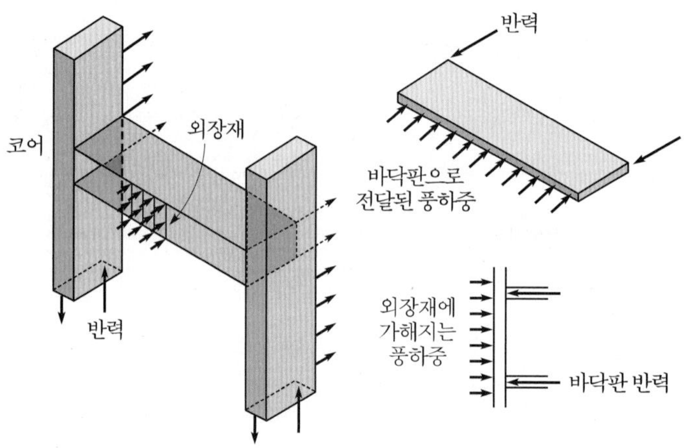

그림 5.2.10 풍하중 전달과정

건물에서 바람을 직접적으로 막아주는 것은 대부분 커튼월로 시공되는 건물 외부의 외장재일 것이다. SK건물에서는 건물전체가 유리로 둘러싸여 있는데 풍하중이 직접적으로 가해지는 부분은 유리벽체이다. 이 유리벽체에 가해진 풍하중은 내부에서 유리벽체를 지지하는 골조(부구조체)로 전달되는데 알루미늄 또는 강재로 만들어진 얇은 프레임들이 이러한 역할을 하는 것이 일반적이다.

그리고 이러한 유리를 지지하는 골조는 슬래브에 접합되어 지지되고 있는데 외벽은 건물의 안전성에 직접적인 영향을 주는 주요 구조재가 아닌 부구조체인 경우가 대부분이다. 외벽유리를 지지하는 골조에서 전달된 풍하중은 슬래브를 통하여 횡력에 저항할 수 있는 수직부재로 전달되어 궁극적으로는 지반으로 전달된다.

상부에서 전달된 수평하중 및 그에 동반되는 전도모멘트에 저항하기 위해서 지반에서 요구되는 반력을 살펴보자. 앞서 말한 것과 같이 수평하중은 구조물을 회전시켜 넘어지게 하는 방향으로 작용한다. 수평하중에 의한 회전력 즉 전도모멘트에 대하여 지반에서 저항하기 위한 하나의 경우는 그림 5.2.11에서와 같이 수평하중에 의한 전도모멘트와 반대방향의 전도모멘트를 생성하는 인장과 압축 반력을 지반에서 확보할 수 있는 경우이다.

또 다른 경우는 구조물이 땅 속 깊숙이 박혀 있을 경우에는 아래 그림 5.2.12와 같이 땅 속에서 확보되는 수평방향의 지반반력에 의하여 수평하중에 의한 전도모멘트에 저항할 수 있다.

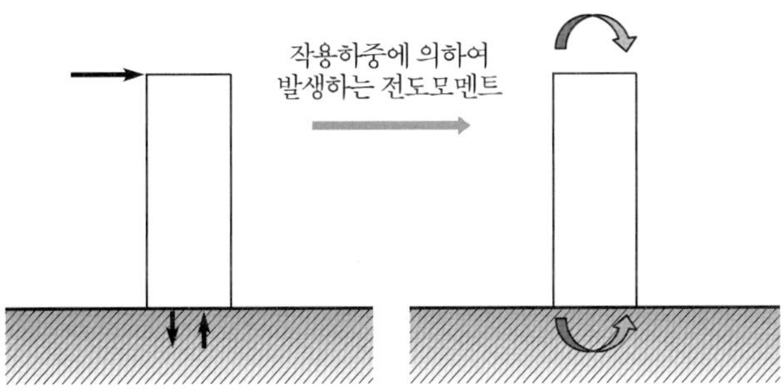

그림 5.2.11 지하층이 없는 구조물의 풍하중 전달과정

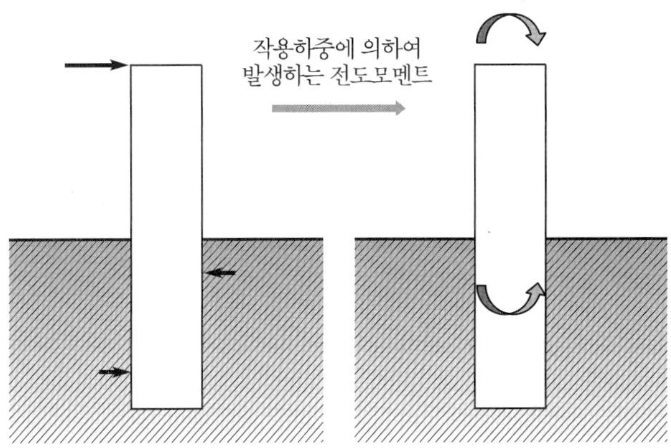

그림 5.2.12 지하층이 있는 구조물의 풍하중 전달과정

지하층이 없는 건물에서는 첫 번째와 같은 방법으로 수평하중에 의한 전도모멘트를 저항하겠지만 지하층이 있는 구조물에서는 2가지 방법이 혼합되어 작용할 것이다. 하지만 대부분의 경우에는 건물 아래에 있는 지반은 전달되는 하중에 저항하도록 지반상태를 개량하는데 반하여 측면에 있는 지반의 경우에는 인접 건물의 상태 및 여러 가지 변수에 의하여 수평반력의 값이 불확실한 요소가 너무 많기 때문에 건물을 보수적으로 접근하는 관점에서는 이런 수평반력의 효과는 고려하지 않는 것이 일반적이다.

SK T-타워 구조물에서의 풍하중을 지반까지 전달하는 경로를 보면 다음과 같다.
먼저 풍하중이 직접적으로 가해지는 커튼월에서 휨모멘트 형태로 하중을 각 층 바닥반에 전달하게 된다. 바닥판으로 전달된 하중은 축력 또는 바닥판의 면내 휨모멘트 형태로 코어벽체로 하중을 전달하게 된다. 코어벽체에 전달된 하중은 그림 5.2.13에서 보는 바와 같이 캔틸레버 거동으로 지반에 하중을 전달한다.

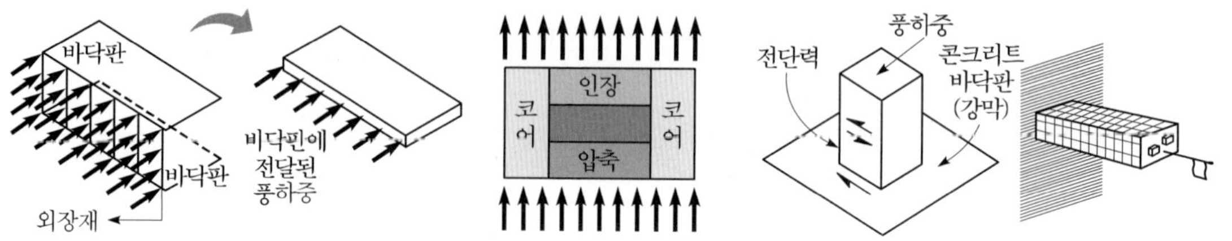

(a) 풍하중 및 슬래브 반력 (b) 슬래브를 통한 풍하중의 코어 전달 (c) 코어 벽체의 캔티레버 거동

그림 5.2.13 SK T-타워 구조물의 풍하중 전달경로

토압에 대한 구조물의 거동

경사지나 지하구조물에서는 구조체가 흙과 접함으로써 토압을 받게 된다. 주위에서 쉽게 볼 수 있는 토압을 받는 구조물로는 옹벽과 지하외벽을 들 수 있다. 옹벽의 경우에는 상부에 지지조건이 없는 캔틸레버 구조물이고 지하외벽의 경우에는 각 층이 슬래브로 연결되어 힘을 전달할 수 있기 때문에 양단이 지지된 보 구조물인 경우가 많다. 독립적인 옹벽과 지하외벽의 경계조건이 다른 것은 그림 5.2.14에서 보는 바와 같이 토압을 받을 때 다른 변형을 보이는 것으로부터 알 수 있다.

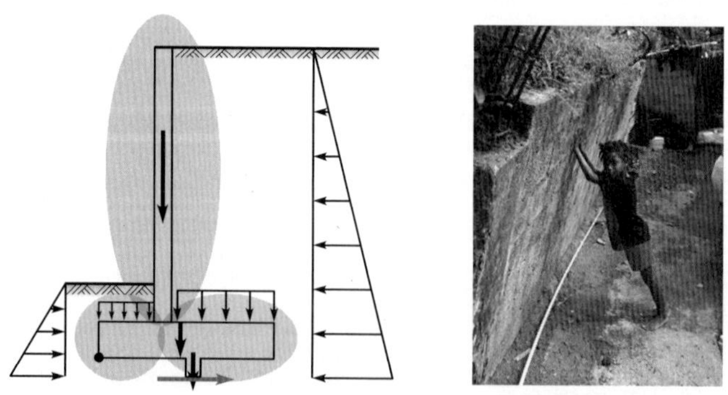

(a) 옹벽에서의 힘의 흐름 옹벽에서의 변형형상

그림 5.2.14 지지조건에 따른 토압에 의한 구조물의 변형형상

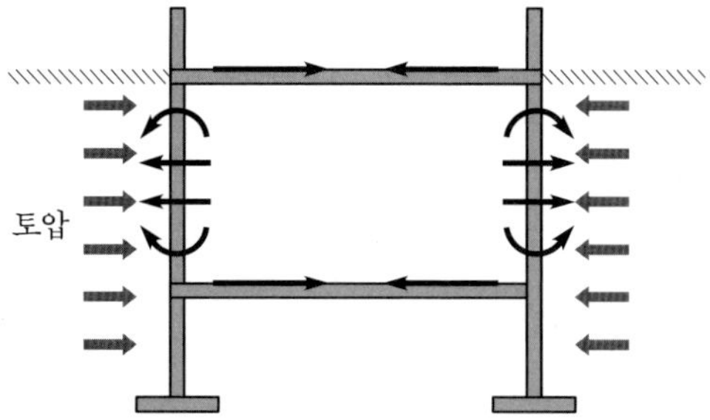

(b) 지하외벽에서 힘의 흐름

지하외벽의 변형 형상

그림 5.2.14 지지조건에 따른 토압에 의한 구조물의 변형형상(계속)

5.3 구조형식에 따른 하중전달

수평하중에 대한 저항구조요소로는 구조물의 관점에서 보았을 때 캔틸레버 거동을 할 수 있어야 한다. 일반적으로 중력하중에 대하여 요구되는 구조부재와 횡력에 대하여 요구되는 구조부재의 차이가 작을수록 경제적인 것으로 볼 수 있는데 중력하중은 층수가 많아질수록 선형적으로 변하지만 횡력은 3제곱에 비례하여 커지기 때문에 경제적인 구조형식도 층수에 따라서 변하게 된다.

표 5.3.1은 초기 고층 강구조물에 소요된 철골물량을 나타내는 자료로써 일반 강접 골조를 적용하였을 때 소요된 철골물량이 고층구조물에 경제적인 튜브구조나 아웃리거 구조물에서보다 더 많은 것을 볼 수 있다. 건물높이에 따라 경제적인 것으로 알려진 구조물이 그림 5.3.1에 나타나 있다.

표 5.3.1 고층 강구조물에 사용된 철골물량

건물명	완공년도	층수	높이/폭	철골무게(psf-kN/m^2)	구조형식
Empire State Building, NY	1931	102	9.3	42.2-2.02	가새강접골조
Chase Manhattan, NY	1963	60	7.3	55.2-2.64	가새강접골조
John Hancock Center, CA	1968	100	7.9	29.4-1.41	가새튜브
Boston Co. Bldg. Boston	1970	41	4.1	21.0-1.01	K-가새튜브
U.S. Steel Bldg. Pittsburgh	1971	64	6.3	30.0-1.44	아웃리거
World trade Center, CA	1972	110	6.9	37.0-1.77	골조튜브
Sears Tower(Willis Tower), CA	1974	109	6.4	33.0-1.58	묶음튜브

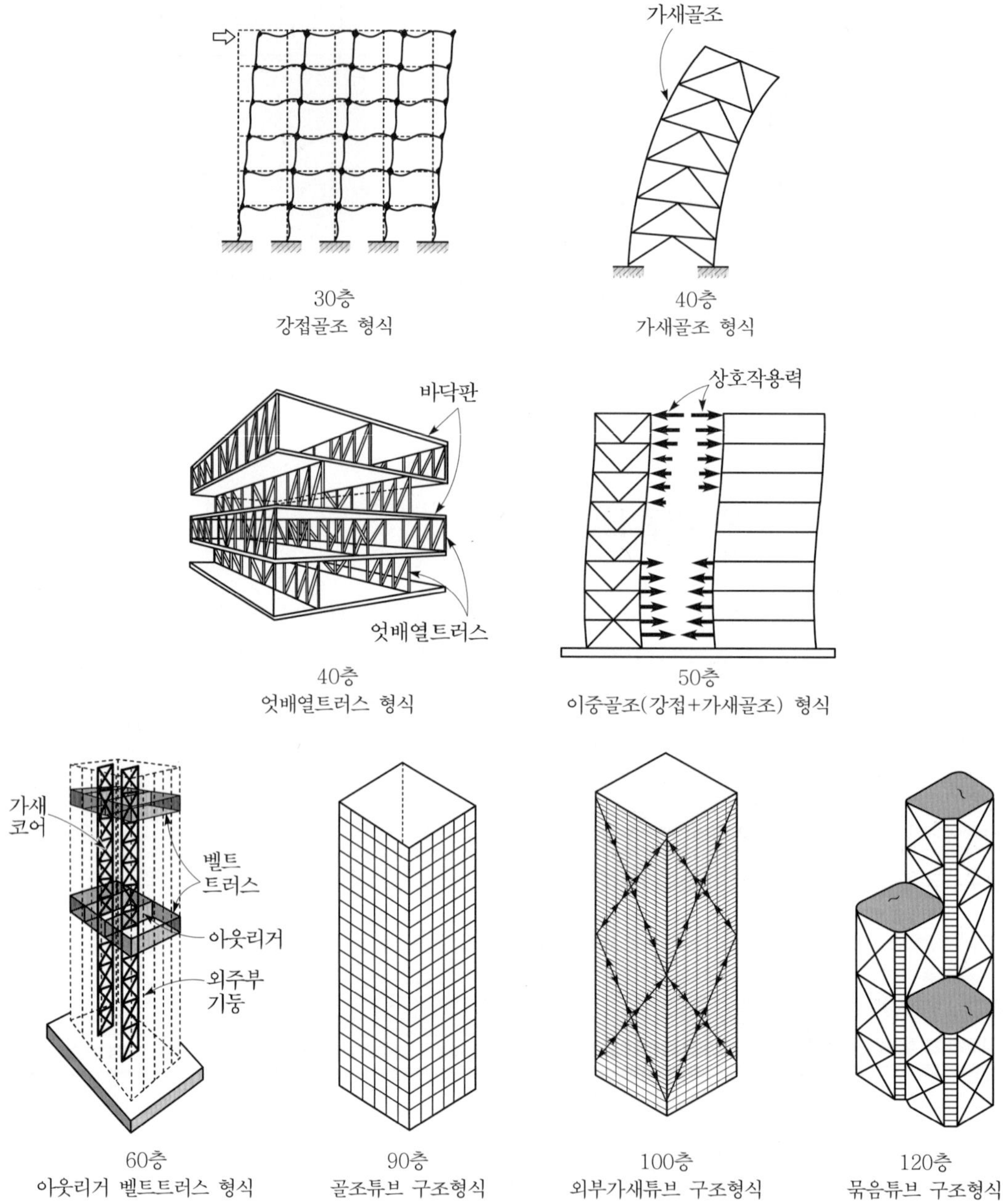

그림 5.3.1 구조물 높이에 따른 경제적인 구조형식

건축구조물에서 많이 사용되고 있는 구조형식의 특징을 살펴보면 다음과 같다.

벽식구조

벽식구조는 공간이 일정한 면적으로 분할되는 형태의 건축물에 사용되는 구조형식으로 그림 5.3.2(a)에서 보는 바와 같이 판 요소인 벽체와 바닥판으로 구성되어 있고 벽체가 축력과 횡력을 동시에 지반으로 전달하는 방식이다. 수직력은 바닥판의 하중이 벽체와 기초판을 거쳐 지반으로 전달되고 수평력은 격막으로 작용하는 바닥구조에 의해 전단벽에 전달되고 기초에 고정되어 있는 캔틸레버 거동으로 수평력에 저항하는 구조형식으로써 10~20층 정도에서 경제성 있는 구조형식이다.

국내에서는 층고 절감에 유리하기 때문에 그림 5.3.2에 나타난 것처럼 아파트에 보편적으로 적용된 구조형식으로 3.6m~5.4m 간격으로 벽체가 배치되는 것이 일반적이다. 이 구조형식은 구조체의 자중이 다른 구조형식보다 무겁고 공간의 가변성을 확보하기 어렵고 상부의 소음이 내력벽으로 전달되어 차음성능이 떨어지는 단점이 있지만 층고 절감에 유리하고 바닥과 벽체의 마감공사가 단순해지는 장점으로 인하여 아파트 위주로 널리 사용되고 있는 구조형식이다.

(a) 시공중인 벽식구조물

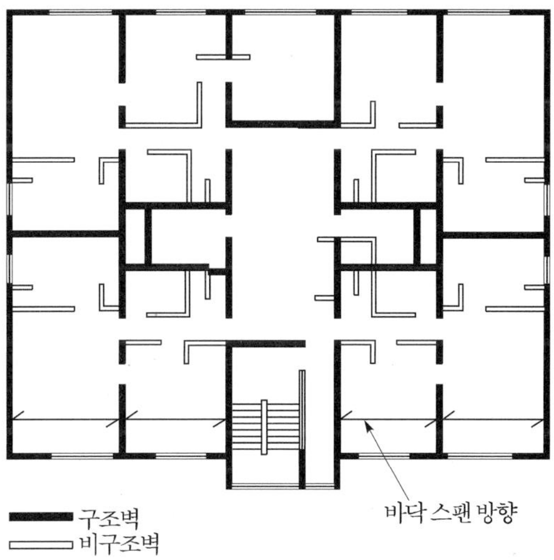

(b) 국내 아파트의 벽체 배치

그림 5.3.2 벽식구조

모멘트골조

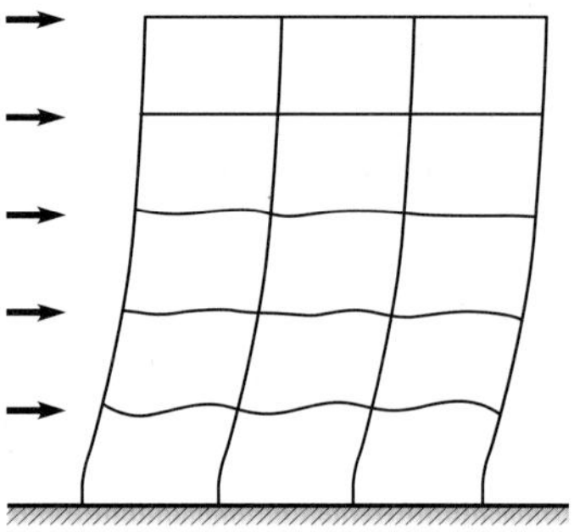

그림 5.3.3 수평하중을 받는 모멘트골조 변형형상

보-기둥이 강접합으로 연결된 모멘트골조형식은 가정 일반적이고 전통적인 구조방식으로 바닥판에 작용하는 수직하중이 보를 통해 기둥으로 전달되고, 기둥에서 기초로 전달되어 최종적으로 지반으로 전달되는 구조형식이다. 수평력은 일반적인 모멘트골조에서는 그림 5.3.3에서 보는 것과 같이 보와 기둥의 휨저항에 의하여 저항하게 된다.

보와 기둥이 강접합으로 구성된 모멘트골조의 횡변위를 일으키는 변형성분을 보다 자세히 살펴보면 그림 5.3.4에서 보는 바와 같이 골조의 휨성분(shear racking)과 기둥의 인장압축성분(overall bending)으로 나눌 수 있다. 2가지 변형 성분 중에서 어떤 변형이 더 크게 나타나는지는 기둥과 보의 강성비 및 구조물의 세장비 등과 관련이 있다.

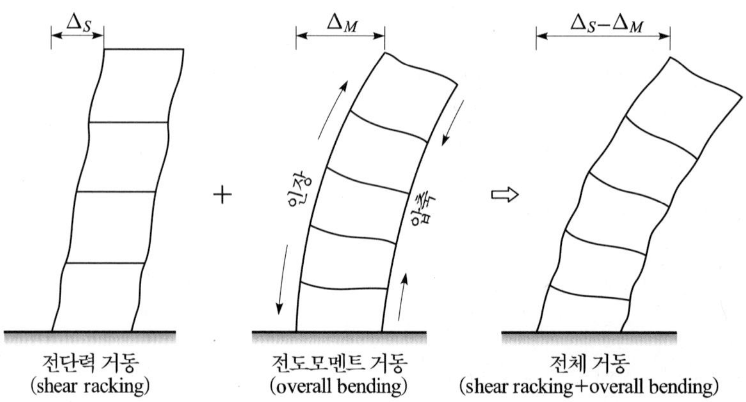

그림 5.3.4 수평하중에 저항하는 모멘트골조의 변형성분

일반적인 중·저층 건물에서는 거주자가 생활하기에 불편함이 없도록 기둥간격을 유지하고 보 크기도 중력하중에 대하여 저항하는 것과 비슷한 정도로 설계하고 있다. 이에 반하여 초고층 건물에서는 건물 외곽부에 기둥간격을 촘촘히 배치하고 보의 높이도 큰 보를 사용하는 것이 일반적이다. 이것은 초고층건물에서는 횡력에 의한 부재력이 중력보다 훨씬 크게 요구되고 이런 하중에 저항하기 위해서 요구되는 부재크기에 기인한다. 그런데 중·저층 건물에서 보이는 일반적

인 보-기둥 배치를 가진 모멘트골조와 초고층에서 보이는 촘촘한 기둥과 높은 보를 가진 모멘트 골조와는 약간 다른 거동 특징을 나타낸다.

일반적인 보-기둥 배치를 가진 모멘트골조에서는 그림 5.3.5(a)에서 보는 바와 같이 대부분의 변형이 전단력 거동(shear racking)에 의해서 발생하지만 촘촘한 기둥과 높은 보로 이루어진 골조에서는 대부분의 변형이 기둥의 인장-압축에 의해서 발생한다.

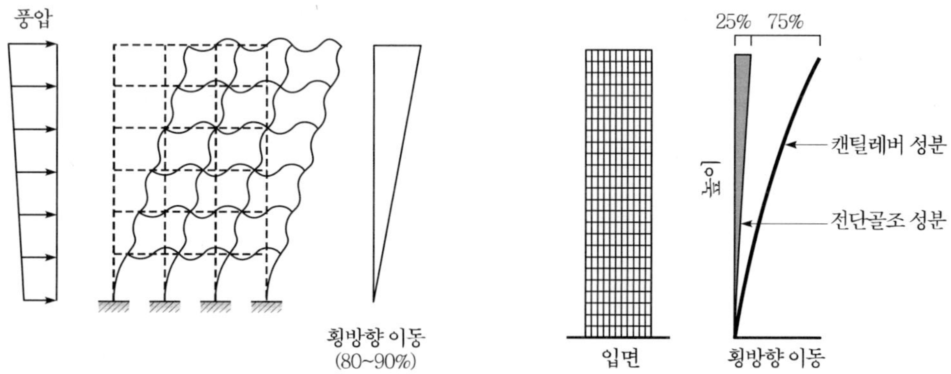

(a) 일반 모멘트골조에서의 변형성분 (b) 튜브구조에서의 변형성분

그림 5.3.5 일반 모멘트 골조와 튜브구조에서의 수평하중에 대한 변형성분

튜브골조

촘촘한 기둥과 높은 보로 이루어진 모멘트골조를 일반적인 보-기둥 배치를 가진 모멘트골조와 구분하기 위하여 튜브구조(tubular structures)로 일컫기도 한다. 튜브구조는 주로 초고층건물의 외곽부를 이용하여 만들어지는데 외곽부가 튜브구조인 경우에는 횡력저항 구조체가 건물의 주변에 있으므로 건물의 전체 폭이 모멘트에 저항한다.

횡력저항 구조체가 건물의 주변에 있으므로 내부 구조체는 연직하중만 지지하면 되므로 설계가 단순해지고 결과적으로 기둥이나 보의 배치가 자유롭게 될 수 있다. 또한 튜브구조는 전층의 바닥구조를 동일하게 할 수 있고 튜브를 이루는 구조체를 전층 동일하게 함으로써 시공성을 향상시킬 수도 있다.

외피에 있는 구조체가 횡력에 저항하는 중요한 역할을 하기 때문에 창과 같은 개구부 계획에 제약이 많다. 최초의 튜브구조물이 설계에 적용된 것은 1965년에 완공된 DeWitt-Chestnut building이지만 1968년 완공된 시카고의 100층 건물인 존 핸콕 센터에서 튜브구조를 적용한 이

후에 튜브구조형식이 초고층건물에 널리 적용되었는데 표에서 살펴보면 U.S. Steel Bldg. Pittsburgh를 제외하고는 모두 튜브시스템이 적용된 것을 볼 수 있다. 그래서 1970년대에 건설되었던 초고층 건물은 그림 5.3.6에서 보는 바와 같이 외부에 노출되는 대형 가새부재가 있는 Boston Co. Bldg.과 John hancock center의 경우에는 대각 가새부재의 특색이 건물에 반영되어 차별화된 외관을 나타내지만 Willis Tower와 2001년 붕괴되었던 세계무역센터(WTC)의 경우에는 외관이 비슷하고 단조로운 경향을 보이고 있다.

Boston Co. Bldg. John hancock center Willis Tower(Sears tower) World Trade Center

그림 5.3.6 대표적인 튜브구조물

튜브구조에서는 전단지연효과가 발생하기 쉽다. 전단지연효과란 폭이 넓은 플랜지에서는 평면내 전단변형작용 때문에 복부판에서 멀리 떨어진 플랜지 부분에서 길이방향의 변위는 복부판 근처의 변위보다 지연되는 현상을 말한다. 전단지연효과(shear lag)로 인하여 그림 5.3.7에서 보는 바와 같이 모서리 부분에 응력이 집중되는 현상이 발생한다.

전단지연(shear lag)을 완화방법으로는 구조물의 강성을 높여야 한다. 이를 위하여 기본 골조튜브의 기둥간격을 촘촘히 하거나 보와 기둥 크기를 증가시키는 방법 이외에도 가새튜브, 묶음튜브 등을 사용하면 전단지연효과를 완화할 수 있다. 그림 5.3.8(a)에서 보면 기둥간격이 넓게 분포되어 있을 때에는 모서리 부분의 응력이 최대가 되는데 반하여 기둥간격을 촘촘히 하였을 때 최대 응력의 발생 위치가 모서리 인접 기둥으로 변하면서 그 크기도 줄어드는 것을 볼 수 있다. 그리고 Willis Tower에 적용된 묶음튜브는 전단력이 전달되는 경로를 더 많이 둠으로써 응력분포가 거의 균일해 지는 것을 볼 수 있다.

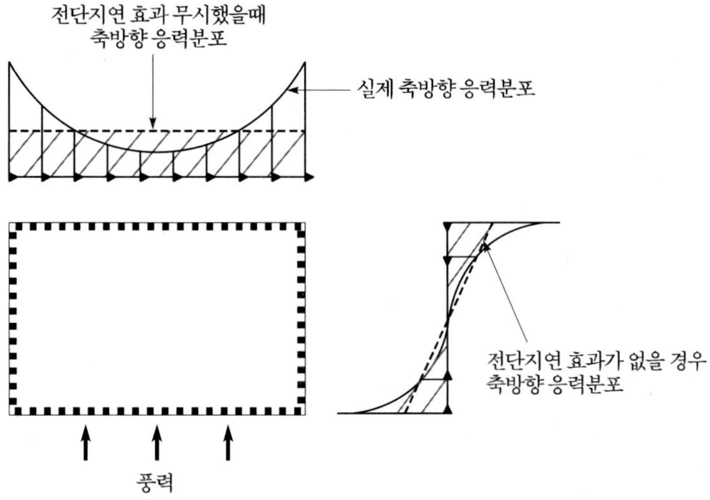

그림 5.3.7 전단지연 효과

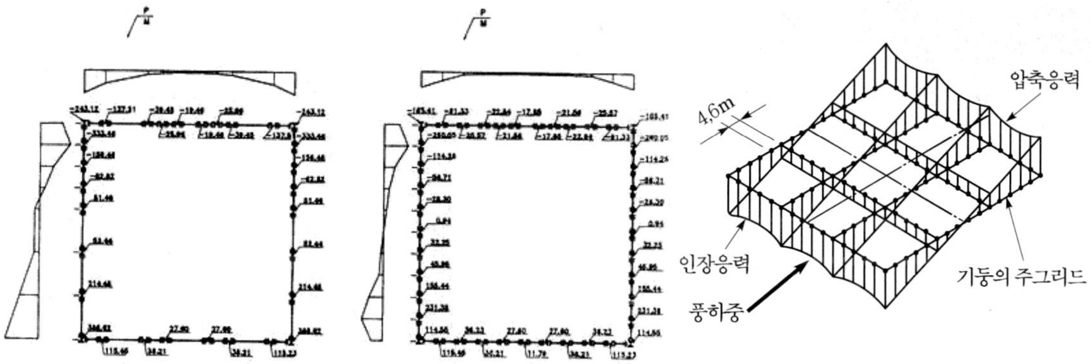

(a) 기둥간격에 따른 기둥 축력분포 (b) 묶음튜브

그림 5.3.8 전단지연 완화방법

튜브구조는 보와 기둥으로 구성되어 있기는 하지만 원 개념은 구조물의 강성을 가장 효율적으로 증가시킬 수 있는 건물 외피를 모두 구조벽체로 이용하는 것이었다. 그런데 건물을 사용하기 위해서는 개구부를 완전히 없애는 것은 불가능하기 때문에 최소한의 개구부를 두는 것이었다.

전단벽과 보-기둥의 차이는 그림 5.3.9에서 보는 바와 같이 개구부의 크기에 따라서 많이 구분되는데 그림 5.3.9에서와 같이 실제 구조물에서는 개구부가 있는 벽체인지 골조인지를 판단하기 어려운 경우도 많이 있다. 튜브구조도 보와 기둥으로 이루어진 구조물이지만 개구부를 가능한 최소화하고 구조체의 비중을 높이는 골조이기 때문에 거동의 특징은 전단벽체인 캔틸레버 거동과 유사하게 나타나는 것을 볼 수 있다.

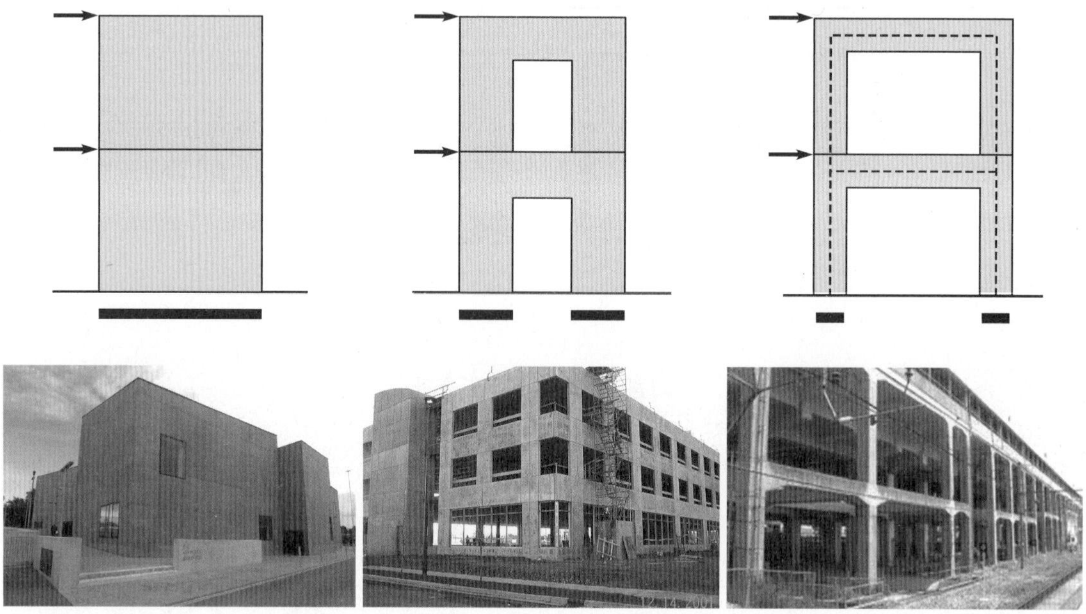

(a) 전단벽 (b) 전단벽과 골조의 중간 (c) 골조

그림 5.3.9 벽식구조와 골조구조의 비교

가새골조

보-기둥 접합부가 핀접합인 경우 수평하중에 대한 저항능력이 없지만 가새를 설치하면 그림 5.3.10에서 보는 바와 같이 수평하중에 의한 전도모멘트는 기둥의 인장-압축력으로 전단력은 가새를 통하여 지반까지 전달될 수 있다. 가새의 형태는 그림 5.3.11에서 보는 바와 같이 다양한 형태를 사용할 수 있다.

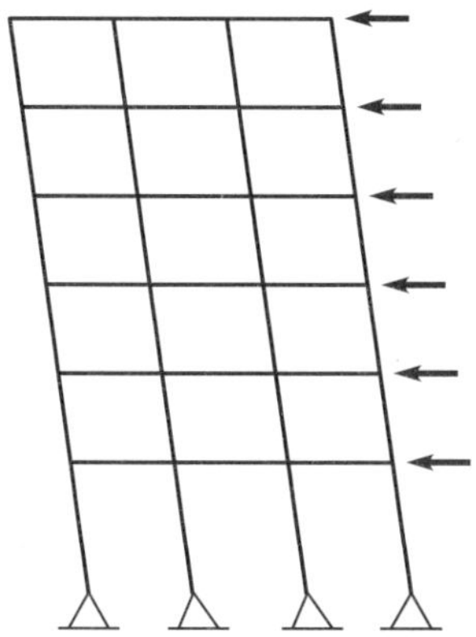

(a) 핀접합 보-기둥 구조물

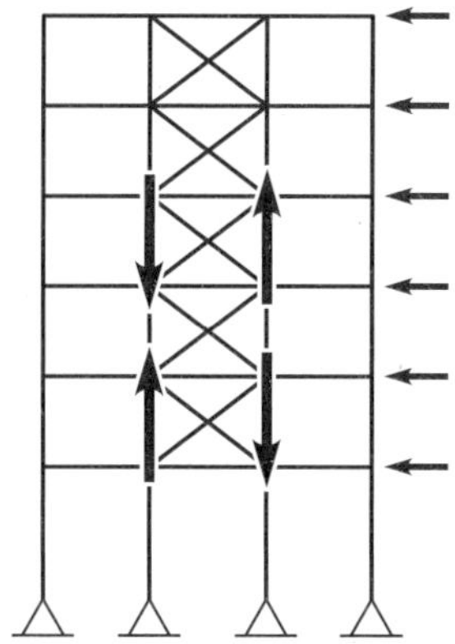

(b) 가새설치 핀접합 보-기둥 구조물

그림 5.3.10 벽식구조와 골조구조의 비교

(a) 역 V자 가새

(b) V자 가새

(c) X자 가새

(d) 편심 가새

(e) 다층 X자 가새

(f) 변형 가새

그림 5.3.11 가새의 종류

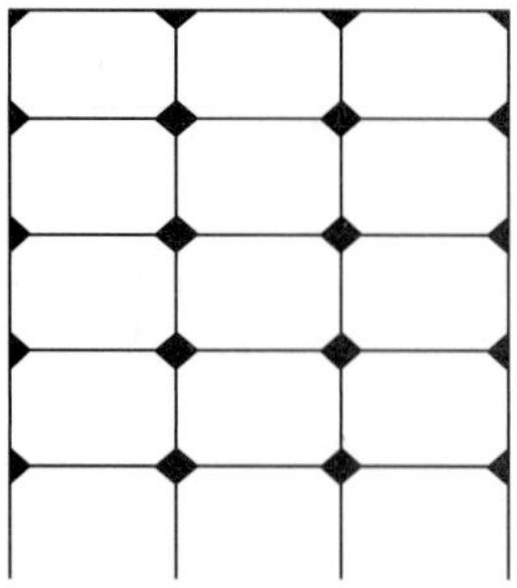

(a) knee brace 적용 모멘트 골조

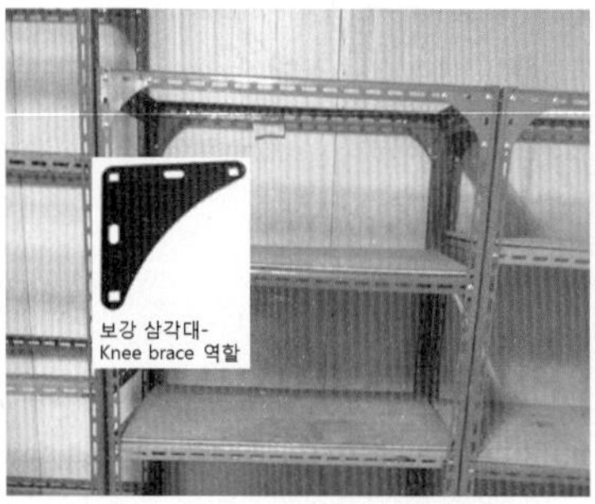

(b) 조립식 앵글 철재선반

(c) 엠파이이스테이트빌딩 전경

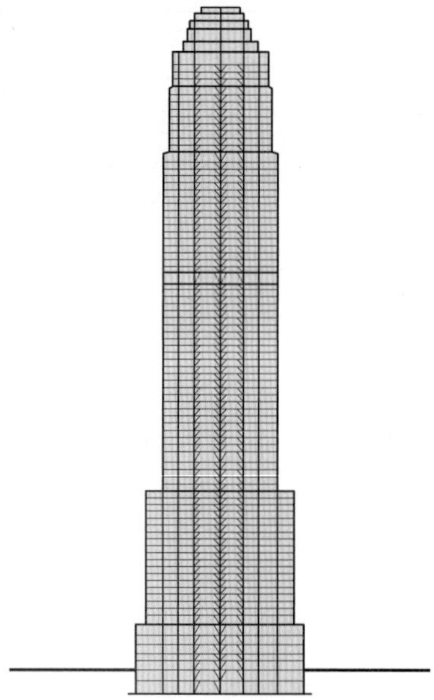

(d) 엠파이어스테이트 빌딩 단면

그림 5.3.12 가새의 종류

층끼리 연결하는 가새가 효율적이지만 가새요소는 건물의 사용성을 제한할 수 있기 때문에 가새를 층 단위로 설치할 수 없는 경우가 발생한다. 이런 경우에 브라켓 형태의 귀잡이가새(knee brace)를 설치하여 모멘트저항접합부를 만들기도 한다. 주변에서 귀잡이가새를 설치한 흔한 사례로서는 그림 5.3.12(b)에 나타난 조립식 앵글 철재선반을 들 수 있다. 하지만 이 방법은 경제성이 떨어지고 가새의 효율성이 적은 단점이 있다. 엠파이어스테이트빌딩에도 그림 5.3.12(d)에서 보는 것과 같이 많은 귀잡이가새를 적용하였는데 표 5.1에서 보았듯이 다른 구조형식에 비하여 철골물량이 상대적으로 많이 사용된 것을 볼 수 있다.

귀잡이가새는 핀접합으로 연결된 보와 기둥을 강접합 거동을 하도록 만드는 것인데 철근콘크리트는 일체로 시공되는 재료의 특성상 대부분 접합이 강접합이 되고 철골구조물에서도 용접기술 등의 발달로 강접합도 쉽게 제작이 가능하므로 널리 사용되지는 않는다. 그리고 그림 5.3.13에서 보는 것과 같이 철근콘크리트구조물과 강구조물에서 기둥 근처의 부재크기가 다른 부분보다 더 커지는 경우가 있는데 이것은 귀잡이가새라기 보다는 그 부분에 큰 힘이 작용하여 단면을 키운 것이다. 이와 같이 기둥 부분에 단면을 키운 것을 헌치보(haunched beam)라고 한다.

(a) 철근콘크리트 구조물의 헌치보

(b) 강구조물의 헌치보

그림 5.3.13 헌치보

강구조물에서는 그림 5.3.14(a)와 같이 가벼운 경량구조물에서도 귀잡이가새가 가끔 사용되기는 하지만 귀잡이가새는 그림 5.3.14(b)와 같이 목조건물에서 자주 적용되고 있다.

(a) 경량 강구조물에서의 귀잡이가새 적용

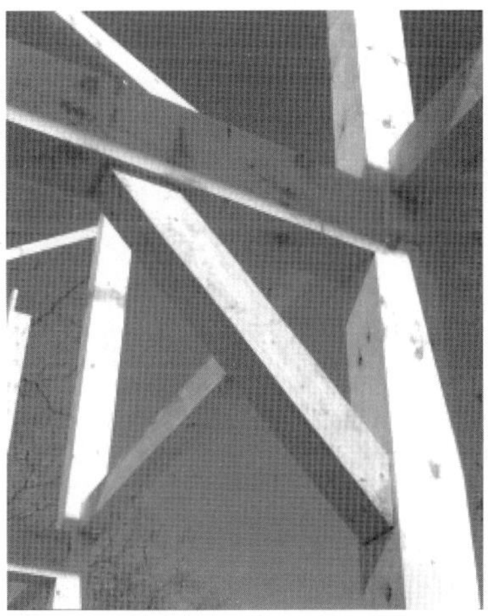

(b) 목구조물의 적용사례

그림 5.3.14 귀잡이가새 적용사례

골조-전단벽 상호작용 시스템

골조-전단벽 상호작용 시스템은 횡력을 전단벽과 골조가 동시에 저항하는 구조형식이다. 그림 5.3.15에서 보는 것과 같이 골조의 변형형태는 전단모드이고 전단벽의 변형형태는 휨모드인데 이 2가지 변형형태를 적절히 조합한 구조방식이다. 이 구조형식은 전단벽의 강성이 클수록 연성이 감소되므로 적절한 강성의 확보가 중요하다.

기준에서는 골조와 전단벽이 횡력에 저항하는 구조형식으로서 전층에 대하여 횡력의 25%를 골조가 분담하도록 설계하는 경우를 이중골조시스템으로 분류하고 이 시스템의 연성도는 골조-전단벽 상호작용 시스템보다 더 높게 볼 수 있도록 허용하고 있다. LA의 73층 L.A First Interstate World Center가 골조-전단벽 상호작용 시스템을 이용한 가장 높은 구조물로 알려져 있다.

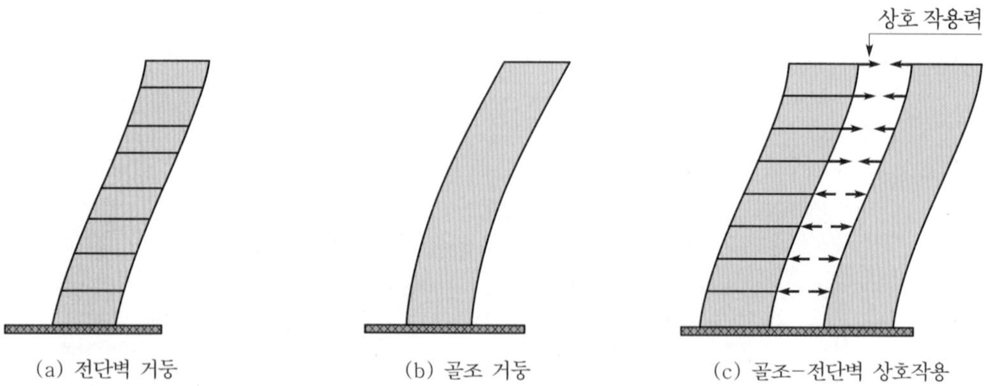

그림 5.3.15 골조-전단벽 상호작용 시스템

아웃리거

아웃리거(out rigger)구조형식은 횡력에 의한 전도모멘트를 코어와 외부기둥이 함께 지지하는 시스템을 말한다. 건물을 캔틸레버보라고 가정하였을 때 그림 5.3.16에서 보는 것과 같이 아웃리거를 이용하여 외부 기둥과 연결시킴으로써 캔틸레버보의 춤을 증가시키는 것과 유사한 효과를 얻을 수 있다.

아웃리거를 구성하는 주요 구성요소로는 코어, 아웃리거 그리고 외부기둥을 들 수 있다. 그리고 아웃리거 단부에 연결되는 기둥에 하중이 집중되는 현상을 방지하고 횡력에 대하여 모든 기둥을 저항하기 위해 외부기둥을 연결하는 춤이 매우 큰 테두리보인 벨트트러스를 이용하기도 한다.

아웃리거 시스템에서 외곽기둥이 구조물에 작용하는 전도모멘트에는 효과적으로 저항하지만 전단력은 대부분은 코어부분에서 저항해야 한다. 현재 시공중인 잠실 롯데월드타워를 비롯하여 많은 국내 고층구조물이 아웃리거 시스템을 적용하고 있다.

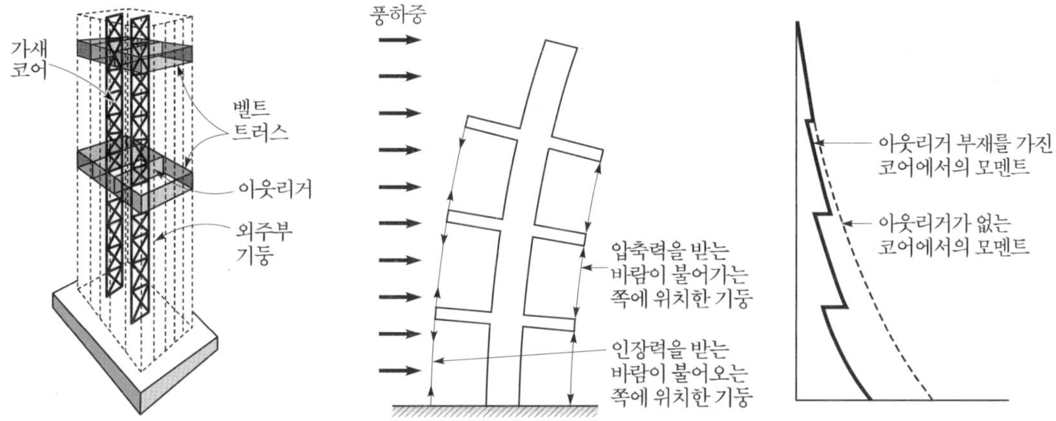

(a) 아웃리거 구성요소 (b) 전도모멘트의 하중전달 (c) 코어 전단력 분포

그림 5.3.16 아웃리거 시스템

엇배열트러스

엇배열트러스(sraggered truss) 구조물은 층고 전체를 벽보로 사용하고 수직하중에 효율적인 배치를 위하여 한층에서 엇갈리게 배치하여도 바닥구조의 격막 역할로 횡력에 대해서 연속된 벽체형태의 거동을 하는 구조형식이다. 일반적으로 호텔이나 아파트와 같은 주거용 건물에 많이 사용된 구조형식이다. 그러나 연속된 수직부재와는 달리 격막을 통하여 횡력이 전달되는 과정에서 일부 부분에 응력집중현상이 발생하는 단점이 있다.

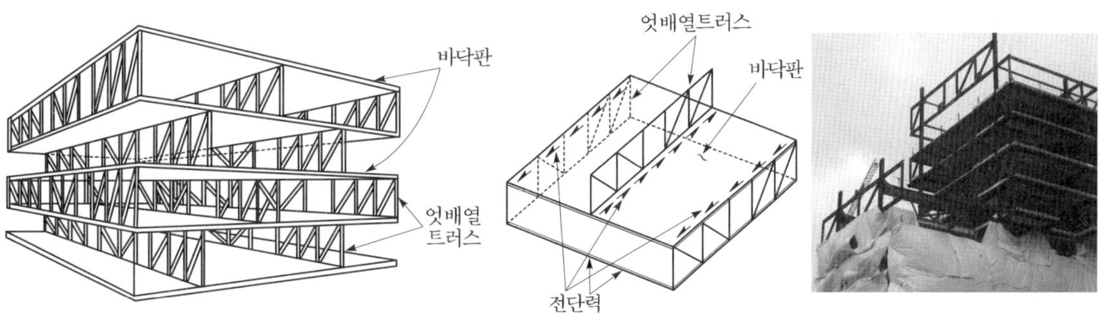

(a) 엇배열트러스 형상 (b) 엇배열트러스에서의 힘의 흐름 (c) 시공중인 엇배열트러스

그림 5.3.17 엇배열트러스

대각기둥골조

대각기둥골조(diagrid frame)에서 대각방향 보(기둥)의 경사는 전체 구조물을 따라서 하중의 흐름을 자연스럽게 하는 구조형식이다. 대각기둥골조 구조물은 경사지지 부재인 보 또는 기둥 형태의 반복적인 삼각형요소로 구성되는데 경사부재를 이용함으로써 그림 5.3.18에서 보는 바와 같이 수직하중과 수평하중 모두에 대해 축력으로 하중을 전달할 수 있는 구조형식이다.

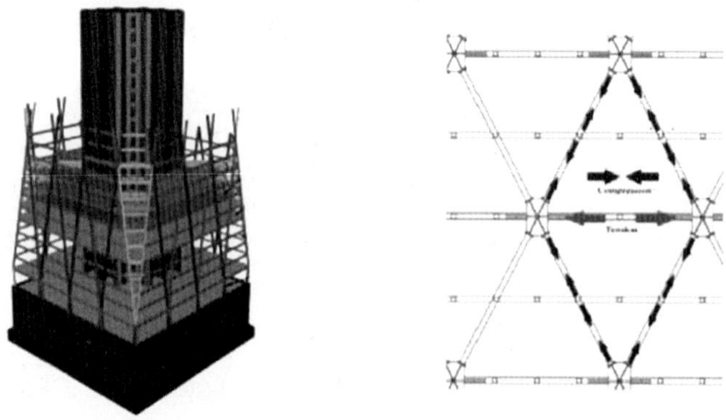

(a) 대각기둥 구성요소 (b) 중력에 대한 대각기둥 하중전달

그림 5.3.18 대각기둥 형식

대각기둥골조 형식은 구조적인 효율성은 높지만 경사부재를 배치해야 함으로 시공성은 일반 골조구조물에 비하여 떨어진다. 하지만 최근에는 다른 건물과 차별화된 독창적인 외관을 가진 건물에 대한 요구가 많아지면서 비정형구조물로 설계되는 건물이 많아지고 비정형구조물에 적합하면서 일반 골조구조물과는 다른 외관을 만들어내는데 효과적인 대각기둥골조 구조물을 적용한 사례가 늘고 있다. 대각기둥골조 구조형식을 적용한 대표적인 건물이 그림 5.3.19에 나타나 있다. 현재 광조우 IFC 건물이 대각기둥골조를 이용한 최고 높은 건물이다.

Hearst Tower　　Swiss Re Building　　광조우 IFC　　Bow Tower

그림 5.3.19 대표적인 대각기둥 구조물

초거대구조

20세기 구조설계기술을 한 단계 끌어올린 대표적인 구조엔지니어인 파즐루 칸이 주장했던 건물 높이에 따른 경제적인 구조평면도가 그림 5.3.20에 나타나 있다. 여기서도 볼 수 있듯이 초거대구조(mega structure)형식은 초고층구조물의 발전과 함께 출현한 구조형식이다.

건물에 작용하는 하중 중에서 중력하중은 늘 구조물에 작용하는 하중이지만 바람이라든지 지진과 같은 횡력은 구조물에 가끔 작용하거나 혹은 건물이 사용되는 동안 한 번도 가해지지 않는 하중일 수도 있다. 특히 지진과 같은 횡력은 평소에는 거의 작용하지 않지만 한 번 발생했을 때 그 영향이 너무 크므로 최소한 일정규모의 지진에 대해서는 구조물의 안전을 확보하도록 요구하고 있다.

그러므로 수직하중과 중력하중이 동일한 안전율을 갖도록 요구되는 것은 아니므로 횡력으로 인한 추가 부재력을 최소화할 수 있는 것이 경제적인 구조형식인데 저층건물에서는 횡력으로 인한 추가 부재력이 작기 때문에 수직하중에 의한 부재내력만으로도 횡력을 저항할 수 있는 구조물의 설계가 가능하기 때문에 그림 5.3.20(a)에서와 같이 일반골조시스템이 경제적인 시스템이 될 수 있다.

이에 반하여 고층 구조물에서는 횡력에 의해 요구되는 부재력의 크기가 높이의 3제곱에 비례하여 증가하기 때문에 횡력에 대해 효율적인 부재에 중력하중도 가능한한 집중시켜야 보다 경제적인 구조형식으로 만들 수 있게 된다.

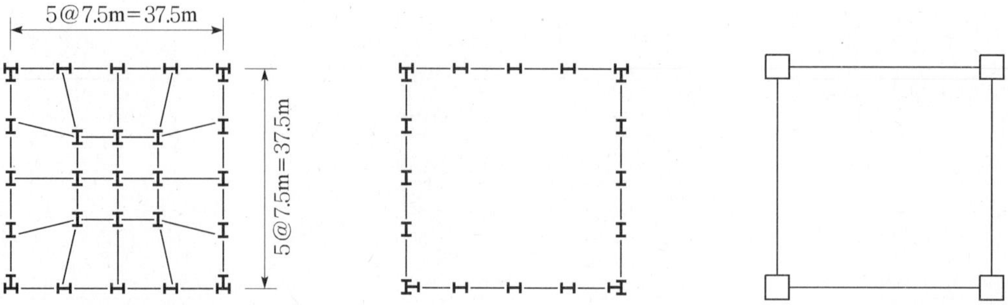

(a) 중•저층건물에 경제적인 보-기둥 배치

(b) 고층건물에 경제적인 보-기둥 배치

(c) 초고층 건물에 경제적인 보-기둥 배치

그림 5.3.20 파즐루 칸이 제시한 건물 고층화로 인한 구조형식의 변화

중력하중은 그림 5.3.21(a)에서 보는 바와 같이 지지점에 압축력으로 작용하는 반면 횡력은 그림 5.3.21(b)와 같이 방향에 따라서 지지점에 인장력을 발생시킬 수도 있고 압축력을 발생시킬 수도 있다. 그런데 중력하중은 횡력의 유무에 관계없이 항상 작용하는 하중이므로 그림 5.3.21(c) 및 그림 5.3.21(d)와 같이 횡력과 수직하중이 동시에 구조물에 가해지게 되는데 이 때 세장비가 낮은 뚱뚱한 건물에서는 횡력에 의하여 지지점에 요구되는 인장력이 수직하중에 대해 요구되는 압축력보다 작기 때문에 그림 5.3.21(c)에서와 같이 모든 지점에서 압축력이 요구되는데 반하여 세장비가 큰 호리호리한 건물에서는 횡력에 의하여 지지점에 요구되는 인장력이 수직하중에 의한 압축력보다 더 크게 되므로 그림 5.3.21(d)와 같이 인발력이 요구된다.

또한 압축력인 경우에도 횡하중은 단기하중이므로 설계하중 조합에서 고려되는 적재하중의 하중계수가 중력하중만 작용하는 경우보다 작기 때문에 횡력이 포함된 설계하중조합에서 요구되는 반력이 중력하중만 작용했을 때 요구되는 반력보다 반드시 크지 않고 횡력을 고려했을 때 요구되는 반력이 더 큰 경우에도 그 차이가 작을수록 경제적인 설계가 가능하다.

초고층구조물에서는 횡력에 의하여 요구되는 축력이 크게 나타나므로 건물 전체의 하중을 주요기둥에 집중시킴으로써 각 부재에 가해지는 중력하중이 큰 초거대구조형식이 경제적인 설계안으로 많이 검토되고 있다.

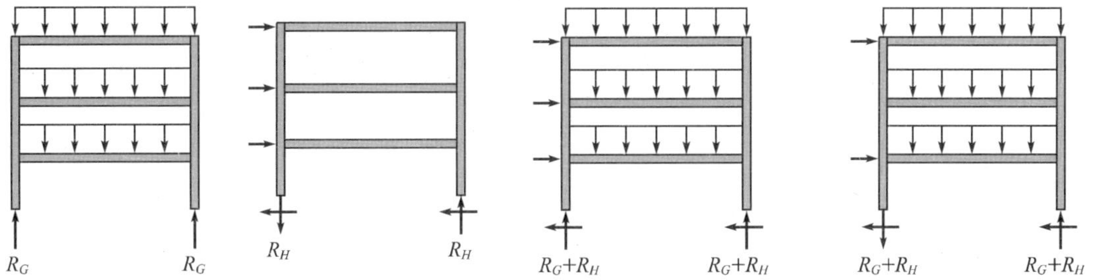

(a) 중력하중에 대한 반력　(b) 횡하중에 대한 반력　(c) 중력하중과 횡하중이 동시에 작용하는 경우$-R_G > G_H$　(d) 중력하중과 횡하중이 동시에 작용하는 경우$-R_G < G_H$

그림 5.3.21 하중종류에 따른 초거대구조에 발생하는 반력

초거대구조형식을 적용한 대표적인 건물로는 홍콩 HSBC은행을 들 수 있다. HSBC은행에서는 하나의 메가기둥을 배치하지 않고 그림에서 보는 바와 같이 촘촘히 배치된 4개의 기둥군을 대형 보로 연결시켜 일체화시킴으로써 하나의 메가기둥과 같이 거동하도록 계획하였다. 메가기둥을 연결한 대형 트러스는 횡력에 효율적으로 저항할 뿐만 아니라 메가기둥 중앙에 있는 기둥을 통해 전달되는 수직하중을 다시 메가기둥으로 전달하는 역할도 동시에 하고 있다.

(a) HSBC 건물 전경

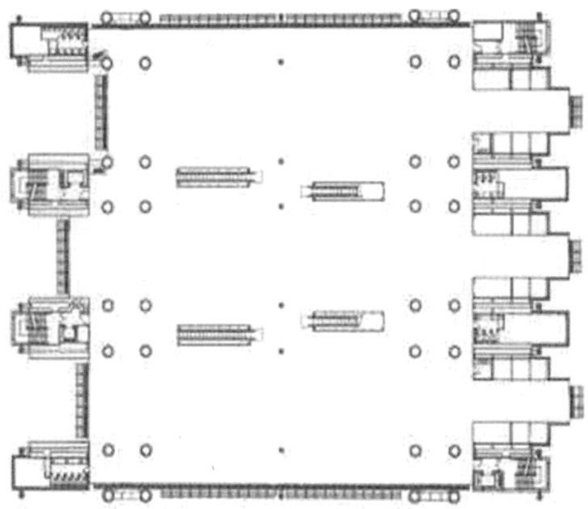

(b) HSBC 기준층 평면

그림 5.3.22 HSBC 건물

(c) 정면　　(d) 측면　　(e) 메가기둥을 연결하고 있는 대형보

그림 5.3.22 HSBC 건물(계속)

입체골조

입체골조(space frame) 형식은 홍콩에 있는 차이나뱅크에 적용된 구조형식으로 그림 5.3.23에서 보는 것과 같이 입체골조가 횡력에 대하여 효율적으로 거동할 수 있는 구조형식이다. 차이나뱅크에서 채용한 독특한 구조형식을 분류하기 위하여 입체적인 골조를 적용한 것을 입체골조로 분류하였지만 앞서 소개된 구조형식들도 구조부재들이 서로 연결되어 모든 방향의 횡하중에 대하여 저항 할 수 있을 뿐만 아니라 차이나뱅크 이후로 이러한 구조형식을 적용한 사례가 거의 없기 때문에 최근에는 이 구조형식을 포괄적으로는 메가골조 구조형식으로 분류하기도 한다.

(a) 외관 (b) 힘의 흐름 (c) 층별 평면 형태

그림 5.3.23 홍콩 차이나뱅크

5.4 구조거동별 피해사례

주위에서 일반적으로 접하는 건축물은 구조체를 외장재 속에 숨겨두기 때문에 거주 공간에서 구조부재를 볼 기회는 비교적 작다. 구조체가 노출되는 건물로는 공장, 체육관과 같은 대공간 그리고 건물의 출입구 부분에 설치된 캐노피 등이 있으므로 이러한 구조물 위주로 구조부재를 통해 전달되는 부재력을 살펴보기로 하자. 그리고 부재력이라고 하는 것이 물체를 통해 전달되는 힘인데 힘은 눈으로 확인할 수는 없고 힘의 작용으로 인하여 물체의 변화가 발생할 때 힘의 효과를 눈으로 확인할 수 있다. 그러므로 정상적인 구조물에서의 부재력을 눈으로 확인하기는 어렵지만 붕괴되거나 하자가 발생한 부재에서는 힘의 효과를 확인할 수 있기 때문에 하자 또는 붕괴 사례를 중심으로 부재에 작용하는 부재력을 살펴보기로 하자.

캔틸레버 구조물

캔틸레버 구조형식이 많이 사용되는 부분으로는 건물의 현관부분에 설치되는 캐노피와 운동장 지붕 부분을 들 수 있다. 캔틸레버 구조물은 횡하중에 대한 저항력은 거의 가지고 있지 않고 수직력만을 전달하는 구조물이다. 캔틸레버 구조물은 일반적으로 단일 부재 또는 트러스 부재로 구성되어 있다.

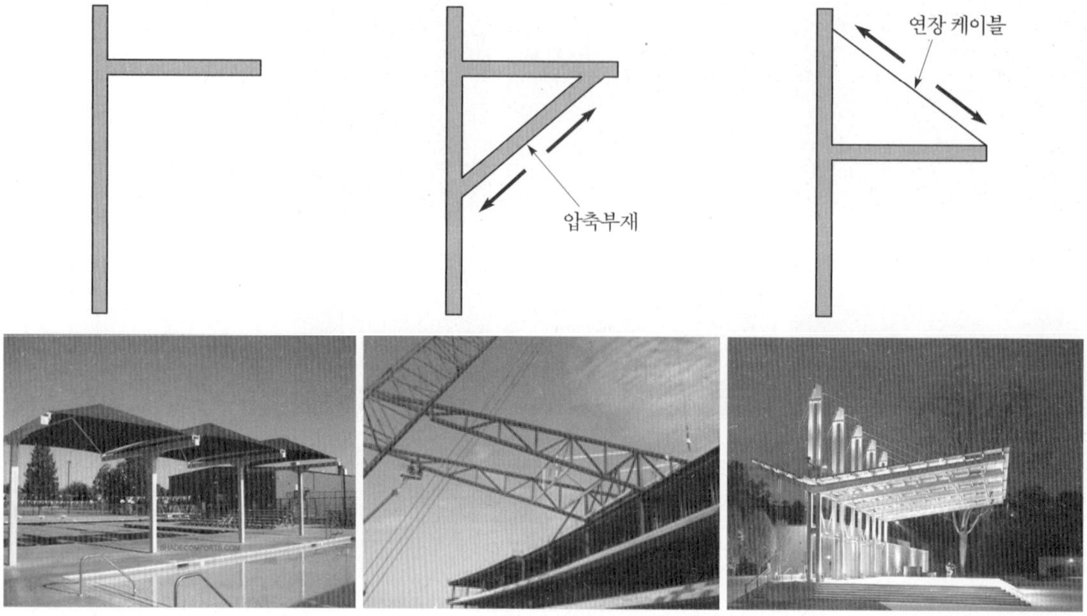

(a) 단일부재 캔틸레버 (b) 트러스 캔틸레버 (c) 케이블 적용 캔틸레버

그림 5.4.1 캔틸레버 구조물

유형별로 구조부재에 작용하는 부재력을 살펴보자. 먼저 캔틸레버 구조물이 단일 부재로 이루어져 있는 경우에 그림 5.4.2(a)에서 보는 것과 같이 휨모멘트의 형태로 하중을 전달하게 된다. 캔틸레버 구조물은 튀어 나온 정도가 크면 더 많이 휘기 때문에 더 큰 부재를 필요로 한다. 즉 가상의 절단부에서 튀어나온 정도가 크면 더 큰 단면을 요구하기 때문에 그림 5.4.1(a)에서 보는 것과 같이 캔틸레버 구조물은 단부에서 가장 작은 단면을 필요로 하고 단부에서 멀어질수록 더 큰 단면을 필요로 한다. 그리고 캔틸레버 구조물이 트러스 부재인 경우에는 부재의 위쪽 부분은 인장력이 발생하고 아래쪽 부분은 압축력이 발생한다.

그림 5.4.2(b)에서는 수평부재가 경사부재보다 하부에 있으므로 수평부재가 압축력을 받고 경사부재가 인장력을 받게 된다. 그리고 단순하게 보 부재 또는 트러스 부재로 캔틸레버 구조물을 형성할 수도 있지만 그림 5.4.2(c)에서 보는 바와 같이 약간씩 변형을 할 수도 있다. 그림 5.4.2(c)에 있는 캔틸레버 구조물의 수평부재는 경사부재가 수평부재의 중간에서 접합되므로 단부에서 경사부재가 접합되는 부분까지는 휨모멘트를 통하여 수직력을 전달하므로 수평부재는

휨모멘트와 인장력을 동시에 전달하고 있다.

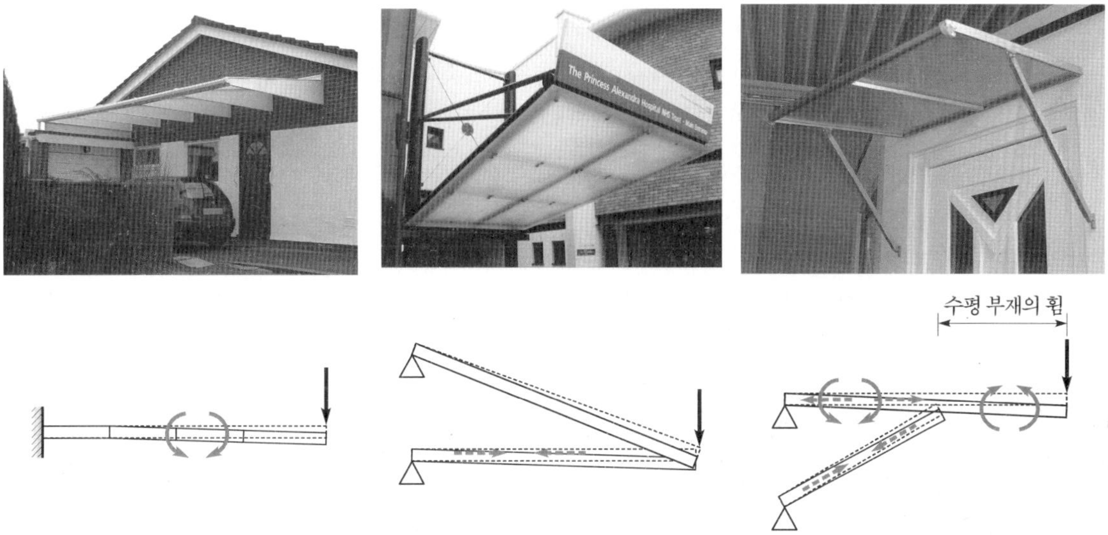

(a) 단일부재 캔틸레버　　(b) 트러스 캔틸레버　　(c) 변형 캔틸레버

그림 5.4.2 캔틸레버 구조물 하중전달

또 다른 캔틸레버 구조물의 사례로써 그림 5.4.3에서 보는 것과 같이 중앙에 있는 하나의 기둥으로 고가도로를 받히고 있는 구조물을 들 수 있다. 이 경우 수직하중은 기둥의 압축력으로 하중이 전달되지만 지진과 같은 횡력에 대해서는 기둥이 캔틸레버 구조물로 거동하게 되므로 휨모멘트로 전달된다.

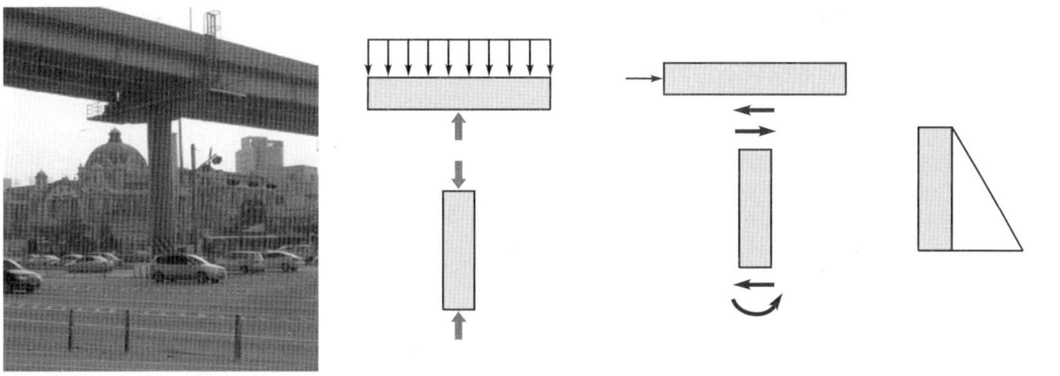

(a) 중앙부 지지기둥을 가진 고가도로 (b) 수직하중에 대한 자유물체도 (c) 수평하중에 대한 자유물체도 (d) 기둥의 휨모멘트도

그림 5.4.3 고가도로에서의 하중전달

단일부재로 구성된 캔틸레버 구조물의 경우에는 그림 5.4.3에서와 같이 휨모멘트가 고정단에서 가장 큰 값을 가지므로 휨모멘트로 피해를 보는 부위도 고정단에 국한되는 경향을 보이게 된다. 고가도로를 지지하는 기둥 부재의 경우에 큰 지진에 대하여 붕괴된 사례가 가끔 있는데 그림 5.4.4에서 보는 것과 같이 손상 부위가 기둥 하부에 집중되는 것을 볼 수 있다. 이에 반하여 그림 5.4.4(c)에서 보는 바와 같이 단일 캔틸레버 기둥이 아닌 골조를 형성하여 고가도로를 지지하는 구조물에서는 일반 건물과 같이 보-기둥 접합부에서 먼저 구조부재의 손상이 발생하는 것을 볼 수 있다.

(a) 캔틸레버 고정단부에서의 휨 파괴　(b) 캔틸레버　(c) 골조 고가도로에서의 구조물 피해

그림 5.4.4 지진에 의한 고가도로 피해사례

다음으로는 트러스 부재로 구성된 캔틸레버 구조물이 붕괴된 그림 5.4.5을 보면 인장력을 전달해야 하는 상부부재가 뽑혀 있고 압축력을 전달하는 하부부재는 붕괴 후에도 지지부재에 붙어있는 것을 볼 수 있다. 일반적으로 압축력은 물체끼리의 접촉만으로도 하중을 전달할 수 있기 때문에 동일한 하중이 인장력과 압축력으로 작용할 경우에는 인장력으로 인한 구조물의 손상이 많이 발견된다.

압축부재의 경우에는 인장부재와는 달리 좌굴을 일으키는 특성이 있는데 앞에서 살펴본 접합부의 붕괴보다는 그림 5.4.6에서 보는 좌굴에 의한 구조물의 손상이 더 많이 발견된다.

(a) 붕괴된 캔틸레버 트러스 전경 (b) 파괴부위

그림 5.4.5 캔틸레버 트러스 피해사례

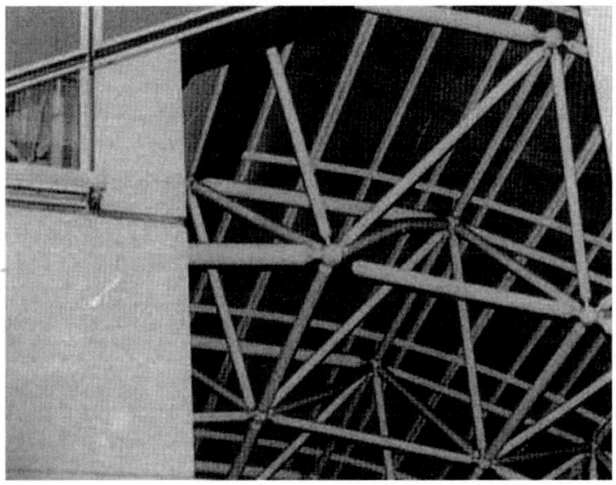

그림 5.4.6 트러스 경사부재의 좌굴

트러스로 만들어진 캔틸레버 구조물인 경우에 작용하는 부재력이 인장력인지 압축력인지는 세장한 부재의 좌굴현상으로 쉽게 알아볼 수 있다. 아래 그림 5.4.7과 같이 각 부재의 접합을 핀으로 연결한 간단한 캔티레버 구조물에 수직력을 가했을 때 압축부재는 좌굴로 인하여 휘게 되고 인장부재는 직선을 유지한다. 그림 5.4.7(a), (b) 모두 상부 부재에는 인장력이 가해지므로 좌굴현상이 관찰되지 않지만 하부 부재는 모두 좌굴이 발생하는 것을 볼 수 있다.

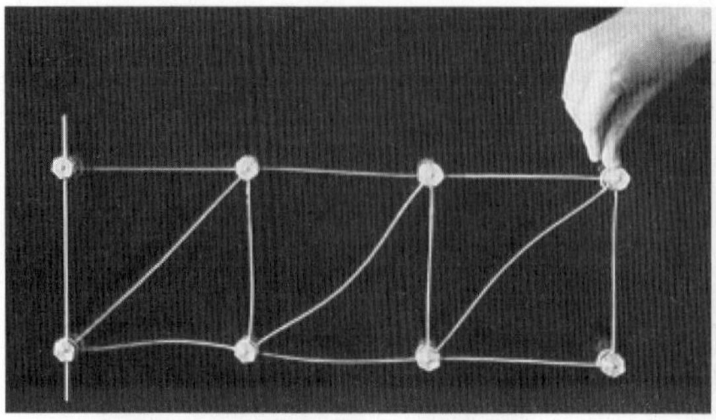

(a) 경사부재 압축 캔틸레버 트러스

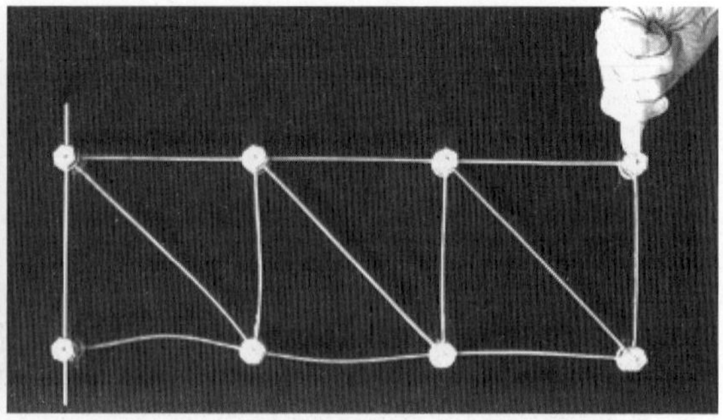

(b) 경사부재 인장 캔틸레버 트러스

그림 5.4.7 캔틸레버 트러스

경사부재의 경우에는 지지점의 위치와 경사부재의 각도에 따라서 인장력으로 작용하기도 하고 압축력으로 작용하기도 한다. 그림 5.3.31에 나타난 것과 같이 \ 형상을 한 경사부재에 대해서도 지지점이 좌측에 있는 경우에는 인장력이 작용하지만 지지점이 우측에 있는 경우에는 압축력으로 수직하중이 전달되는 것을 볼 수 있다. 그리고 지지점이 좌측에 있을 경우에는 / 모양의 경사부재에는 압축력이 가해지고 \ 모양의 경사부재에는 인장력이 가해지는 것을 알 수 있다. 이것은 위 그림 5.4.7에서 경사부재가 /으로 설치된 부재에서는 좌굴현상이 나타나는 것을 볼 수 있다.

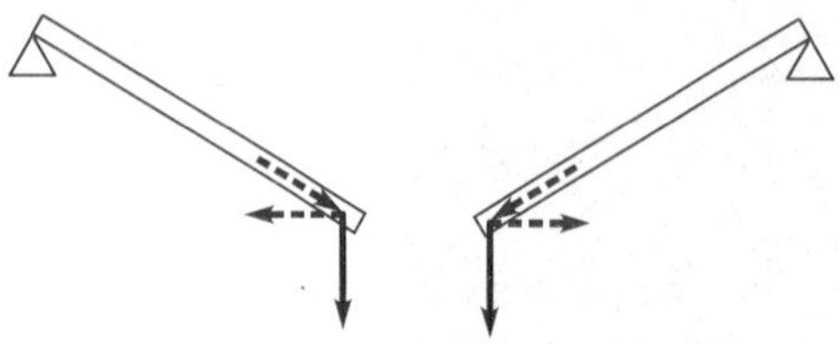

(a) 인장력

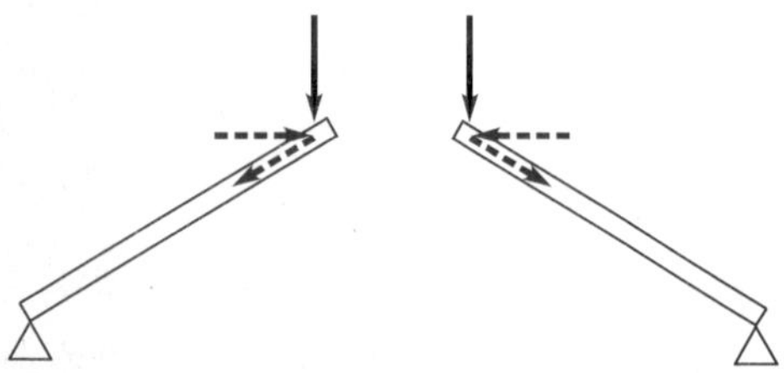

(b) 압축력

그림 5.4.8 지지점과 경사방향에 따른 부재력

모멘트골조 구조물

캔틸레버 부재는 한 쪽은 자유단인데 반하여 보-기둥 골조에서 보 부재는 양단 모두 지지된 경계조건을 가지고 있다. 수직하중을 받는 골조 구조물의 중앙부에는 그림 5.4.9와 같이 하부에 인장응력이 작용하고 상부에 압축응력이 작용하는 휨모멘트가 발생한다. 이에 반하여 보 단부에서는 보와 기둥이 강접합으로 접합되어 있는 골조에서는 상부에 인장응력이 작용하고 하부에 압축응력이 작용한다. 그리고 전단력이 크게 작용하는 부재에서는 그림 5.4.9에서와 같이 수직하중의 45도 각도에서 인장력이 발생하게 된다.

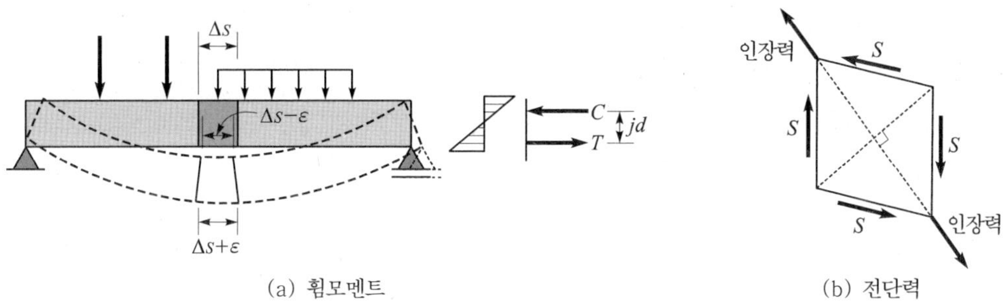

그림 5.4.9 휨모멘트와 전단력에 의한 축방향 응력

일반적으로 단순보의 경우에는 보의 중앙부에서는 휨모멘트는 크고 전단력은 작게 작용하므로 휨에 의한 균열이 많이 발견된다. 그리고 고정단인 경우에는 가장 큰 휨모멘트가 단부에서 발생하는데 이때는 보의 상단에 인장력이 발생하게 된다. 그러나 보의 상단은 일반적으로 타일 등과 같은 마감으로 덮여 있으므로 보 단부에서의 휨 균열을 육안으로 관찰하기는 어렵다. 그리고 보 단부에서는 큰 전단력을 전달해야 하므로 이에 대한 충분한 스터럽을 배근하지 못한 보에서는 그림 5.4.10과 같이 사인장 균열이 발생한다. 그리고 부재의 길이에 비하여 부재의 높이가 작은 부재에서는 전단응력에 비하여 휨 응력이 크지만 부재의 길이에 비하여 부재의 높이가 큰 부재에서는 전단응력이 상대적으로 더 크게 나타난다.

지진발생으로 인한 피해현장에서 보면 그림 5.4.10(c)와 같이 상대적으로 길이가 긴 기둥에서는 휨 균열이 많이 발견되지만 벽체와 같이 강성이 큰 부재로 구속되어 있는 단주에서는 사인장 균열이 더 많이 발견된다. 부동침하를 일으킨 건물의 벽체에서는 종종 사인장 균열이 발생하는 것도 같은 원리로 볼 수 있다.

기둥부재의 경우에는 휨모멘트를 전달하기도 하지만 대부분의 기둥에서는 압축력으로 하중을 전달하는 비중이 더 크다. 앞에서 압축력을 받는 부재는 좌굴이 발생하기도 하지만 스펀지를 누르면 옆으로 퍼지는 것과 같은 특성을 가지고 있기도 한다. 일반적으로 압축력을 받는 철골 부재에서는 좌굴로 인한 파괴형태를 많이 보이고 있지만 콘크리트 부재에서는 좌굴보다는 그림 5.4.11에서 보는 것과 같이 압축력을 받는 부재가 옆으로 팽창하는 것을 구속시키지 못하여 손상을 입는 부재의 파괴형태를 더 많이 볼 수 있다.

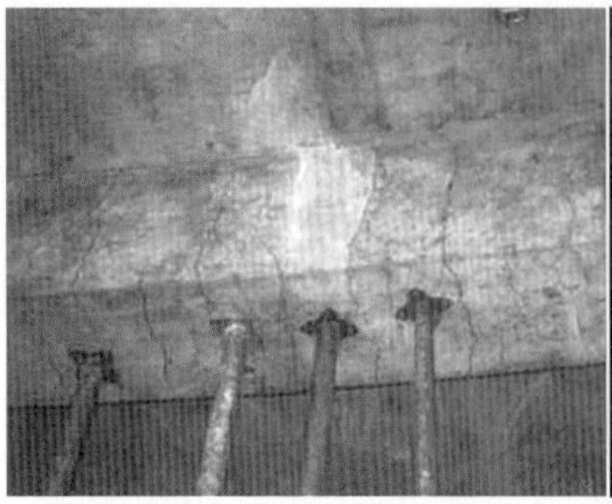

(a) 보 중앙부 하부 균열(휨)

(b) 보의 사인장 균열

(c)휨에 의한 기둥 파괴 형태

(d) 전단에 의한 기둥손상 형태

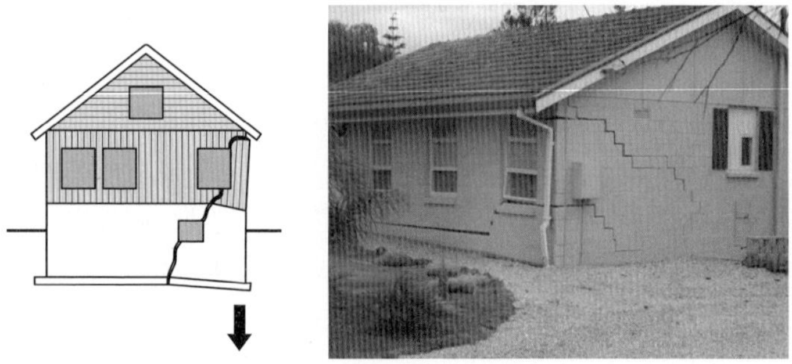

(e) 부동침하 건물의 균열

그림 5.4.10 골조에서의 발생한 피해사례

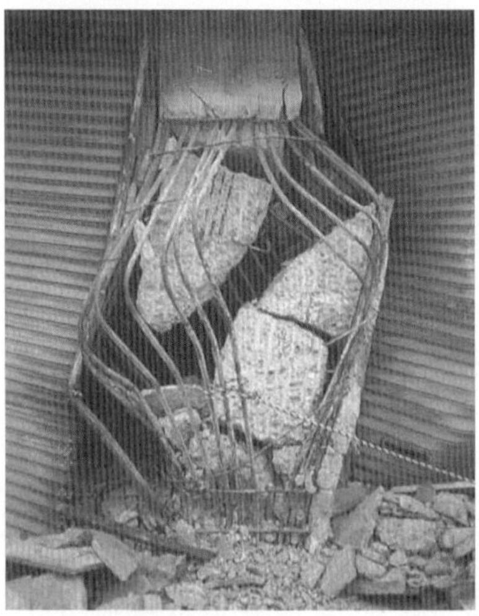

그림 5.4.11 횡구속력 부족으로 인한 기둥 피해사례

참고문헌

5-1 대한건축학회, 건축구조기준 및 해설

5-2 Malcolm Millais, Building Structures From concepts to design, 2nd edition, Spon Press, 2005

5-3 김종성, 김철환, 이은택 공저, 건축, 구조디자인과 모형, 초판, 구미서관, 2008

5-4 Taranath Bungale S., Steel, Concrete & Composite Design of Tall Buildings, Mcgraw-Hill, 1998

5-5 KDS 41 00 건축구조기준, 국토교통부, 2022

5-6 KDS 17 00 내진설계기준, 국토교통부, 2022

5-7 KDS 14 00 구조설계기준, 국토교통부, 2021

5-8 KSEA 112-09 건축구조사전, 한국건축구조기술사회, 2010

5-9 KSEA 120-12 소규모건축물 구조지침 및 해설, 한국건축구조기술사회, 2012

5-10 KSEA 191-12 건축구조실무 Q&A, 한국건축구조기술사회, 2012

5-11 KSEA 351-09 건축구조기준에 따른 내진설계 예제집, 한국건축구조기술사회, 2010

5-12 KSEA 551-09 철근콘크리트 배근상세, 한국건축구조기술사회, 2010

5-13 KSEA 591-11 콘크리트 건축물 구조설계 예제집, 한국건축구조기술사회/한국콘크리트학회, 2011

5-14 KSEA 731-12 H형강구조설계매뉴얼 해설 및 예제, 한국건축구조기술사회, 2012

5-15 KSEA 731-12 H형강구조설계매뉴얼 설계도움표, 한국건축구조기술사회, 2012

5-16 KSEA 732-10 KBC2009에 따른 강구조내진설계매뉴얼, 한국건축구조기술사회, 2010

5-17 KSEA 791-09 KBC2009에 따른 강구조설계 예제집, 한국건축구조기술사회/한국강구조학회, 2009

5-18 엔지니어를 위한 내풍공학, 한국건축구조기술사회/한국풍공학회, 2010

제6장 구조계획의 이해

제6장에서는 건축계획에서 주어진 공간의 효율적인 구조계획을 위해서 어떻게 접근할 것인가를 살펴보기 위해, 구조계획의 기본원리, 건물특성의 이해, 알기쉬운 강구조계획과 콘크리트구조계획, 구조계획의 사례를 다룬다.

제6장 구조계획의 이해

건축을 전공하는 사람들에게 구조계획이란 무엇일까.

일반인들은 건축을 전공한다 하면 멋드러진 외관의 디자인, 내부의 화려한 장식을 설계하는 사람들을 떠올릴 것이다. 하지만 앞서 제1장의 건축의 역사를 보면 초기 선사시대부터 건축의 황금기라 할 수 있는 르네상스시대를 포함한 근대의 건축물은 구조계획에 바탕을 둔 대가(마에스트로)들의 사상과 기술에 의해 발전해 왔음을 알 수 있다.

근대에 들어 미학적설계와 역학에 의한 구조설계의 분리가 진행되어왔고 소위 선진국이라 지칭되는 서구의 교육시스템은 미학분야인 디자인설계와 공학분야인 구조설계가 분리되어 각각 전문화된 교육 시스템으로 가고 있고 우리나라도 몇 년전 부터 건축학과와 건축공학과로 분리되어 각각의 전문성을 살려 최상의 건축물을 도출하려 노력하고 있다.

70년대 대학시절 건축의 3 요소는 "구조, 기능, 미"의 순서라고 배워왔고 특히 재료 및 공학기술의 발달로 인하여 현대의 건축물이 장스팬화 초고층화 되는 추세 속에 이 건축의 3가지 요소 중 구조계획의 중요성은 아무리 강조해도 지나침이 없으리라 판단된다. 이 장에서는 건축학을 전공하든, 건축공학을 전공하든 기본적으로 주어진 공간의 효율적인 구조계획을 어떻게 접근할 것인가에 대하여 다루고자 한다.

6.1 구조계획의 기본원리

구조계획이란

지난 30여년간 구조설계를 수행해 오면서 늘 초기에 마주해야하는 화두는 "최선의 구조계획이란 무엇인가"였다. 사용재료와 구조형식의 적정성에 따라 골조공사비가 최소 10%에서 최대 30%까지 차이가 날 수 있다는 것은 건축에 관련된 많은 사람들이 간과할 수 있는 중요한 부분일 것이다.

초기의 구조계획이 공사비의 절감은 물론 공기까지 좌우할 수 있기에 서구의 많은 구조엔지니어들은 소위 개념설계(Concept Design), 계획설계(Schemetic Design)에 많은 노력과 시간을 투입하고 있으며 초기 구조계획은 일종의 구조설계 철학이라고 할 수 있을 정도로 구조엔지니어의 사상과 공학적 해법 등을 수식을 가능한 제외한한 기술적 형식의 문서형태로 작성된다.

구조계획의 기본요소

초기 구조계획은 다음과 같은 4가지 기본원리 즉 건축물의 안전성, 경제성, 사용성 및 시공성에 기초를 두며 구조설계가 끝날 때 까지 이 4가지 기본요소는 늘 머리속에 두고 있어야 한다.

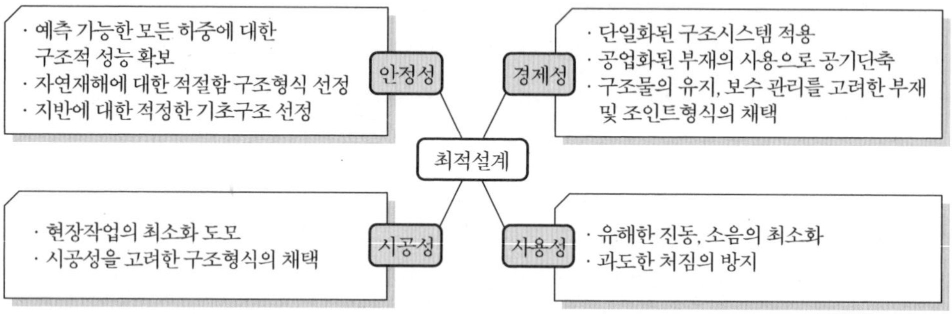

그림 6.1.1 최적설계 기본요소

여기서 초기 구조계획시 구조엔지니어가 가장 갈등하는 부분이 구조의 안전성과 경제성 사이의 균형이다. 구조적 안전성을 키우기 위해 부재의 사이즈를 키우면 당연히 경제성이 떨어지고, 경제성을 높이기 위해 무리하게 부재의 사이즈를 줄이면 안전성뿐 아니라 건물의 사용성까지 저하되기 때문이다.

따라서 이 둘 간의 균형을 맞추면서 최적화된 건축물을 설계하기 위하여 초기에 여러 가지 구조시스템을 비교 분석하여 해당 건축물에 가장 적절한 구조재료 및 형식을 결정해야만 한다.

구조역학의 기본개념

학교에서 학생을 가르칠 때 혹은 신입사원교육을 할 때 단면1.2차모멘트, 단면계수, 단면2차반경의 용도에 대하여 질문을 하면 대부분은 공식을 이용하여 값을 구하긴 하지만 이들이 왜 필요한지, 무엇에 사용되는지는 모르고 있었다. 좋은 구조계획이 나오기 위해서는 기본에 충실할 필요가 있겠다는 생각에 구조계획의 기본적인 요소인 단면의 성질 및 그 용도 그리고 외력, 응력의 개념을 설명하고자 한다.

단면성질의 이해

- **단면1차모멘트**

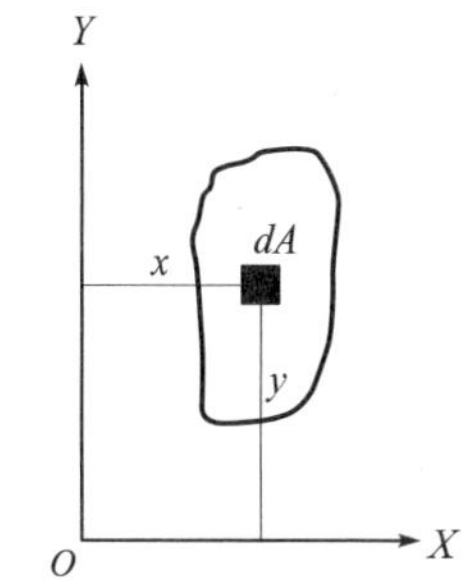

$Sx = \int yda$

$\rightarrow Ay - Sy = \int xda \rightarrow Ax$

그림 6.1.2

단면1차모멘트는 미소면적 dA에 축까지의 거리 x 또는 y를 곱한 것을 전체단면에 걸쳐 합한 값으로 단위는 cm^3, m^3과 같이 길이 단위의 3제곱으로 나타내어지고 용도는 보와 같은 단면의 도심의 위치를 구하거나 보의 전단응력도 계산시 사용된다.

여기서 도심은 x, y축이 단면의 중심을 통과하여 단면1차모멘트가 모두 0이 되는 직축의 원점을 말한다(그림 6.1.2).

- **단면2차모멘트**

단면2차모멘트는 미소면적 dA에 축까지의 거리 x 또는 y를 제곱한 것을 전체 단면에 걸쳐 합한 값으로 $I(Ix,\ Iy)$로 표시되고 단위는 cm^4, m^4과 같이 길이 단위의 4제곱으로 나타내어진다. 주요 용도는 강도(剛度) K의 산정, 단면계수 Z와 단면2차반경 i의 산정, 오일러의 좌굴하중 P_K의 산정, 처짐각 θ와 처짐 δ의 산정시 사용된다.

즉, 단면2차모멘트는 휨부재의 성질을 나타내는 중요한 지표로 강성이 크다는 것은 I가 크다는 뜻으로 휨에 대한 응력, 처짐, 변형 등의 저항도 크다는 의미가 된다.

예)

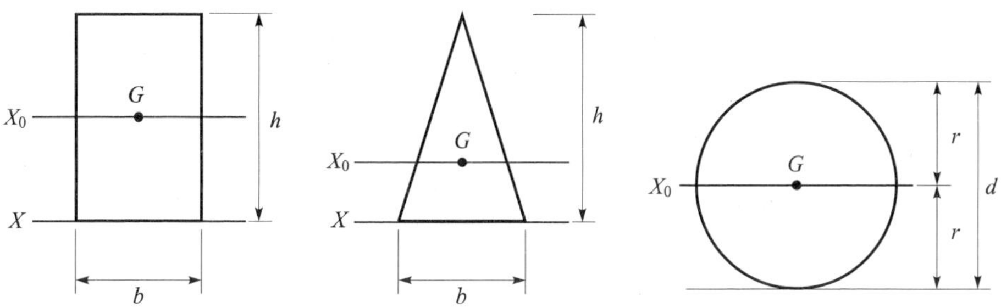

(a) $I_{X0} = \frac{bh^3}{12}$ (b) $I_{X0} = \frac{bh^3}{36}$ (c) $I_{X0} = \frac{\pi d^4}{64}$

- **단면계수(휨에 대한 저항성)**

단면계수(section modulus)는 도심축 $X-X$에 대한 단면2차모멘트 I_x를 도심부터 상단까지의 거리(y_1), 하단까지의 거리(y_2)로 나눈 값으로, Z로 표시되고 단위는 cm^3, m^3과 같이 길이 단위

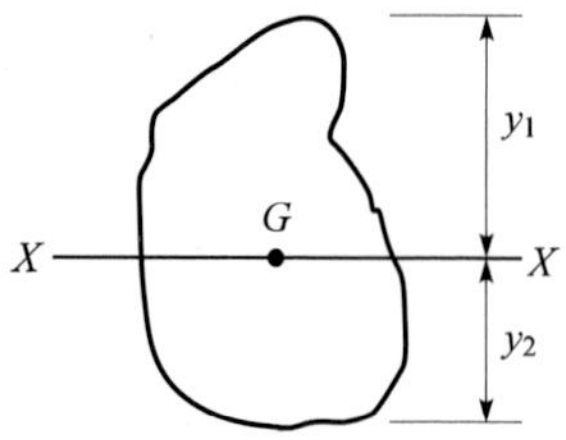

상단 단면계수 : $Z_c = \dfrac{I_X}{y_1}$

하단 단면계수 : $Zt = \dfrac{Ix}{y_2}$

그림 6.1.3

의 3제곱으로 나타내어진다. 용도는 휨모멘트에 저항하는 강약을 구하는 계수로, 부재의 단면설계에 적용된다.

즉, 단면계수는 휨부재의 단면설계에 쓰이는 휨저항계수로 그 값이 클수록 저항효율이 크다(그림 6.1.3).

- **단면2차반경(좌굴에 대한 저항성)**

단면2차반경(radius of gyration)은 도심축에 대한 단면2차모멘트 I를 단면적 A로 나눈 값의 제곱근으로 i(i_X, i_Y)로 표시되고 단위는 cm, m로 나타내어진다.

용도는 기둥이나 트러스 압축재의 좌굴에 대해 안전성 검토에 사용되고, 단면2차반경이 최소인 축이 좌굴에 대하여 가장 약한 축이다. 따라서, 이 약축에 대하여 안전하게 설계하면, 모든 경우가 안전한 설계가 된다.

$$i_X = \sqrt{\frac{I_X}{A}} \qquad i_Y = \sqrt{\frac{I_Y}{A}}$$

즉, 단면2차반경은 주로 기둥과 같이 압축부재 단면설계에 쓰이는 좌굴저항계수로서 그 값이 클 때 좌굴에 대한 효율이 커진다.

- **종합**

다시 한번 강조하지만 구조계획에 있어서 앞서 설명한 제계수의 용도는 제대로 된 구조계획을 하는데 반드시 필요한 초기요소이며 다시 한번 다음과 같이 단면2차모멘트와 단면제 계수의 용도를 정리해본다.

① 단면2차모멘트(I), 단면계수(Z), 단면2차반경(i) 등의 계수는 구조물설계에 대단히 중요한 요소이다.

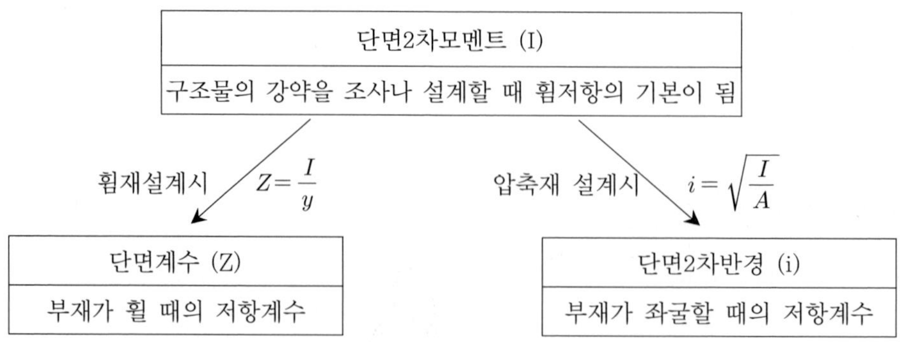

② 이들에 대한 개념파악은 단면설계의 기본바탕이 되며, 그 중에서도 단면 2차모멘트는 단면계수와 단면2차 반경을 결정하는 중요한 계수이다.

■ 제 계수의 단위

- 단면1차모멘트 : (면적)×(거리) = $cm^2 \times cm$ = $cm^3(mm^3)$
- 단면2차모멘트(I) : (면적)×(거리)^2 = $cm^2 \times cm^2$ = $cm^4(mm^4)$
- 단면계수(Z) : $\dfrac{\text{단면2차모멘트}}{\text{길이}} = \dfrac{cm^4}{cm}$ = $cm^3(mm^3)$
- 단면2차반경(i) : $\sqrt{\dfrac{\text{단면2차모멘트}}{\text{면적}}} = \sqrt{\dfrac{cm^4}{cm^2}}$ = cm(mm)

■ 주요 단면의 제 계수 산정

단 면	단면적 $A(cm^2)$	도심의 위치 $y(cm)$	단면2차모멘트 $I(m^4)$	단면계수 $Z=\dfrac{I}{y}(cm^3)$	단면2차반경 $i=\sqrt{\dfrac{I}{A}}(cm)$
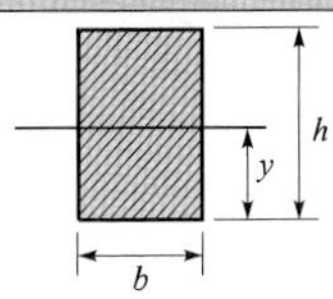	bh	$\dfrac{h}{2}$	$\dfrac{bh^3}{12}$	$\dfrac{bh^2}{6}$	$\dfrac{h}{2\sqrt{3}}=0.289h$
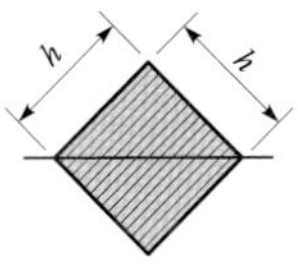	h^2	$\dfrac{\sqrt{2}h}{2}$	$\dfrac{h^4}{12}$	$\dfrac{\sqrt{2}h^3}{12}$ $=0.118h^3$	$\dfrac{h}{2\sqrt{3}}=0.289h$
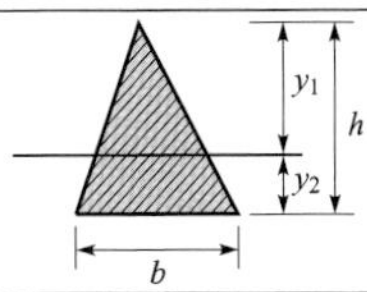	$\dfrac{bh}{2}$	$y_1=\dfrac{2h}{3}$ $y_2=\dfrac{h}{3}$	$\dfrac{bh^3}{36}$	$Z_1=\dfrac{bh^2}{24}$ $Z_2=\dfrac{bh^2}{12}$	$\dfrac{h}{3\sqrt{2}}=0.236h$
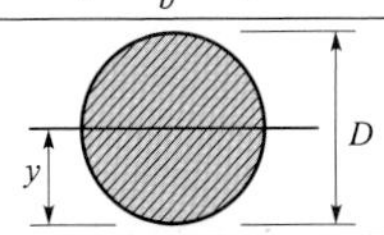	$\dfrac{\pi D^2}{4}$	$\dfrac{D}{2}$	$\dfrac{\pi D^4}{64}$	$\dfrac{\pi D^3}{32}$	$\dfrac{D}{4}$
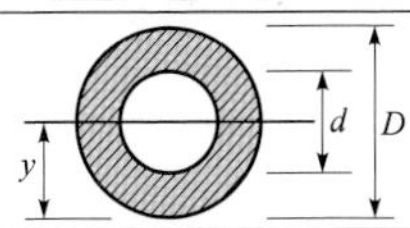	$\dfrac{\pi}{4}(D^2-d^2)$	$\dfrac{D}{2}$	$\dfrac{\pi}{64}(D^4-d^4)$	$\dfrac{\pi}{32}\dfrac{(D^4-d^4)}{D}$	$\dfrac{\sqrt{D^2-d^2}}{4}$
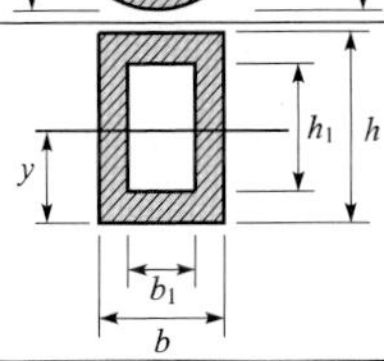	$bh-b_1h_1$	$y=\dfrac{h}{2}$	$\dfrac{bh^3-b_1{h_1}^3}{12}$	$\dfrac{bh^3-b_1{h_1}^3}{6h}$	$\sqrt{\dfrac{bh^3-b_1{h_1}^3}{12(bh-b_1h_1)}}$

예제 6.1

그림과 같은 직사각형 단면의 단면계수 및 단면2차반경을 구하라.

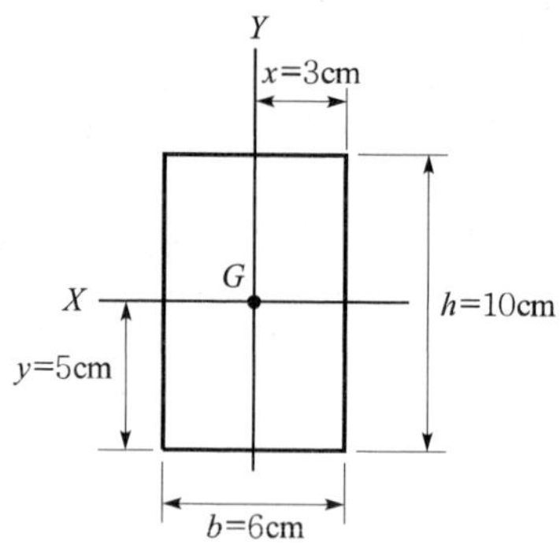

풀이

① 먼저 단면2차모멘트를 구하면

$$I_X = \frac{bh^3}{12} = \frac{6 \text{ x } 10^3}{12} = 500\text{cm}^4$$

$$I_Y = \frac{hb^3}{12} = \frac{6 \text{ x } 10^3}{12} = 180\text{cm}^4$$

② 단면계수

$$Z_X = \frac{I_X}{y} = \frac{500}{5} = 100\text{cm}^3$$

$$Z_Y = \frac{I_Y}{x} = \frac{180}{3} = 60\text{cm}^3$$

또한, 직사각형단면의 단면계수는 $\frac{bh^2}{6}$ 으로도 구할 수 있다.

$$Z_X = \frac{bh^2}{6} = \frac{6 \text{ x } 10^2}{6} = 100\text{cm}^3$$

$$Z_Y = \frac{hb^2}{10 \text{ x } 6^2} = \frac{6}{3} = 60\text{cm}^3$$

③ 단면2차반경

$$i_X = \sqrt{\frac{I_X}{A}} = \sqrt{\frac{500}{6 \text{ x } 10}} = 2.89\text{cm}$$

$$i_Y = \sqrt{\frac{I_Y}{A}} = \sqrt{\frac{180}{6 \text{ x } 10}} = 1.73\text{cm}$$

외력과 응력의 이해

외력 : 중력, 자연력

• 중력

지구상의 모든 물체는 중력으로부터 자유스러울 수가 없다. 모든 수직하중은 지구중심을 향해 물체와 지구중심을 연결하는 연직방향으로 그 힘이 발생한다. 또한 모든 물체는 고유질량을 지니고 있음으로 지구중심을 향한 중력가속도를 곱한 값이 그 자중이 되는 것이다.

그림 6.1.4 중력

구조체 설계에 적용되는 수직하중은 크게 고정하중과 활하중으로 구분하여 설계하며 콘크리트나 철골, 마감재 등의 자중은 고정하중으로, 이동할 수 있는 물건이나 사람의 자중은 활하중으로 구분하여 적용한다.

이는 고정하중의 경우 거의 근사치에 가깝게 하중을 구할 수 있으나 활하중의 경우는 건물의 사용용도에 따라 그 값이 변할 수 있기 때문이다. 건물용도별 활하중의 값은 구조기준에서 각국마다 조금씩 다른 값을 적용하고 있다.

또한 수직하중을 고정하중과 활하중으로 분리 적용하는 중요한 한 가지 이유는 하중계수의 적용에 있다. 고정하중의 경우 예측되는 하중의 편차가 적재하중의 경우보다 적기 때문에 하중계수의 적용도 활하중의 하중계수 1.6보다 적은 1.2를 적용하는 것이다.

• 하중조합의예

① $1.4D$

② $1.2(D+T) + 1.6L + 0.5(Lr \text{ or } S)$

③ $1.2D + 1.6(Lr \text{ or } S) + (1.0L \text{ or } 0.5W)$

④ $1.2D + 1.0W + 1.0L + 0.5(Lr \text{ or } S)$

⑤ $1.2D + 1.0E + 1.0L + 0.2S$

⑥ $0.9D + 1.0W$

⑦ $0.9D + 1.0E$

• 자연력

대표적인 자연력은 풍하중이나 지진하중이라 할 수 있다. 물론 여기에 더해 온도하중, 토압, 수압 및 지반침하 등의 하중도 구조계획 시 고려해야 하지만 건물전체의 구조형식을 결정하는 자연력은 풍하중과 지진하중 2가지 횡력이라 할 수 있다.

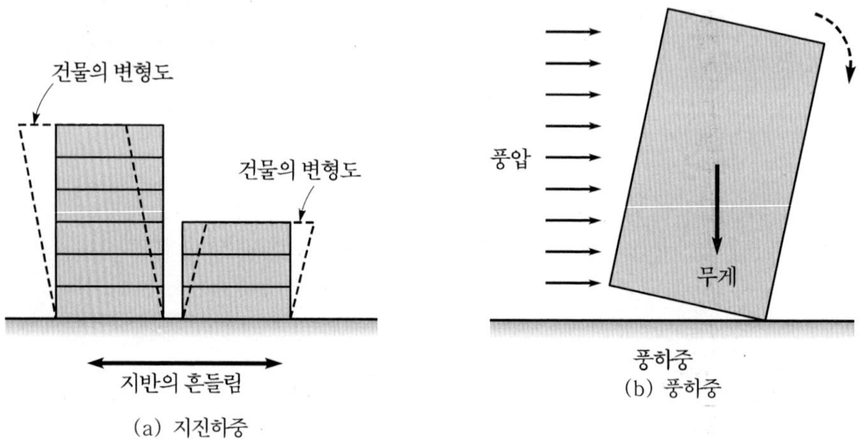

그림 6.1.5 2가지 횡력

하지만 같은 횡하중이라 할지라도 지진하중과 풍하중의 성격 및 적용방법은 확연히 달라져야만 한다. 지진하중은 그림에서 보는바와 같이 지반이 흔들림으로 인한 건물자중의 관성력($F = ma$)에 의하여 발생하므로 어느 방향이든 비슷한 힘을 받지만 풍하중의 경우는 표면력이므로 장변방향과 단변방향에 적용되는 풍하중의 값이 표면적에 따라 크게 차이가 나게 된다.

이는 구조계획에 있어서 지진하중에 따라 설계되느냐 혹은 풍하중에 따라 설계되느냐에 따라 큰 차이를 보이게 된다. 단적으로 내진설계가 의무화 되지 않았던 1988년 이전에 지어진 아파트의 경우를 살펴보면 쉽게 이해할 수 있다.

풍하중의 경우 장변방향의 표면적이 단변방향보다 1/5 정도 밖에 되지 않아 횡력을 코어벽으로도 충분히 저항할 수 있었으나 지진하중의 경우 양방향의 수평력이 거의 동일함으로 실제 지진이 왔을 때 장변방향의 강성이 상대적으로 약해 지진에 대하여 위험한 것을 알 수 있다.

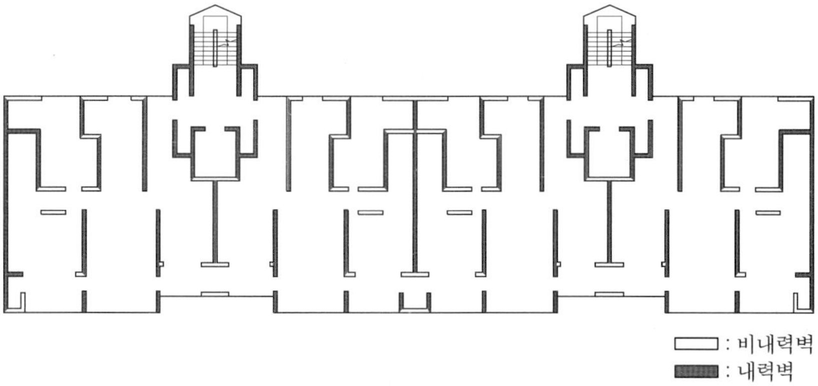

• 단면방향으로 내력벽이 배치되어 있고 장변방향은 코어 제외하고 대부분 비내력 벽체임

그림 6.1.6 지진에 취약한 아파트 평면도(1988년 이전)

응력 : 외력에 대응한 힘으로 부재내부에 발생하는 힘이나 모멘트

인장력, 압축력, 휨, 전단력, 비틀림, 지압력 등의 응력

- 인장응력

부재의 재축(材軸) 방향으로 인장을 일으키도록 외력이 작용했을 때, 서로 당기어 분리되려는 인장에 대한 응력이다.

인장응력은 단면에 균등한 응력이 분포하고, 좌굴의 문제를 일으키지 않기 때문에, 장경간의 현수교나 캔틸레버 구조를 지지하는 사용된 케이블 등에 주로 발생하게 된다.

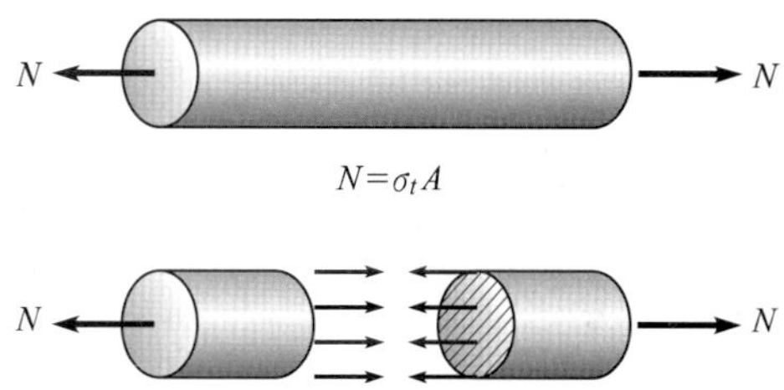

그림 6.1.7 인장응력

• 압축응력

외부에서 가해지는 압축력에 의해 부재내부에 생기는 응력으로, 주요 특징은 압축응력이 커질 경우 짧은 부재는 파쇄(crush)되고, 긴 압축부재는 좌굴(buckling)을 일으킨다. 여기서 좌굴은 긴 압축부재가 한계하중 이상에서 갑자기 불안정해지며 휘어지는 현상으로 세장기둥 뿐만 아니라, 압축력을 받는 박판부재 등에서 중요한 의미를 갖게 된다.

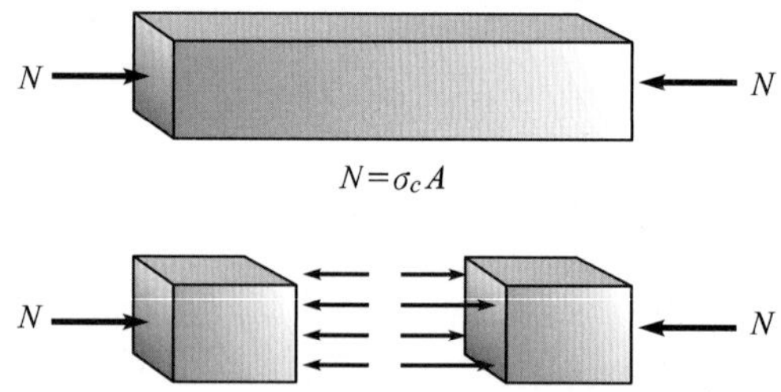

그림 6.1.8 압축응력

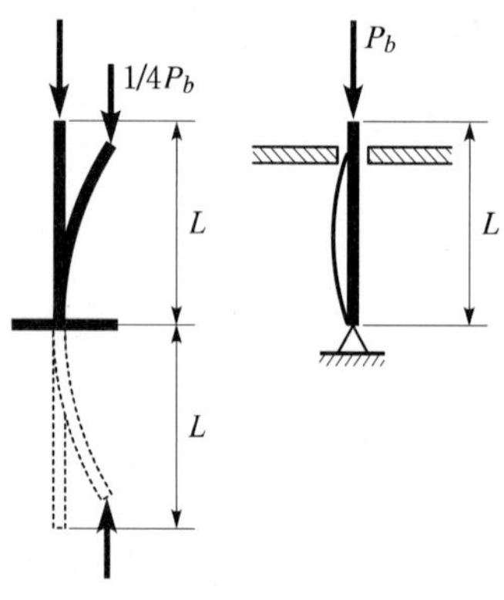

(a) 좌굴하중과 단부억제 상태의 관계

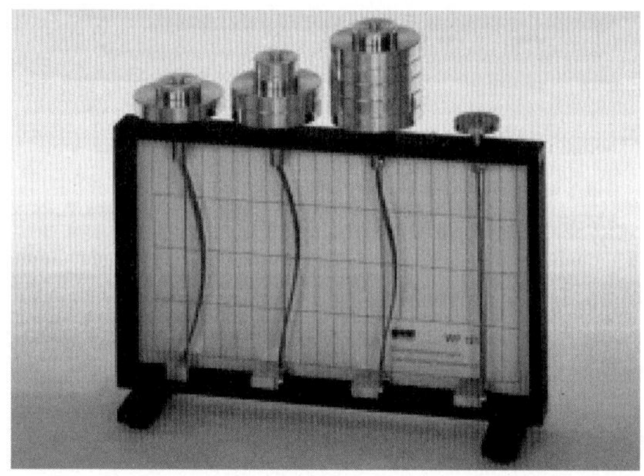

(b) 압축에 의한 좌굴

그림 6.1.9 좌굴의 형상

좌굴하중은 재료, 길이, 단면성질, 단부의 억제상태 등에 따라 달라지므로 좌굴에 대해 효율적인 대응이 가능한 구조계획이 중요하다.

• 휨응력

휨응력은 부재의 직각방향 하중에 의해 구부러지는 복합적 힘의 상태로, 부재의 한쪽 면은 인장, 다른 쪽은 압축으로 나타난다. 휨 부재의 강도는 단면모양과 재료의 강도에 따라 결정되고, 휨 저항능력을 나타내는 단면의 성질을 앞서 설명한 단면계수(Z)라 한다.

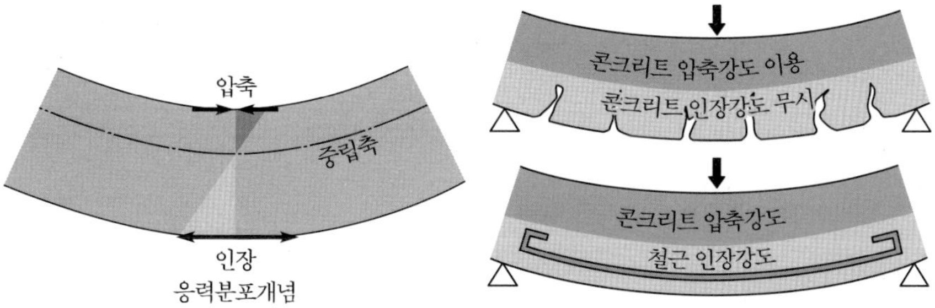

그림 6.1.10

우리가 일반적으로 사용하는 철근콘크리트 보는 휨응력에 의한 압축응력은 콘크리트가, 인장응력은 철근이 저항하는 효율적인 구조부재이다.

• 전단응력

부재가 가위로 잘리는 것과 같이, 부재안의 근접해 있는 2개의 단면을 따라 크기가 같고 방향이 서로 반대인 2개의 힘 V가 작용할 때, 이 전단력 V에 의해 단면에 따라 평행하게 생기는 응력을 말하며 다음과 같은 수식으로 표현된다.

$$v = \frac{V}{A}(\mathrm{MPa})$$

v : 전단응력도(MPa)

V : 전단력(N)

A : 전단부분 단면적(mm^2)

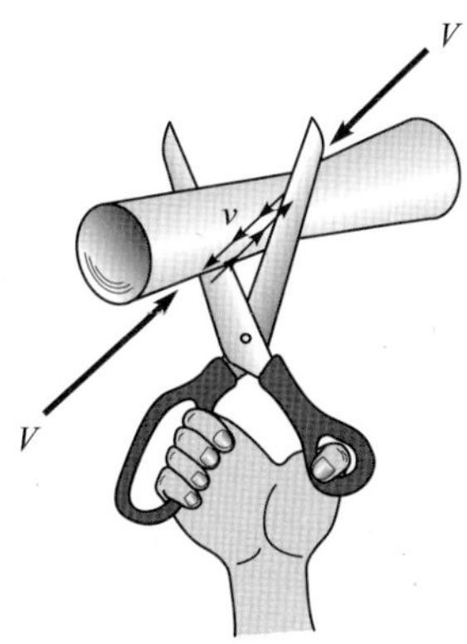

그림 6.1.11 전단응력

(a)

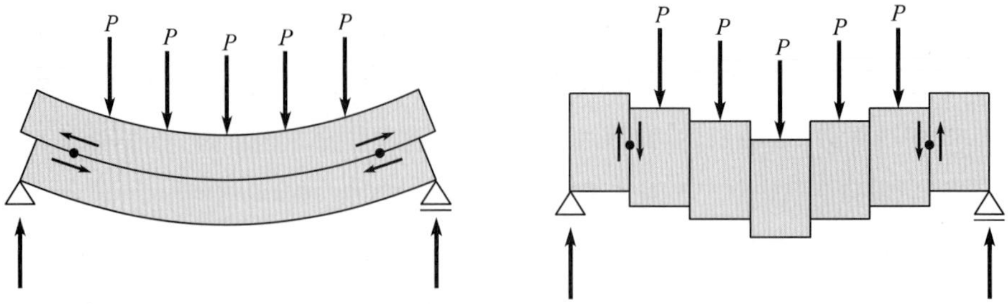

(b) 수평전단응력 (c) 수직전단응력

그림 6.1.11 전단응력(계속)

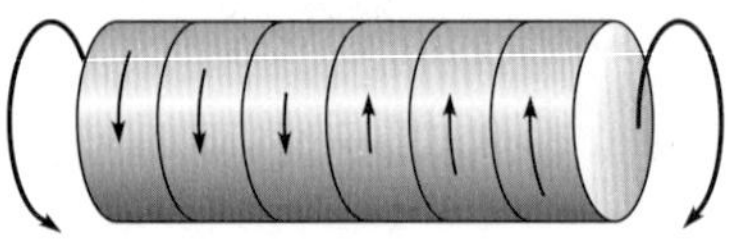

그림 6.1.12 비틀림에서의 전단

• 비틀림 응력

축 등에 비틀림 모멘트가 작용할 때 재료 내부에 생기는 전단 응력으로 구조체 에서는 양단부가 구속되어 있는 경우나 편심의 하중이 작용할 때 주로 발생하는 응력이다.

구조계획의 순서

이번 절에는 계획의 기본요소를 염두에 두고 최적의 구조계획을 하기 위한 구조계획의 순서에 대하여 다음과 같이 설명하고자 한다.

구조형식의 선정

건물의 용도와 기능에 따른 스팬은 초기 건축계획과 구조계획에 있어서 중요한 요소로 작용한다. 일반적으로 스팬 10m 내외의 계획에는 아래 그림의 철근콘크리트조가 경제성 및 안전성에서 유리하고 스팬 12m를 넘어가는 계획에는 철골조로 구조계획 하는 것이 바람직하다.

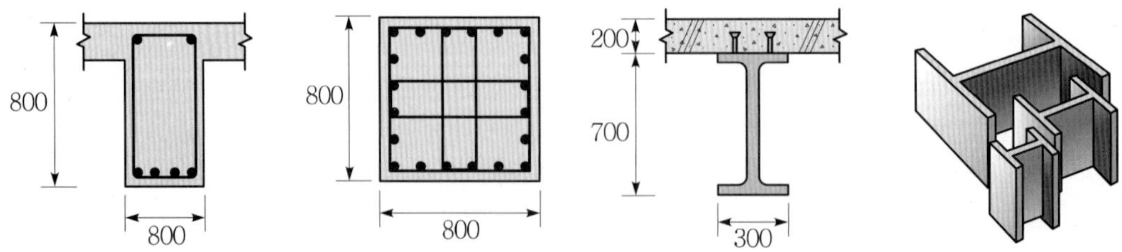

(a) 철근콘크리트조 (b) 철골조

그림 6.1.13

설계하중 검토

구조의 형식을 정했으면 다음단계로 건물의 용도에 적합한 설계하중을 산정해야 하는데 적용되는 설계하중으로는 대표적인 것이 다음과 같다.

설계하중 중에서 고정하중이라 함은 구조체 즉 슬래브 및 보, 기둥, 마감 등 움직일 수 없는 재료의 자중을 의미하며, 활하중이라 함은 가구, 집기, 사람의 이동 등 건물의 용도에 따라 변화하는 하중으로 각국마다 미미한 차이는 있으나 보통 구조기준에 정의해 놓고 있으며 고정하중과는 달리 구조기준이 개정될 때 마다 조금씩 변화하고 있다.

풍하중과 지진하중은 대표적인 수평방향 하중으로서 동적인 하중을 이와 유사한 정적인 하중으로 변환하여 적용하고 있으며, 이에 대한 자세한 내용은 제2장 (건축물에 작용하는 하중)을 참조하기 바란다.

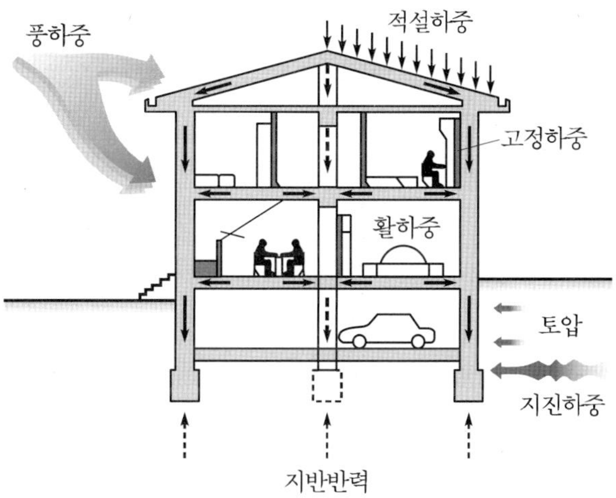

a. 고정하중, 활하중, 풍하중, 적설하중, 지진하중
b. 토압, 수압에 따른 외력
c. 온도변화에 따른 변형
d. 시공시 발생하는 하중

그림 6.1.14 설계하중 작용도

온도하중의 경우 기간적으로는 여름철과 겨울철의 온도 차이에 따른 변형이 하중으로 작용할 수 있으며 하루 중에도 건물내부와 외부의 온도차에 의하여 구조체가 변형이 되며 이는 주로 철골 구조물에서 온도하중에 따른 영향을 많이 받는다.

시공하중 또한 건물의 구조계획에 영향을 주며 레미콘차량 등 시공차량의 통로와 자재의 적재 상황 등을 충분히 고려하여 초기 구조계획을 세워야 한다. 아울러 지하수위의 변화에 따른 부력은 시공중 뿐만 아니라 준공 후에도 건물이 부상하지 않도록 충분히 검토하여 구조계획에 반영할 수 있도록 하여야 한다.

설계방법 선정

다음으로 구조체의 설계 방법에 대하여 결정해야 하는데 우리나라의 경우 1980년대까지는 허용응력법 즉 탄성범주 안에서의 설계법을 주로 적용했으나 철근콘크리트의 경우 1990년대부터 소성범주 내에서의 거동의 특성을 살린 강도설계법으로 대체되었으며, 강구조의 경우 2006년부터 강도설계법으로 구조설계를 수행하고 있다.

부재단면의 가정 및 기초형태의 결정

구조형식, 설계하중, 설계방법이 정해지면 이에 따라 구조부재의 단면 및 기초의 형태를 가정하는 과정을 다음과 같이 거쳐야한다.

① 슬래브 두께 가정은 작은보로 지지되는 경간의 길이 및 적용하중에 따라 슬래브의 두께를 가정하며 일반적으로 지지경간 4.0m정도까지는 150mm의 두께로 가정하는 것이 합리적이다.

② 작은보 및 큰보의 두께 가정은 층고와 밀접한 관련이 있으며, 가장 일반적인 두께는 슬래브 두께를 포함하여 600mm정도로 가정하고 용도별 하중에 따른 차이는 내부철근 등으로 조정한다.

③ 기둥의 형태 및 크기는 우선적으로 연직하중에 따라 가정하고 수평력에 의한 변형은 가급적 코어벽에 부담시키는 방향으로 초기 계획을 세운다.

④ 기초의 형태는 지반조사결과에 따라 지내력기초 혹은 말뚝기초로 계획하며 그 형태는 다음과 같이 독립기초, 또는 온통기초의 방식이 있다.

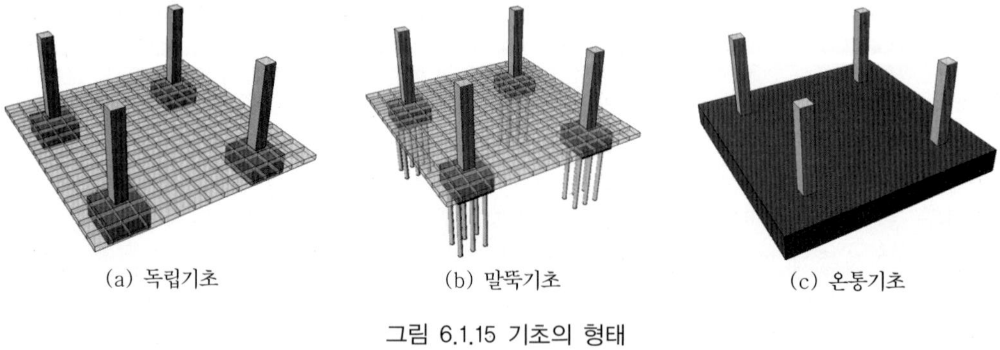

(a) 독립기초 (b) 말뚝기초 (c) 온통기초

그림 6.1.15 기초의 형태

구조부재의 검토

부재의 가정이 이루어지면 이를 토대로 구조해석을 하여 설계조건에 부합한 부재의 응력을 산출하여야 한다. 부재의 응력에 따라 이에 적합한 구조설계가 이루어지며 각 구조부재는 발생하는 응력뿐 아니라 구조성능도 함께 검토하여야 한다.

여기서 구조성능이라 함은 처짐, 진동, 균열, 피로, 내화, 내구성, 부동침하 등 제반조건을 만족시키는 것을 말한다.

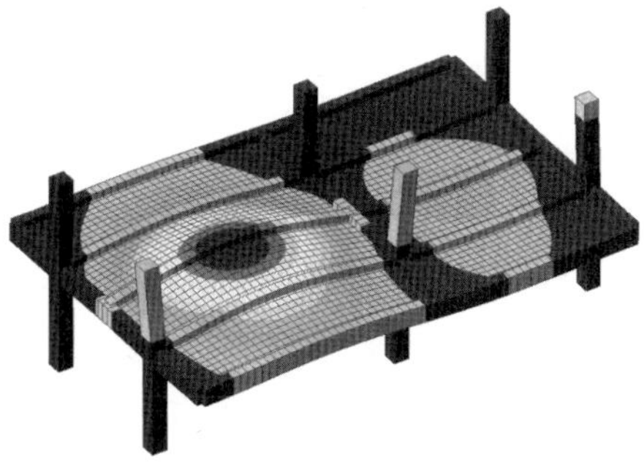

그림 6.1.16 바닥판 진동검토

반복 검토

구조해석 후 최적의 응력 적합성 및 구조성능 적합성을 이끌어내기 위하여 가정단면을 변경해가며 다음 항목이 만족할 때까지 반복 검토 및 수정보완을 하여야 한다.

① 구조해석시 골조의 모델조건과 설계조건의 부합성

② 응력과 변형제한, 그 외 설계제한에 대한 부재의 적합성

6.2. 건물특성의 이해

건물의 진동수와 주기

모든 사물에는 자기 자신의 고유의 진동수를 가지고 있다는 사실이 무척 흥미롭다. 작게는 우리가 사용하는 연필에도 지우개에도 고유진동수가 있으며, 크게는 규모를 떠나 모든 건물에도 고유진동수가 있으며, 지구를 포함 우주에 있는 모든 물체에는 스스로 가지고 있는 고유진동수가 존재한다고 생각하면 된다. 이를 독일어로는 아이겐밸류(Eigen Value) 영어로는 내추럴 프리퀀시(Natural frequency), 우리말로는 고유진동수라 표현한다.

아인슈타인이 상대성이론에서 에너지와 질량은 서로 변환될 수 있다는 아름다우면서도 간단한 $E = mc^2$ 식처럼 고유진동수도 질량과 강성의 아주 간단한 식으로 다음과 같이 구할 수가 있다.

$$n(\text{고유진동수}) = \frac{1}{2\pi}\sqrt{k/m}$$

여기서 주기는 진동수의 역수이므로 주기 $T = 2\pi\sqrt{m/k}$ 로 표현될 수 있다.

공식에서 보듯이 건물의 강성이 크면 클수록 주기는 짧아지게 되고 강성이 작을수록 건물의 주기는 길어지게 된다. 이 의미는 건물이 초고층화 될수록 질량에 비해 강성이 작아지므로 주기가 길어지고 저층건물일수록 강성이 큰 구조체가 되므로 건물주기는 짧아진다는 것을 쉽게 알 수 있을 것이다.

앞서 중력과 자연력에서 설명했듯이 자연력 중 지진하중은 지반이 흔들리며 건물자중의 관성력에 따른 하중이므로 주기가 길어지게 되면 에너지흡수에 유리하므로 강성이 큰 즉 주기가 짧은 저층건물에 비해 실제 지진이 왔을 때 피해가 더 적을 수가 있는 것이다. 따라서 대부분 지진에 따른 피해가 저층건물에 발생할 가능성이 더 클 수 있다는 사실을 영두에 두어야 한다.

이처럼 모든 건물은 사용한 재료와 개별 구조체의 크기, 건물의 높이 등에 따라 주기가 달라지며, 이 주기는 지진 혹은 바람의 주기와 복합적으로 작용하여 건물에 영향을 미치게 되며 건물의 안전성 뿐 아니라 사용성을 평가하는데도 중요한 요소가 된다는 것을 반드시 기억하여야 한다.

다음으로 건물특성에 따른 하중의 전달의 경로를 설명하고자 한다.

수직하중의 전달

앞서 제4장에서 살펴 본 바와 같이 건물 구조체의 주요 구성요소는 슬래브, 작은보, 큰보, 기둥, 벽체, 기초 등으로 구성되어 있으며 이들은 하중전달에 있어서 서로 순차적 관계를 가지고 있다.

수직하중의 전달과정은 수평부재인 슬래브를 통해 이를 지지하고 있는 작은보에서 큰보로 전달되고 이 하중은 큰보에 연결되어 지지하고 있는 수직부재인 기둥과 벽체를 통하여 최종적으로 기초로 전달되며 기초로 전달된 하중은 지반의 상태에 따라 독립기초, 온통기초 혹은 말뚝기초의 형태로 하중을 지반에 전달하게 된다.

수직하중 전달과정의 이해를 위해 그림 6.2.1에 수평재인 슬래브와 작은보 큰보의 순서로 하중을 전달하여 수직부재인 기둥으로 가는 과정과 구조체의 형식에 따라 슬래브에서 기둥으로 직접 전달하는 플랫슬래브 구조체의 2가지 형태를 표시해 보았다.

이 외에도 구조시스템에 따라 하중의 전달 경로는 조금씩 달라질 수가 있으나 기본적으로 수직하중의 전달은 수평부재로 시작하여 수직부재로, 수직부재에서 기초를 통해 지반으로 전달되는 메커니즘은 어느 구조시스템을 채택하든 동일한 과정을 거친다는 전제아래 구조계획을 수행해 나가야 한다.

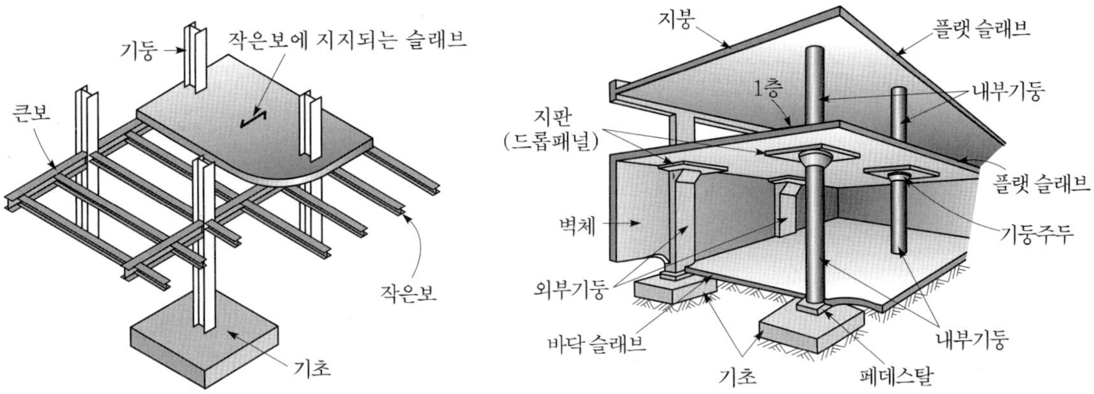

그림 6.2.1 하중전달 요소

수평하중의 전달

수평하중의 전달과정은 수평부재인 슬래브의 격막(diaphragm)작용에 의해 수직부재인 기둥과 벽체의 강성비율에 따라 분배가 된다. 건물의 경우 수직부재인 기둥과 벽체는 슬래브에 의해서 수평방향에 대해 구속되어 있으며 슬래브의 수직강성은 작지만 횡력에 대한 수평강성은 상대적으로 커서 대부분의 수평하중이 변위를 적게 일으키는 전단벽체로 전달되는 메커니즘을 갖게 된다.

이러한 슬래브의 격막작용이 역할을 하기 위해서는 다음 그림에서와 같이 슬래브의 수평방향 휨에 대하여 외주부에 발생하는 압축력과 인장력에 필요한 조치를 해야만 하며 슬래브결손(opening)등으로 격막에 결손이 발생할 시에는 반드시 이에 따른 횡력분배를 재검토하고 아울러 결손부위에 집중되는 응력에 대하여 검토하여 보강해야 됨을 알 수 있을 것이다.

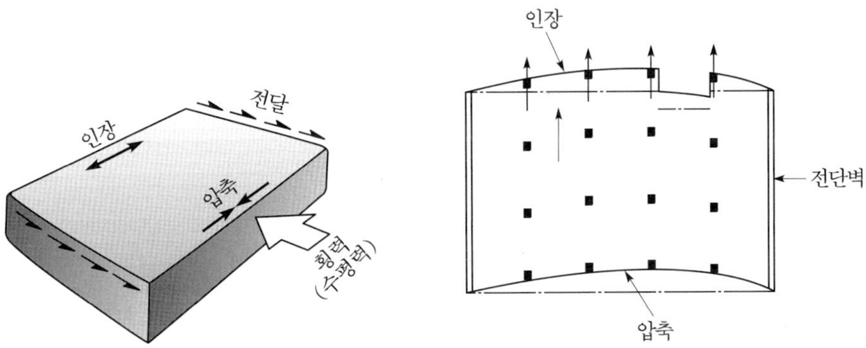

그림 6.2.2 격막 작용도

이와 같이 건축물에 있어서 슬래브의 격막작용은 매우 중요하지만 최근의 건축물들은 내외부 공간의 미적인 건축계획에 따라 격막에 결손이 많아지는 추세이므로 반드시 구조계획시에 격막의 역할이 제대로 되고 있는지 확인하여야 한다. 대표적인 예로 내부공간의 개방감을 위한 일부 슬래브결손(opening)이나 외부형태의 다양화를 위한 Y자 형태의 평면 등을 들 수 있다.

6.3. 알기쉬운 강구조계획

강구조계획의 기본

강구조에 대한 구조계획을 하다보면 콘크리트 구조계획과는 달리 여러 가지 경우의 상황에 마주하게 된다.

앞서 설명한 연직하중의 응력전달과정을 보면 하중은 슬래브에서 작은보, 작은보에서 큰보, 큰보에서 기둥으로 전달되므로 역학적으로 보면 콘크리트의 구조계획과 같이 작은보를 짧은 경간의 큰보에 지지시키는 것이 경제적이라 할 수 있겠으나 다음과 같은 변수에 따라 작은 보를 긴 경간의 큰보에 지지시키는 것이 경제적으로 유리할 수도 있다.

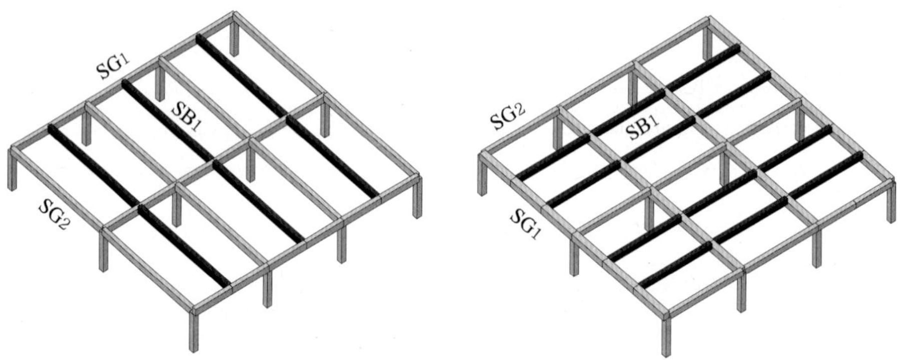

(a) 사례 1　　　(b) 사례 2

그림 6.3.1 작은보의 배치방향

① 20층 이상의 고층건축물에서는 수평력에 의한 변위제어를 위하여 기둥 혹은 코어에 연결되는 장경간 큰보의 강성을 키울 필요가 있다. 이에 따라 작은보의 하중을 장경간 큰보에 전달하게 함으로써 큰보의 부재크기를 키워 전체 구조형식의 경제성을 확보할 수 있다.

② 콘크리트구조와 달리 강구조는 설비 덕트나 파이프 등을 철골웨브에 스티프너 보강 후 구멍을 내어 통과시키는 것이 수월하기 때문에 설비라인의 계획에 따라 구조계획이 변경될 수 있다.

③ 지지경간의 길이에 따라 15m를 넘는 장경간 철골보의 경우에는 연직하중에 의해서도 작은 보를 장경간의 큰보에 지지시키는 것이 유리할 때가 있다. 이는 경간이 길어질 경우 응력보다는 처짐에 의하여 부재가 결정되는 경우가 있고, 또한 자동생산되는 부재의 종류가 다양하지 않아 장경간에서 부재의 크기가 응력대비 커질 수 있다는데 기인한다.

구조계획 경제성 비교

앞서 언급한바와 같이 연직하중에 대한 강구조형식을 경간별로 분류하여 검토한 결과 다음과 같은 결과치를 얻었으며, 일반적으로 경간이 12.0m정도까지는 작은보를 짧은 경간의 큰보에 지지시키는 것이 경제적이고 경간이 15.0m에서는 작은보를 장경간의 큰보에 지지시키는 것이 경제적으로 유리한 것으로 검토되었다.

사례 1 : 경간 7.8 X 10.5m, 작은보 단변방향배치
사례 2 : 경간 7.8 X 10.5m, 작은보 장변방향배치
사례 3 : 경간 7.8 X 15.2m, 작은보 단변방향배치
사례 4 : 경간 7.8 X 15.2m, 작은보 장변방향배치
사례 5 : 경간 7.8 X 11.5m, 작은보 단변방향배치
사례 6 : 경간 7.8 X 11.5m, 작은보 장변방향배치

표 6.3.1 물량비교 검토(1)

	경간(m)	집중하중을 받는 큰 보의 경간(L)	부재크기/비율			물량비교
			SB1 (합성보)	SG1	SG2	
사례 1	7.8 X 10.5	7.8 (L/2=3.9)	H-500 (0.903)	H-500 (0.971)	H-500 (0.874)	190.92 (1.00)
사례 2	7.8 X 10.5	10.5 (L/3=3.5)	H-396 (0.745)	H-582 (0.845)	H-396 (0.722)	203.82 (1.07)
사례 3	7.8 X 15.2	7.8 (L/2=3.9)	H-692 (0.790)	H-692 (0.802)	H-582 (0.747)	440.72 (1.00)
사례 4	7.8 X 15.2	15.2 (L/4=3.8)	H-396 (0.808)	H-800 (0.940)	H-396 (0.771)	367.32 (0.83)
사례 5	7.8 X 11.5	7.8 (L/2=3.9)	H-596 (0.833)	H-596 (0.874)	H-596 (0.824)	214.52 (1.00)
사례 6	7.8 X 11.5	11.5 (L/3=3.8)	H-396 (0.808)	H-588 (0.898)	H-396 (0.779)	227.32 (1.06)

6.4. 알기쉬운 콘크리트구조계획

콘크리트구조계획의 기본

철근콘크리트구조는 동일 구조형식인 경우 강구조에 비해 구조체의 자중이 커지는 단점을 가지고 있어 장경간 구조에는 불리한 면을 가지고 있으나, 일반적인 경간에서는 강구조보다 경제적이다. 콘크리트 구조계획의 기본가정은 다음과 같다.

① 작은보는 슬래브의 사용성 및 안전성을 고려하여 적정 경간이 되도록 계획한다.

② 철근콘크리트 보의 춤은 지지조건을 고려하여 경간의 1/16~1/21 정도가 적정하다.

③ 고층건축물에서 콘크리트모멘트구조인 경우도 건물형상에 따라 수평력에 의한 변위제어를 위하여 큰보의 강성을 키울 필요가 있는 경우도 있으나, 일반적으로 수직하중을 효율적으로 전달시키기 위해서는 작은보를 짧은 경간의 큰보에 지지시키는 것이 경제적으로 유리하다.

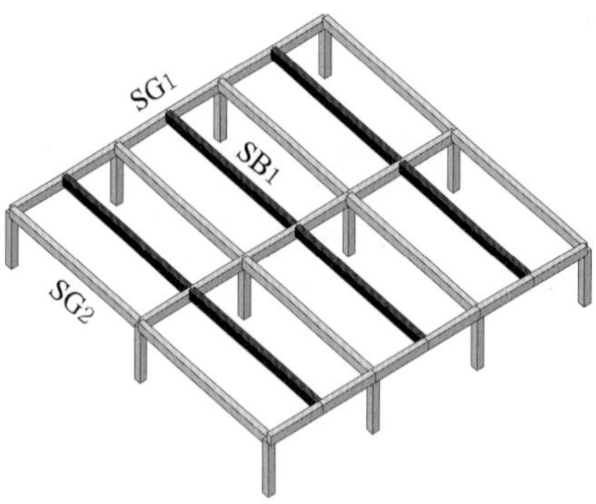

(a) 사례 1

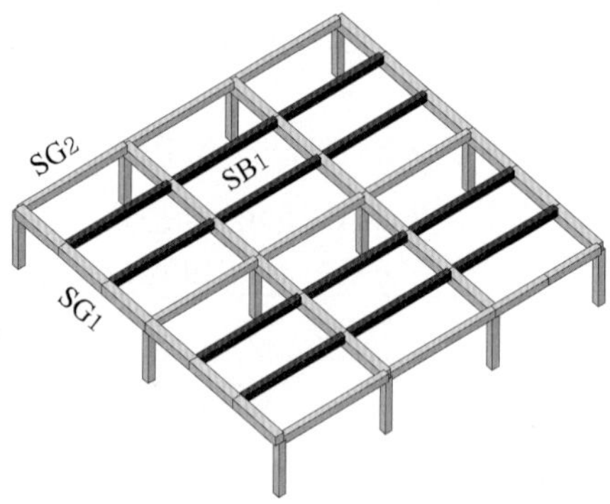

(b) 사례 2

그림 6.4.1 작은보의 배치방향

구조계획 경제성 비교

앞서 언급한바와 같이 연직하중에 대한 철근콘크리트구조형식을 작은보의 방향별로 분류하여 검토한 결과 다음과 같은 결과치를 얻었다. 작은보를 단변방향으로 배치하는 경우가 작은보를 장변방향으로 배치하는 것에 비해 콘크리트 및 거푸집 물량은 작고 철근물량이 다소 많으나, 전체적으로 분석시 경제적으로 유리한 것으로 검토되었다.

사례 1 : 경간 7.8 X 11.5m, 작은보 단변방향배치

사례 2 : 경간 7.8 X 11.5m, 작은보 장변방향배치

표 6.4.1 물량비교 검토(2)

	경간(m)	집중하중을 받는 큰보의 경간(L)	단위 면적당 물량 / Ratio		
			콘크리트	거푸집	철 근
사례 1	7.8 X 11.5	7.8 ($L/2=3.9$)	$6.78m^3$ (1.00)	$46.20m^2$ (1.00)	1.20ton (1.00)
사례 2	7.8 X 11.5	11.5 ($L/3=3.8$)	$8.01m^3$ (1.18)	$49.97m^2$ (1.08)	1.15ton (0.96)

6.5 구조계획의 사례

이번 사례는 지하 3층, 지상 55층의 고층건물로 아래의 기본 방향을 목표로 하고, 건축설계자와 초기단계부터 면밀한 비교 검토과정을 통한 기둥·코어의 배치, 주요 구조시스템을 선정함으로써 안전하고 경제적인 건축물을 설계하게 된다.

구조개요

기본방향

구조계획의 기본요소 중 안전성측면에서 우선적으로 고려하여야 할 사항은 지진이나 태풍에 대비한 횡력저항시스템을 적정히 선정하여 내진 및 내풍 성능을 확보하는데 있다. 이는 안전성뿐 아니라 경제성측면에서도 중요한 사항으로 여러 각도로 구조형식을 비교하여 최적의 구조형식을 결정하도록 하여야한다.

또한 건물의 사용성 측면에서도 과도한 처짐 및 거주시 느끼는 불편함 등을 최소화 하기위한 노력이 필요하며, 시공성 측면에서 탄소배출의 최소화, 공기단축 방법 등 6.1절에서 설명한 4가지 기본요소를 다음 표와 같이 염두에 두고 구조기본계획을 수립하여야 한다.

표 6.5.1 사례 건물의 4가지 적정성 검토

안전성	시공성
안전성 • 초고층에 따른 횡력저항 성능 확보 • 지반에 적합한 기초구조 선정 • 수직수평하중에 대한 안정성 확보	**시공성** – 시공성을 고려한 구조형식 채택 • 저층부:모멘트골조로 시공성 확보 • 고층부:프랫프레이트 채택
경제성 • 횡저항방식의 최적시스템 설정 • 구조부재의 단순화, 모듈화 설계 • 기존형식의 경제성 검토	**사용성** • 시간이력 해석에 의한 바닥진동 검토 • 과도한 처짐 방지 • 수평하중에 의한 거주성 평가

설계개요

주골조는 경제적 측면에서 철근콘크리트조로 결정이 되었고 고층부는 주거시설, 저층부는 판매시설, 지하층은 주차장의 용도로 계획 되었으며 층고는 주거시설 3.1m, 판매시설 5.0m 로서 층고를 고려하여 주거시설은 플랫플레이트 형식, 판매시설은 모멘트골조로 결정되었으며, 이에 따른 개략적인 구조설계개요는 다음과 같다.

● 설계개요

구 분	내 용	비 고
위 치	•인천	
용 도	•고층부 : 공동주택(아파트), •저층부 : 판매시설, •지하부 : 주차장	
규 모	•지하 3층, 지상 55층	
구조형식	철근콘크리트조 (플랫플레이트, 모멘트골조)	
주 경간	•고층부 : 7.5m, •저층부 : 7.8m × 8.0m, •지하부 : 7.8m × 8.0m	
계획 층고	•기준층 : 공동주택 3.1m, 저층부 : 판매시설 5.0m	
기 초	•지내력 기초	

• 기준층 평면도 및 고층부 단면도

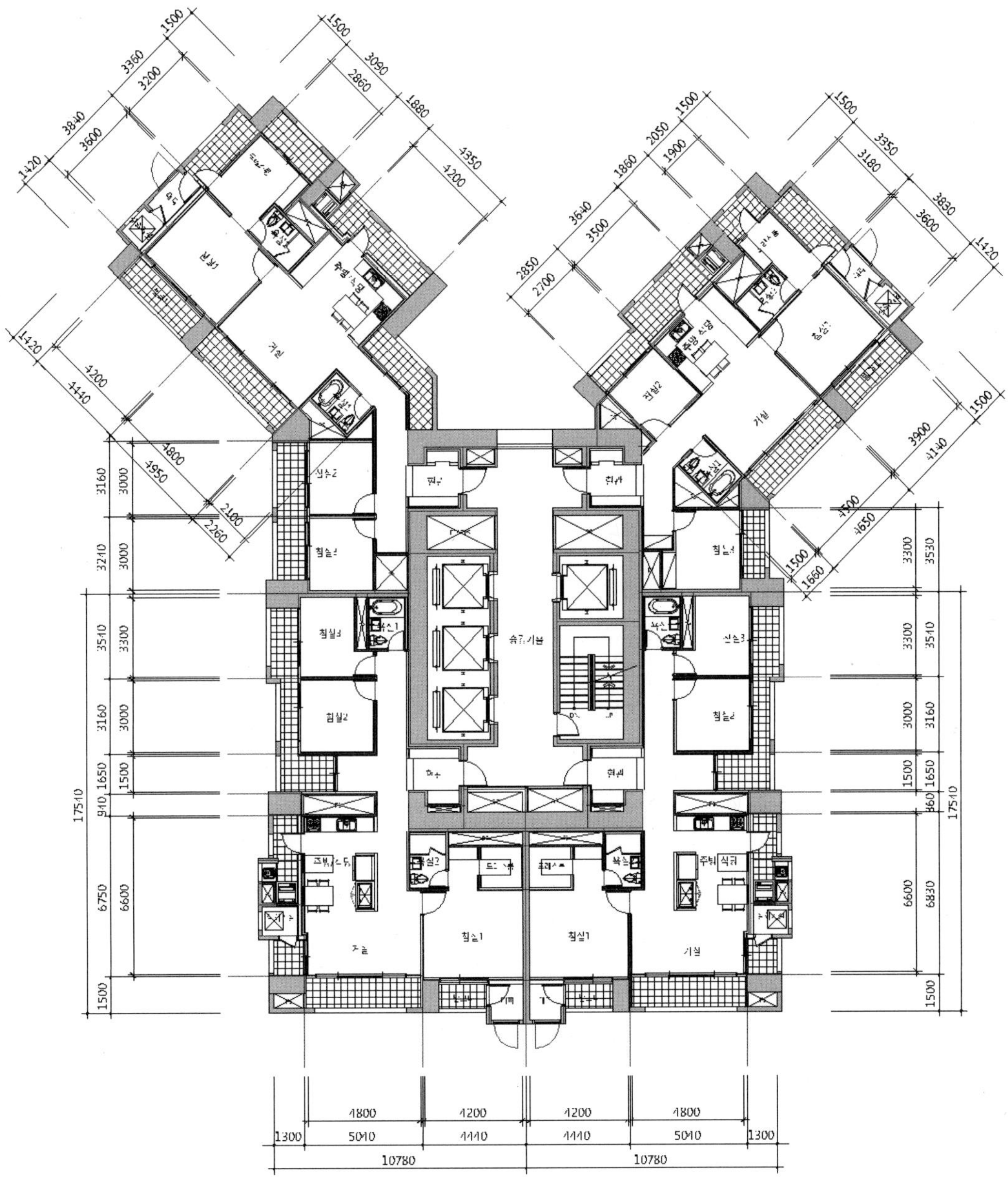

(a) 기준층 평면도

그림 6.5.1 기준층 평면도

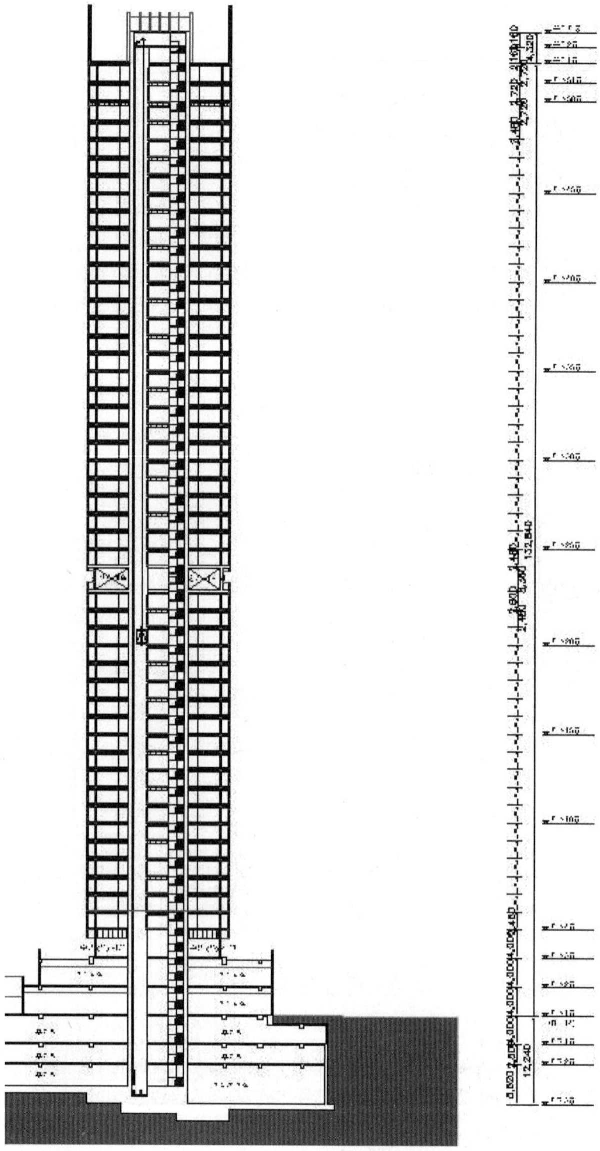

(b) 고층부 단면도

그림 6.5.2 고층부 단면도

적용기준

적용기준은 국토교통부령 '건축물의 구조기준 등에 관한 규칙'과 국토교통부 고시 KBC 2009 건축구조기준을 기본기준으로 하고 ACI 318-05를 참고로 하였으며 이는 강도설계법에 기초를 둔 설계방법이므로 건물의 안전성설계와 많은 관련이 있다.

항 목	적 용 기 준
구조설계	건축물의 구조기준등에 대한 규칙 (국토교통부령) KBC 2009 건축구조기준 (국토교통부 고시)
설계하중	KBC 2009 건축구조기준 (국토교통부 고시)
설계방법	KBC 2009 콘크리트 구조 (강도설계법, USD)
참고기준	ACI 318-05

사용성 검토

사용성 부분은 건물전체의 구조 안전성과는 달리, 사용시에 거주자가 느끼는 불편함을 해소 하거나 과대한 층간변위로 마감재가 탈락하는 것을 방지하기 위한 것으로써 주로 변위와 처짐의 제한 및 바닥판 진동의 제어 등에 해당 된다.

<table>
<tr><th>구 분</th><th colspan="2">내 용</th></tr>
<tr><td rowspan="2">횡하중에 대한 수평변위 제한
(H :구조물의 전체높이, h :1개층높이)</td><td>풍하중시</td><td>전체 변위 = H/500 이내</td></tr>
<tr><td>지진하중시</td><td>층간 변위 = 0.015 h_{sx} (내진등급 I) 이내</td></tr>
<tr><td>바닥판의 진동제한</td><td colspan="2">ISO 거주성능 평가지침</td></tr>
<tr><td>바닥판의 처짐검토</td><td colspan="2">콘크리트구조기준에 따름</td></tr>
</table>

사용재료의 강도

사용재료의 강도는 부재 특히 기둥과 벽체의 크기에 영향을 주며 보통 50층 이상의 건물의 콘크리트 강도는 수직재를 기준으로 3가지 종류의 강도를 사용함으로써 적절히 부재의 크기를 조절한다. 이때 수직재와 수평재와의 콘크리트 강도차이가 40%를 넘게 되면 연결부위에서 여러 가지 문제점을 발생시킴으로 보통 그 차이를 40%이상이 되지 않도록 강도를 결정하는 것이 바람직하다.

구 분	층	코어벽·기둥	슬래브
콘크리트	31층~지붕층	35MPa	35MPa
	16층~30층	40MPa	35MPa
	B3층~15층	50MPa	35MPa
철 근	KS D 3504 SD400 (f_y= 400MPa) KS D 3504 SD500 (f_y= 500MPa)		

지반조건

건물이 위치하는 대지의 물성을 알기위하여 시추를 하게 되는데, 이때 나오는 시추주상도를 참조하여 지반조건 및 기초의 형태를 결정하게 된다.

다음은 일반적인 지반의 물성을 표시한 것이다.

구 분		내 용
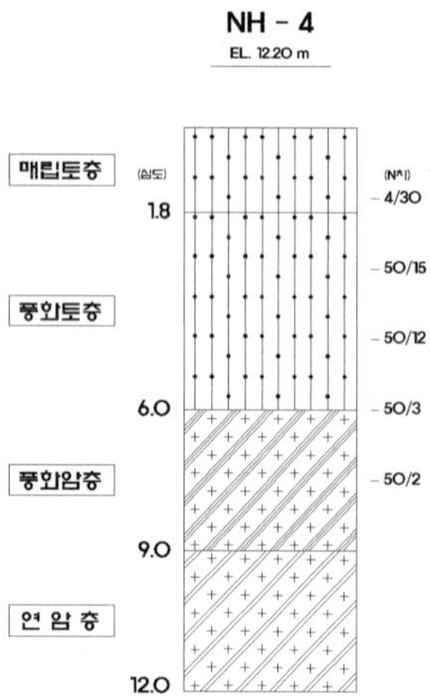	매립토층	부지의 정지작업 등으로 인하여 인위적으로 성토하여 형성된 지층
	퇴적토층	유수의 운반작용에 의하여 형성된 지층
	풍화대층	편마암 및 화강암이 심한 풍화작용을 받아 형성된 지층
	기반암층	편마암 및 화강암의 기반암 층임

지하수위

시추주상도를 분석하여 공내수위를 측정한 결과 지하수위는 G.L-1.1~3.7m정도에 위치하며 이는 EL기준 7~12.9m이며 최하층 기초 상부 높이가 EL기준 약 -1.0m 정도임을 감안하여 부상에 대한 대책수립이 필요한 것으로 확인되었다.

지반단면도 및 시추주상도

다음 그림은 시추주상도를 기준으로 지반에 건물을 위치시켰을 경우 기초의 형식을 어떻게 정할 것인가에 대한 예시이며 반드시 이 과정을 거쳐 기초형식을 결정하여야 한다.

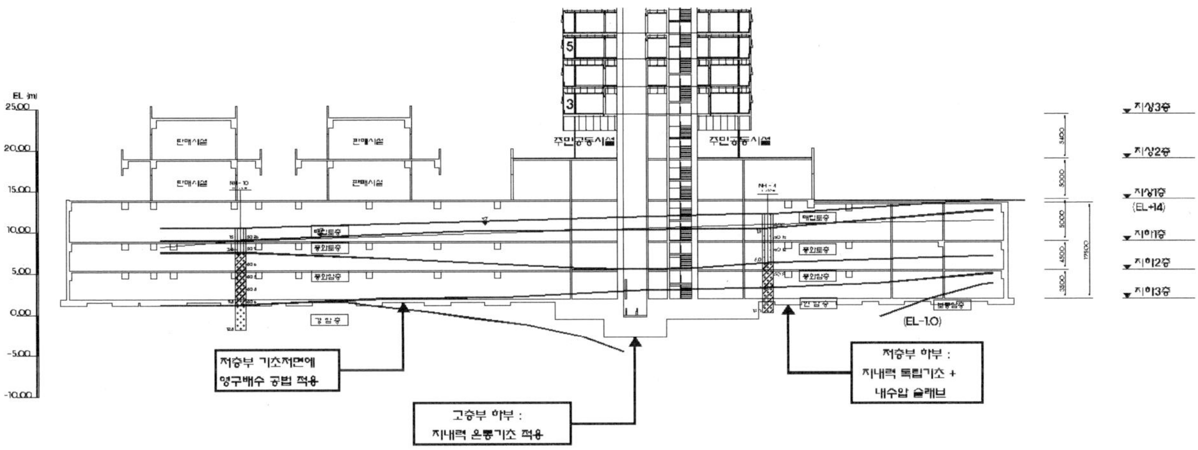

그림 6.5.3 지반단면도

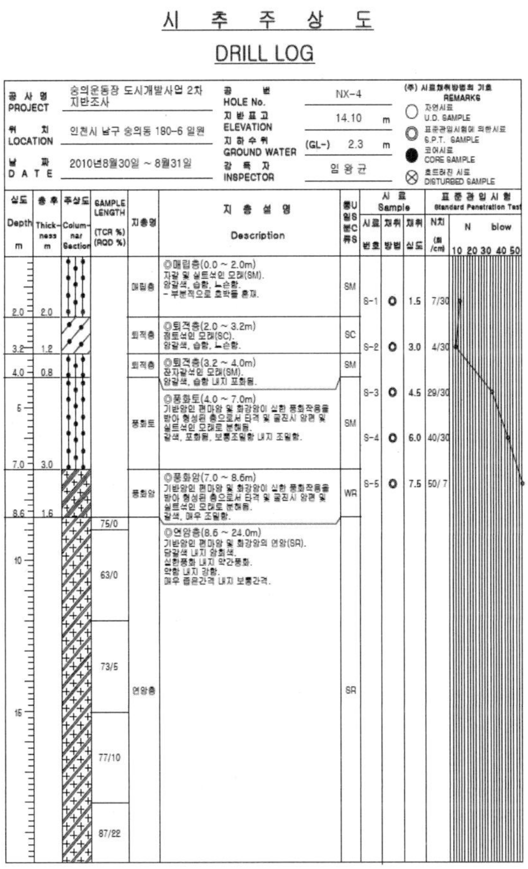

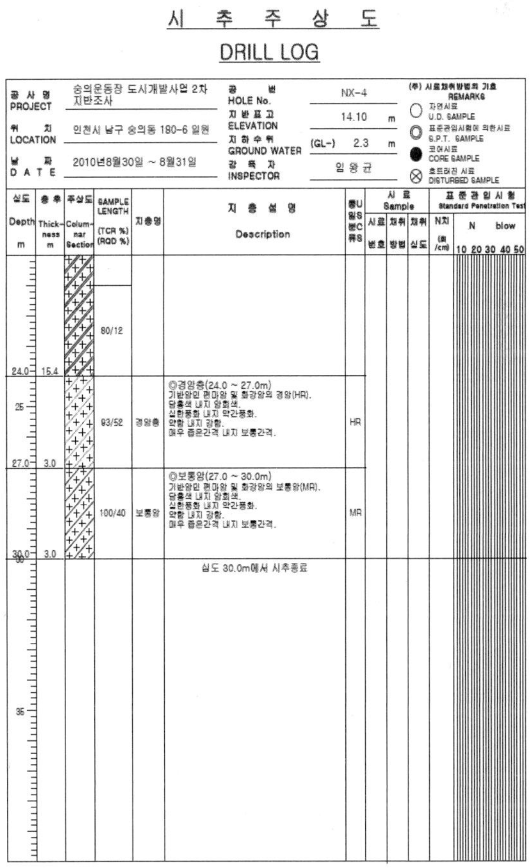

그림 6.5.4 시추주상도

설계하중

설계하중은 'KBC 2009 건축구조기준'을 근거로 산정한다.

고정하중

고정하중은 이미 설명한바와 같이 골조의 자중 및 마감하중, 기타 설비하중 등을 고려하여 산정한다.

활하중

활하중의 경우 건축구조기준에 명기된 수치를 적용하며 활하중 이외에 시공하중을 결정하여 반영한다.

표 6.5.2 용도별 활하중

용 도 별	활하중 (kN/m^2)	용 도 별	활하중 (kN/m^2)
공동주택	2.0	기계, 전기실	5.0
판매시설	4.0	판매시설(1F)	5.0
주차장(B1F)	12.0	주차장	3.0
* 지상 1층 바닥은 시공하중 20.0kN/m^2 적용함.			

풍하중

풍하중의 경우 지역별로 적용해야 되는 설계기본풍속이 다르다. 기본적으로 내륙지방과 해양지방의 기본풍속이 달라지며, 건물이 지어지는 지역이 주변상황에 따라 지표면조도가 A, B, C, D로 나누어지는데 대도시의 밀집된 건물이 많은 지역이 지표면조도A가 되고 해안에 접하여 직접 바람을 받는 지역이 지표면조도D로 구분되어 같은 기본풍속을 적용받는 지역이라도 지표면조도에 따라 정량적인 풍압이 증가하게 된다.

표 6.5.3 설계에 적용된 풍하중 계수

구 분	적용 기준	비 고
지 역	인천광역시	
설계기본풍속	V_o = 30m/sec	
지표면조도	B	
중요도계수	I_w = 1.1(중요도1)	

지진하중

지진하중의 산정에는 여러 가지 중요 요소가 작용하게 되는데 이중에서 가장 중요한 것이 6.2절에서 설명한 건물의 주기가 된다. 건물의 주기는 건물특성상 x, y, z축의 1차 모드가 지진하중을 산정하는 주요요소가 되며 아래 그림에 보이는 그래프는 수평방향이 건물의 주기이며 수직방향이 지진에 대한 동적계수가 되며 이 그래프를 응답스펙트럼(Response Spectrum)이라 한다.

일반적으로 말하는 동적해석에는 시간이력해석과 응답스펙트럼해석이 있는데 건물의 전체 지진해석에서는 주로 응답스펙트럼해석법을 사용하게 된다. 응답스펙트럼해석에서는 x, y, z 축의 1차 모드뿐 아니라 다차 모드까지 고려하여 제곱합제곱근법(SRS)방식 혹은 완전2차조합법(CQC)방식으로 각 모드에 대한 분담률을 산정하여 합한 값으로 지진하중을 산정하게 된다.

건물의 주기 외에 개념을 반드시 알아야 할 사항이 반응수정계수이다. 이는 건물의 연성도에 따라 결정되는 계수로서 기본적으로 지진이 왔을 때 건축물에 일정부분 손상이 가더라도 인명에는 피해가 없도록 하는 기본 설계개념을 가지고 있다. 예를 들어 건축물의 강성이 클수록 연성도가 떨어지므로 전단벽방식의 경우 적은 값을 가지게 되고 철골골조방식의 경우 상대적으로 큰 값을 적용하게 된다.

구 분	적용 기준	응답스펙트럼
지역 계수	A = 0.18(지진구역 1)	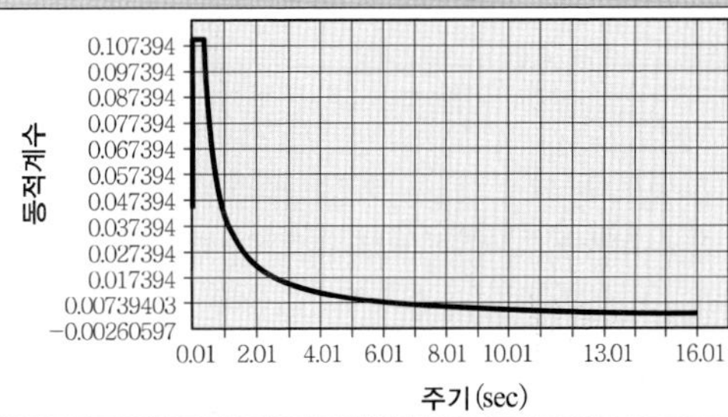
지반 종류	S_c	
중요도계수	I_e = 1.2	
반응수정계수	R = 5.0 (건물골조방식 - 콘크리트보통전단벽)	
기본진동주기	T = 0.049(h_n) ¾	

기본적인 하중 조합방향

하중이 결정되면 이를 토대로 조합을 하여야 한다. 다음은 기본적인 조합하중에 대하여 명기한 것으로 이를 기본으로 하여 설계하중조합을 결정한다.

고정하중만 고려	$1.4D$
고정하중과 적재하중만 고려	$1.2D + 1.6L$
바람의 영향을 고려	$1.2D + 1.0L + 1.3W$
고정하중과 풍하중의 상쇄	$0.9D + 1.3W$
지진하중의 영향을 고려	$1.2D + 1.0L + 1.0E$
고정하중과 지진하중의 상쇄	$0.9D + 1.0E$
수압 및 토압에 의한 횡방향력 작용	$1.2D + 1.6L + 1.6H$

주요 구조형식의 선정

구조물을 구성하는 주요 구조형식은 건물의 용도와 형태 및 제반하중과 지반조건 등을 고려하여 지진 및 바람에 대한 횡저항 방식, 고층부 및 저층부 바닥구조 방식, 기초의 형식과 건물 부상방지 계획등에 대하여 최종 선택된 구조형식은 다음 표와 같으며 이는 바로 뒤에서 유사사례 및 대안분석을 통하여 상세히 선정방법을 설명하였다.

표 6.5.4 선정된 주요 구조형식

구 분	구조형식 선정	비 고
횡저항방식	- 코어벽 (1000, 800, 250mm) - 둘레벽 (400mm, 27F) - 내민벽 (700/400mm)	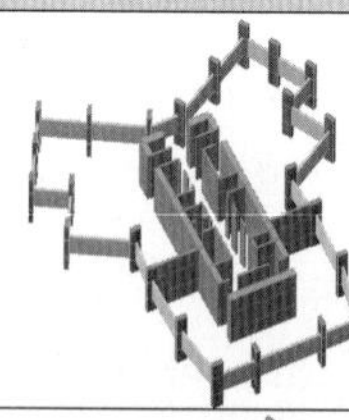
고층부 바닥 구조형식	- 플랫플레이트 (두께 = 250mm)	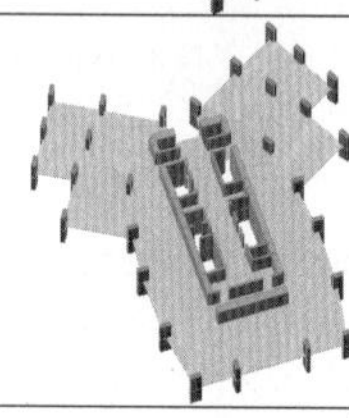
저층부 바닥 구조형식	- 철근콘크리트 모멘트골조 (보 / 큰보 방식)	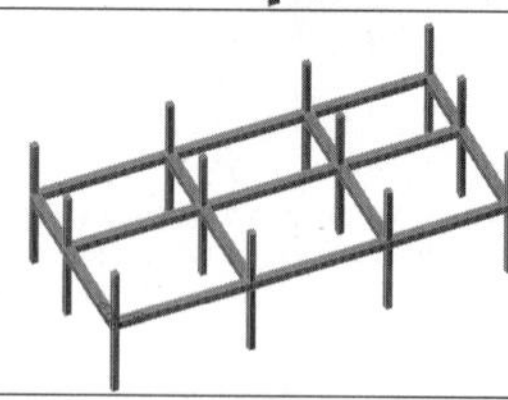
기초구조형식	- 지내력 기초 고층부 하부 : 온통기초 저층부 하부 : 독립기초	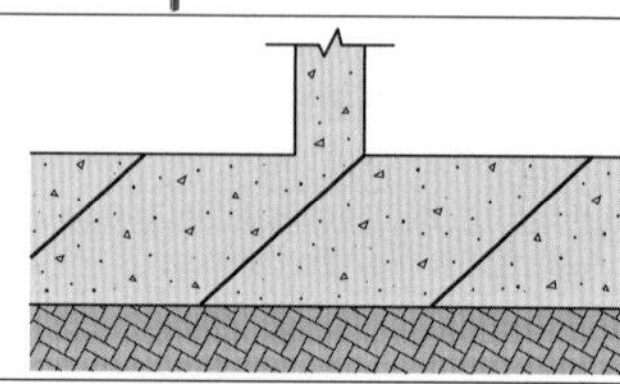
부력저항방식	- 고층부 - 중력저항방식 - 저층부 - 영구배수방식	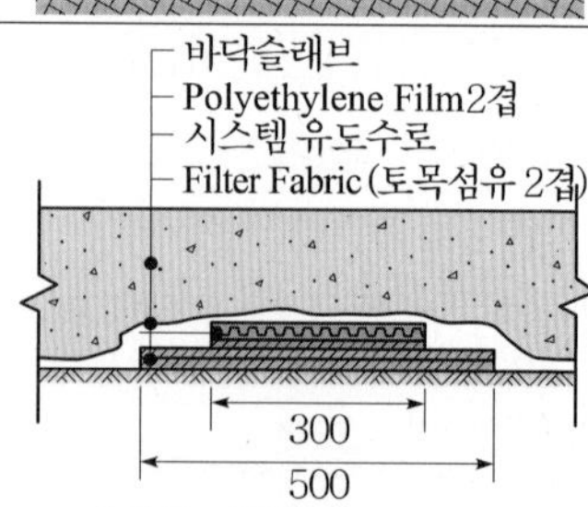 * 드레인매트 공법

주요 구조형식 선정을 위한 비교검토

고층부 횡력저항방식 선정

고층부의 횡력저항방식 선정에 앞서 문헌조사 및 사례분석을 통해 적용 가능한 구조형식을 분석하고 여러 구조형식을 해석 후 비교분석하여 최적의 결정을 한다.

예제 건물의 규모는 지상 55층으로 표 6.5.5에 따르면 8~9번의 구조형식이 적정한 것으로 분류되었고, 평면형태와 부재배치 등을 종합적으로 고려할 때 횡력저항방식은 전단벽(코어벽+내민벽(fin wall))+둘레벽(belt wall) 적용이 합리적이라고 판단되었다.

표 6.5.5 건물규모에 따른 적용가능 구조형식 분류

건물의 골조형식

No	구조형식
1	플랫슬래브+기둥
2	플랫슬래브+전단벽
3	플랫슬래브+전단벽+기둥
4	연결 전단벽
5	간접 골조구조
6	외부 튜브 골조
7	코어벽+기둥골조
8	전단벽+기둥골조+아웃리거
9	전단벽+헌치큰보골조
10	촘촘히배치한 튜브 골조
11	튜브와 코어벽의 조립
12	대각선 튜브 골조
13	격자로된 튜브 골조

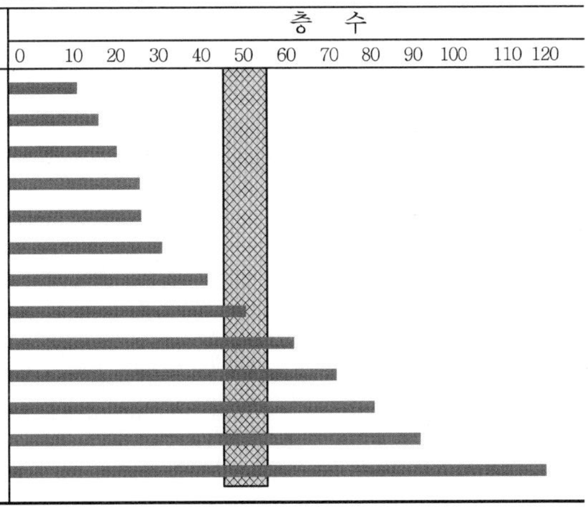

(참고문헌 " Steel, Concrete, & Composite Design of Tall Building", Taranath)

이는 표 6.5.6에서와 같이 국내외 유사규모의 사례조사 결과에도 크게 차이가 없음을 확인할 수 있겠다.

또한 4가지 대안으로 수평하중에 대해 각각 해석 후 검토한 결과, 아래의 비교표에서 보이는 바와 같이 코어벽만의 경우 횡변위가 최대 1,195mm로서 일반적으로 풍하중의 최대변위치로 적용되는 $H/500$에 크게 벗어남으로 인해 적절한 구조형식이라 할 수 없겠다.

마찬가지로 코어벽+둘레벽의 경우나 코어벽+내민벽의 경우에도 해석결과 횡변위를 만족할 수 없었다.

표 6.5.6 국내 50층 내외의 구조형식

건물명	지 역	층 수	구조형식
타워팰리스 2	서울	55F	코어벽+아웃리거/둘레벽
갤러리아 팰리스	서울	46F	코어벽+공조+아웃리거
온천동 SK 복합빌딩	부산	49F	코어벽+둘레벽+아웃리거
해운대 우동 업무시설	부산	47F	전단벽+플랫슬래브 골조
센텀파크 아파트	부산	53F	전단벽+아웃리거+둘레벽

이에 따라 코어벽+내민벽+둘레벽을 배치하여 수평저항요소로 사용한 경우 계획된 코어벽이 두께로 횡 변위에 대한 안정성 확보가 가능하였고, 그 결과 예제건물의 횡력저항방식으로 채택하게 되었다. 여기서 중요한 사항은 둘레벽 및 내민벽의 위치를 어느 곳에 두는 것이 가장 효율적인 구조형식이 될 수 있는가를 판단하기 위해서 위치를 바꿔가며 비교가 필요하다. 보통의 경우 중간층 및 최상층에 위치시키는 것이 효율적이며 예제 건물 경우도 중간층 정도인 27층에 둘레벽과 내민벽을 배치하는 것이 변위를 제어하는데 가장 효율적인 것으로 나타났다.

표 6.5.7 비교표에서와 같이 코어벽+내민벽+둘레벽의 횡력저항요소를 채택한 결과 X, Y 양방향 모두 $H/500$ 이내로 제어되는 것을 확인할 수 있다.

고층부 바닥구조형식 선정

고층부의 바닥구조형식은 층고, 전체공기와 시공성 및 경제성에 미치는 영향이 크므로 다음과 같은 3가지 대안 분석을 통해 플랫플레이트 방식으로 선정하였다.

플랫플레이트 방식의 경우 보가 없음으로 층고 3.1m에 부합할 수 있고 전체적인 건물의 높이를 낮춤으로 인해 제한된 높이 내에 많은 층수를 배치할 수 있어 경제적인 측면도 만족 시킬 수 있다.

대안1인 플랫플레이트+테두리보의 경우 전체적인 바닥강성을 높임으로 인해 횡력저항방식에 효율적일 수 있으나, 이 경우 시공성의 저하로 인해 공기가 늘어나게 되며 공기증가에 따른 간접비 및 금융비용의 증가로 인해 채택할 수 없었다.

또한 대안2인 플랫플레이트+내부 보의 경우 슬래브의 두께는 줄일 수 있으나 층고제한에 부적합하며 특히 거주공간의 소음·진동규정에 만족하지 않아 채택되지 않았다.

표 6.5.8은 바닥구조형식에 따른 경제성·시공성 등을 분석한 자료로써 플랫플레이트형식을 선정한 기준을 나타내고 있다.

표 6.5.7 횡력저항방식 비교표

구 분		1. 코어전단벽			2. 코어벽+둘레벽		
횡저항 요소		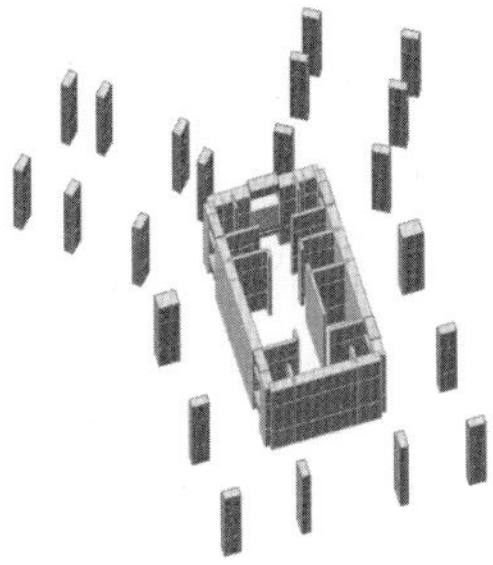			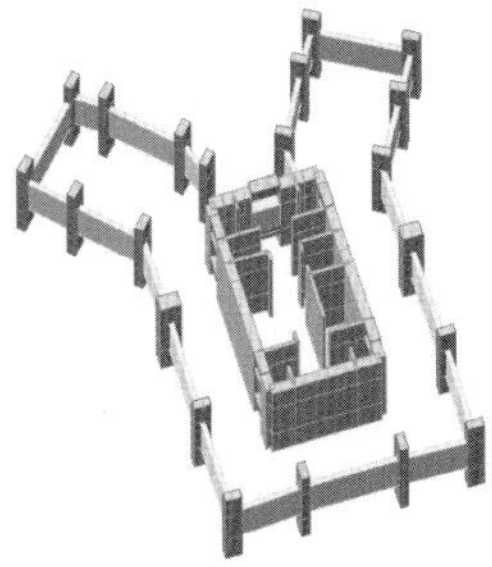		
코어벽		X방향	1,000mm		X방향	1,000mm	
		Y방향	800mm		Y방향	800mm	
둘레벽		층	두께	높이	층	두께	높이
		–	–	–	27F	400mm	5,000mm
내민벽		–	–	–	–	–	–
		–	–	–	–	–	–
횡변위 (mm)	X방향	1,195 (H/159)			820 (H/231)		
	Y방향	432 (H/439)			281 (H/675)		
주기		10.96 sec			9.09 sec		

구 분		3. 코어벽+내민벽			4. 코어벽+둘레벽+내민벽		
횡저항 요소		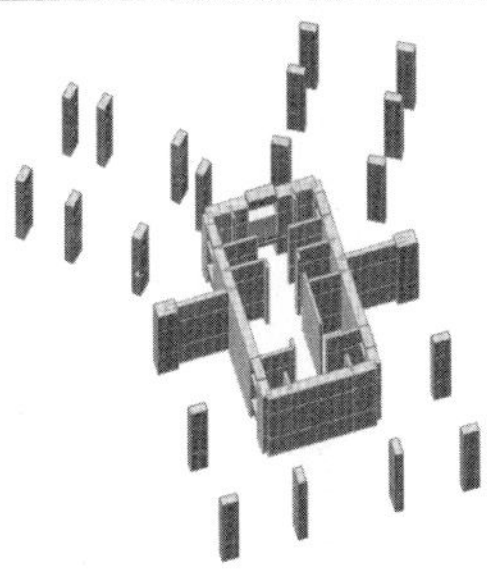			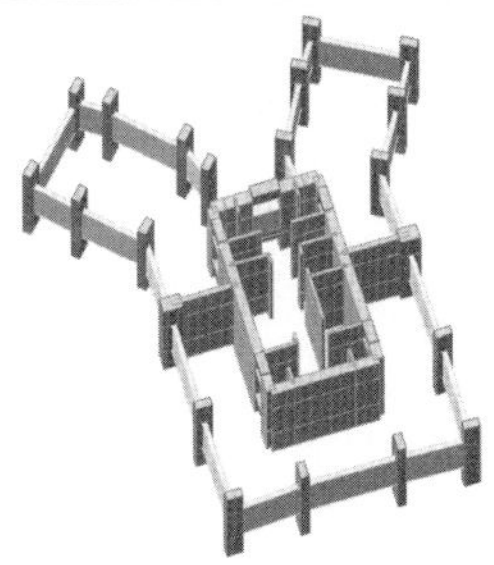		
코어벽		X방향	1,000mm		X방향	1,000mm	
		Y방향	800mm		Y방향	800mm	
둘레벽		층	두께	높이	층	두께	높이
		–	–	–	27F	400mm	5,000mm
내민벽		3F~ROOF	400mm	–	3F~ROOF	400mm	–
		B3F~2F	700mm	–	B3F~2F	700mm	–
횡변위 (mm)	X방향	573 (H/331)			367 (H/516)		
	Y방향	414 (H/458)			264 (H/718)		
주기		7.52 sec			6.25 sec		

표 6.5.8 고층부 바닥구조형식 비교표

구 분	제 안 코어벽+플랫플레이트	대안 1 코어벽+테두리보	대안 2 코어벽+골조구조
Model	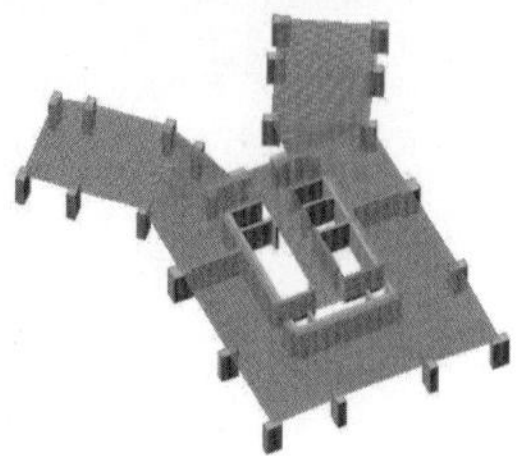	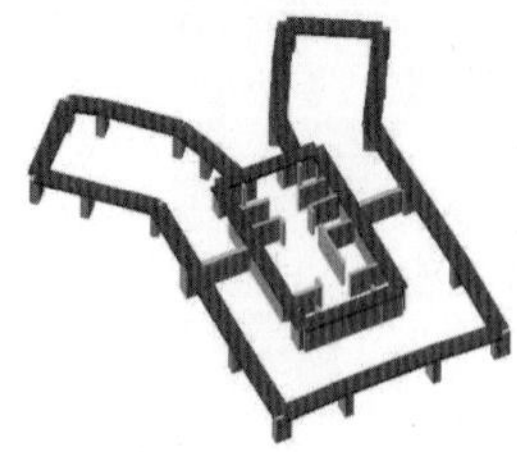	
슬래브 두께	250 mm	200 mm	180 mm
보 치수	–	테두리 보 :1800×400 코어 주변 :1200×400	테두리 큰보 :1500x400 내부 큰보 :1200x400
시공성	• 형틀공사 작업성 향상	• 형틀작업 및 보/큰보 • 작업성 저하	• 형틀작업 및 보/큰보 작업성 저하 • 재래식 거푸집공법 적용 • 슬래브판 비정형에 따른 작업성 저하
공 기	• 4일/층 가능	• 보/큰보 작업 추가에 따른 공기 증가	• 보/큰보 작업 추가에 따른 공기 증가
경제성	• 골조공사비 감소 • 공기단축에 따른 간접비 및 금융비용 절감	• 골조공사비 증가 • 공기증가에 따른 간접비 및 금융비용 증가	• 골조공사비 증가 • 공기증가에 따른 간접비 및 금융비용 증가
기 타	–	• 층고계획 검토 필요	• 횡력증가에 따른 구조체 물량증가 • 건물높이 증가에 따른 상층부 건축계획 수정 요함 (15cm/층 증가)

저층부 바닥구조형식 선정

저층부의 구조형식은 다음의 4가지 대안 분석을 통해 시공성 및 경제성이 우수한 보·큰보 골조방식을 선정하였다.

보·큰보 골조방식의 경우 층고가 충분함으로 작은보를 배치하여 슬래브의 두께를 150mm 정도로 줄일 수 있어 경제적인 시스템이라 할 수 있으며 슬래브 처짐에도 유리한 방식이라 할 수 있겠다.

대안1인 플랫슬래브 방식의 경우 슬래브 두께가 상대적으로 두꺼워져 자중의 증가 및 철근량의 증가로 경제적이라 할 수 없겠다.

대안2 및 대안3의 경우 채택된 안에 비해 거푸집 감소등 시공성 및 층고 면에서는 유리할 수가 있으나 채택된 안에 비하여 철근 등 골조물량의 증가로 비경제적이라 할 수 있겠다. 따라서 층고의 제한이 없는 저층부의 경우 보·큰보 골조방식이 가장 유리한 것으로 검토되었다.

표 6.5.9은 저층부 바닥구조형식에 따른 경제성 시공성 등을 분석한 자료로써 보·큰보 골조시스템을 선정한 기준을 나타내고 있다.

기초형식 선정

6.5절의 #지반조건에서 설명한 바와 같이 지반단면도 및 시추주상도를 분석한 결과 건물의 기초하부는 기반암층에 위치하므로 시공성이 우수한 지내력기초를 선정하였다. 기둥 축하중을 고려하여 저층부는 독립기초, 고층부는 온통기초를 적용하였다.

표 6.5.10은 각 기초형식에 따른 적용조건 및 장단점을 분석한 자료로써 지반조건에 따라 적절한 기초형식 결정과정을 보여준다.

부력저항형식 선정

시추주상도에 나타난 지하수위를 고려하여 부상에 대한 검토를 수행하여야 하며, 고층부는 고정하중이 충분히 부력에 저항할 수 있으나 저층부의 경우는 자중이 부력에 미치지 못함으로 인해 영구배수공법이 채택되었다. 영구배수공법의 대안으로는 록앵커(Rock Anchor)를 암반까지 지지시켜 부상에 대비할 수 있으나 비용적인 측면과 사후 관리적인 측면에서 영구배수공법과 비교분석하여 채택할 수 있겠다.

또한 상시부력저항형식 외에 시공중 폭우로 인한 일시적인 건물의 부상을 반드시 고려한 구조계획을 세워야 하는데 이를 소홀히 할 경우 공사중에 지하구조물이 부상하는 사고가 빈번히 발생한다.

표 6.5.11는 부력에 따른 구조형식의 장단점을 분석한 자료로써 부력방지형식의 채택시 참고자료가 될 수 있다.

표 6.5.9 저층부 바닥구조형식 비교표

<table>
<tr><th colspan="3">구 분</th><th colspan="3">큰보 + 작은보</th><th colspan="3">플랫슬라브</th></tr>
<tr><td colspan="3">바닥구조형식</td><td colspan="3">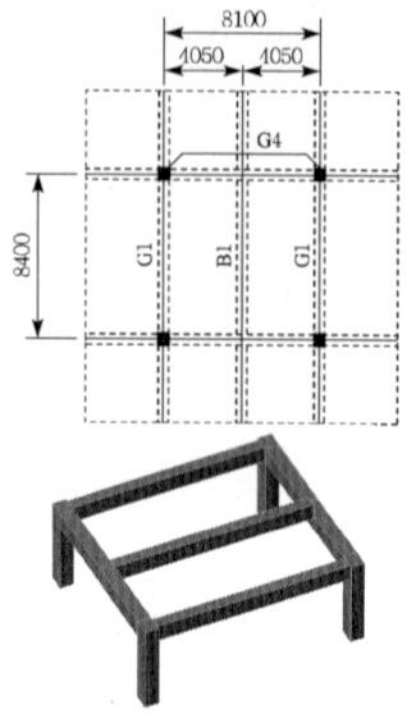
</td><td colspan="3">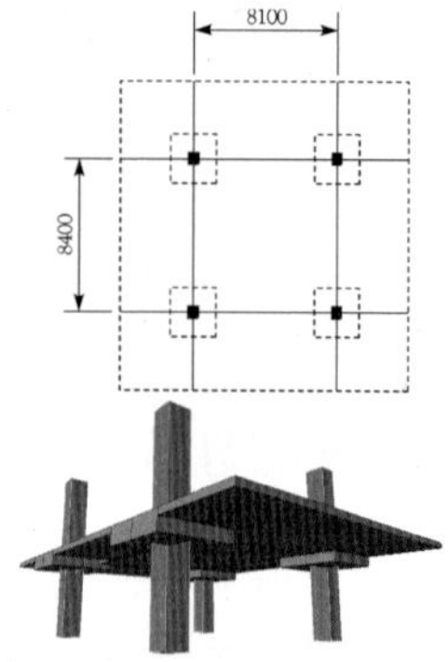
</td></tr>
<tr><td colspan="3">슬래브 두께(mm)</td><td colspan="3">150</td><td colspan="3">200</td></tr>
<tr><td colspan="3">보 춤(mm)</td><td colspan="3">700</td><td colspan="3">200 (Drop 제외)</td></tr>
<tr><td colspan="3">물량비</td><td rowspan="2">100%</td><td rowspan="2">100%</td><td rowspan="2">100%</td><td rowspan="2">107%</td><td rowspan="2">74%</td><td rowspan="2">223%</td></tr>
<tr><td>콘크리트</td><td>거푸집</td><td>철 근</td></tr>
<tr><td colspan="3">장 점</td><td colspan="3">• 철근물량최소
• 이형 모듈에 적용성 우수</td><td colspan="3">• 층고 최소
• 전기설비 공간 활용 양호</td></tr>
<tr><td colspan="3">단 점</td><td colspan="3">• 거푸집 비용 증가
• 층고 증가</td><td colspan="3">• 품질관리 철저 요구
• 철근 물량 최대</td></tr>
<tr><th colspan="3">구 분</th><th colspan="3">1–방향 광폭보</th><th colspan="3">2–방향 광폭보</th></tr>
<tr><td colspan="3">바닥구조형식</td><td colspan="3">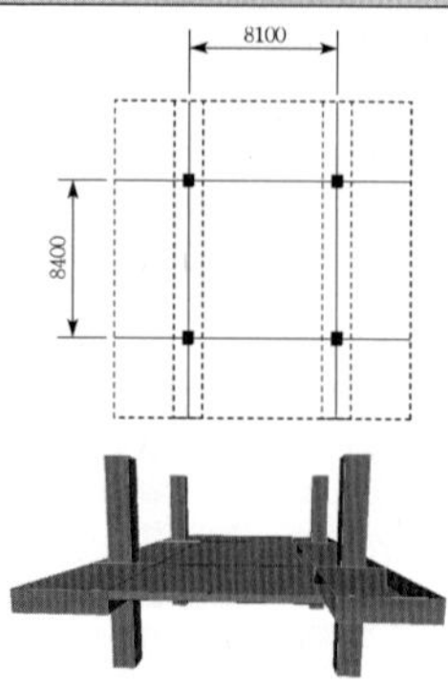
</td><td colspan="3">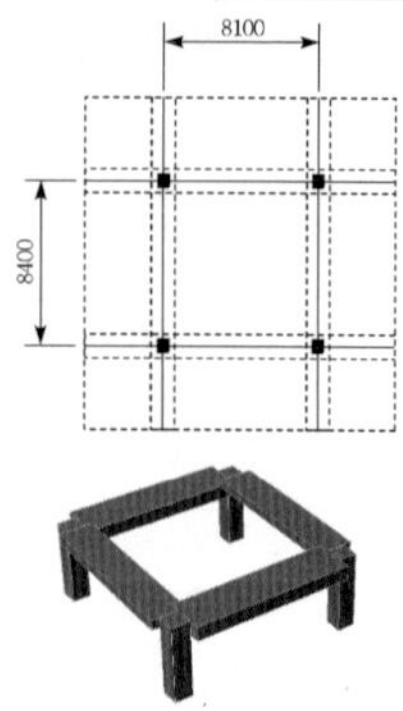
</td></tr>
<tr><td colspan="3">슬래브 두께(mm)</td><td colspan="3">150</td><td colspan="3">200</td></tr>
<tr><td colspan="3">보 춤(mm)</td><td colspan="3">700</td><td colspan="3">200 (Drop 제외)</td></tr>
<tr><td colspan="3">물량비</td><td rowspan="2">132%</td><td rowspan="2">76%</td><td rowspan="2">140%</td><td rowspan="2">125%</td><td rowspan="2">81%</td><td rowspan="2">172%</td></tr>
<tr><td>콘크리트</td><td>거푸집</td><td>철 근</td></tr>
<tr><td colspan="3">장 점</td><td colspan="3">• 시공성 우수</td><td colspan="3">• 층고 절감</td></tr>
<tr><td colspan="3">단 점</td><td colspan="3">• 철근 등 골조물량 증가
• 이형 모듈에 적용 불리</td><td colspan="3">• 철근 등 골조물량 증가</td></tr>
</table>

표 6.5.10 기초형식 선정방식 비교

구 분	얕은기초 (지내력 기초)	
	독립기초	온통기초
형 태	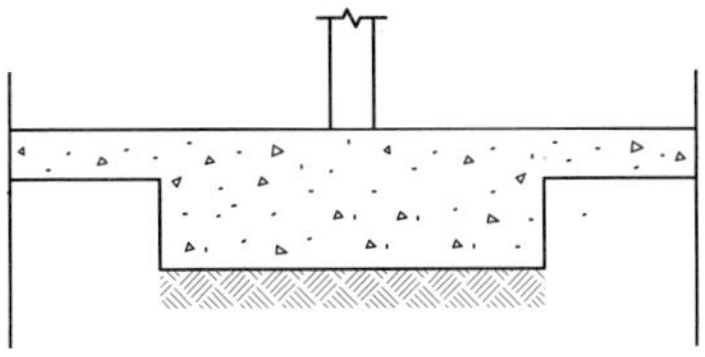	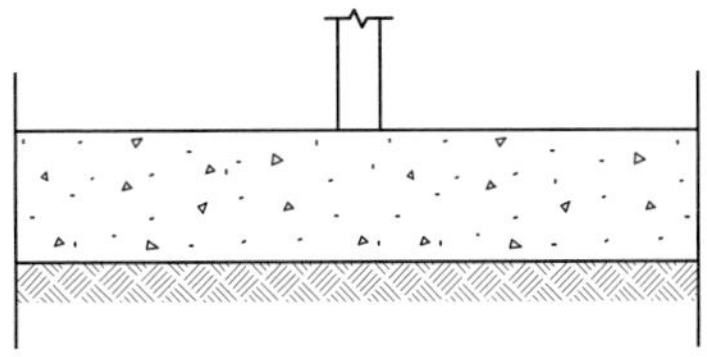
적용조건	• 얕은 심도에 조밀한 사력층, 풍화암 또는 암반 분포	• 얕은 심도에 지지층 확보되는 경우 • 독립기초 적용시 지지력 부족한 경우
장 점	• 시공성 양호 • 지지층 확인가능 • 암반에서의 굴착량 최소화 • 공사비 저가	• 시공성 양호 • 지지층 확인가능 • 토사지반에서 굴착 시공성 우수
단 점	• 깊은 굴착 어려움 • 포켓식 굴착 필요	• 깊은 굴착 어려움 • 독립기초 대비 물량 증가
구 분	깊은기초 (말뚝기초)	내림기초
형 태	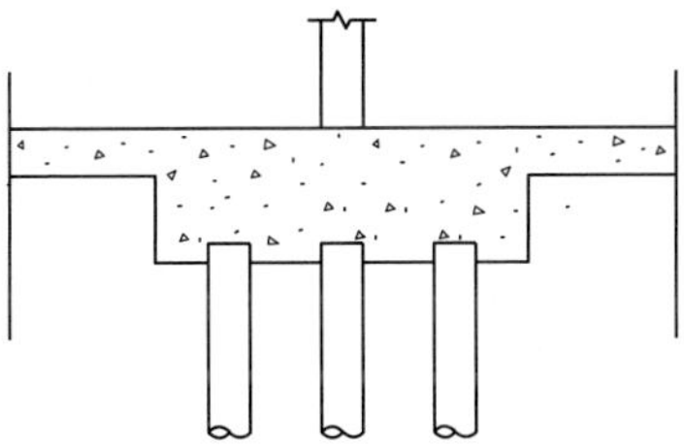	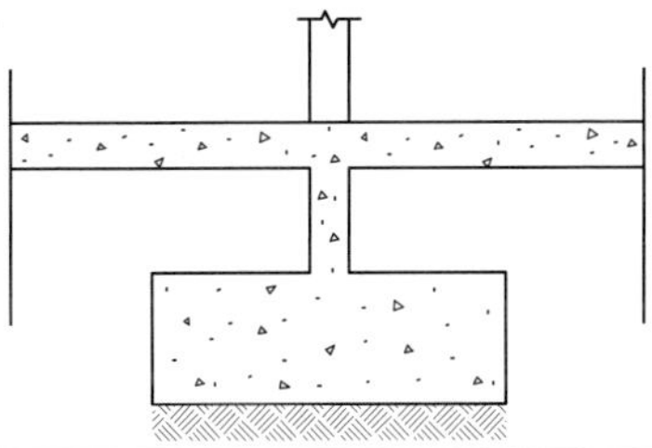
적용조건	• 상부에 비교적 연약층이 깊게 분포하는 경우 • 지지층이 깊고 기초에 대규모 하중이 작용하는 경우	• 지지층이 깊지 않으나 얕은기초 적용 시 지지력 확보가 어려운 경우
장 점	• 시공성 양호 • 깊은 굴착 가능 • 지지력 확보 우수	• 말뚝기초 대비 공사비 저가 • 지지층 확인가능
단 점	• 공사비 고가	• 시공성 불리 • 굴착심도 증가

표 6.5.11 부력저항 형식 선정방식

구 분	영구배수공법 (기초하부 영구배수설비)	고정하중증가방식
	• 외부배수설비방식 • 기초하부 영구배수설비방식	• 기초두께 증가 • 2중 슬래브 및 자갈채움
형 태	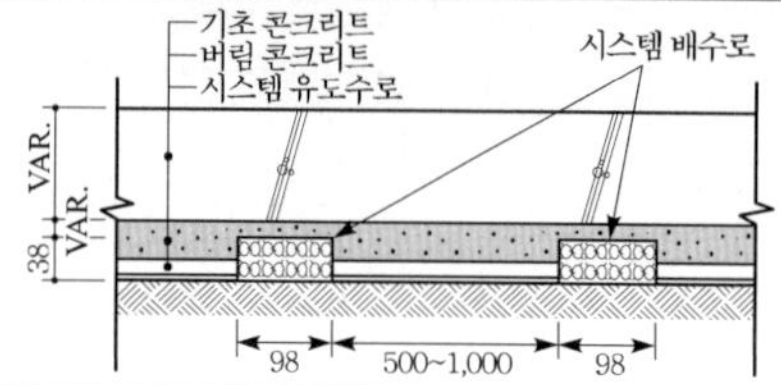	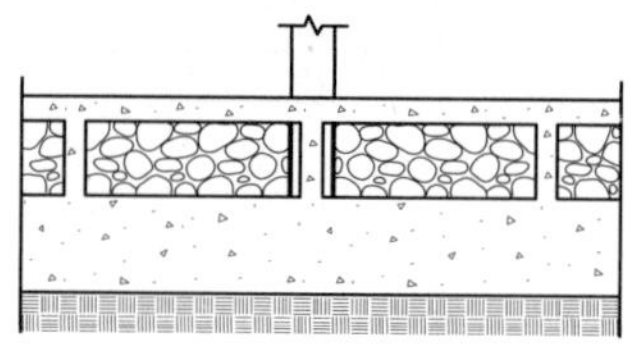
적용조건	• 지반지지력이 기초접지압보다 큰 경우 • 건물내로 지하수 유입량이 적은 경우	• 부력이 작거나 건물 규모가 작은 경우
장 점	• 하부지반이 암반인 경우 배수로 인한 주변 지반침하 없음 • 굴착심도 작음 (공사비 및 공기 저감)	• 경제적이며 간편함 • 시공성 우수
단 점	• 초기 공사비 적으나 유지관리비 소요 • 정전이나 펌프고장 대비 비상설비 소요 • 유공관 청소 필요	• 굴착 깊이 감소 (공기 및 공사비 증대) • 부력이 크고 중요 건물에는 적용 어려움 • 2중 슬래브 기초인 경우 공정 복잡
구 분	영구앵커방식	조합 방식
	• 부력방지용 영구앵커시공 • 마이크로파일 시공	• 영구앵커 + 영구배수 • 현장타설말뚝 + 영구배수
형 태	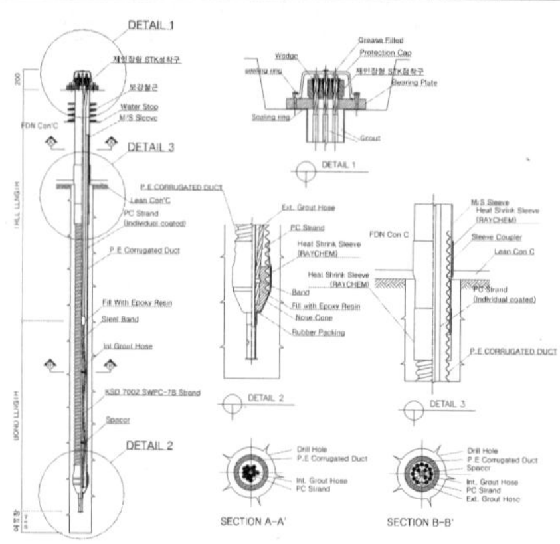	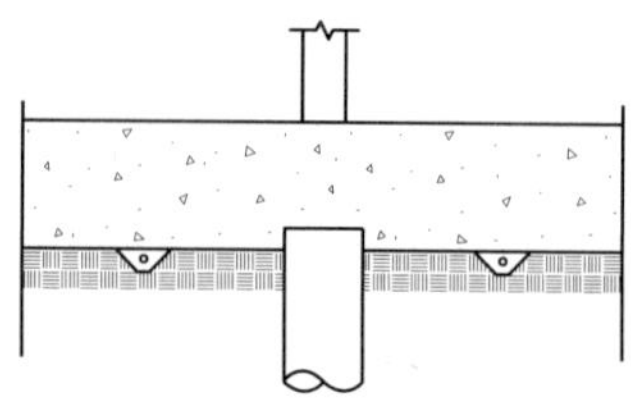
적용조건	• 지하수위의 인위적 저하가 곤란한 경우	• 지지층이 깊지 않으나 얕은기초 적용 시 지지력 확보가 어려운 경우
장 점	• 앵커 간격, 용량 등의 선택 용이 • 기초판 응력 감소	• 안전하고 확실한 공법
단 점	• 공사비 증대 및 공기연장으로 비경제적 • 강선 부식 및 긴장력 이완 우려 • 장기적인 계측과 재인장 작업 소요	• 공사비 증대

고층부 무량판 바닥구조의 슬래브 두께 결정

고층부 무량판 바닥슬래브는 기둥모듈이 7.5m 전후이므로 장경간에 따른 안전성 확보와 함께 사용성능 확보가 특히 중요하다. 따라서 건축구조기준의 최소규정 및 장기처짐의 상세검토를 통해 슬래브 두께를 결정하게 된다.

다음 비교표는 경간에 따른 무량판 슬래브 두께를 결정하는 방법으로 주로 바닥판의 처짐 제한에 따라 두께가 결정되며 건축구조기준에 따른 최소두께를 참조하여 건물의 용도에 따라 결정하게 된다.

• 평면 및 슬래브 두께 적용

	일반 아파트	주상복합
평면	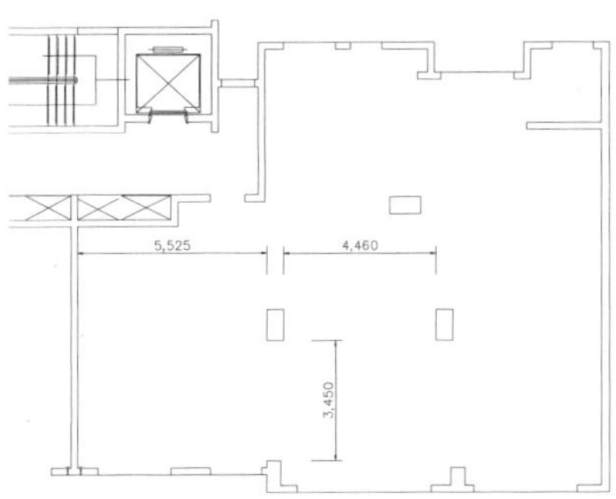	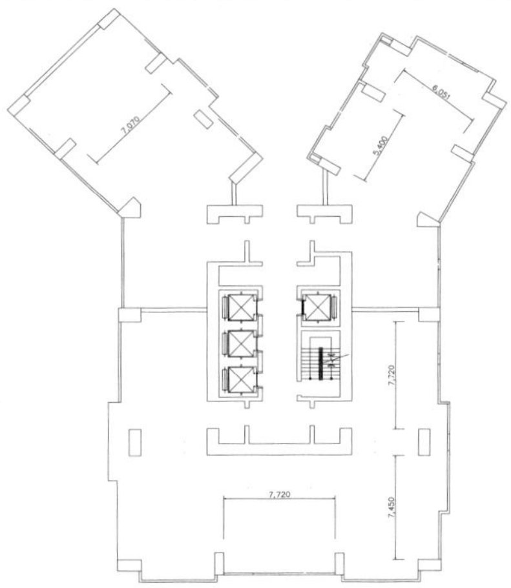
기둥모듈 (슬래브 순간격)	5~6m 전 후 (슬래브를 횡저항요소로 사용 또는 미사용)	7.5m 전후 (슬래브를 횡저항요소로 사용)
최소 슬래브 두께	6000/30 = 200mm(최소두께) 표준바닥구조 210mm 적용	7500/30 = 250mm(최소두께) 7800/30 = 260인 경우에도 장기처짐 상세검토 후 최종 250mm 반영

- 기준에 따른 무량판 슬래브의 최소두께 – 건축구조기준

<table>
<tr><th rowspan="3">설계기주
항복강도
f_y(MPa)</th><th colspan="3">지판이 없는 경우</th><th colspan="3">지판이 있는 경우</th></tr>
<tr><th colspan="2">외부 슬래브</th><th rowspan="2">내부 슬래브</th><th colspan="2">외부 슬래브</th><th rowspan="2">내부 슬래브</th></tr>
<tr><th>테두리보가
없는 경우</th><th>테두리보가
있는 경우</th><th>테두리보가
없는 경우</th><th>테두리보가
있는 경우</th></tr>
<tr><td>300</td><td>$\ell_n/32$</td><td>$\ell_n/35$</td><td>$\ell_n/35$</td><td>$\ell_n/35$</td><td>$\ell_n/39$</td><td>$\ell_n/39$</td></tr>
<tr><td>350</td><td>$\ell_n/31$</td><td>$\ell_n/34$</td><td>$\ell_n/34$</td><td>$\ell_n/34$</td><td>$\ell_n/37.5$</td><td>$\ell_n/37.5$</td></tr>
<tr><td>400</td><td>$\ell_n/30$</td><td>$\ell_n/33$</td><td>$\ell_n/33$</td><td>$\ell_n/33$</td><td>$\ell_n/36$</td><td>$\ell_n/36$</td></tr>
</table>

상기 값은 기준에서 제시하는 최소두께이나 처짐에 대한 상세 제한 규정을 모두 만족하고 장기처짐에 의한 영향을 모두 검토하여 처짐제한을 만족하는 경우 위의 값보다 작은 슬래브 두께를 사용 가능 함.

- 순경간별 적용 가능한 슬래브 두께

슬래브 순경간(mm)	5000	5500	6000	6500	7000	7500	7800	8000
$\ell_n/30$	167	184	200	217	234	250	260	267
$\ell_n/33$	152	167	182	200	213	228	237	243

• 국내의 무량판 구조의 슬래브 두께 적용 사례

	삼성동 현대 아이파크	해운대 우동 주상복합
평 면	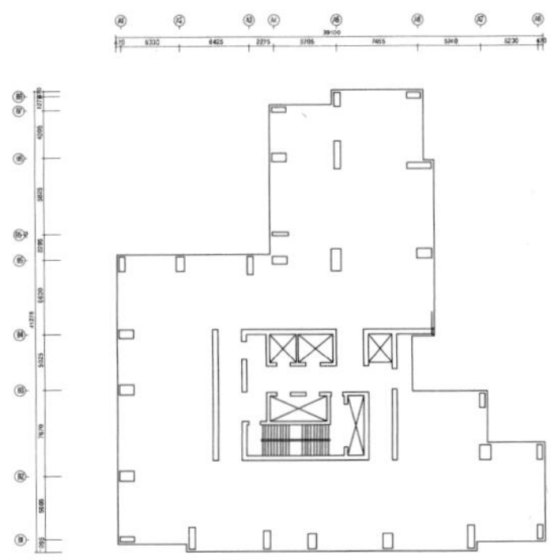	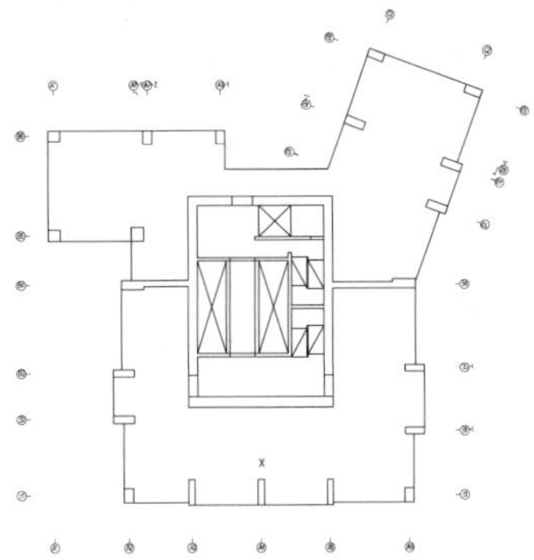
슬래브 두께	250mm(슬래브를 횡저항 요소로 사용)	250mm(슬래브를 횡저항 요소로 사용)
	건대 스타시티	목동 하이페리온 2
평 면	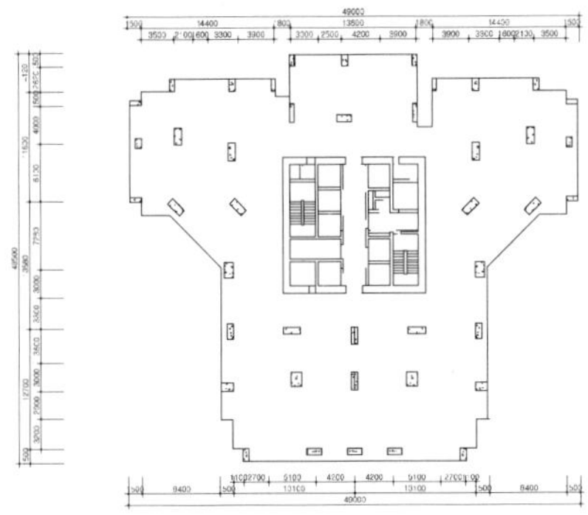	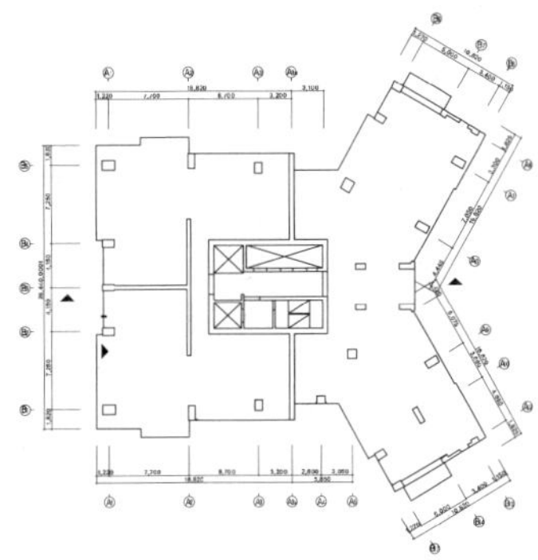
슬래브 두께	250mm(슬래브를 횡저항 요소로 사용)	250mm(슬래브를 횡저항 요소로 사용)
	용산 파크타워	해운대 부전동 센텀스타
평 면	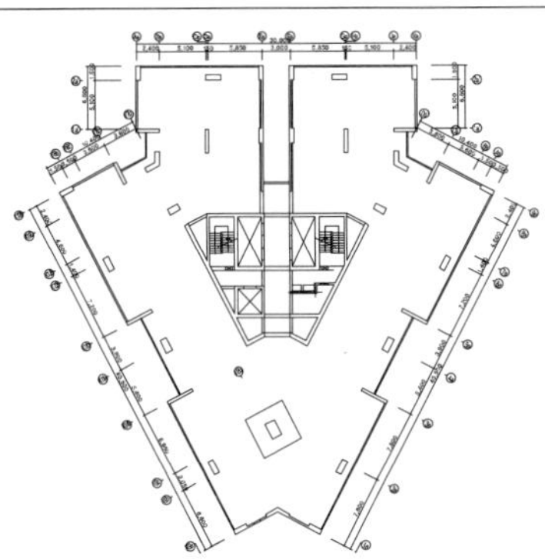	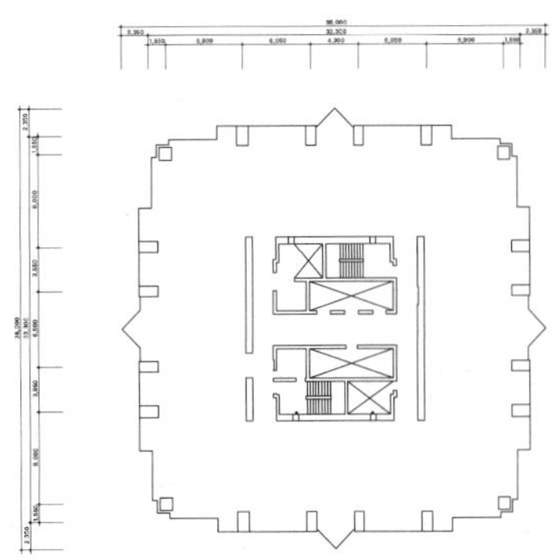
슬래브 두께	250mm(슬래브를 횡저항 요소로 사용)	250mm(슬래브를 횡저항 요소로 사용)

고층부 세대간벽 구조형식

세대간벽 구조는 고층부에서는 내력벽식 구조가 실내 건축계획에 유리한 장점이 있으나, 저층부에서는 개구부 설치 등에 의하여 상부하중이 전이되어야 함으로 구조물 전체적인 안전성 확보를 위하여 기둥식 구조로 결정하였다. 내민벽(fin wall)은 소요전단강도 수준의 최소두께만 유지하고 단부는 기둥형식으로 하여 단면적을 증대하여 횡강성을 확보하였다.

	기둥식구조 + 전단벽	내력벽식구조
기준층 평면도	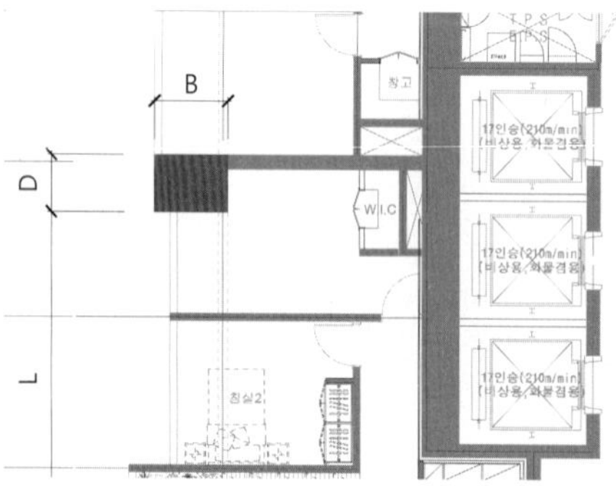	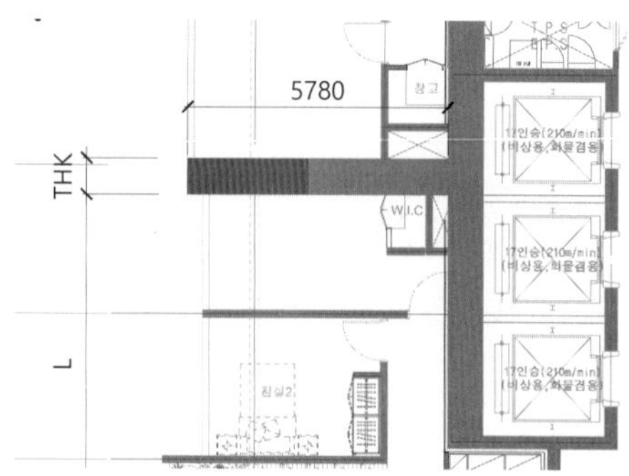
장점	• 외곽부 단면적 집중으로 구조적 효율성 우수 • 벽체에 개구부 설치하는 경우 용이함 • 슬래브 순간격(L)이 과다한 경우 기둥치수 변경으로 대처 용이	• 실내부 건축계획 용이
단점	• 돌출부 건축계획에 불리	• 벽체에 개구부 설치시 구조적 문제 발생(저층부) • 기둥식 구조 대비 효율성 저하로 인해 철근량 증가 • 인접부 슬래브 순간격(L)증가하여 처짐에 불리 • 슬래브 순간격(L)이 과다한 경우 벽체두께 증대에 무리 있음
횡변위 (풍하중)	δ = 47 cm (100%)	δ = 49.7 cm : 두께 800mm δ = 48.8 cm : 두께 900mm

구조해석

앞에서 선정된 구조시스템은 제반하중을 반영한 3차원해석의 반복 수행을 통하여 결정하게 되는데 이를 위하여 내진설계과 내풍설계의 해석절차를 간략하게 정리하였다.

횡하중 해석절차

● 내진설계 해석절차

1차 정적해석	층 질량 및 입력된 골조의 강성을 이용한 고유치 해석

;

동적해석	고유치 해석의 결과를 사용한 응답스펙트럼해석을 수행

;

보정계수 산정	등가정적 해석법에 의한 기본진동주기에 1.5배한 밑면전단력과 비교하여 보정계수 산정

;

2차 정적해석 (유사동적해석)	제곱합제곱근법(SRSS) 방법에 의해 조합된 모드별 층지진력을 이용한 2차 정적해석 수행

;

해석 결과 조합	중첩법에 의거하여 연직하중에 의한 결과와 조합. 각 부재의 최대 부재력을 설계에 반영

● 내풍설계 해석절차

기본 사항	건축물의 형상과 대지조건 검토

;

기본풍속	지역에 맞는 기본풍속을 결정

;

계수 산정	고도분포계수, 풍속할증계수, 중요도계수, 풍속고도분포계수, 가스트계수 결정

;

설계속도압	설계풍속 및 설계속도압 산정

;

풍압계수	밀폐형 건축물과 개방형 건축물에 따라 풍압계수 산정

;

층별 설계풍력	층별 설계풍력 산정

;

해석 결과 조합	층별 설계풍력에 의한 해석 후 하중조합에 의해 연직하중에 의한 결과와 조합 각 부재의 최대 부재력을 설계에 반영

구조해석 결과

• 동적 특성

다음 그림은 건물의 주기에 따른 대표적인 모드 형상을 나타낸 것으로 1차 모드는 X, Y, Z 축중에 가장 강성이 작은 방향으로 나타나는 모드이며 2차 모드와 3차 모드 역시 X, Y, Z 축의 주기에 따라 결정되는 것으로서 보통 3차 모드까지 각방향의 기본모드라 할 수 있다. 일반적으로 1,2차 모드는 X, Y 축으로 발생하고 3차 모드는 Z축 즉 비틀림 모드의 형태로 나타난다.

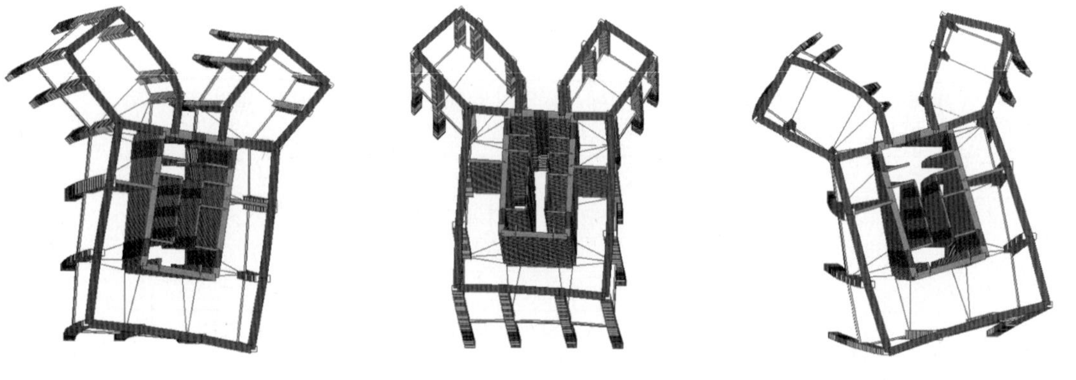

(a) 1차 모드형상 (b) 2차 모드형상 (c) 3차 모드형상

그림 6.5.5 각 방향별 모드형상

즉 표 6.5.12과 같이 모드 1, 2, 3은 X, Y, X 축에 대한 1차주기 모드가 되는 것이고 다음모드 4, 5, 6은 X, Y, X 축에 대한 2차주기 모드의 형태로 나타나는 것이다.

건축구조기준의 정적해석 방식은 각 축의 1차주기를 산정하여 그에 따라 동적하중을 정적하중으로 변환하는 과정으로 건물의 골조방식에 따라 다른 공식을 사용하여 1차주기를 구하고 있다.

컴퓨터해석으로 나오는 각 방향별 주기는 다음과 같이 1차주기 뿐 아니라 건물이 가지고 있는 자유도(degree of freedom) 만큼 수없이 많은 주기를 구할 수 있으나, 다차 모드로 올라갈수록 하중기여도(질량참여도)가 작아지기 때문에 보통 각 축별로 층수에 따른 비율로 산정하여 필요한 주기를 구하고 있다.

동적해석에서 이렇게 구한 주기는 6.5절 #지진하중에서 설명한바와 같이 제곱합제곱조법 혹은 완전2차조합 방식으로 조합하여 지진하중을 구하게 된다.

표 6.5.12 동적해석시 나타나는 모드별 주기

진동수 및 진동주기				
모드 번호	진동수 (rad/sec)	진동수 (cycle/sec)	주기 (sec)	편차
1	1.006	0.160	6.249	0.000
2	1.074	0.171	5.848	0.000
3	1.137	0.181	5.525	0.000
4	3.324	0.529	1.891	0.000
5	3.757	0.596	1.678	0.000
6	4.084	0.847	1.181	0.000
7	7.399	1.178	0.849	0.000
8	8.988	1.427	0.701	0.000
9	10.040	1.596	0.627	0.000
10	11.453	1.623	0.616	0.000

하지만, 이러한 동적해석의 결과로 나온 주기는 실제 건물의 주기보다 일반적으로 작은 값으로 나오게 되는데 이는 골조의 동적해석이 건물 내부에 있는 비내력벽과 외부마감재 등의 강성을 무시한 순수한 골조만의 주기로 산출되므로 실제 주기에 맞추어 보정할 필요가 생기게 된다.

따라서 정적해석법으로 구한 건물의 주기와 동적해석으로 구한 건물의 주기차이를 보정하여 동적해석시 하중을 증가시키게 되는데 이 증가율을 보정계수(Scale factor)라 하여 해석 후 나온 모든 결과치에 곱해주어야 한다고 건축구조기준에서 규정하고 있다.

- 사용성 검토

다음 표는 횡저항시스템을 결정하기 위하여 비교한 내용으로 코어벽+내민벽+둘레벽의 경우만 횡 변위를 만족할 수 있음을 보여 준다.

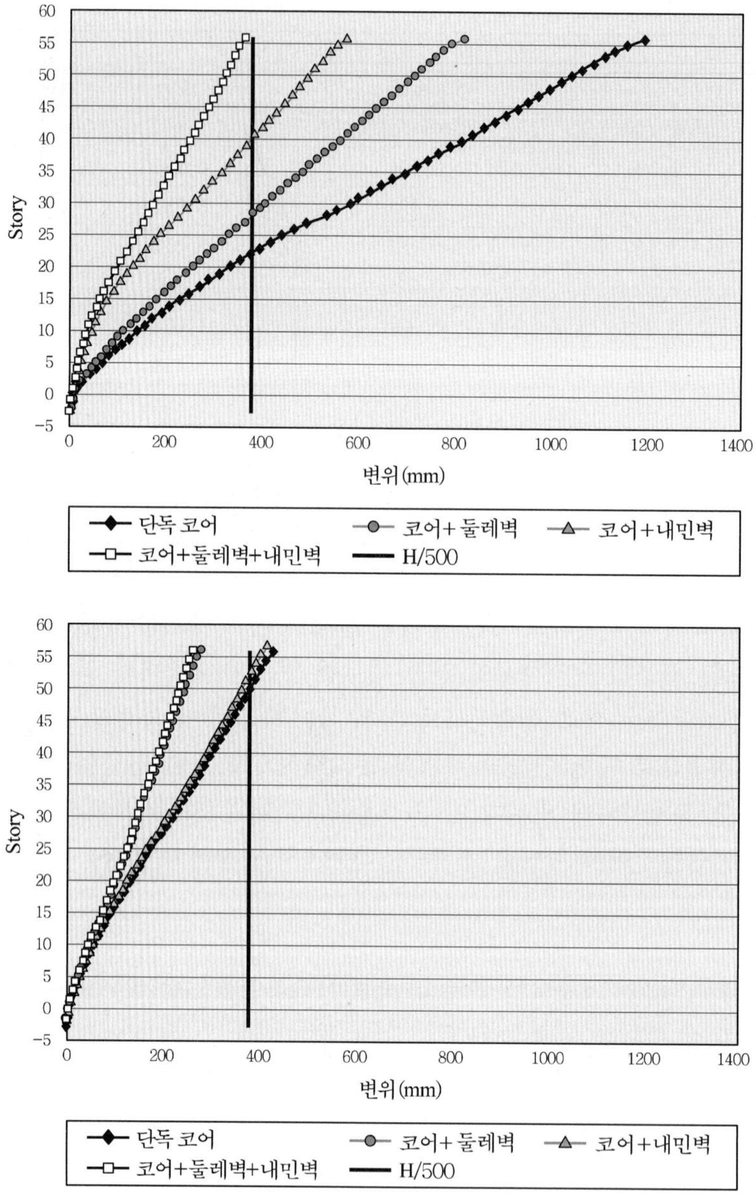

그림 6.5.6 바람에 의한 시스템별 횡변위 검토 (H/500)

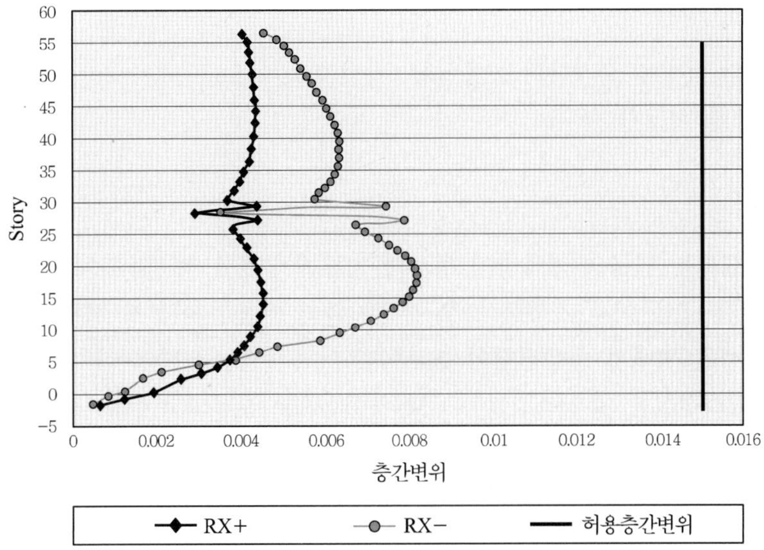

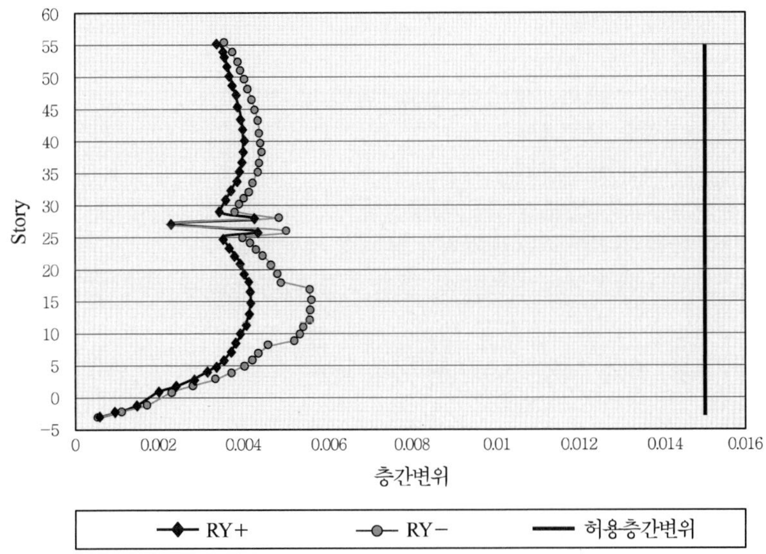

(b) Y방향

그림 6.5.7 지진에 의한 층간변위 검토(0.015hsx)

기타

고층인 주거건물의 특성을 고려하여 풍동실험, 기둥축소(column shortening), 바닥진동에 대해서 간략하게 소개를 하고자 한다.

풍동실험

고층건물의 내풍설계는 건물의 기하학적 형상과 기류에 영향을 미치는 주변상황의 영향이 매우 크다. 즉, 고층건물 군을 이루고 있을 경우 주변기류의 흐름은 이론적 접근이 불가능하므로 정확한 내풍거동분석을 위해서 풍동실험이 필요하다.

풍동실험은 풍력측정실험, 풍압측정실험, 풍환경실험으로 분류되고 주요 내용은 아래 표와 같다.

표 6.5.13 풍동실험의 종류

구분	내용
풍력측정실험 (High Frequency Force-Balance Test)	• 실제 건물의 예상 고유주파수보다 높은 고유주파수를 가지고 강체모형으로 제작. • 6분력을 사용, 건물의 X, Y, Z 축에 작용하는 힘과 모멘트를 10° 간격으로 36개 방향에서 측정함. • 결과물. - 건물 지표면, 각 층의 전도모멘트 및 전단력. - 최상층 변위응답. - 최대 가속도응답.
풍압측정실험 (Pressure Test)	• 건물 외장재설계를 위한 풍압실험. • 풍압에 불리하다고 예측되는 부분의 정밀검토. • 주변의 특수성을 재현하여, 이웃 건물에 의한 효과 최대 반영.
풍환경실험 (Environmental Wind Test)	• 사용자, 보행자에 대한 사용성 대책 확보. • 통풍, 환기, 확산 등에 대한 대책 확보.

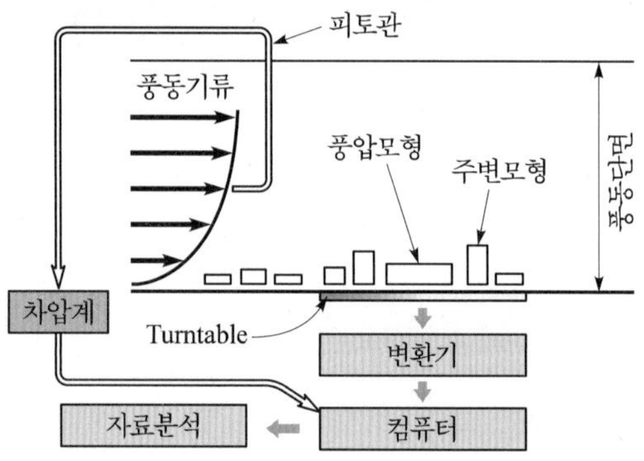

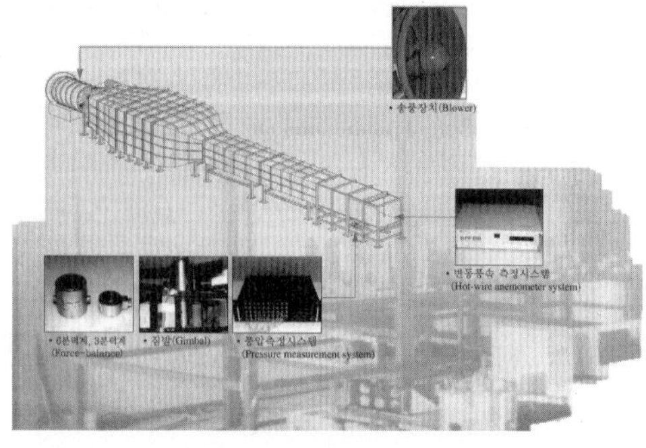

풍력실험

기둥축소량(Column Shortening)

고층 구조물의 기둥은 재하하중에 의한 축소현상이 발생한다. 이는 수직하중에 대한 수직부재의 변형을 의미하며, 분담 하중량에 따라 수직부재 사이에는 부등축소(differential shortening)가 발생하게 된다. 또한 철근콘크리트구조의 경우 하중에 의한 탄성축소 외에 콘크리트의 크립현상(creep)과 수축현상(shrinkage)에 의해 시간 의존적 비탄성 축소가 추가 발생하게 된다.

기둥축소에 의한 영향으로 사용성 측면에서는 건물 외부마감, 수직 배관덕트, 엘리베이터 레일 등의 기능성 등의 문제를 발생하고, 구조적 측면에서는 부등축소에 의한 수평부재의 부가응력이 발생하게 된다.

이에 대한 방안으로 시공과정을 고려한 수직부재 축소량 예측기법이 요구되고, 예측된 수치를 이용한 해석 → 보정 → 현장계측 → 재보정의 검토순환과정이 필요하다.

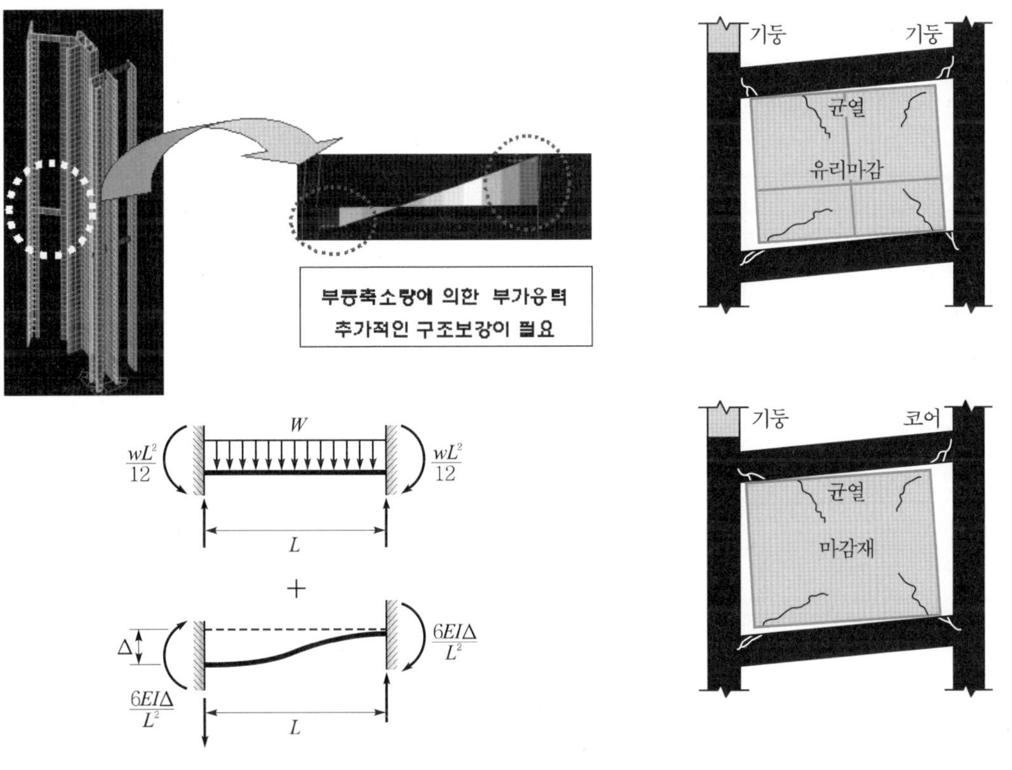

그림 6.5.14 기둥의 부등축소

바닥진동 검토 (시간이력해석)

바닥진동의 경우 주거시설에서는 무척 민감한 내용이며 특히 장경간의 주거용도의 구조물이므로 바닥진동 상세 검토를 통한 거주성능 확보가 반드시 필요하며 이는 동적해석인 시간이력해석(time history analysis)을 수행한다.

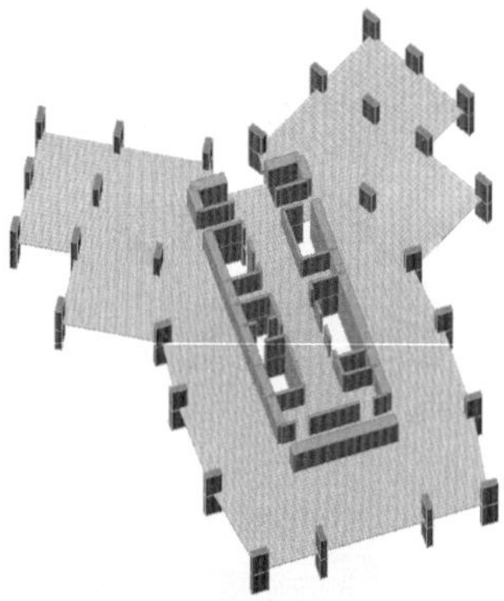

(a) 해석모델

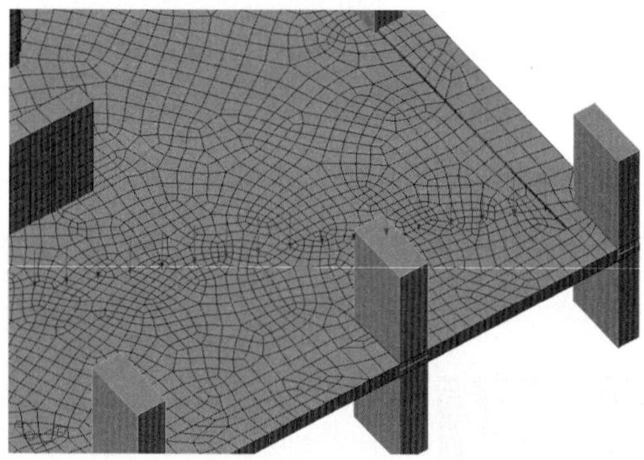

(b) 보행자의 이동하중

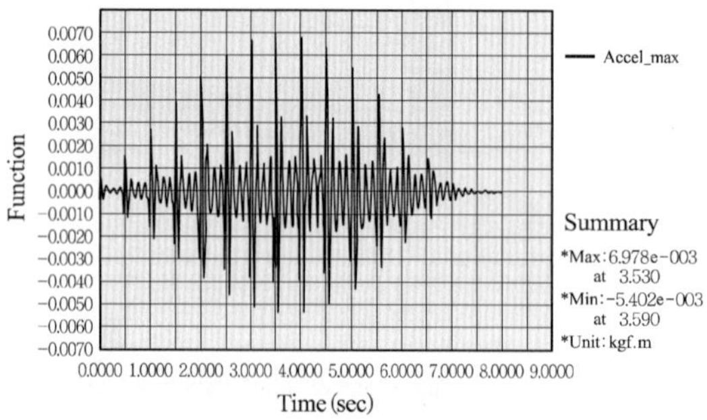

(c) 가속도 이력

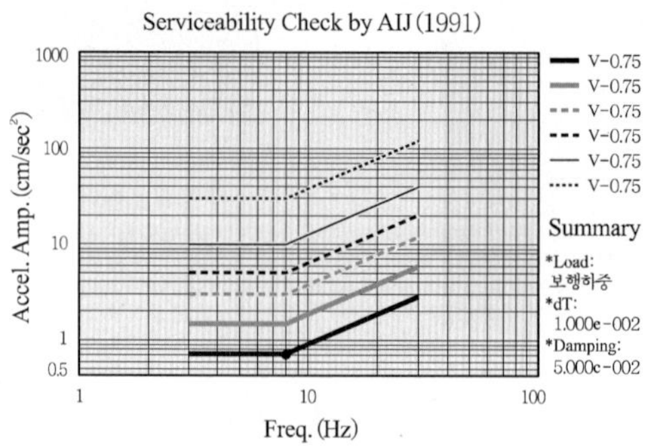

(d) 사용성 검토 결과 (가속도)

(e) 시간이력해석 결과

구 분	결과치		판정기준(등급Ⅲ)
ISO 거주성능평가지침	변위진폭	1.92×10^{-6}m	등급 Ⅰ
	가속도	0.906 cm/s^2 이하	등급 Ⅰ

그림 6.5.15 바닥진동 해석

참고문헌

6-1 대한건축학회, 건축구조기준 및 해설

6-2 건축구조개론, 공간예술사, 2004

6-3 Taranath Bungale S., Steel, Concrete & Composite Design of Tall Buildings, Mcgraw-Hill, 1998

6-4 건축구조역학, 기문당, 1994. 김근덕 외 4인

6-5 건축토목 구조매뉴얼, 이엔지 북, 2006. 조충영 외 2인 번역

6-6 Malcolm Millais, Building Structures From concepts to design, 2nd edition, Spon Press, 2005

6-7 KDS 41 00 건축구조기준, 국토교통부, 2022

6-8 KDS 17 00 내진설계기준, 국토교통부, 2022

6-9 KDS 14 00 구조설계기준, 국토교통부, 2021

6-10 KSEA 112-09 건축구조사전, 한국건축구조기술사회, 2010

6-11 KSEA 120-12 소규모건축물 구조지침 및 해설, 한국건축구조기술사회, 2012

6-12 KSEA 191-12 건축구조실무 Q&A, 한국건축구조기술사회, 2012

6-13 KSEA 351-09 건축구조기준에 따른 내진설계 예제집, 한국건축구조기술사회, 2010

6-14 KSEA 551-09 철근콘크리트 배근상세, 한국건축구조기술사회, 2010

6-15 KSEA 591-11 콘크리트 건축물 구조설계 예제집, 한국건축구조기술사회/한국콘크리트학회, 2011

6-16 KSEA 731-12 H형강구조설계매뉴얼 해설 및 예제, 한국건축구조기술사회, 2012

6-17 KSEA 731-12 H형강구조설계매뉴얼 설계도움표, 한국건축구조기술사회, 2012

6-18 KSEA 732-10 KBC2009에 따른 강구조내진설계매뉴얼, 한국건축구조기술사회, 2010

6-19 KSEA 791-09 KBC2009에 따른 강구조설계 예제집, 한국건축구조기술사회/한국강구조학회, 2009

6-20 엔지니어를 위한 내풍공학, 한국건축구조기술사회/한국풍공학회, 2010

제7장 구조설계도의 이해

제7장에서는 전체적인 건축물의 골조가 어떻게 구성되고 표현되는지를 살펴보기 위하여, 구조설계도의 구성, 공사 전에 숙지해야하는 구조일반사항, 구조설계도에 표기된 용어·기호·선들의 의미, 힘의 흐름을 알 수 있는 부재일람, 철근을 보호하기 위한 콘크리트 최소피복두께, 철근은 어디서 이어지고 어떻게 정착되는가, 철골의 접합은 어떻게 이루어지는가, 시공상세도는 왜 필요한가 등을 다룬다.

제7장 구조설계도의 이해

대학시절 그래도 구조에 관심을 가지고 공부를 했었는데 지나고 생각해 보니 전체적인 건축구조는 맛보지 못하고 부분적으로 너무 상세한 부분만 공부하다 사회에 나왔다는 생각이 든다. 이해할 수 없는 부분이 있더라도 전체적인 건축물의 골조가 어떻게 구성되고 어떻게 표현되며 어떻게 지탱되는지 감을 먼저 잡았으면 좀 더 흥미롭게 상세한 부분들을 공부할 수 있었을 텐데 라는 아쉬움에 전체적인 골조를 이해하는데 구조설계도가 그 역할을 할 수 있다고 생각되어 학교에서 쉽게 접해보지 못하는 구조설계도를 이 장에서는 다루기로 한다.

우리가 눈으로 보는 건축물은 친숙하지만 건물의 매스와 외관이 대부분이고 대체로 건물의 골조는 마감에 가려져 있어 건물들이 어떻게 지탱되고 있는지 골조를 이해하기는 쉽지 않다. 마감에 가려진 골조가 어떻게 시공되었는지는 구조설계도를 보면 파악할 수 있으며 구조설계도를 통해 골조의 시공이 가능하다

7.1 구조설계도의 구성

건축가가 대지의 여건과 용도에 맞추어 건물을 설계하면 그 건물이 안전하게 오래 동안 지탱될 수 있도록 구조기술자가 골조의 뼈대를 설계하여 시공할 수 있도록 도면화 한 것이 구조설계도이다. 구조기술자가 아무리 구조설계를 잘 했다 하더라도 구조설계도가 부실하거나 오류가 있을 경우는 제대로 시공이 이루어 질 수 없다. 훌륭한 구조기술자는 복잡한 골조를 좀 더 쉽고 단순하게 풀어 시공자가 오류를 범할 수 있는 부분을 최소로 하면서 경제적이고 단순한 골조로 설계하는 것이라고 생각한다.

구조설계도는 크게 여섯 부분으로 구성되어 있다.

① 구조일반사항
② 주심도
③ 구조평면도
④ 주요 부재 배근 일람
⑤ 부분상세 및 기타 부재배근도
⑥ 골조 단면도

아무리 복잡한 건축물이라도 대부분 이 6가지 구성으로 골조를 표현한다.

일련번호	도면번호	도면명	축척		비고	일련번호	도면번호	도면명	축척		비고
			A1	A3					A1	A3	
001	S-000	도면 목록표 -1	NONE	NONE		044	S-400	기둥일람표-1	1/30	1/60	
002	S-001	구조 일반사항-1	NONE	NONE		045	S-401	기둥일람표-2	1/30	1/60	
003	S-002	구조 일반사항-2	NONE	NONE		046	S-402	기둥일람표-3	1/30	1/60	
004	S-003	구조 일반사항-3	NONE	NONE		047	S-403	기둥일람표-4	1/30	1/60	
005	S-004	구조 일반사항-4	NONE	NONE		048	S-404	기둥일람표-5	1/30	1/60	
006	S-005	구조 일반사항-5	NONE	NONE							
007	S-006	구조 일반사항-6	NONE	NONE							
008	S-007	구조 일반사항-7	NONE	NONE		049	S-410	슬래브 일람표			
009	S-008	구조 일반사항-8	NONE	NONE							
010	S-009	구조 일반사항-9	NONE	NONE							
011	S-010	구조 일반사항-10	NONE	NONE		050	S-500	보일람표-1	1/30	1/60	
012	S-011	구조 일반사항-11	NONE	NONE		051	S-501	보일람표-2	1/30	1/60	
						052	S-502	보일람표-3	1/30	1/60	
						053	S-503	보일람표-4	1/30	1/60	
013	S-100	전체주심도	1/150	1/300		054	S-504	보일람표-5	1/30	1/60	
014	S-101	확대주심도-1	1/100	1/200		055	S-505	보일람표-6	1/30	1/60	
015	S-102	확대주심도-2	1/100	1/200		056	S-506	보일람표-7	1/30	1/60	
016	S-103	확대주심도-3	1/100	1/200		057	S-507	보일람표-8	1/30	1/60	
017	S-104	확대주심도-4	1/100	1/200		058	S-508	보일람표-9	1/30	1/60	
						059	S-509	보일람표-10	1/30	1/60	
						060	S-510	보일람표-11	1/30	1/60	
018	S-110	기초구조 편면 및 배름도	1/150	1/300							
019	S-111	지하2층 구조 평면도	1/150	1/300							
020	S-112	지하1층 구조 평면도	1/150	1/300		061	S-601	융벽일람표-1	1/50	1/100	
021	S-113	지상1층 구조 평면도	1/150	1/300		062	S-602	융벽일람표-2	1/50	1/100	
022	S-114	지상2층 구조 평면도	1/150	1/300		063	S-603	융벽일람표-3	1/50	1/100	
023	S-115	지상3층 구조 평면도	1/150	1/300		064	S-604	융벽일람표-4	1/50	1/100	
024	S-116	지상4층 구조 평면도	1/150	1/300							
025	S-117	지상5층 구조 평면도	1/150	1/300		065	S-610	벽체배튼일람표-1	1/50	1/100	
026	S-118	6층 및 지룡중 구조평면도	1/150	1/300		066	S-611	벽체배튼일람표-1	1/50	1/100	
027	S-119	옥탑지룡 평면도	1/150	1/300							
						067	S-620	잠배분도	1/10	1/20	
028	S-200	구조단면도-1	1/150	1/300							
029	S-201	구조단면도-2	1/150	1/300							
030	S-202	구조단면도-3	1/150	1/300		068	S-630	지상1층 부분단면구조상세도-1	1/30	1/60	
031	S-203	구조단면도-4	1/150	1/300		069	S-631	지상1층 부분단면구조상세도-2	1/30	1/60	
						070	S-632	지상1층 부분단면구조상세도-3	1/30	1/60	
032	S-300	헤크플레이트 상세도-1	NONE	NONE							
033	S-301	헤크플레이트 상세도-2	NONE	NONE		071	S-800	철골접합상세도-1	NONE	NONE	
034	S-302	헤크플레이트 상세도-3	NONE	NONE		072	S-801	철골접합상세도-2	1/10	1/20	
035	S-303	헤크플레이트 상세도-4	NONE	NONE		073	S-802	철골접합상세도-3	NONE	NONE	
036	S-304	헤크플레이트 단면상세도-1	NONE	NONE							
037	S-305	헤크플레이트 단면상세도-2	NONE	NONE							
038	S-306	헤크플레이트 단면상세도-3	NONE	NONE							
039	S-307	헤크플레이트 단면상세도-4	NONE	NONE							
040	S-308	헤크플레이트 단면상세도-5	NONE	NONE							
041	S-309	헤크플레이트 단면상세도-6	NONE	NONE							
042	S-310	헤크플레이트 단면상세도-7	NONE	NONE							
043	S-311	헤크플레이트 단면상세도-8	NONE	NONE							

그림 7.1.1 도면 목록표

구조설계도를 보고 시공을 하므로 구조설계도의 구성은 대체로 골조공사 순서에 맞추어 구성되어 있다. 각 부분에서 나타내고자 하는 구조설계도의 의도에 대해 간단히 설명하면 전체적인 이해에 도움이 될 것이다.

구조일반사항

구조설계가 어떻게 이루어졌는지 설계자의 의도가 표현된 것으로 공사하기에 앞서 가장 먼저 파악되어야 할 부분이므로 구조설계도에서 구조일반사항이 항상 제일 먼저 나온다. 자세한 내용은 7.2절에서 설명하기로 한다.

주심도

터파기가 끝나면 기초부터 골조공사가 이루어지는데 수직재의 위치가 중요하므로 구조일반사항 다음으로 주심도가 나온다. 주심도란 기둥만 확대해서 배치해 놓은 것으로 구조평면도의 중심선(Grid Line)에서 기둥치수가 얼마 크기로 배열되어 있는지, 상부층으로 올라가면서 수직재의 크기가 어떻게 변경되는지 정확한 정보를 알려준다.

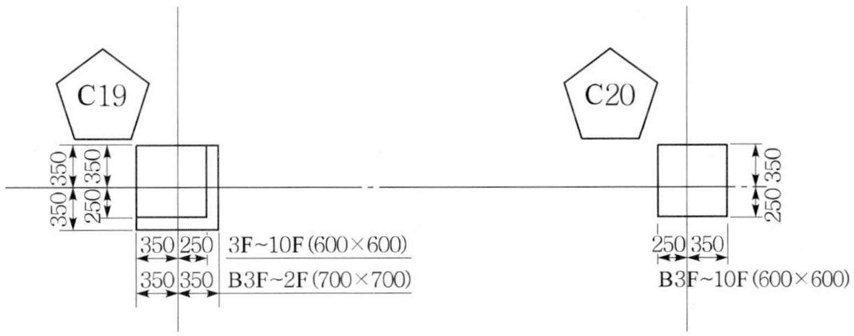

그림 7.1.2 주심도

구조평면도

구조평면도는 각 층별로 표현되며 기초평면도부터 최하층에서 최상층으로 전개된다. 구조평면도에서는 기둥 및 벽체의 정확한 위치와 보 배치가 표현되며 슬래브와 보, 기둥, 벽체의 크기(두께) 정보가 표현되며 복잡한 철근배근을 일람으로 쉽게 표현하기 위하여 각 구조요소에 기호로 각 부재의 No.를 부여해 놓는다. 또한 구조체 바닥이 마감 때문에 단차가 나는 부분은 레벨을 표현하여 얼마가 단차가 나는지 표현한다. 자세한 내용은 7.3절에서 설명하기로 한다.

부재 배근 일람 및 상세도

구조평면도에 표기해 놓은 각 부재의 기호에 대한 배근 일람이 포함된다. 즉, 슬래브, 보, 기둥, 벽체, 계단 등 주요부재의 철근배근이 기호에 따른 일람표로 표현되며 일람표로 표현되지 못하는 부분은 상세도로 표현된다.

골조단면도

골조단면도에 대한 정보로 층고 및 부재단면크기 및 슬래브 단차에 대한 정보가 공유된다.

7.2 공사 전에 숙지해야 하는 구조일반사항

구조일반사항은 그 프로젝트 구조설계 시 적용되었던 항목들을 표기해 놓은 것으로 시공하면서 꼭 지켜야 하는 일종의 지침들이다.

아이템 별로 보면 크게 5가지로 나눌 수 있다.

① 적용기준

② 구조재료 설계강도

③ 철근의 최소 피복두께

④ 철근이음의 위치 및 이음길이 정착길이

⑤ 기초의 요구지내력 및 부력방지시스템

적용기준은 건축구조기준(Korean Building Code)을 사용하고 있으며 법으로 정해져 있는 부분이다.

재료의 강도는 어떻게 사용되었는가

철근콘크리트구조라면 콘크리트의 설계기준강도는 얼마로 하였나? 철근의 설계기준강도는 얼마로? 콘크리트의 수평부재 강도와 수직부재 강도를 동일하게 설계하였는가? 아니면 층별로 다르게 하였는가? 철근의 강도도 철근굵기에 따라 같은가? 철근굵기에 따라 다르게 하였는가? 철골 구조라면 철골의 종류와 강도는 어떻게 하였는가? 여러 가지 조건들이 구조설계 시 다양하게 적용될 수 있다.

구조설계도는 구조설계에 적용된 재료강도의 정보가 정확히 표현되어야 하고 시공 전에 반드시 숙지되어야 한다.

간단한 예를 보면서 설명해 본다.

구 분		설계 강도	비 고
26~30층 아파트	16층 벽체~지붕	f_{ck}= 21MPa	(KS F 4009) 레디믹스트 콘크리트
	8층 벽체~16층 바닥	f_{ck}= 24MPa	
	지하층 벽체~8층 바닥	f_{ck}= 27MPa	
	기초	f_{ck}= 24MPa	
21~25층 아파트	11층 벽체~지붕	f_{ck}= 21MPa	
	6층 벽체~11층 바닥	f_{ck}= 24MPa	
	지하층 벽체~6층 바닥	f_{ck}= 27MPa	
	기초	f_{ck}= 24MPa	
16~20층 아파트	6층 벽체~지붕	f_{ck}= 21MPa	
	기초~6층 바닥	f_{ck}= 24MPa	
주차장		f_{ck}= 24MPa	
부속동		f_{ck}= 21MPa	

(a) 콘크리트 강도

철근 지름	철근 항복강도	적용 부위	비 고
D16 이하	f_y= 400MPa(SD500)	SD500을 적용하지 않는 모든 부재	(KS D 3504) 철근 콘크리트용 봉강
D19 이상	f_y= 500MPa(SD500)	D25이상:아파트 필로티 기둥, 보	
		D22:주차장 지붕층 보	
		D19:내부주차장의 보, 주차장의 기둥, 기초	

(b) 철근 강도

그림 7.2.1 콘크리트강도 및 철근강도

우리나라에서 보편적으로 건축구조물에 사용하는 콘크리트의 강도는 21MPa, 24MPa, 27MPa, 30MPa, 35MPa, 40MPa, 45MPa이다. 50MPa, 60MPa이상 고강도 콘크리트를 사용하기도 하지만 아직까지는 극히 일부 초고층건물에만 사용된다.

일반적으로 규모가 작은 10층 규모 이하에서는 모든 콘크리트의 강도를 21MPa, 또는 24MPa로 동일하게 적용하는 경우가 많으나, 층수가 높은 건축물에서는 하부층 기둥(또는 벽체)의 축력이 커지기 때문에 기둥 또는 벽체의 단면크기로 조정하기보다는 하부층에서 콘크리트의 강도를 30MPa~40MPa로 크게 하고 상부층으로 올라가면서 콘크리트의 강도를 21MPa~30MPa로 작게 하는 경우도 있다.

콘크리트는 압축재에 유용한 구조재료이므로 축력이 큰 경우는 수직부재에 높은 고강도 콘크리트가 필요하지만 보나 슬래브와 같이 휨을 받는 수평부재에 대해서는 굳이 큰 강도의 콘크리트가 필요하지 않을 수도 있다. 이런 경우에는 좀 더 경제적인 건물골조를 만들기 위하여 수직부재와 수평부재를 분리하여 콘크리트 강도를 다르게 사용하기도 한다.

콘크리트는 철근과 결합하여 철근콘크리트구조로 거동하는데 세월이 지나도 철근이 제대로 역할을 발휘할 수 있도록 콘크리트는 철근의 피복재 역할을 한다. 따라서 건물의 주변 환경이 바닷가로 염해의 피해가 있거나, 너무 추운지역으로 제빙화학제를 많이 사용하는 환경에 노출된 특수상황에서는 내구성을 확보하기 위하여 콘크리트의 강도를 30MPa 이상으로 키워 사용하도록 하고 있다.

현재 우리나라에서 보편적으로 사용하는 철근의 설계기준강도는 400MPa이다. 건물 규모가 대단지이거나 층수가 높은 고층건물에서는 보나 기둥에서 주로 사용되는 22mm 또는 25mm 보다 굵은 철근에서는 철근의 강도를 500MPa, 또는 600MPa까지도 사용하는 추세이다.

좌굴이나 처짐과 같이 재료의 강도보다는 단면형상에 더 많은 영향을 받는 경우도 있지만, 대부분 압축력을 받는 철골기둥이나 모멘트-전단에 저항하는 철골보 부재에서는 철골의 강도가 매우 중요하다. 동일한 단면적을 가지는 부재라 하더라도 재료 강도에 따라 발휘하는 내력이 최대 1.8배 가량 차이가 나기 때문이다. 철골부재의 재료강도는 크게 4가지 SS400, SM490, SM520, SM570이 주로 쓰이는데 판 두께에 따라 재료의 항복강도(f_y)는 다소 차이가 있지만 판 두께가 40mm이하에서는 재료강도가 각각 f_y=235MPa, f_y=325MPa, f_y=355MPa, f_y=420MPa이다. 아직까지 보편적으로 사용하는 재료강도는 SS400, SM490이다.

예를 들어 동일한 철골부재 H-500*200*10*16라 하더라도 SS400일 때와 SM490일 때의 설계기준항복강도가 약 1.4배 차이가 난다. 동일 형상이라 하더라도 재질에 따라 발휘할 수 있는 내력차이가 크므로 철골부재를 표기할 때는 반드시 재료강도도 같이 표기하여야 한다.

철근의 최소 피복두께가 가지는 의미

철근콘크리트조는 2개의 서로 다른 성질을 가진 재료가 서로 협력하면서 최고의 효율적인 강도를 발휘하는 구조재료이다. 콘크리트는 주로 압축력에 저항하고 철근은 인장력에 저항하게 되는데 철근이 인장력을 발휘하기 위해서는 철근이 콘크리트라는 접착물에 충분히 둘러싸여 있어야 한다. 얼마만큼 피복두께를 유지해야 오래도록 내구성을 확보하면서 철근이 충분히 내력을 발휘할 수 있는가를 정해 놓는 것이다. 좀 더 상세한 내용은 7.5절에서 살펴보기로 한다.

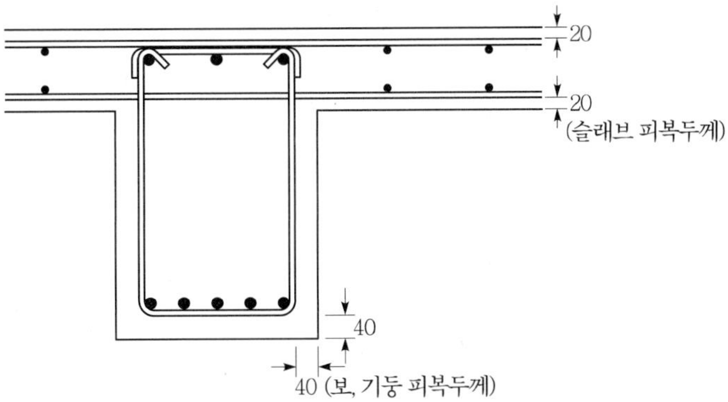

그림 7.2.2 피복두께 및 단면 내 철근의 위치

철근의 이음과 정착은 어디서 어떻게 하나

철근의 길이는 일반적으로 8m, 9m, 10m, 11m, 12m로 생산되고 있으며 적당한 철근길이를 구매하여 구조설계된 대로 철근을 적절히 가공하고 배치한다. 그러려면 어쩔 수 없이 철근을 이어서 사용할 수밖에 없는데 철근 이음의 위치는 아무데서나 해도 되는지? 한 곳에서 동시에 이어져도 되는지? 이어지는 곳에서 겹쳐 잇는 길이는 얼마로 해야 하는지? 철근이 끝나는 곳에서의 정착은 어떤 형태로 해야 하는지? 등등 의문을 갖기 시작하면 끝도 없게 된다. 이러한 철근의 이음과 정착에 대한 위치 및 이음길이, 정착길이 및 형태 등이 구조일반사항에 표기되어 있다. 상세한 내용은 7.6절에서 살펴보기로 한다.

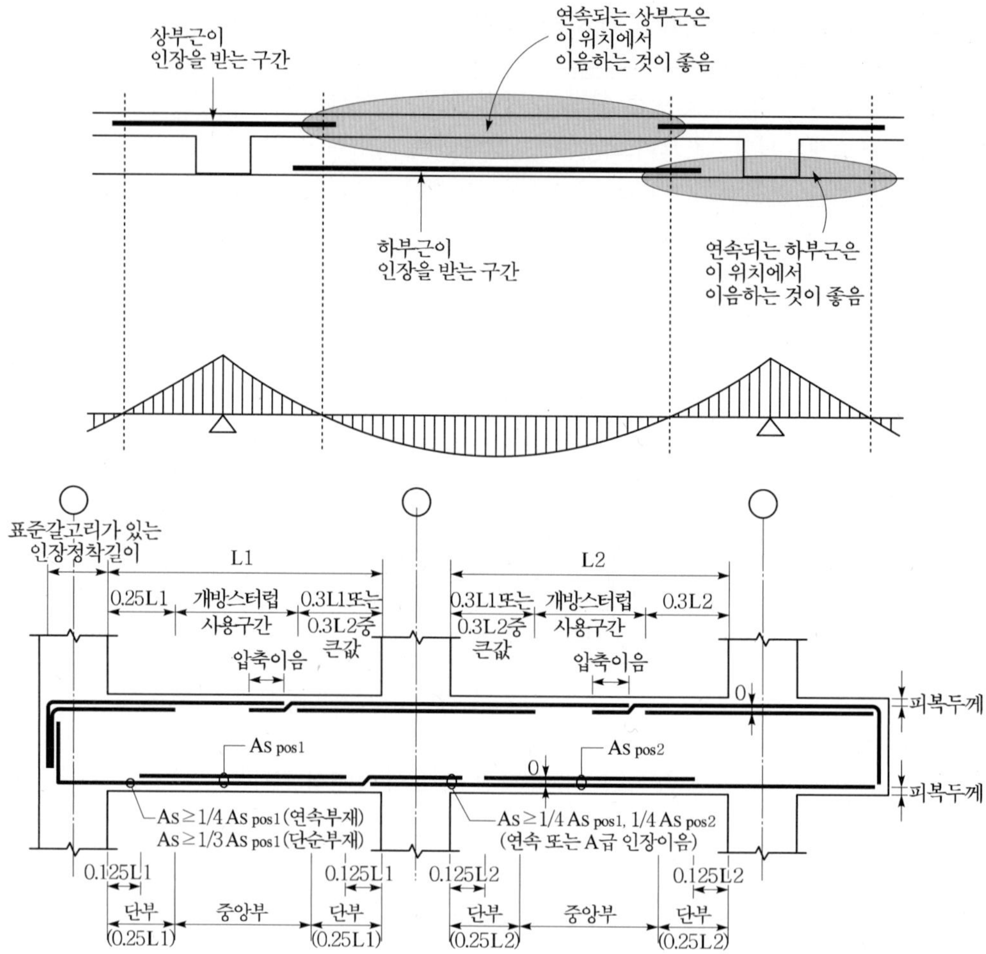

그림 7.2.3 철근 이음 위치

▌건물이 지반에 안전하게 앉혀질 수 있는 요구지내력

모든 건물은 지반에 앉혀지게 되며 지반이 건물의 무게를 지탱할 수 있느냐 없느냐에 따라 기초의 형태가 결정된다. 따라서 대지에 건물을 설계하기 전에 반드시 지반조사를 수행하여 어느 정도 지내력을 발휘할 수 있는지 확인이 필요하다. 요구되는 지내력을 지반이 발휘할 수 없다면 말뚝기초를 깊이 설치하여 기초판을 지지하거나 기초바닥을 요구되는 지내력을 확보할 수 있는 깊이까지 내림기초를 하거나, 지반을 치환, 강화하여 요구지내력을 확보할 수 있도록 조치를 하여야 한다. 이러한 내용이 구조일반사항에 표기 되어 있다.

지층단면도 예를 보면 NX-4의 보오링테스트 위치에서는 일부 매립층과 퇴적층이 나오고 풍화토, 풍화암, 연암층의 순으로 지층이 구성되어 있다. 기초는 최소한 풍화토나 그보다 단단한 풍화암, 연암층에 앉혀지게 되는데 일반적으로 지내력은 풍화토는 150~400kN/m^2, 풍화암은 400~800kN/m^2 내외이며, 연암은 800~1,000kN/m^2 내외이다. 건물의 층규모에 맞는 요구지내력을 확보할 수 있는 위치에 기초를 앉혀야 한다.

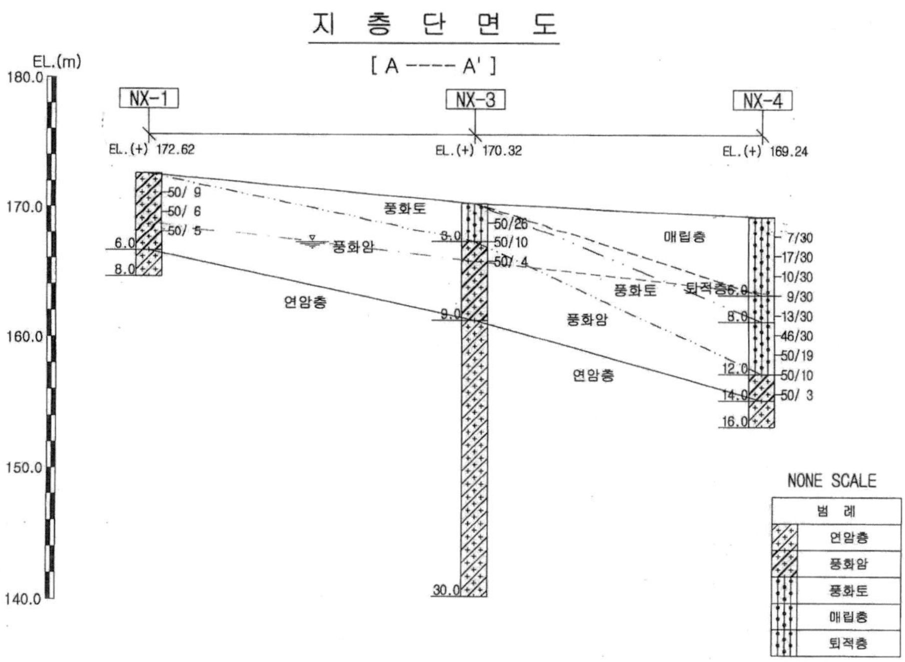

그림 7.2.4 지층단면도 예

부력에는 안전한가

지반조사를 하는 또 하나의 큰 목적은 지하수위가 어디에 위치하는가를 알아보는 것이다. 지하수위가 지표면 가까이 위치하고 건물 자중이 양압력을 이기지 못하면 지하수의 영향으로 건물이 부상하는 경우도 있으며 양압력의 영향으로 지하층 구조에 균열이 발생하는 경우도 생긴다. 부력에 대한 검토결과 자중으로 괜찮은지, 지하수위를 낮추는 공법을 적용해야 하는지, 건물이 부상하지 않도록 록앵커(rock anchor)를 설치해야 하는지 해당사항을 구조일반사항에 표기하는 것이 일반적이다.

구조설계에 적용되었던 설계하중도

건물의 수명은 짧게는 20~30년, 길게는 100년 이상 가는 경우도 있다. 건축물은 오랜 지속성을 가지기 때문에 구조설계에 적용되었던 하중조건은 매우 중요한 정보이다. 건물이 외력에 안전하려면 어떠한 경우라도 설계하중보다 큰 하중이 재하되어서는 안된다. 시간이 지나면서 용도가 변경될 수도 있고 공사 중에 용도와 상관없이 공사하중이 재하되는 경우도 있을텐데 설계하중보다 큰 하중이 작용하는 경우에는 구조보강이 필요하며 어느 정도까지 보강 수준이 되어야 할지는 적용된 설계하중으로 판단할 수 있다. 보수 보강 또는 사용상 관리 차원에서 구조설계 때 적용되었던 설계하중에 대한 정보는 반드시 구조설계도에 표기하는 것이 바람직하다.

일반사항에 표기된 지침들은 구조설계에 반영되어 부재를 설계한 것이므로 반드시 공사 착수 전에 숙지하고 공사에 임하여야 한다.

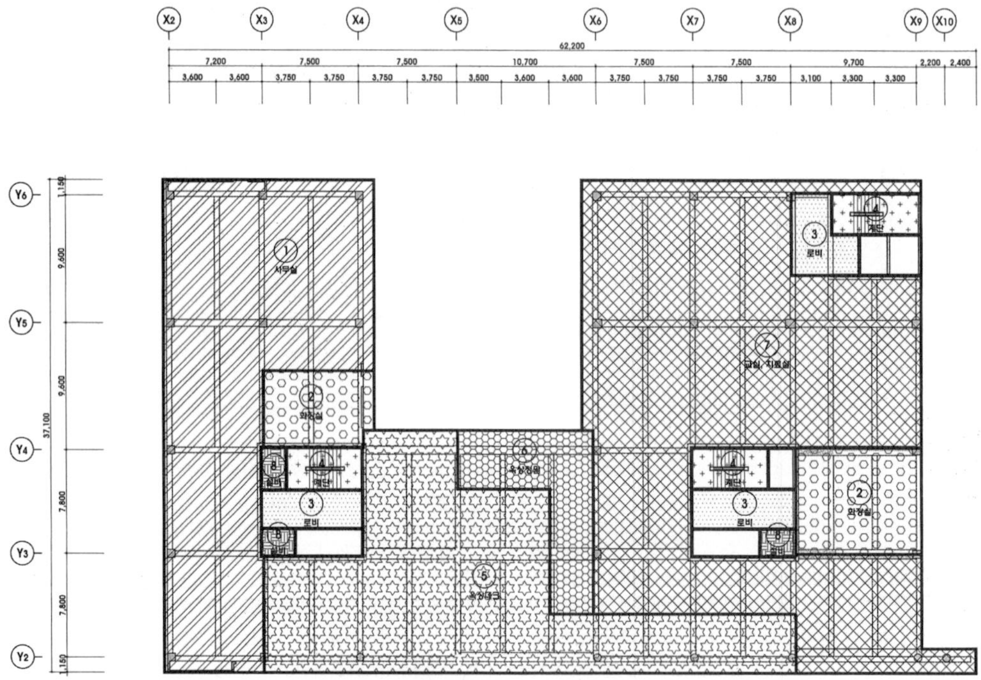

■ Loading Map List (kN/m²)

번호	실명	구분	SDL	LL	번호	실명	구분	SDL	LL
1	사무실		4.70	3.50	5	2층 옥상데크		8.00	5.00
2	화장실		7.80	3.00	6	2층 옥상정원		14.10	5.00
3	로비		5.61	3.00	7	교실, 치료실		5.10	4.00
4	계단		6.84	3.00	8	설비		3.60	-

그림 7.2.5 설계하중도

7.3 구조평면도에 표기된 용어·기호·선들의 의미

구조평면도란 건물 각 층의 바닥판을 해당 층 중간에서 절단하여 아래로 내려다 본 골조도면이다.

구조설계도를 이해하려면 먼저 건축설계도를 파악하고 구조설계도를 보는 것이 수순이다. 구조설계도는 건축도면의 골조 선을 그대로 따다가 표현한다. 건축평면도와 동일하게 기둥 열에 맞추어 X방향으로 Y방향으로 각각 중심선(grid line)에 열 번호를 부여한다. 보통 X방향으로는 X1, X2, X3 …로 좌측에서 우측으로 일련번호를 부여하고 Y방향으로는 Y1, Y2, Y3 …로 아래에서 위로 일련번호를 붙인다. 일반적으로 열 간격은 기둥과 기둥간의 거리이고 이 길이를 경간이라고 하고 mm 단위로 표현한다. 주심도의 기둥 배치를 X열, Y열선에 맞춘다.

예를 들어 2층 바닥 구조평면도를 보면 2층 공간 중간에서 수평으로 절단하여 하부를 내려다 본 평면도로 절단된 면은 실선으로, 절단되지 않은 면은 점선으로 표현된다. 그리고 구조평면도이기 때문에 골조만 표기한다. 비내력벽인 조적벽체나 유리 창호 등은 표현되지 않으며 콘크리트 벽체, 기둥, 슬래브 외곽선 등에 보 배치를 표현한다. 기둥이나 콘크리트벽체, 슬래브 외곽선은 실선으로 표현되며 보 배치는 점선으로 표현된다. 아래층 벽체나 기둥도 하부에 있는 구조체이므로 점선으로 표현된다. 모두 부재의 치수는 mm단위로 표현한다.

구조평면도에는 주요 부재의 크기만 표현될 뿐 철근에 대한 정보는 복잡해서 표현하기가 어렵다. 그래서 각 부재의 철근배근 정보에 대해서는 별도의 철근배근 일람으로 표현하고 있으며 해당 철근일람과 구조평면도의 부재들과 매칭하기 위해 각 부재마다 기호를 지정하고 있다.

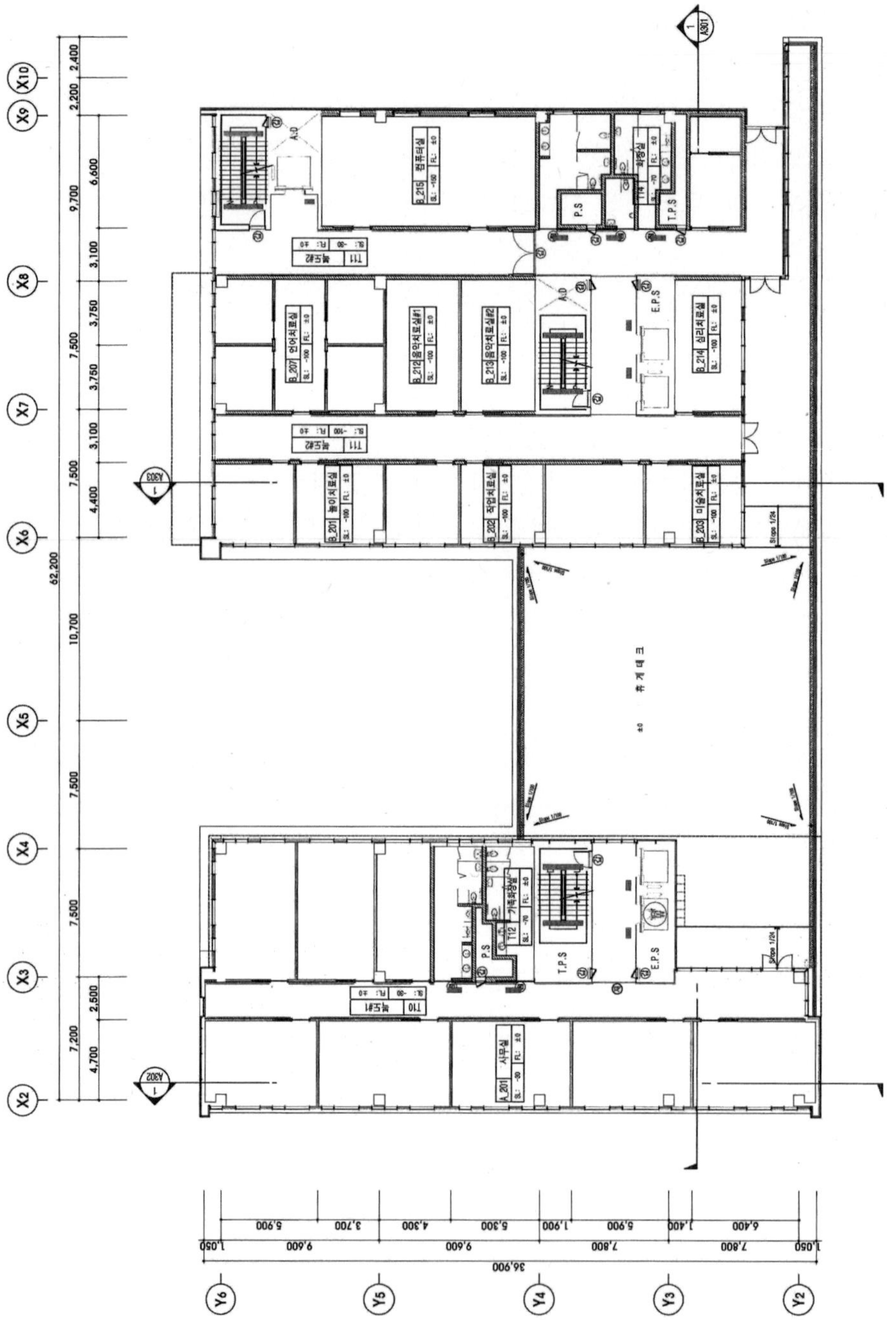

그림 7.3.1 지상 2층 건축평면도

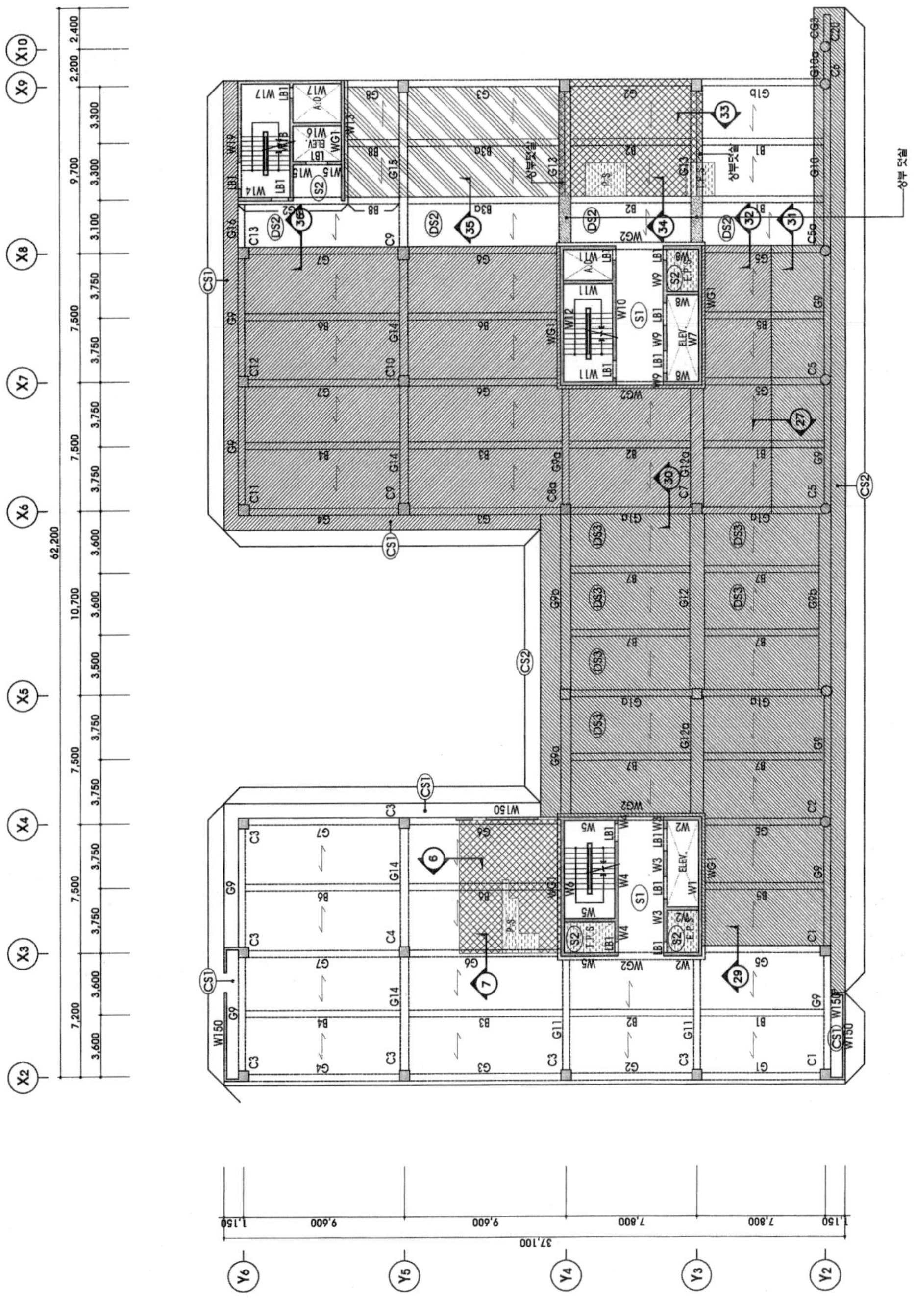

그림 7.3.2 지상 2층 구조평면도

구조평면도에는 기호들로 가득하다

일반적으로 구조요소의 기호는 묵시적으로 영문자 첫글자로 표현되는데 기초는 F(Footing), 기둥은 C(Column), 큰보는 G(Girder), 작은보는 B(Beam), 슬래브는 S(Slab), 벽체는 W (Wall), 지하외벽은 BW(Bassment Wall) 또는 RW(Retaining Wall)로 표현된다. 예를 들어 3G5는 3층 큰보의 일련번호 5의 부재이다. 기호 앞의 숫자는 해당층을 표시하며 기호 뒤의 숫자는 일련번호를 나타낸다. 이렇게 구조평면도에 표기된 기호들은 배근 일람을 찾을 때 용이하다.

구조평면도에는 그 해당 층에서 골조 슬래브 단차도 표현되어야 한다. 용도에 따라 마감 두께가 변화하면 마감두께에 따라 슬래브 구체가 단차가 생기게 된다. 그 해당 층에서 가장 넓은 부분의 슬래브 레벨을 SL±0으로 잡고 단차가 있는 부분은 SL-150 등으로 표현하고 SL-150구간의 면적을 햇치로 표현하기도 한다. SL은 Slab Level을 의미한다.

단차가 생기는 부분이나 평면으로는 표현되지 않는 복잡한 단면이라면 그 부분에 대한 단면도가 필요하다. 그래서 구조평면도에는 반드시 단면도를 끊은 부위를 표현하는 기호들이 있다. 단면을 끊은 위치와 구간, 보는 방향, 해당 도면번호 및 그 해당도면에서의 상세번호 등 정보를 기호로 표기한다.

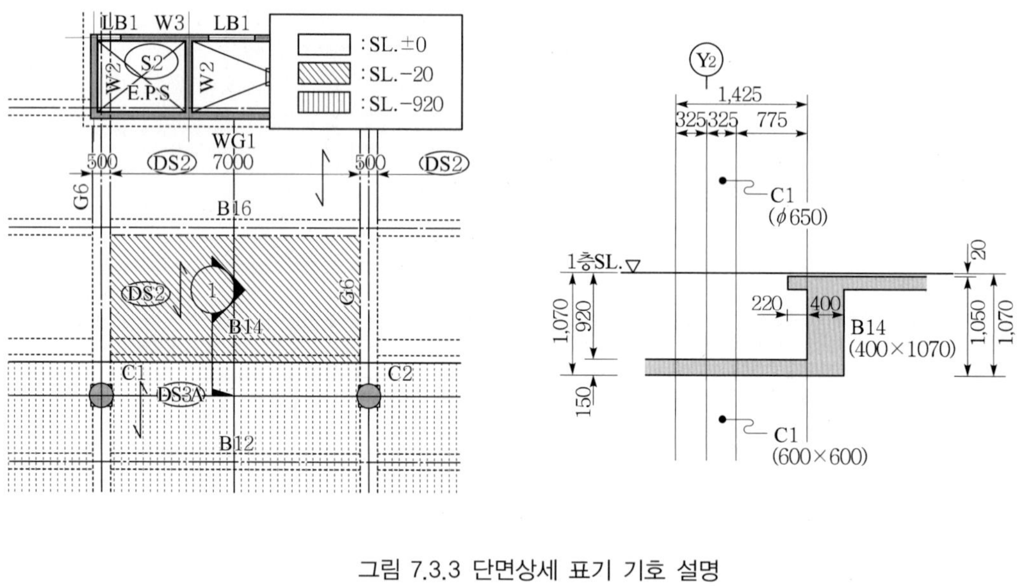

그림 7.3.3 단면상세 표기 기호 설명

7.4 힘의 흐름을 알 수 있는 부재일람

구조평면도에서 표현된 구조부재 기호들의 철근배근들을 부재별로 별도로 모아 슬래브 배근도, 보 배근도, 기둥배근도, 벽체배근도, 기초배근도 등으로 일람으로 표현한다.

슬래브 배근도

슬래브 배근 형태는 몇 가지로 분류될 수 있다. 1방향 슬래브인가? 2방향 슬래브인가? 1방향 슬래브란 어떤거지? 여기서 1방향, 2방향으로 표현하는 것은 힘의 흐름이 1방향인지, X방향, Y방향 양방향인지를 말한다. 슬래브는 일반적으로 보가 지지하는 얇은 판으로, 보가 지지하는 슬래브 형태가 장변/단변비가 2보다 큰 직사각형 형태라면 슬래브판 위에 하중이 가해졌을 때 거의 한 방향으로 힘이 전달되며 그래서 1방향슬래브라고 말한다. 따라서 철근의 배치도 주근을 짧은 단변 쪽으로 배치하며 직교방향의 장변방향으로는 최소철근만 배치하게 된다. 슬래브의 장변/단변 비가 2보다 작은 사각형 형태라면 단변과 장변의 길이 비 만큼 하중이 X방향, Y방향으로 분산된다고 이해하면 될 것이다. 경간에 반비례하게 하중이 전달되는데 짧은 쪽으로 더 많이, 긴 쪽으로 하중이 덜 분배된다. 정사각형 슬래브라면 X, Y방향 모두 동일하게 하중이 분배되며 동일한 철근배근을 가지게 된다.

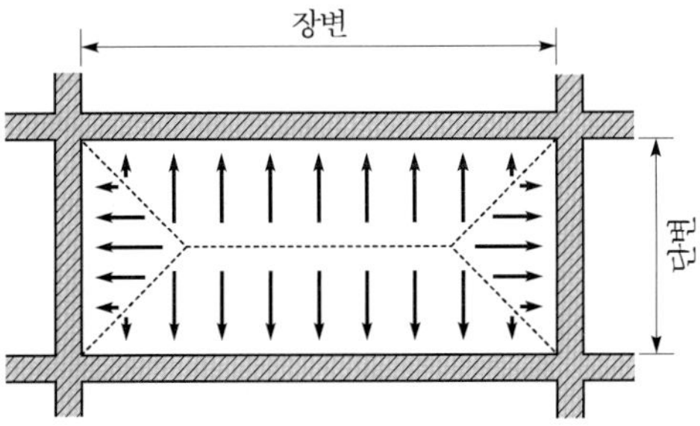

(장변/단변≥2인 경우 "1방향 슬래브" 로
하중은 대부분 단변 방향 지점으로 흘러가려고 함

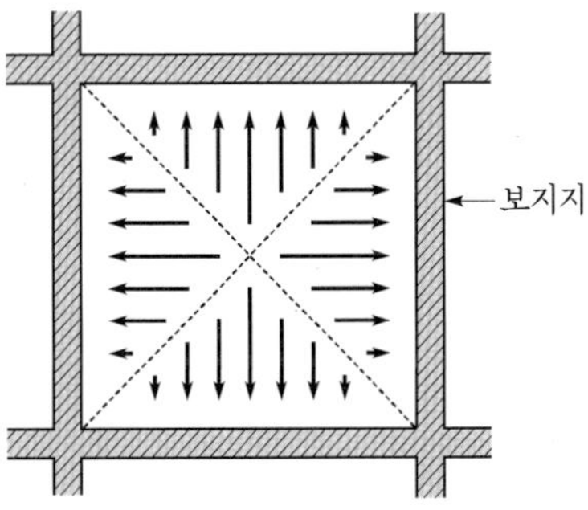

정사작형 슬래브라면 X방향, Y방향
양방향으로 하중이 분배되며
"2방향 슬래브" 라고 함

그림 7.4.1 1방향/2방향 슬래브의 하중 분산

경간이 3m~4m 내외이면 1방향 슬래브로 설계한다. 슬래브 두께는 보통 일반적인 용도인 경우는 150mm~200mm로, 하중이 크거나 옥외 슬래브로 흙이 쌓이거나 중량차가 지나다니는 부분이라면 200~250mm 두께로 설계한다. 경간이 6m~8m 이상으로 크고 정사각형 형태인 경우는 슬래브 두께를 200mm~300mm로 2방향슬래브로 설계한다.

슬래브는 보통 상부근과 하부근을 직교로 교차하게 철근을 배열하는데 상부근은 슬래브를 지지하는 보 주변에 배치되고 하부근은 슬래브의 중앙부에 배치된다. 모멘트도를 보면 알 수 있듯이 모멘트가 발생하는 부분의 인장측에 철근을 배치하는 것이다.

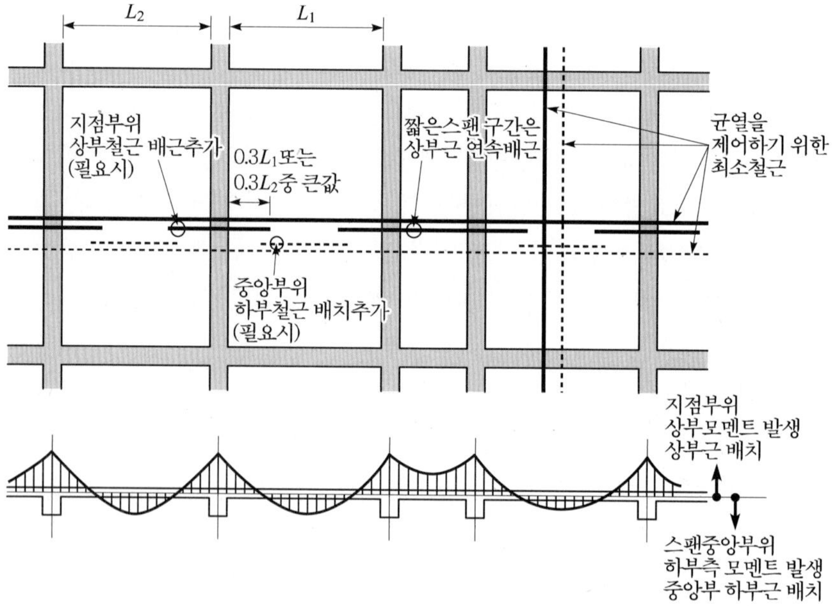

그림 7.4.2 모멘트도와 슬래브 철근배근

일반적으로 상부철근은 실선으로 표현하고 하부철근은 점선으로 표기한다. 상부철근과 하부철근을 글씨로 표현할 때는 상부철근은 HD13@200(T), 하부철근은 HD10@200(B)로 표기하기도 한다. 모멘트가 발생하는 구간에 충분히 철근이 배치되어야 하는데 일반적으로 하부근은 전체 구간에 연속되도록 배치하며 상부근의 배치는 보 끝선에서 슬래브 순경간의 0.3L 길이 이상 설치하게 되어 있으며 이웃한 경간의 길이가 차이가 나는 경우는 모멘트 다이아그램에서도 알 수 있듯이 이웃한 짧은 경간으로 상부 모멘트가 그대로 전달되므로 이웃한 긴 경간의 0.3L 길이 만큼 짧은 경간으로 연장되도록 철근을 배치하여야 한다.

1방향슬래브로 설계했다면 하중이 한방향으로만 전달된다고 가정했기 때문에 다른 한 방향으로는 철근을 배치하지 않아도 되는가? 하는 의문이 생길 것이다. 대답은 그렇지 않다는 것이다. 콘크리트는 인장저항능력이 아주 작기 때문에 작은 인장력에도 쉽게 균열이 가는 것을 상상할 수 있다. 모멘트가 발생하지 않더라도 콘크리트 수화열에 따른 건조수축이나 온도변화에 따른 균열을 제어하기 위해서는 최소철근이 필요하다.

우리가 철근 없이 콘크리트만 가지고 구조체를 만든다면 상상만 해도 균열이 가 있는 구조물이 상상될 것이다. 어느 정도 균열을 제어하기 위해서는 최소한의 철근이 들어가야 하며 건축구조기준에서는 각 구조부재요소마다 최소철근을 규정하고 있다. 슬래브의 경우는 콘크리트 단면적의 0.2% 만큼 철근량을 X방향, Y방향 각각 배치하도록 되어 있다. 1방향슬래브라 하더라도 150mm 두께의 슬래브라면 1000mm*150*0.002=300mm^2 즉, 단위m당 300mm^2 철근량을 장변방향으로도 넣어야 하며 어느 단면에서든지 철근량의 합이 300mm^2 이상이어야 한다.

슬래브의 배근간격은 50mm 단위로 표현되는 것이 일반적이고 배치가 용이하도록 하부철근과 상부철근의 간격을 동일 간격 또는 2배수 또는 1/2 배수 간격으로 배치하는 경우가 많다. 예를 들면 하부철근과 상부철근을 모두 300mm 간격으로 배치하고 철근지름만 변경한다든지, 상부철근만 토막철근을 300mm 간격으로 추가하여 상부는 150mm 간격으로 하부는 300mm 간격으로 구조설계 한다.

상부근과 하부근의 간격이 배수간격으로 배치된다면 Bent-Bar형태로 슬래브 배근을 배치하여도 좋을 것이다. 상부철근을 경간의 1/4구간 위치에서 절곡하여 하부철근으로 배치하는 것이다. 장대철근 한가닥으로 상부철근과 하부철근을 동시에 이용한다는 장점이 있으나 절곡하면서 상부철근이 제 위치에 있지 못하고 하부쪽으로 처질 경우 유효춤이 작아져 상부모멘트에 대한 휨내력성능이 저하될 우려가 있다.

1방향슬래브 배근상세

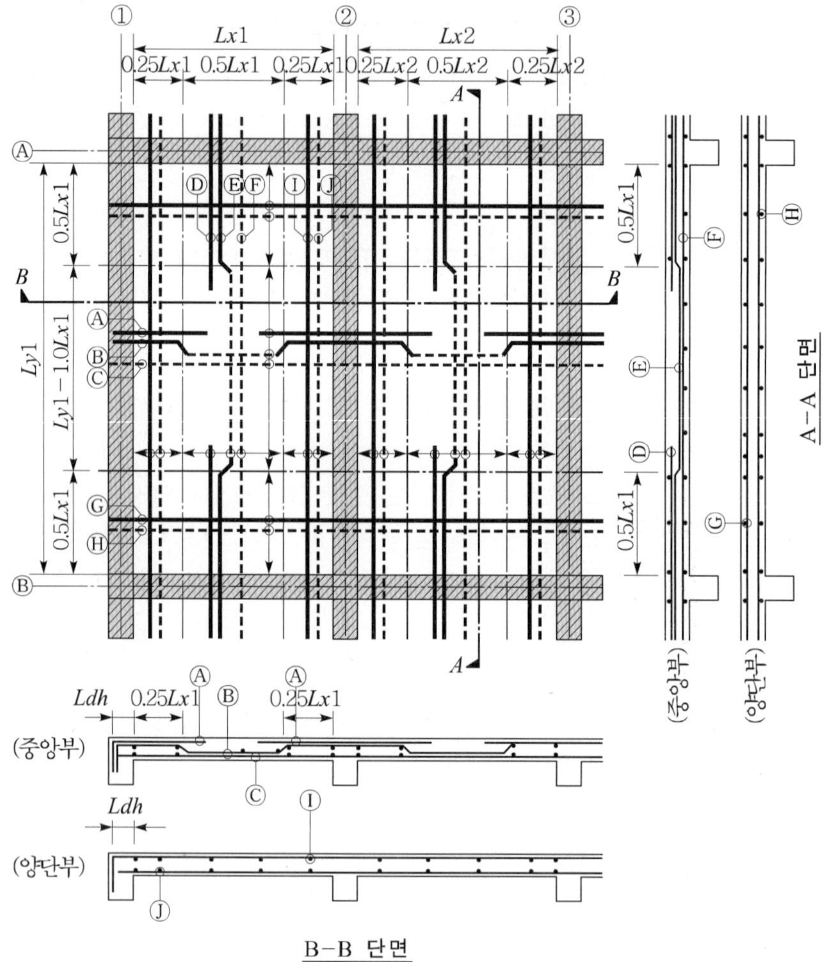

1방향슬래브($L_y/L_x \geq 2$일 경우) : 4번 지지일 경우

그림 7.4.3 Bent-Bar 형태의 슬래브 철근 배치

보 배근도

구조평면도에서 보면 단 스팬인 경우도 있겠지만 대부분 보는 기둥과 기둥을 연결하거나 연속된 보로 형성되어 있다. 기둥과 기둥에 연결된 보를 큰보(Girder)라 하고 큰보(Girder)에 지지되는 보는 작은보(Beam)라 한다. 기둥에 연결된 보 단부나 연속보의 보 단부에서는 모멘트에 의한 휨 인장응력이 보 단면의 상부에서 발생하고 중앙부에서는 휨 인장응력이 보 단면의 하부에서 발생

한다. 모멘트가 발생한다는 것은 변형과 연관이 있다. 회전이 생기는 곳에서는 모멘트가 발생하지 않고 회전이 일어나지 못하게 구속되는 곳에서 모멘트가 발생한다. 다시 말하면 회전이 발생하지 못하도록 잡고 있기 때문에 모멘트가 발생하는 것이다.

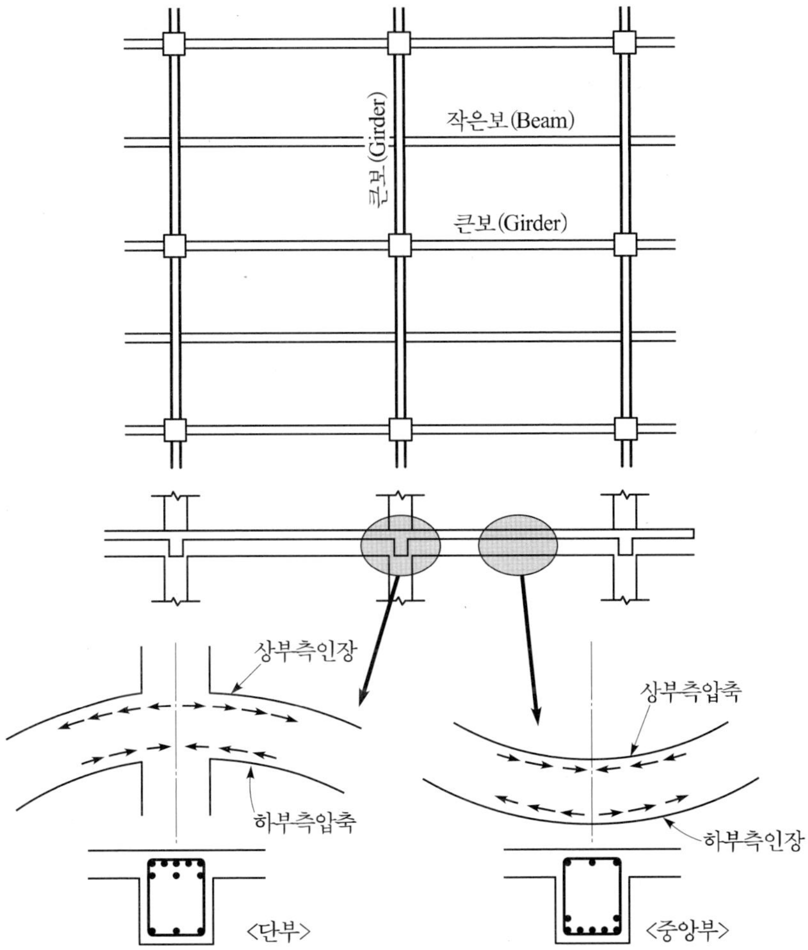

그림 7.4.4 모멘트와 변형과의 관계/기둥–보 /연속보

그림에서 보는 바와 같이 회전이 발생되지 못하는 부분에서 최대 모멘트가 발생하고 모멘트가 발생하는 단면에서 부재의 응력을 보면 단면 내에서 한 부분은 압축을 한 부분은 인장을 받는 것을 알 수 있다. 기둥 주변 보 단면에서는 단면의 상부측에서 인장이 발생하고 하부측에서는

압축이 발생한다. 보의 중앙부 단면에서는 보단면의 하부가 인장을 받고 상부는 압축을 받고 있다는 것을 알 수 있다. 따라서 보의 단부에서는 보 단면의 상부에 주철근이 배치되고 보의 중앙부에서는 보 단면의 하부에 주철근이 배치되어야 한다는 것을 알 수 있다.

보 주철근을 최대로 상부나 하부, 최외측으로 배치하는 이유가 인장 측에 최대한 가까이 배치하고자 하는 이유에서이다. 그래야만 휨성능이 좋아지기 때문이다. 그래서 철근을 보호하기 위한 최소 피복두께만큼 뺀 위치에 철근을 1단으로 배열하고 혹시 철근량이 많아 1열로 배치가 어려울 경우에는 최대한 외측에 배치하고 남는 철근을 안쪽으로 2단 철근을 배치하는 것이다.

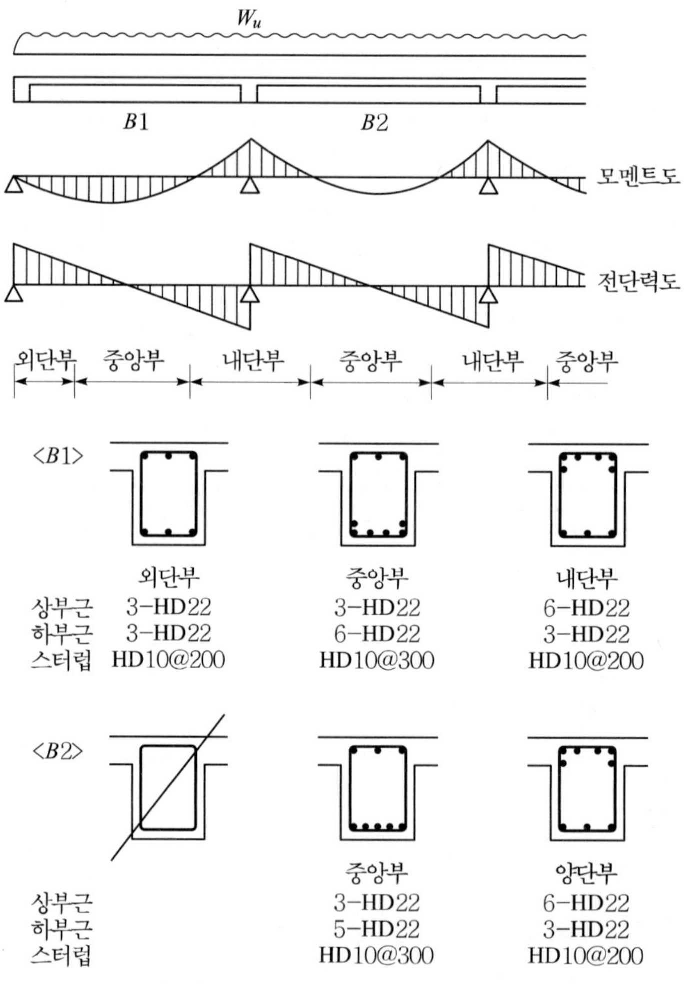

그림 7.4.5 보 단면에서의 휨과 전단

보 부재에 하중이 전달되면 휨모멘트와 전단력이 동시에 발생하게 된다. 보 부재가 변형하면서 상, 하부면에서는 휨이 발생하고 보 단면 내에서는 전단이 발생한다.

보 부재의 전단력 분포는 지점 부분에서 크고 중앙부 부분에서는 작다. 따라서 보 배근에서도 단부에서는 스터럽을 많이 배치하고 중앙부에서는 스터럽 간격이 큰 것을 알 수 있다.

보 단면에서 상하부 주근은 스터럽으로 감싸져 있다. 스터럽 철근은 보에서 전단력을 발휘하는 철근이다. 스터럽은 주철근이 제대로 인장력을 발휘할 수 있도록 주철근을 둘러싸고 있으며 휨 변형하면서 나타나는 사인장 균열을 제어하기 위해 최소한의 전단철근을 배치하도록 되어있다. 사인장 균열은 45° 로 발생하며 사인장 균열 구간에 최소한 1개 이상 스터럽이 위치할 수 있도록 스터럽의 최대 철근간격은 보춤의 1/2로 제한하고 있다.

내진설계가 적용된 보-기둥 접합부에서는 스터럽의 간격을 촘촘히 폐쇄형으로 설치하도록 되어있다. 이는 지진이 발생하여 골조가 파괴되는 형상을 보면 일반적으로 보-기둥 접합부에서 심한 균열과 함께 파괴형상이 발생하기 때문이다. 내진설계 적용 기둥-보 접합부에서 스터럽 간격은 보 춤의 1/4, 주철근지름의 8배, 후프철근지름의 24배, 300mm이하로 배치하도록 되어있으며 구간은 보-기둥 접합부에서 $2h$이다. 또한 폐쇄형태인 후프철근을 사용하도록 되어있으며 모서리 주근이 완전히 감싸여 심한 지진하중이 오더라도 주근이 튕겨 나가는 것을 막기 위함이다.

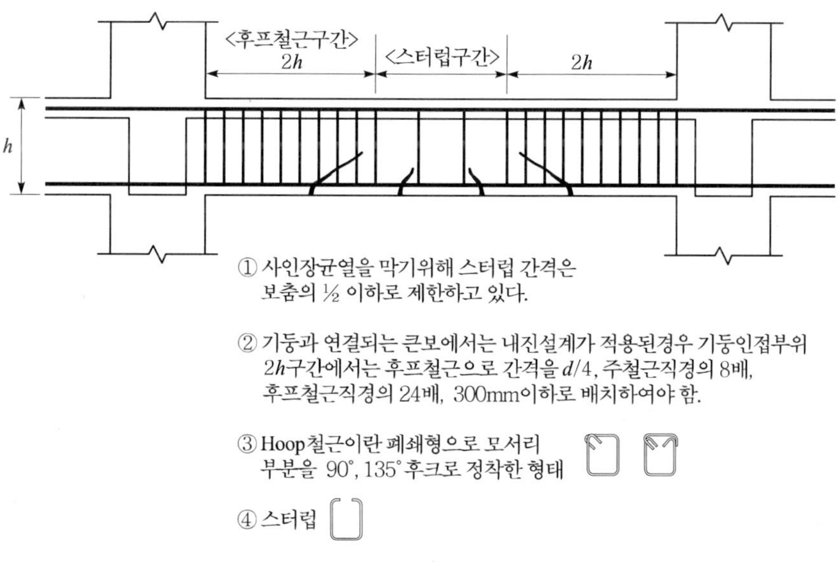

그림 7.4.6 사인장 균열을 막기 위한 스터럽 간격 / 내진상세 적용 스터럽

우리나라에서는 일반적으로 보 주근의 굵기는 D19~D25로 한 층에서는 동일하게 사용하고 있으며 스터럽은 D10~D13을 주로 사용한다. 보의 주철근과 스터럽의 배치를 전개도로 살펴보면 그림과 같다.

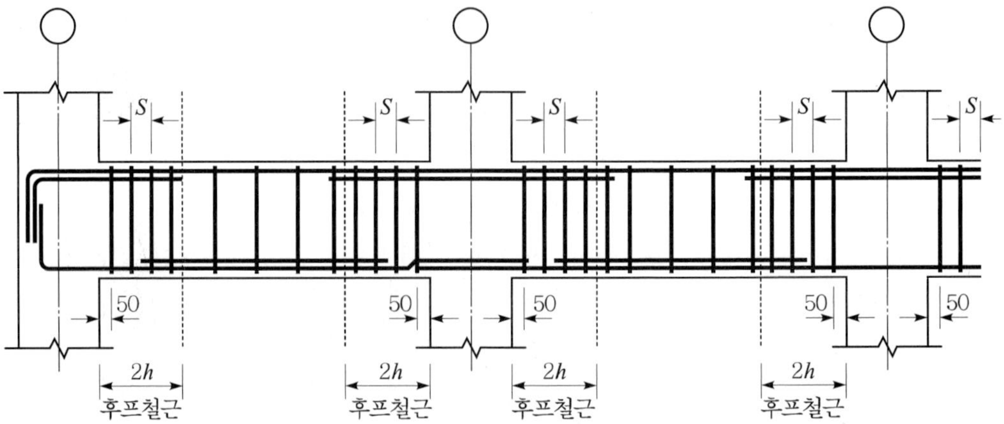

그림 7.4.7 보 철근 배치도

기둥 배근도

건물골조를 구조계획할 때 제일먼저 신경 쓰는 것이 기둥의 위치가 기초부터 지붕까지 일관성 있게 동일한 위치에 있는가를 확인하는 것이다. 건물의 하중은 기본적으로 중력방향으로 지반에 안전하게 지지하도록 하는 것인데 상부에서 내려오던 기둥이 하부층에서 없어지게 되면 기둥에 작용하던 축력이 전이보를 통해 이웃한 기둥으로 전달되어야한다.

기둥은 대부분 축력을 받는 부재이지만 외곽에 있는 기둥이나 최상층 지붕 기둥은 축력보다는 모멘트에 의해 단면이 결정되거나 철근배근이 결정된다.

기둥에 모멘트가 발생하는 경우는

① 지붕에서 외단부 기둥의 모멘트가 가장 크며

② 인접한 스팬길이가 차이가 나서 이웃한 보 단부의 모멘트가 차이가 나면 그 차이난 만큼의 모멘트가 기둥으로 전달된다.

철근콘크리트 기둥은 축력을 콘크리트단면이 거의 대부분 부담하며 콘크리트단면에서 부족한 나머지 축력과 모멘트를 철근이 부담하게 된다. 축력에 필요한 철근은 기둥단면의 중앙이나 외부나 어디에 배치하든 압축력을 발휘하는데 효율적인 면에서 큰 영향이 없지만 휨 성능을 최대한 발휘하기 위해서는 기둥단면 외곽부를 따라 철근을 배치하는 것이 효과적이다. 그래서 기둥단면에서 철근의 위치는 기둥단면 외곽을 따라 배치한다.

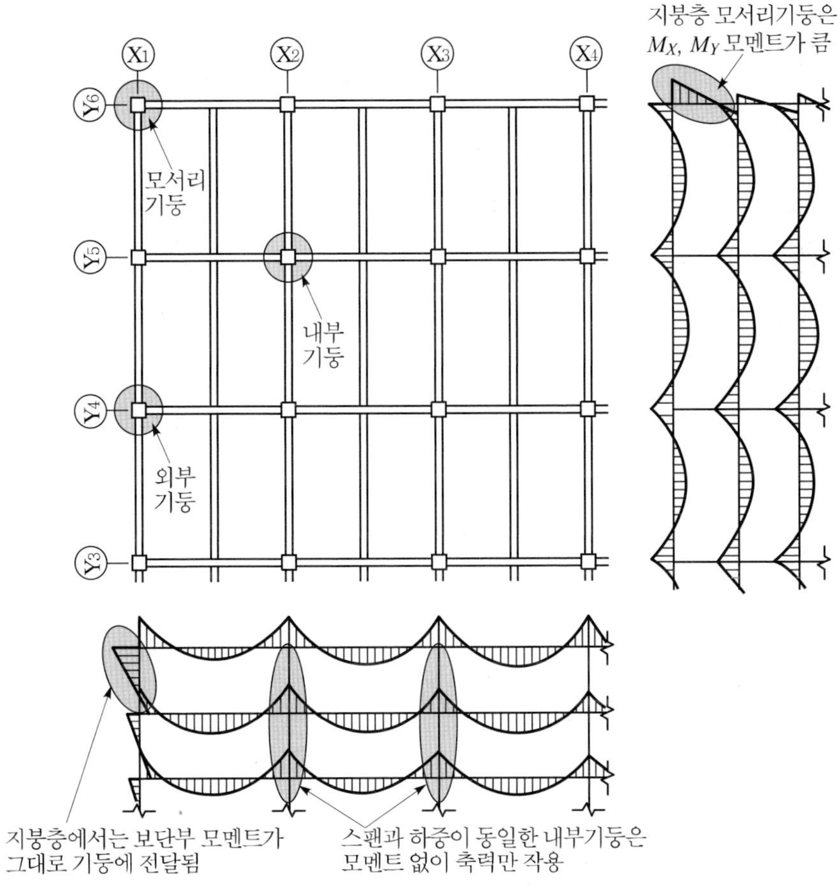

그림 7.4.8 평면도에서 기둥위치에 따른 모멘트도

기둥 주철근이 압축력을 효과적으로 발휘할 수 있도록 띠철근을 설치하도록 되어 있다. 큰 압축력을 받는 기둥에서 철근이 피복을 깨고 튕겨져 나가려는 것을 최소한 막기 위한 조치이다. 코너철근을 구속하기 위하여 단면 외곽으로 주철근을 감싸며 돌아가는 띠철근은 하나의 철근으로 One-Tie 형태로 이루어지며 옆면의 철근들은 큰 압축력에도 튕겨나가지 않도록 하나건너 서로 마주보는 철근들을 띠철근으로 엮어주게 되어 있다. 기둥은 구조부재 중에서도 가장 중요한 구조부재이며 혹시라도 뜻하지 않은 하중이 재하되더라도 갑작스런 파괴가 일어나지 않도록 연성을 키우는 조치이다. 특히 지진하중에 견디도록 설계된 내진설계에서는 보기둥 접합부에서 일정구간 띠철근이 주근을 135°갈고리로 반드시 감싸고 있도록 하고 있으며 띠철근의 간격도 일반 위치에서보다 더 촘촘히 배치하도록 되어있다.

부 호	층	PIT~B1	1F~2F	3F~8F	9F	10F
C1	형 태	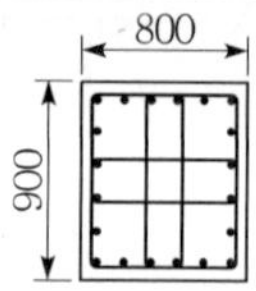	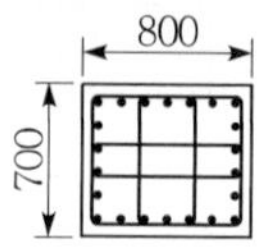	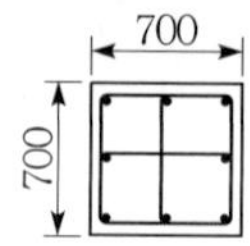	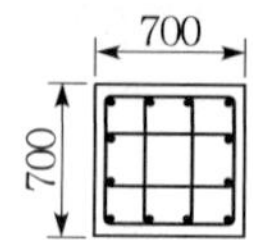	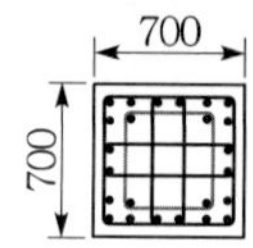
	주 근	20~SHC29	22~SHC29	8~SHC29	12~SHC29	24~SHC29
	띠철근/양단	HD10@300	HD10@150	HD10@150	HD10@150	HD10@150
	띠철근/중앙	HD10@300	HD10@300	HD10@300	HD10@300	HD10@300
부 호	층	PIT~B2	1F~2F	3F~9F	10F	
C2	형 태	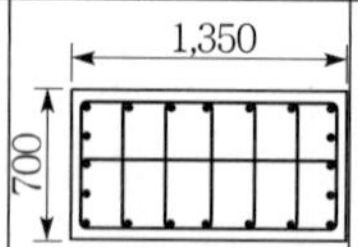	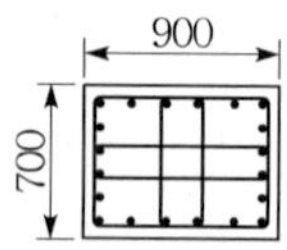	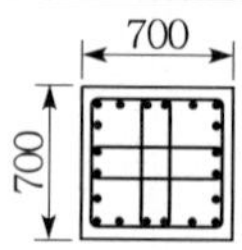	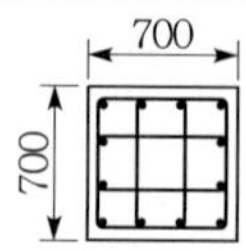	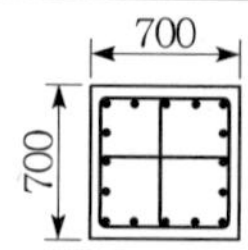
	주 근	20~SHC29	20~SHC29	20~SHC29	12~SHC29	16~SHC29
	띠철근/양단	HD10@300	HD10@300	HD10@150	HD10@150	HD10@150
	띠철근/중앙	HD10@300	HD10@300	HD10@300	HD10@300	HD10@150
부 호	층	PIT~B1	1F~2F	3F~9F	10F	
C3 C4 C16	형 태	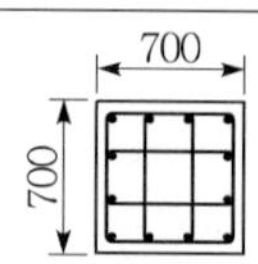	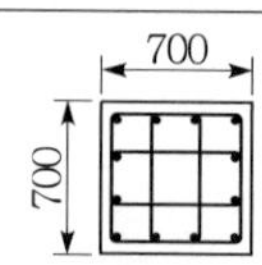	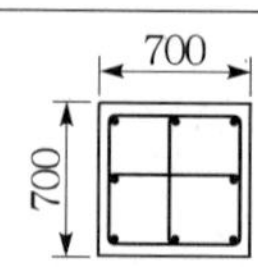	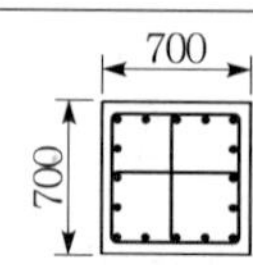	
	주 근	12~SHC29	12~SHC29	8~SHC29	16~SHC29	
	띠철근/양단	HD10@300	HD10@150	HD10@150	HD10@150	
	띠철근/중앙	HD10@300	HD10@300	HD10@300	HD10@300	

그림 7.4.9 기둥 일람표

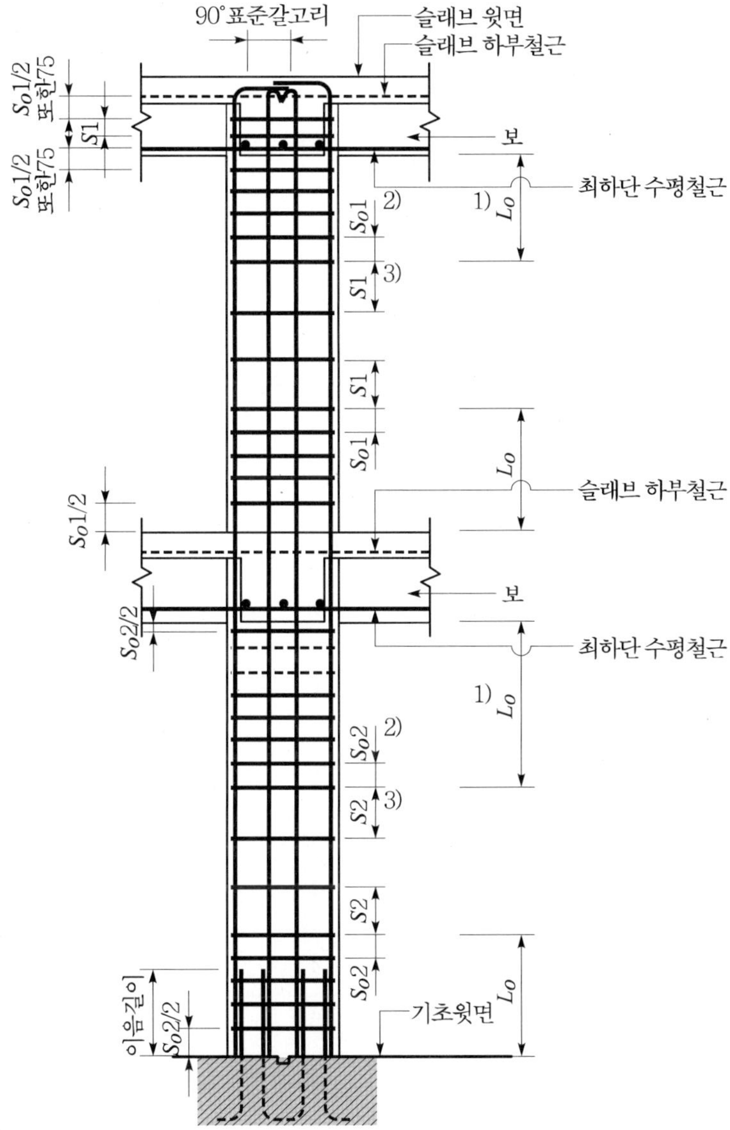

■ ■ 주기

1) Lo_{max} (횡방향 철근배근 최소구간≥[1/6 L_n, (b또는 h) $_{max}$450mm]

2) $S_{max\,1}$ (횡방향 철근배근 최소구간(L_o)에서 띠철근 최대간격 S_o1, S_o2) ≤ [$8d$, $b24d$, b_1 1/2(b또는 h), 300mm]

3) $S_{max\,2}$ (띠철근 최대간격 $S1, S2$) ≤ [$16d$, $b48d$, b_1 (b또는 h) $_{min}$ $2S_o1$, $2S_o2$]

그림 7.4.10 기둥 입면상세

벽체 배근도

벽체 배근도는 일반적으로 표로 배근을 표현하는 경우도 많다. 구조설계도를 제대로 작성하려면 벽체 전개도를 그려야 하지만, 대부분 벽체 코너부위는 대표적인 상세도로 갈음하고 벽체 두께와 수평재 배근, 수직재 배근으로 작성한다.

벽체두께는 내부벽체는 최소 150mm~200mm 이상으로 하고 지하외벽은 250~300mm 이상으로 하며 철근은 피복두께를 제외한 양쪽 벽체 표면 가까이에 배치한다. 이는 벽체가 휨성능을 발휘하는 경우 그 내력을 최대로 발휘하기 위한 것이다. 벽체에서도 최소철근량은 배치되어야 하며, 수직철근의 경우는 D16 이하 가는 철근인 경우는 벽체단면적의 0.12%, 수평철근은 벽체단면적의 0.2% 철근량을 배치하고 그 간격은 벽체두께의 3배 이하, 또한 450mm이하 이어야한다.

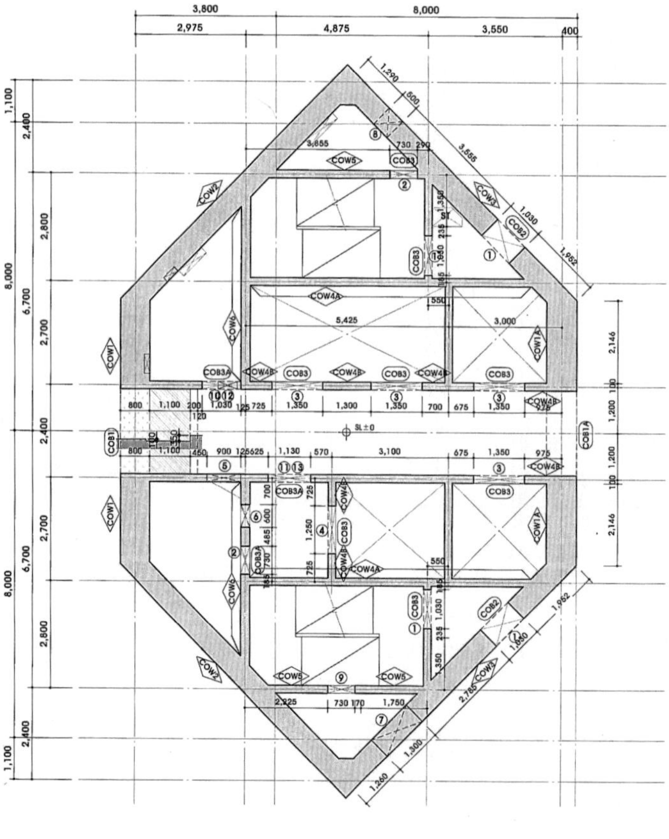

■ 벽체 일람표

부호	두께	수직근(M)	수평근(H)
COW1	800	D22@150	D13@150
COW1A	800	D25@150	D13@150
COW2	500	D25@150	D13@160
COW3	600	D22@100	D13@160
COW4	200	D19@200	D10@120
COW4A	200	D10@300	D10@280
COW4B	200	D16@100	D13@100
COW5	200	D13@200	D10@350
COW6	250	D10@300	D10@220

그림 7.4.11 벽체 배근 일람

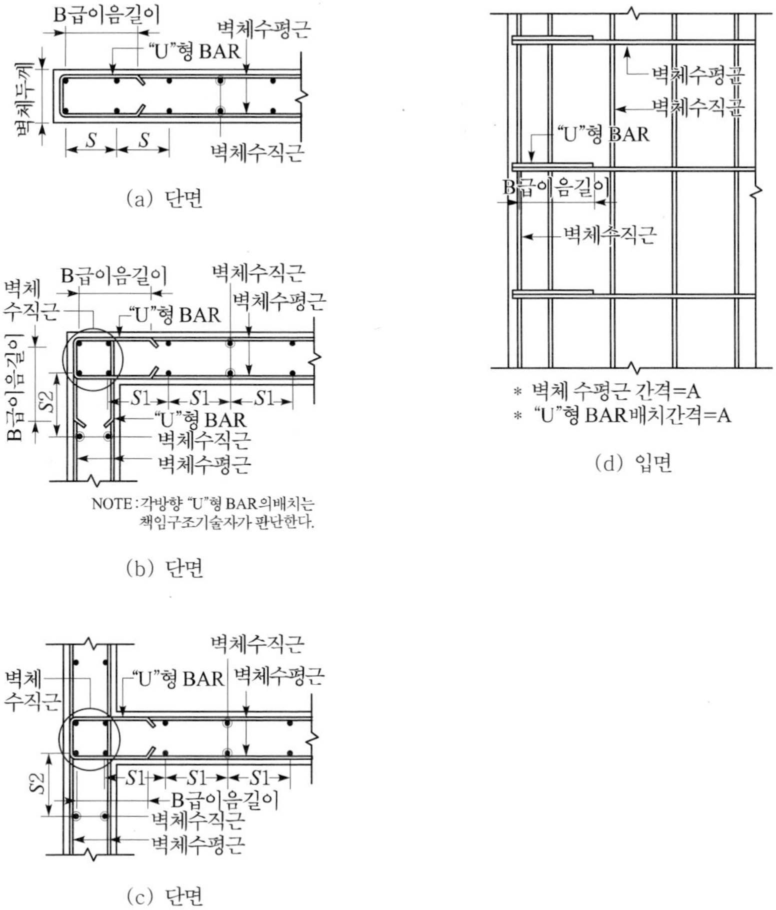

그림 7.4.12 벽체 단부 상세

예를 들어 벽체두께 200mm의 경우 수직철근은 0.0012*1000*200=240mm^2이 필요하며 복배근으로 배치할 경우 한 측면에 철근은 최소한 HD10@450간격으로 배치되어야 한다. 수평철근도 마찬가지로 0.002*1000*200=400mm^2이 필요하며 복배근으로 배치할 경우 HD10@350가 된다. 수직철근과 수평철근은 직교방향으로 배치하며 일반적으로 수평철근을 외측으로 배치하는데 이는 설치가 용이하기 때문이라고 생각된다.

지하외벽의 경우는 벽체의 판 자체가 위·아래 지하층 슬래브바닥을 지점으로 토압을 견디는 휨재로 거동하므로 90°회전해서 보면 하중과 모멘트도가 슬래브처럼 나타난다는 것을 알 수 있다. 따라서 수직철근이 주철근이므로 최외측으로 배치되는 것이 효과적이다. 지하외벽은 외기에 접한 벽체이므로 온도변화에 따른 콘크리트의 수축팽창을 효과적으로 제어하기 위해 벽체의 최소 기본 철근량을 스트레이트로 배치하며 모멘트에 의해 추가 철근이 필요한 경우 지점부, 즉 슬래브와 만나는 벽체구간에서는 토압과 수압이 작용하는 외측부에서 큰 모멘트가 발생하며 이를 저항하기 위해 수직철근이 외측으로 추가 배치되며 슬래브와 슬래브 중간 위치의 벽체에서는 내측 중앙부에 모멘트가 크게 나타나므로 내측으로 수직철근을 추가 배치하는 것이 일반적이다.

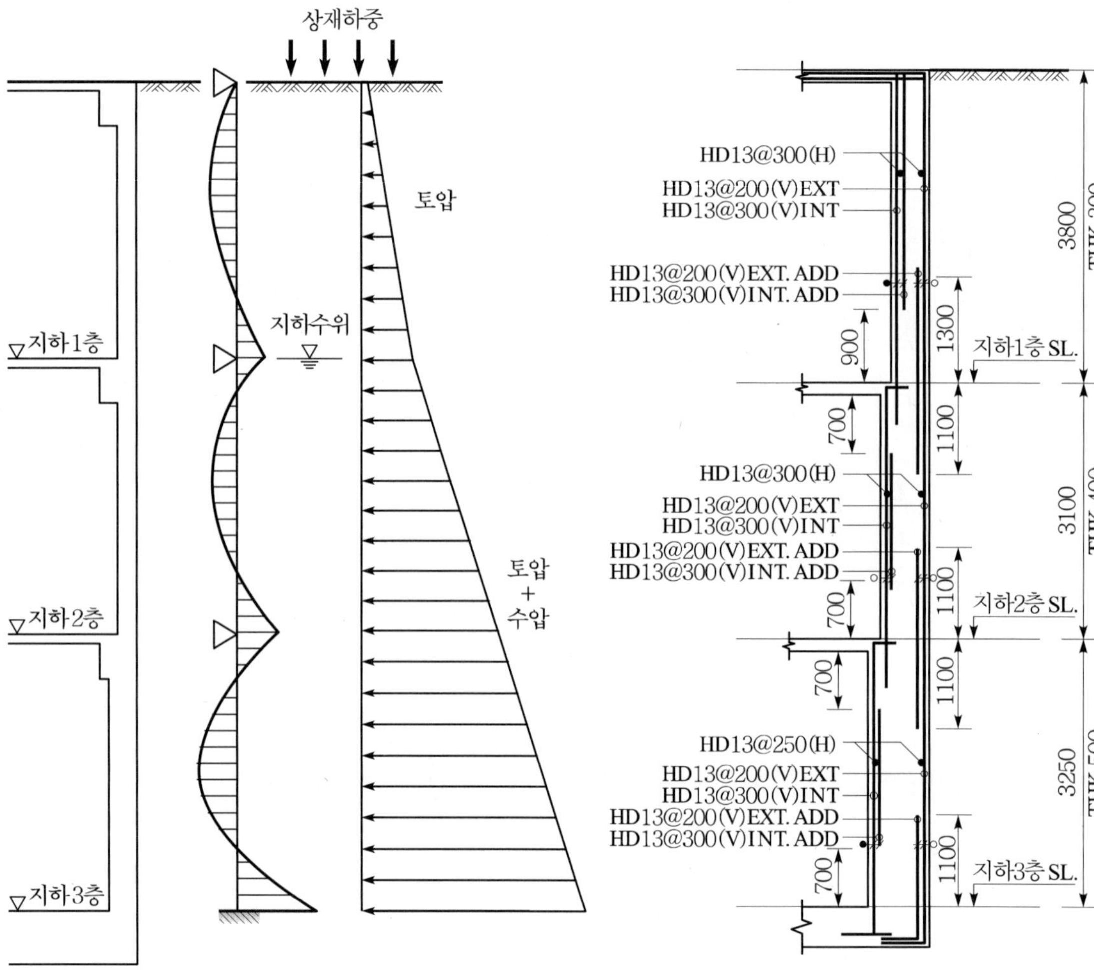

그림 7.4.13 지하외벽 지지 개념도 및 배근

기초 배근도

지상의 하중을 지반에 안전하게 전달하기 위해서는 우선 지반의 지내력이 상부하중을 지탱하기에 충분한지 확인이 필요하며, 구조설계에서 적용했던 설계요구지내력을 구조설계도에 표기하여야한다. 공사 전에 주변의 지반조사를 통해 어느 정도 지반의 지내력을 예측할 수 있지만 기초가 앉혀지는 위치에서 정확한 지내력을 확인하기 위해서는 터파기 후 기초 레벨에서 재하시험을 통해 구조설계에서 필요했던 설계요구지내력을 확인한다.

지내력을 확보할 수 없는 경우는 상부의 하중을 암반지반에 지지할 수 있도록 말뚝기초로 설계한다. 말뚝기초의 배치는 기둥이나 벽체 중심에서 대칭으로 배치하며 상부 하중이 말뚝을 통해 지반에 안전하게 전달될 수 있을 만큼의 말뚝개수가 필요하다.

말뚝은 일반적으로 ∅400~∅500 PHC말뚝을 많이 사용하며 1개당 허용설계지지력은 지반에 따라 다르지만 ∅400 PHC말뚝은 대략 600~800kN, ∅450 PHC말뚝은 800~1,000kN, ∅500 PHC말뚝은 1,000~1,200kN을 적용한다. 축력의 크기에 따라 적정한 말뚝 규격이 선택되며 축하중이 커서 배치가 어려운 경우는 ∅800 대구경 PHC 말뚝이나 ∅1,000~∅2,000 현장치기 제자리말뚝을 사용하기도 한다.

지내력기초나 말뚝기초나 모두 기초판을 가지게 되는데 기초판은 전체적으로 동일한 기초 두께를 가지느냐 아니면 집중하중이 가해지는 부분만 두껍게 하느냐에 따라 온통기초, 독립기초, 줄기초 형식으로 구분된다.

기초의 하중과 반력에 대해 살펴보면 지내력 기초인 경우는 기둥에 떨어지는 축하중은 집중하중으로 작용하고 지내력 즉, 지반반력은 기초바닥판에 등분포하중으로 저항하는 것을 알 수 있다. 바닥판의 거동은 그림에서 보는 바와 같이 슬래브 형상을 뒤집어 하중이 거꾸로 작용하는 것처럼 되며 따라서 기둥부위에서 인장응력은 하부측에 나타나며 일반 슬래브 배근에서와 반대로 하부에 인장이 발생하여 주철근이 하부측에 배치된다. 따라서 철근배근은 휨응력분포에서 인장 부분이 나타난 위치에 배치하며 우리가 슬래브에서 보던 배근형태와는 반대로 배치되는 것을 알 수 있다.

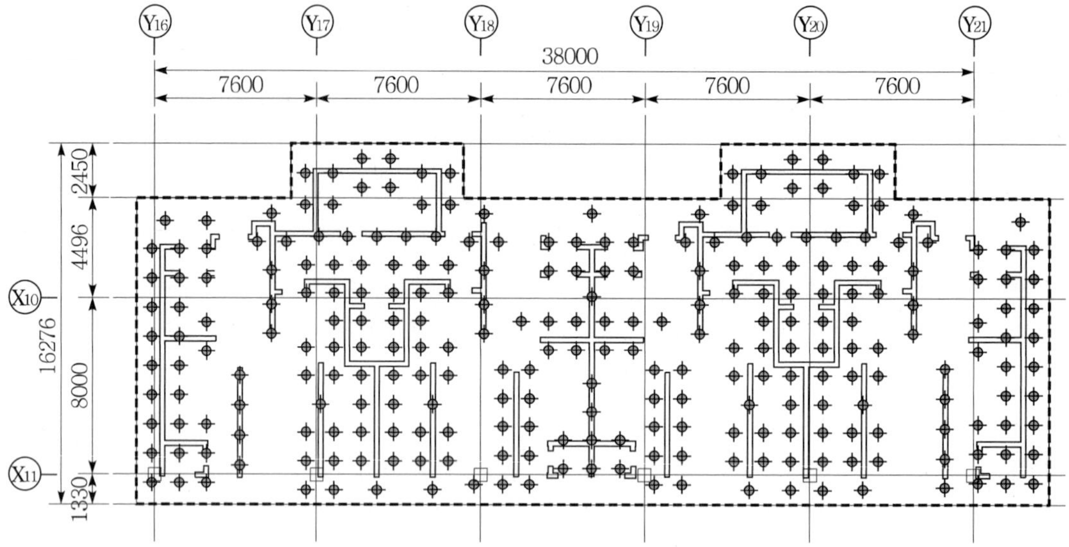

그림 7.4.14 말뚝기초 평면도

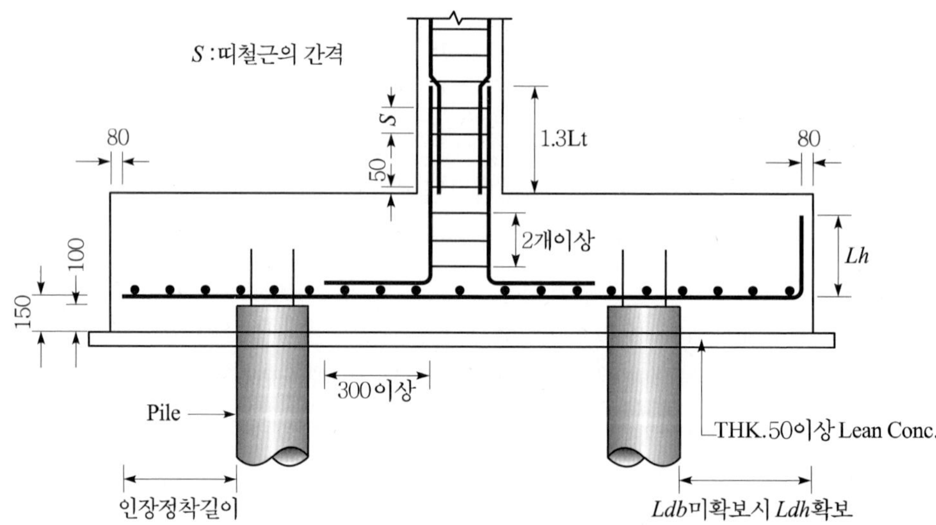

그림 7.4.15 말뚝기초 단면도

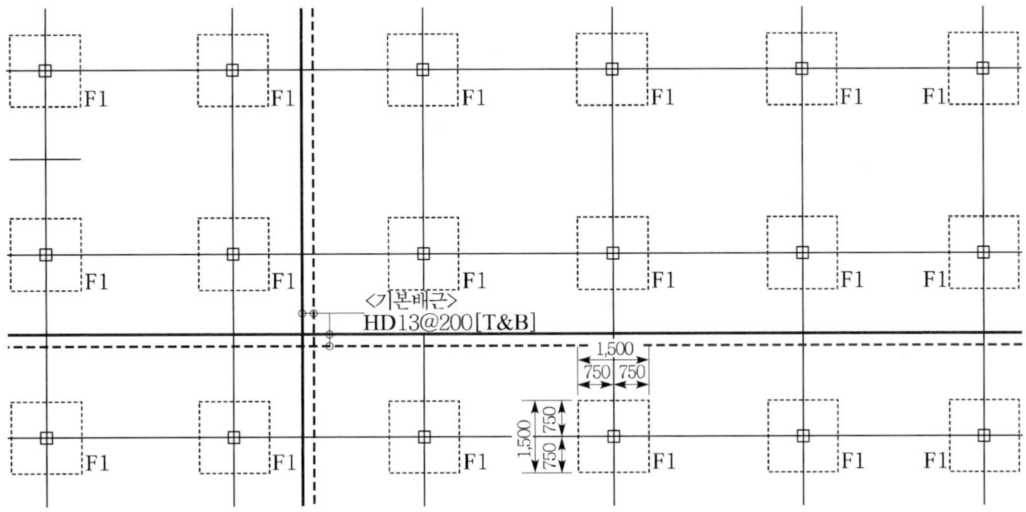

그림 7.4.16 독립기초 평면도

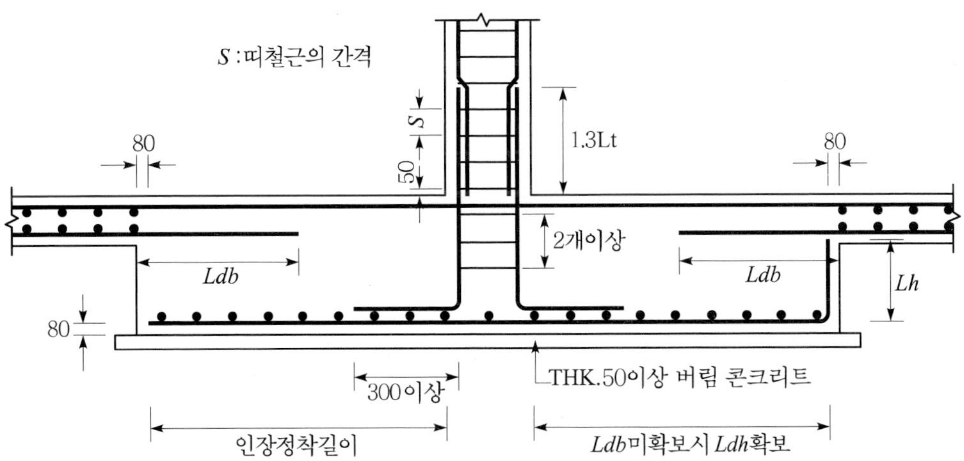

그림 7.4.17 독립기초 단면도

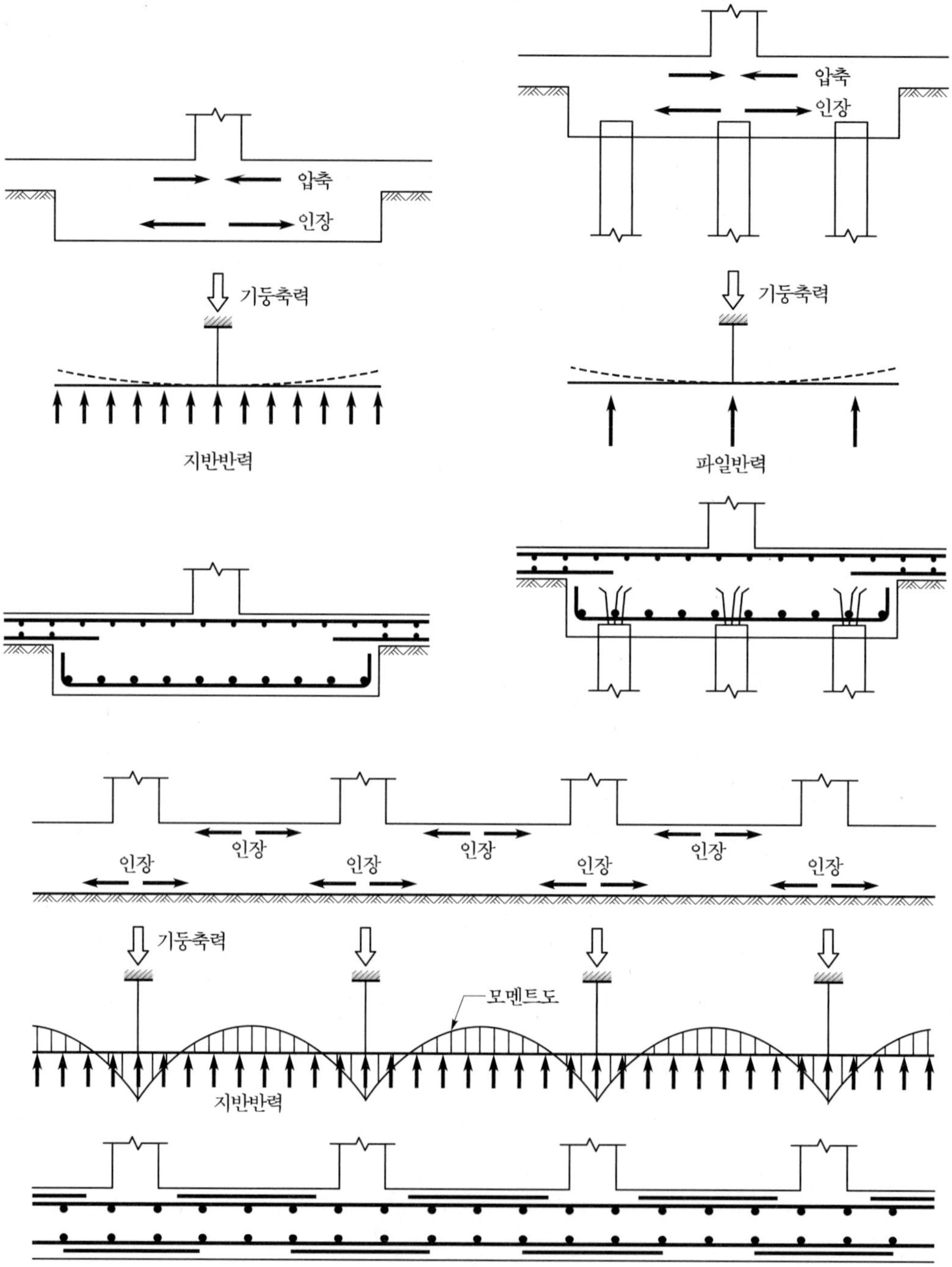

그림 7.4.18 기초의 하중과 반력

7.5 철근을 보호하기 위한 콘크리트 최소피복두께

균열이 없는 완벽한 콘크리트를 만드는 것이 엔지니어의 로망이겠지만 실제로는 거의 불가능한 일이며 눈에 보이지 않을 정도의 가는 균열을 유도하는 수밖에 없다. 콘크리트에서 균열을 잡아주는 것이 철근의 역할이기에 건물이 지속적으로 사용되는 기간 내내 철근은 그 기능을 확실하게 발휘할 수 있도록 보호되어야한다. 엔지니어들이 균열을 두려워하는 것은 미관상의 문제도 있겠지만 균열로 인해 철근이 부식되어 그 기능을 상실할 수 있기 때문이다.

콘크리트 피복두께는 철근을 보호하고 부착응력을 확보하기 위해 꼭 필요한 부분이지만 마냥 두껍게 하는 것이 좋은 것은 아니다. 왜냐하면 콘크리트 피복두께가 두꺼워질수록 휨부재 설계에서는 휨성능이 떨어져서 철근배근이 많이 필요하게 되기 때문이다.

예를 들어 보 단면이 (B*D)500*700 보인 경우 피복두께를 최소두께로 40mm를 적용한다면 모멘트 내력을 구할 때 적용되는 유효춤 d=(700-40-10-25/2)=637.5mm인데 피복을 두껍게 100mm를 적용한다면 유효춤 d=(700-100-10-25/2)=577.5mm가 되어 그만큼 휨성능이 떨어지게 된다.

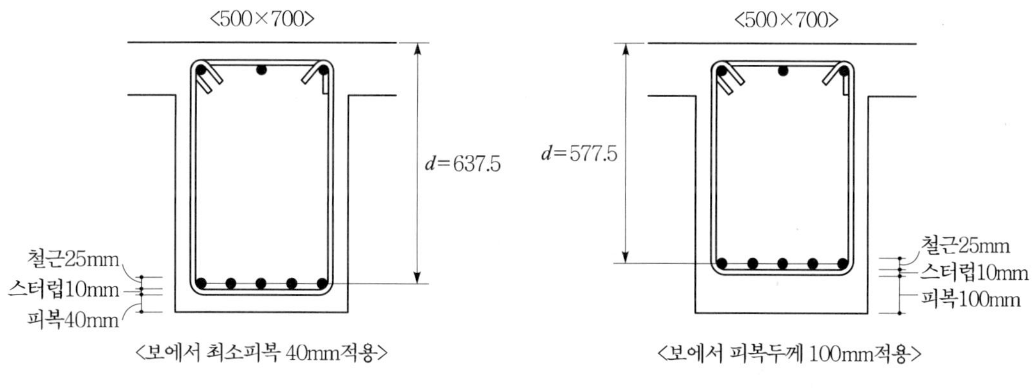

그림 7.5.1 최소피복두께와 유효춤과의 관계

최소한의 피복두께로 철근의 역할을 다 할 수 있도록 설계기준에서는 철근에 대한 피복의 최소두께를 정하고 있다. 최소 피복두께는 크게 3가지 조건에 따라 두께가 결정된다.

첫째, 타설되는 콘크리트 면이 수중인가? 흙에 영구히 묻혀있는가? 외기에 노출되는가? 실내에 있는가? 환경에 따라 피복두께가 다르다.

둘째, 철근이 굵은 철근인가? 철근 굵기에 따라 피복두께가 다르다.

셋째, 슬래브, 벽체 부재인가? 보, 기둥 부재인가? 부재에 따라 피복이 다르다.

① 수중에서 타설하는 콘크리트는 최소피복두께를 100mm로 정하고 있다.
② 흙에 접하여 콘크리트를 친 후 영구히 흙에 묻혀있는 콘크리트인 경우 최소피복두께를 80mm로 정하고 있으며 기초바닥의 하부근에 대해서는 보통 80mm 피복을 적용한다.
③ 흙에 접하거나 외기의 공기에 직접 노출되는 콘크리트인 경우는 철근두께에 따라 D29이상 철근에서는 60mm, D25이하 철근에서는 50mm, D16이하 철근에서는 40mm를 적용한다.
④ 옥외에 노출되지 않는 콘크리트인 경우는 슬래브와 벽체에서는 20mm이며 보, 기둥의 경우는 40mm로 정하고 있다.

콘크리트 내에서 철근이 인장력을 발휘하기 위해서는 충분한 부착력을 확보하기 위하여 콘크리트의 피복 뿐 만 아니라 철근간의 순간격이 어느 정도 필요하다. 철근의 간격제한으로
① 보에서는 철근 사이의 수평 순간격 : 25mm이상, 철근의 공칭지름 이상, 굵은골재 치수의 4/3 이상
② 보에서 2단 철근인 경우 상단과 하단의 순간격은 25mm 이상
③ 기둥에서는 철근 사이의 수평 순간격 : 40mm이상, 철근의 공칭지름의 1.5배 이상, 굵은 골재치수의 4/3이상
④ 슬래브나 벽체에서는 슬래브나 벽체두께의 3배이하, 450mm이하로 규정하고 있다.

수직부재인 기둥에서 철근 순간격이 보철근의 순간격보다 크게 정한 이유는 수평재보다는 수직재의 콘크리트 타설이 밀실하게 채워지지 않을 우려가 있어 순간격을 크게 한 조치이다.

겹침이음철근이 있는 위치에서는 인접된 이음철근 또는 연속철근 사이의 순간격에도 적용되어야 한다. 일반적으로 기둥은 슬래브 윗 레벨에서 전체 수직철근을 전수이음 하는 경우가 대부분이므로 순간격은 겹침이음철근도 고려해서 순간격을 정하여야 한다. 보 부재에서는 주철근이 많은 부분에서 이음을 하지 않고 대부분 철근량이 적은 압축대에서 이음을 하므로 특별한 경우를 제외하고는 순간격을 검토할 때 겹침이음되는 철근은 반수 이음(1/2 개수만 이음)으로 고려하여도 충분하다.

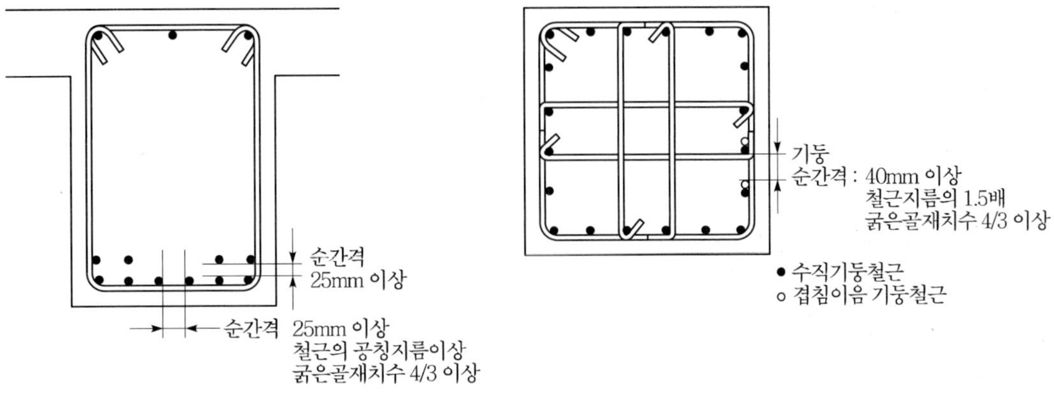

(a) 보부재 (b) 기둥부재

그림 7.5.2 철근의 순간격

7.6 철근은 어디서 이어지고 어떻게 정착되는가

철근의 정착길이

철근의 정착과 이음에 대한 정보는 구조설계도의 맨 앞에 나오는 구조일반사항에 표로 나와 있고 구조부재의 배근은 일람으로 표현되므로 실제로 시공현장과 자주 접하지 못하는 학생이나 설계엔지니어들은 시공시의 철근배근의 배치 및 정착, 이음에 대해서는 생소한 부분이다.

정착길이와 이음길이를 얼마로 해야 정착된 철근은 충분히 내력을 발휘할 수 있고 이음된 철근은 잇지 않은 하나의 연속철근처럼 안전하게 내력을 발휘할 수 있느냐 하는 것이 정착과 이음에서 중요한 문제이다.

대부분 철근은 인장력을 발휘하므로 먼저 인장철근에서 정착길이에 대해 살펴보자. 구조설계기준에서는 기본정착길이를 정하고 이음길이는 철근이 이어지는 곳에서의 상황에 따라 기본정착길이에 할증 1.0 또는 1.3을 곱하여 이음길이를 길게 산정하도록 되어있다.

인장철근의 기본정착길이에 대해 개념적인 내용을 살펴보면 다음과 같다.

첫째, 상부철근이냐 하부철근이냐에 따라 정착길이가 다른데 상부철근일 때 하부철근보다 1.3배 더 길다. 철근의 정착길이는 철근 주변의 콘크리트 부착력으로 철근단면이 가지는 인장력을 충분히 발휘할 수 있도록 해야 하는데 그런 의미에서 보면 상부철근은 하부철근 보다 부착력 발휘에 훨씬 불리하므로 이음길이를 1.3배 더 길게 하도록 되어있다. 300mm이상의 콘크리트가 타설되는 상부철근에서는 콘크리트타설 직후 콘크리트가 침하하면서 잉여수분 및 이물질이 표면으로 떠오르는 블리딩(bleeding)현상으로 상부철근 바로 하부의 부착력이 떨어질 수 있으므로 정착길이를 보정하여 충분한 인장력을 발휘할 수 있게 만든 것이다.

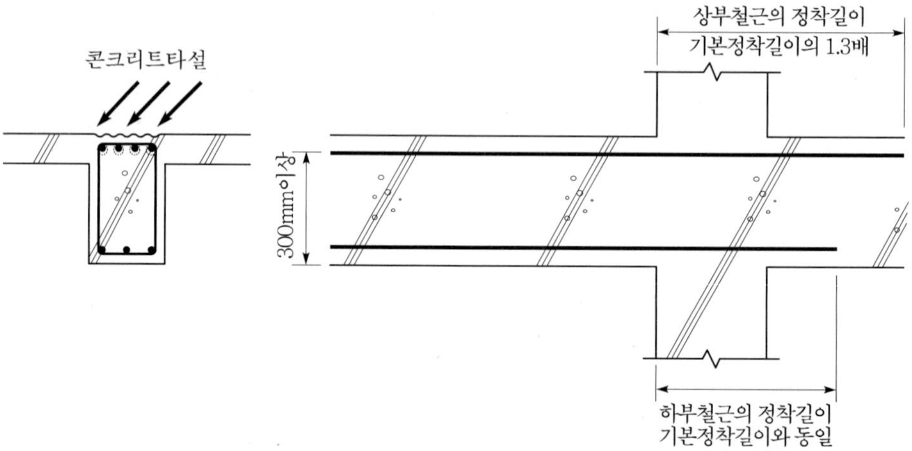

그림 7.6.1 콘크리트 타설 후 콘크리트 침하로 인해 상부철근의 부착력이 불리한 단면

둘째, 인장철근일 때 철근의 굵기에 따라서 정착길이가 달라지는데 굵은 철근일수록 정착길이가 길어진다. 철근단면이 가지는 인장력을 발휘하기 위해서는 그 만큼의 콘크리트 부착력이 필요한데 철근 굵기가 작을수록 철근단면적에 대한 철근 표면적은 커지므로 부착에 유리하다. 따라서 HD22이상 굵은 철근에서는 HD19이하 철근에서보다 지름비로 볼 때 정착길이를 25% 증대하도록 되어 있다.

셋째, 철근의 강도가 높아질수록 정착길이는 길어지고, 콘크리트의 강도가 높아질수록 정착길이는 짧아진다. 동일한 단면의 철근이라면 강도가 클수록 더 큰 인장력을 발휘하므로 철근주변 콘크리트의 부착력이 더 필요하며 정착길이가 길어질 것이다. 콘크리트의 강도가 커지면 부착력도 커지므로 이음길이는 줄어들 것이다.

이외에도 철근의 순간격이 넓어 충분한 부착력이 확보된다든지, 횡방향 철근인 스터럽이나 띠철근이 촘촘히 설치되어 철근이음부 위치에서 꽉 잡아주는 역할을 한다든지, 소요 철근량보다 더 많은 철근을 배치하여 철근단면에서 발생하는 인장력이 작다든지 하면 그 영향을 고려하여 정착길이를 줄일 수 있다. 하지만 300mm이상은 정착길이를 확보하도록 되어있다.

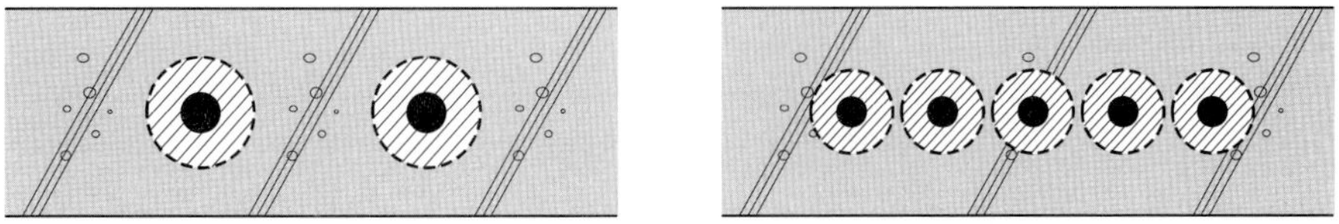

그림 7.6.2 철근단면적에 따른 인장력과 철근표면적에 따른 부착력

철근의 정착에는 크게 2가지 형태가 있다. 연속되는 부재에 직선형태로 연장하여 철근의 정착길이를 확보하는 방법과 갈고리형태로 철근을 가공하여 지지 부재에 꽂아 넣어 정착하는 방법이다. 직선형태로 정착하는 경우는 앞에서 언급했던 요소들을 고려해서 직선길이를 확보하는 것이고, 갈고리정착은 표준갈고리 형태로 갈고리부분의 콘크리트 덩어리가 철근의 인장력을 저항하면서 직선정착길이보다 짧은 정착길이로도 충분히 인장정착을 할 수 있다. 갈고리형태의 정착은 인장철근일 때만 유효하고 압축정착에서는 유효하지 않다.

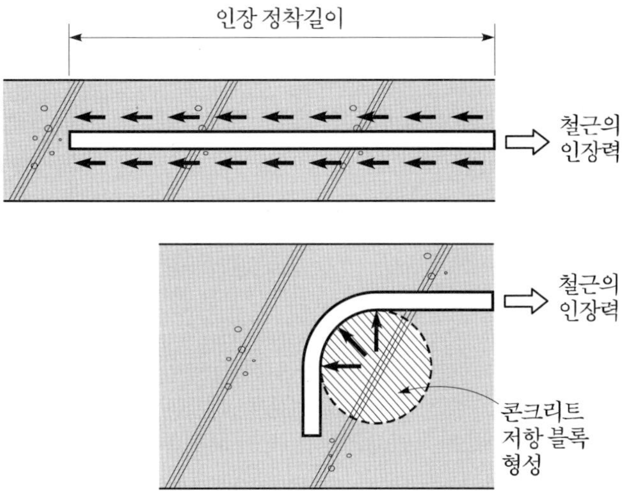

그림 7.6.3 표준갈고리 형태와 거동 개념

철근의 인장이음길이

인장이음길이는 철근이 이어지는 곳에서의 상황에 따라 A급이음, B급이음으로 분류하고 기본정착길이에 할증계수를 각각 1.0, 1.3을 곱하여 구한다. A급이음 이란 소요철근량 보다 2배 이상 철근이 배치되고 그 위치에서 철근량의 1/2 이하로, 즉 절반만 철근 이음한 경우를 말한다. 실제 현장에서 A급이음은 많지 않고, A급이음에 해당하지 않는 이음은 모두 B급이음이므로 대부분 인장이음은 B급이음이다. 따라서 특별한 경우를 제외하고는 인장이음길이는 정착길이보다 1.3배 길다고 생각하면 된다.

압축정착이나 압축이음길이는 인장철근에서의 정착 및 이음보다 훨씬 간단하다. 철근과 콘크리트의 강도와 연관될 뿐이고 그 길이도 훨씬 짧다. 따라서 철근의 이음위치도 압축력을 받고 있는 위치에서 철근이음을 하면 좋지만 슬래브나 온통기초에서처럼 장대철근으로 철근을 배치할 때는 이음의 위치를 최소화 하는 것이 철근량 감소에 유리하므로 압축응력을 일일이 확인하기 보다는 잇는 위치가 인장력을 받는 인장철근이라 간주하고 이음길이를 정하는 것이 일반적이다.

철근의 정착길이와 이음길이는 구조설계기준에서는 복잡한 수식으로 표현되지만 개략적인 길이를 머릿속에 넣기 위해서는 아래와 같이 기억하면 감을 잡기에 유용할 것이다.

우리가 가장 보편적으로 사용하고 있는 콘크리트강도(f_{ck}=24MPa)와 철근강도(f_y=400MPa) 일 때 직선 정착길이 및 이음길이를 안전측으로 살펴보면,

① 인장철근(HD22이상 굵은 철근)의 기본정착길이는 약 $50d_b$

② 인장철근(HD19이하 가는 철근)의 기본정착길이는 약 $40d_b$

③ 상부철근의 인장철근의 정착길이는 기본정착길이의 1.3배

④ 압축철근의 기본정착길이는 약 $20d_b$

⑤ A급 인장이음길이는 정착길이의 1.0배

⑥ B급 인장이음길이는 정착길이의 1.3배

⑦ 압축철근의 이음길이는 약 $30d_b$

여기서 d_b는 철근의 지름이다.

표준갈고리를 가지는 인장철근의 정착에서는 주변부의 콘크리트 피복이 충분하면 갈고리형태 전까지의 직선 정착길이가 $15d_b$이면 가능하다. 그러나 반드시 표준갈고리 형태를 준수하여야한다.

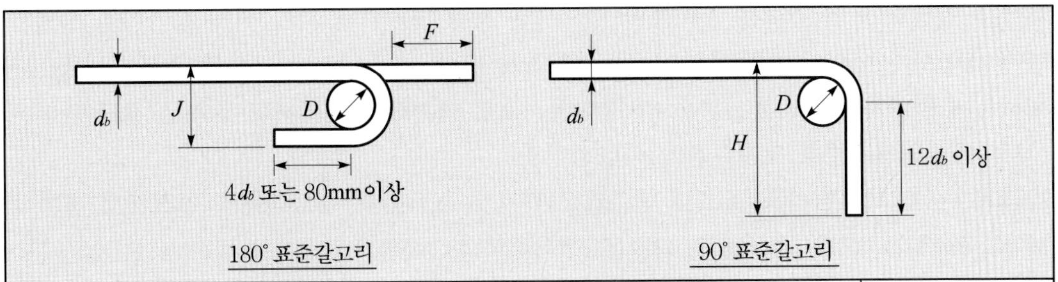

철근크기	굴곡지름(D)		180° 표준갈고리		90° 표준갈고리
			F	J	H
D10	6d_b	60	120	80	160
D13	6d_b	80	140	110	210
D16	6d_b	100	170	130	260
D19	6d_b	120	200	160	310
D22	6d_b	140	230	180	360
D25	6d_b	160	270	210	410
D29	8d_b	240	340	300	500
D32	8d_b	280	380	340	550
D35	8d_b	310	420	380	600

그림 7.6.4 표준갈고리 형태의 치수

시공순서에 따른 철근의 이음과 정착

시공순서가 어떻게 이루어지는지 알게 되면 철근배근의 이해도 쉬울 것이다. 여기서는 실제 시공순서에 따라 철근배근이 어떻게 이루어지는지 살펴보기로 한다.

① 지하 터파기
② 기초바닥 배근 설치
③ 기둥과 벽체 다우얼철근 설치
④ 기초바닥 콘크리트 타설
⑤ 기둥 및 벽체철근 설치
⑥ 기둥 및 벽체 거푸집 설치
⑦ 슬래브와 보 거푸집 설치
⑧ 보 철근 설치
⑨ 슬래브 철근 설치
⑩ 기둥 및 벽체/보 및 슬래브 콘크리트 타설
⑪ ⑤~⑩공정 반복

대부분 일정 규모의 건물은 지하층이 있으므로 지하 터파기를 하기 위해 흙막이를 설치한다. 터파기 토공사가 이루어지면 기초바닥을 설치하게 된다. 제일먼저 기초바닥 하부철근을 격자로 배치하는데 일반적으로 기본철근을 긴 장대철근으로 연속해서 배치하고 추가로 철근이 더 필요한 부분에 토막철근으로 보강근을 설치한다.

장대철근으로 배치한다 하더라도 철근길이가 보통 8m~12m 내외이므로 연속해서 철근이 배치되는 곳에서는 어쩔 수 없이 철근을 이어야한다. 예를 들어 하부철근이 HD22철근이면 50db*1.3=1430mm 정도의 겹침이음길이가 필요하며 상부철근에서는 약 1430*1.3=1860mm 정도의 겹침이음길이가 필요하다.

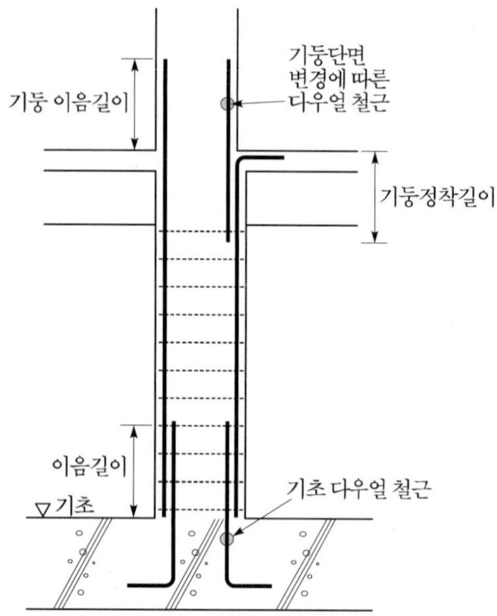

그림 7.6.5 다우얼철근 설치

기둥 및 벽체 철근이 기초에 안전하게 정착될 수 있도록 하기 위해서는 기초바닥 콘크리트를 타설하기 전에 기둥이나 벽체의 수직철근의 정착길이를 확보해야한다. 기초바닥 위로는 기둥이나 벽체철근을 이어서 철근배근 할 수 있도록 이음길이 만큼 철근을 뽑아 놓아야한다. 이렇게 기둥이나 벽체 철근을 기초에 묻어놓는 철근을 다우얼철근이라고 한다. 또한 기둥크기가 변화되어 기둥철근이 상부층으로 올라오기 어려울 경우에도 슬래브 상부 레벨에서 하부로 정착길이만큼, 슬래브레벨 상부로는 이음길이 만큼 다우얼철근을 별도로 설치하여야한다.

다우얼철근은 설치가 용이하도록 보통 기초 하부철근 바닥위에 설치하는데 기초깊이가 충분치 않아 갈고리정착이 필요하면 표준갈고리 길이를 확보해야한다. 기초 상부바닥 위로 기둥철근의 이음을 위하여 이음길이 만큼 올라와 있어야 하며 기둥의 철근을 한 곳에서 잇기 때문에 인장이음길이를 확보해야한다. 기둥의 철근이 HD22 라면 인장이음길이는 1.3*50db=1.3*50*22=1430mm이다.

기둥철근과 후프철근을 설치하면 해당 바닥층의 보와 슬래브의 거푸집을 설치하고 보 철근과 슬래브 철근을 배치한다. 기둥의 철근은 다음 층의 슬래브 바닥면에서 이음할 수 있도록 기둥철근의 이음길이를 슬래브 위로 뽑아 놓아야한다. 보 주근의 이음위치는 하부근은 기둥 주변에서, 상부근은 중앙부 부근에서 일반적으로 이루어지며 그 이유는 인장응력이 최소화 되는 부분을 찾아 이음길이를 최소화 하려는 의도에서이다.

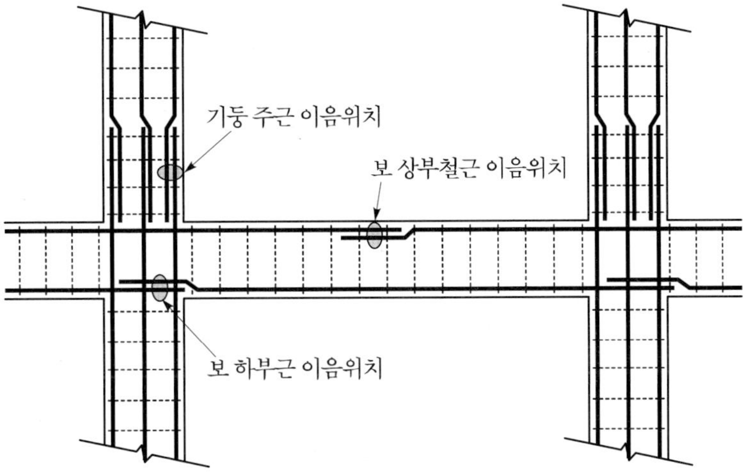

그림 7.6.6 철근의 이음 위치

7.7 철골의 접합은 어떻게 이루어지는가

일반적으로 구조물을 형성하는데 가장 흔하게 사용하는 철골이 H형강이다. 형태가 "H"형상이어서 H형강이라고 하며 H-400*200*8*13이라고 표현한다. H형강은 플랜지와 웨브로 구성되어 있으며 호칭은 H형강이라고 하지만 사용되는 형태는 휨재에서는 "I" 형상으로 사용된다.

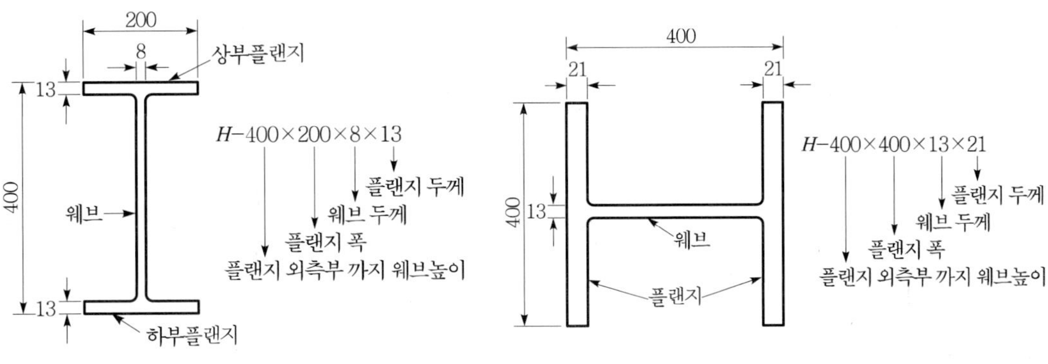

그림 7.7.1 H형강 형상 및 표기 치수 방법 /명칭

H형강은 수평재로 휨을 받을 때 가장 작은 단면적으로 휨을 효과적으로 발휘할 수 있도록 만들어진 형상이다. 플랜지 부분에서 휨에 의한 인장 및 압축력을 저항하고 웨브에서는 전단력을 저항하도록 한다. 기둥은 모멘트와 압축력을 받는 부재이므로 모멘트를 많이 저항하는 강축방향으로 H형강을 배치하여야한다.

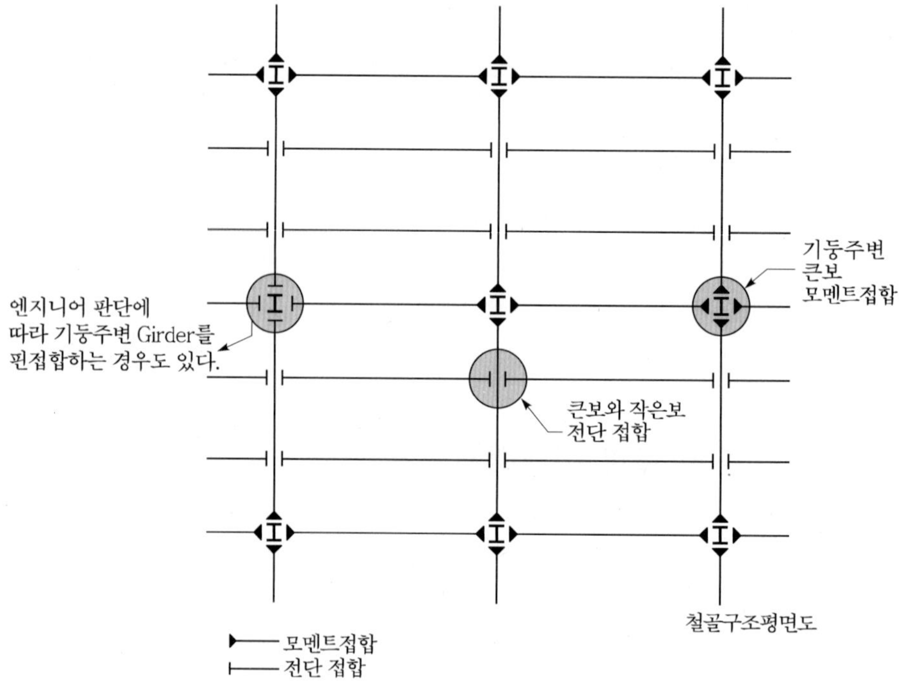

그림 7.7.2 보에서의 H형강 / 기둥에서의 H형강배치

철골은 가구식으로 조립된다. 기본적으로 기둥에 큰보를 접합하고 슬래브지지를 위해 작은보를 큰보에 접합하는 형상이다, 기둥과 기둥을 연결하거나 보가 길어서 중간에 일체로 연결하기도 한다.

강구조에 사용되는 접합방법은 고력볼트접합과 같은 기계적인 접합방법과 용접접합과 같은 야금적인 접합방법이 있다.

용접이음의 형태로는 맞댐이음, 겹침이음, 모서리이음, T이음 등이 있으며 주로 많이 쓰이는 용접접합은 맞댐용접과 모살용접이다. 중요한 구조부재에서는 대부분 맞댐용접을 사용하며 맞댐용접에서는 용접부위를 V자형, K자형 X자형 등 끝단면을 비스듬히 절단하여 개선작업을 한 후 용접이 양호하게 되도록 한다.

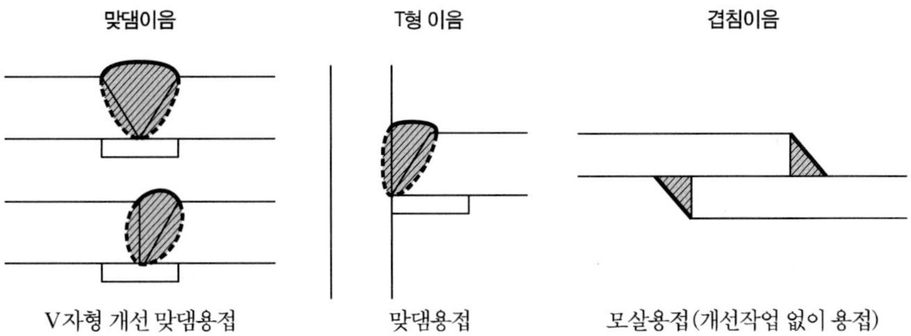

그림 7.7.3 용접이음의 형태와 맞댐용접에서의 개선작업, 모살용접

고력볼트접합은 고력볼트를 강력히 조여서 체결력에 의해 부재간의 마찰력을 이용하는 접합형식이며 응력전달방법은 볼트축의 직각방향이므로 전단형 접합방법에 속한다. 마찰접합으로 부재의 접합면에서 응력이 전달된다.

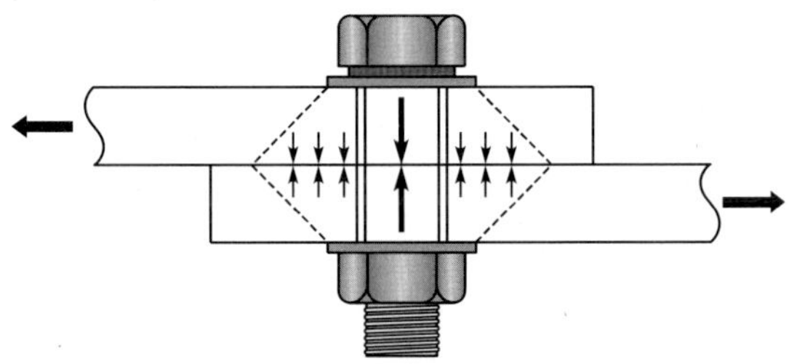

그림 7.7.4 고력볼트의 응력전달

고정단으로 거동할 수 있도록 즉, 전단뿐 아니라 모멘트까지 저항할 수 있도록 접합할 것이냐, 아니면 핀(Pin)으로 거동하도록 즉, 전단력에만 저항하도록 접합할 것이냐에 따라 모멘트접합, 전단접합으로 분류되기도 한다.

철골보와 슬래브 접합

강구조에서는 일반적으로 거푸집이나 동바리 없이 슬래브를 타설할 수 있도록 철골위에 데크를 설치하여 슬래브를 타설한다. 철골보와 슬래브를 일체화하기 위해서 철골보에 전단연결재(shear connector)를 설치하고 슬래브에 묻혀 슬래브 콘크리트가 양생되면 슬래브와 철골보가 일체로 거동할 수 있도록 한다(그림 4.1.26 참조).

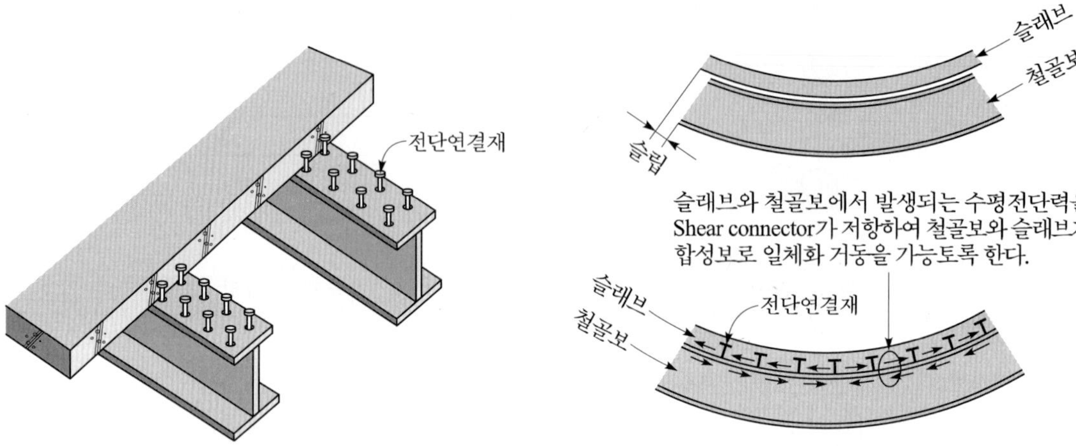

그림 7.7.5 철골보와 슬래브의 접합

보 – 기둥 모멘트접합

모멘트접합은 보통 기둥과 연결되는 보부재에서 이루어지며 보의 플랜지와 웨브가 모두 기둥에 접합되도록 한다.

모멘트를 저항하는 상하 플랜지에 인장력과 압축력이 발생하므로 특별히 구조계산하지 않는 경우 일반적으로 보의 플랜지와 동일한 두께의 철판으로 기둥 내부에 스티프너를 설치한다.

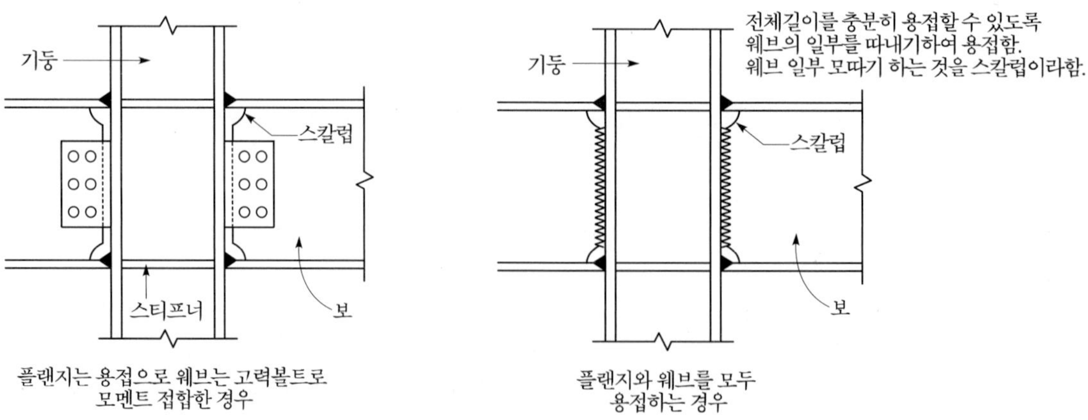

그림 7.7.6 보–기둥 모멘트접합

큰보 – 작은보 전단접합

전단접합이란 전단에만 저항할 수 있도록 웨브만 접합하는 것으로 큰보와 작은보의 접합에서 사용된다.

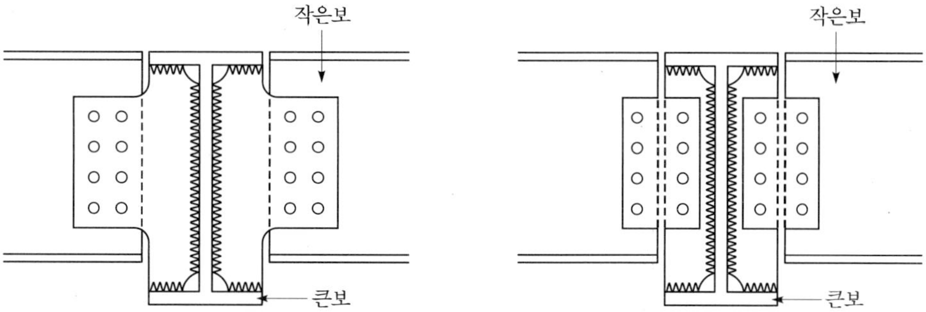

한장의 덧판을 큰보에 용접하고 작은보측으로 내밀어 고력볼트로 전단접합하는 방법

큰보에 스티프너를 용접하고 2장의 덧판으로 큰보와 작은보의 웨브를 전단접합하는 방법.

그림 7.7.7 큰보–작은보 전단접합

이음

기둥이나 보의 이음부위에서 원 부재와 동일 내력을 발휘할 수 있도록 접합하는 것을 이음(splice)이라 한다. H형강에서는 플랜지는 플랜지와 일체로 접합하고 동시에 웨브는 웨브와 일체로 접합하는 형태이다. 플랜지와 웨브 모두 고력볼트를 사용하여 접합하는 경우도 있고, 웨브는 고력볼트접합으로 하고 플랜지는 현장용접으로 하는 경우도 있다.

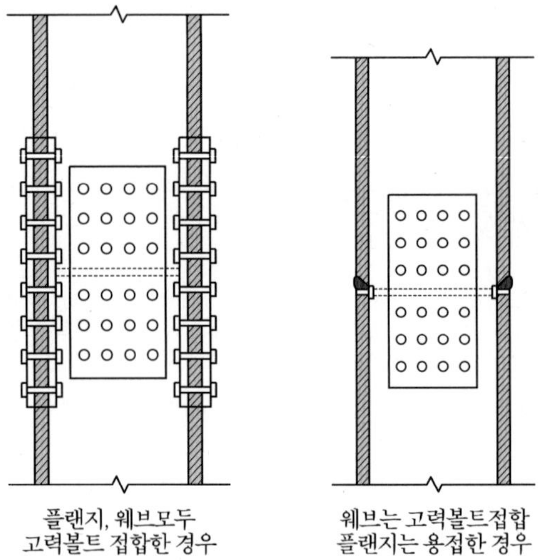

그림 7.7.8 기둥 이음

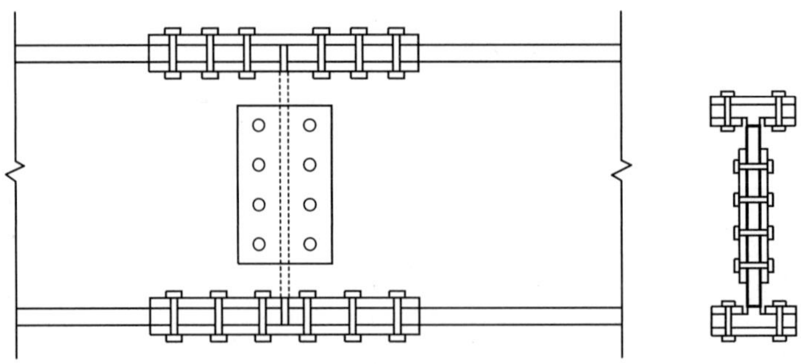

그림 7.7.9 보 이음

7.8 시공상세도는 왜 필요한가

구조설계도는 건축물의 골조를 시공하는데 필요한 도면이지만 골조의 모든 정보를 표현하기에는 한계가 있다. 전체적인 골조의 부재치수 및 배근 정보, 대표적인 단면상세 등 필요한 정보를 표나 일람으로 구조설계도에 표현하는 것이 일반적이다.

그러나 실제로 시공을 하려면 철근콘크리트조인 경우 철근의 배치도를 그려보지 않으면 철근을 얼마 길이로 절단해야 하는지 얼마만큼 이어야 하는지 단차가 생기는 곳에서는 어떻게 철근을 가공해야 하는지 결정되어야 할 부분이 너무도 많다. 별도 배근시공도 없이 철근 배근을 했다가는 토막철근이 많이 발생하여 철근에 대한 손실로 철근량이 증가할 뿐 아니라 정확한 구조성능을 발휘하기 위한 철근이음과 정착에 대한 상세 배근이 이루어지기 어렵고 시공 착오로 인한 공기지연이 발생하기 쉽다. 따라서 일정 규모 이상인 대규모 건물에서는 반드시 배근시공도를 작성하는 것이 바람직하다.

배근시공도

배근시공도는 철근의 개수, 크기, 길이 그리고 배근위치를 표현한 시공도면으로서 철근배근과 철근가공작업을 위하여 작성한다. 최종 구조설계서(구조설계도 및 구조계산서)와 건축설계도를 기본으로 배근시공도는 작성되며 이음길이 및 이음 위치는 구조설계도의 일반사항에 나와 있는 값들을 근거로 작성된다. 앞에서도 언급했듯이 구조설계자는 구조설계의도를 구조설계도에 명확히 전달해야 하고 시공상세작성자는 구조설계의 취지와 요구사항을 정확하게 제시하여야 한다. 구조설계서에 생략된 사항, 애매한 부분, 서로 상이한 부분이 발견되었을 경우는 시공상세작성자는 추가적인 정보와 설명 또는 수정을 책임구조기술자에게 요구하여야 하고, 책임구조기술자는 이에 답하여야 한다.

부 호	3PG1		3PG1A		
단 면	양단 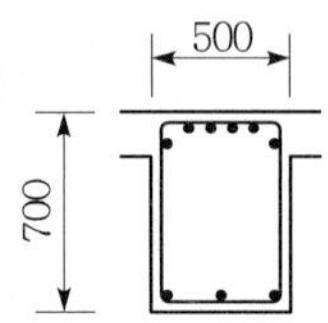	중앙부 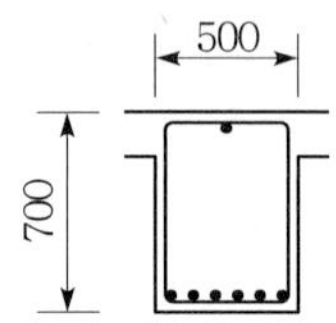	내단부 (기둥) 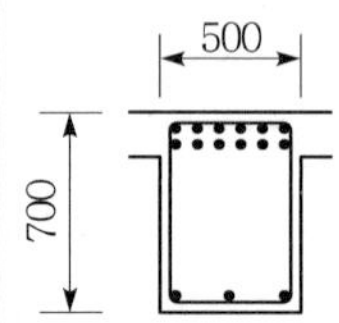	중앙부 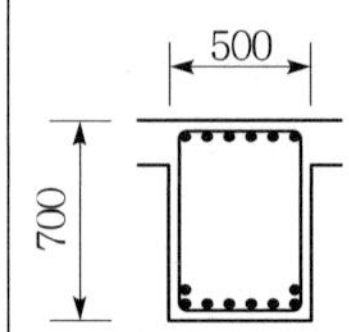	외단부 (보) 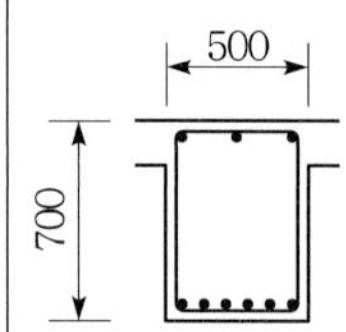
상부근	8-D25	3-D25	12-D25	6-D25	3-D25
하부근	3-D25	6-D25	3-D25	6-D25	6-D25
녹 근	D13@200	D13@300	D13@200	D13@200	D13@200
부 호	3PG2		3PG3		
단 면	단부 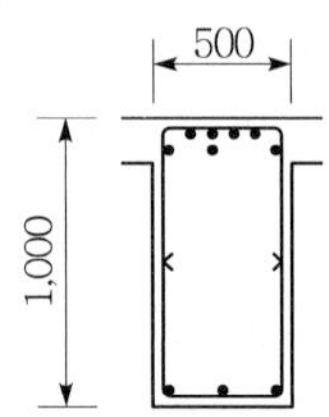 X:D13@150	중앙부 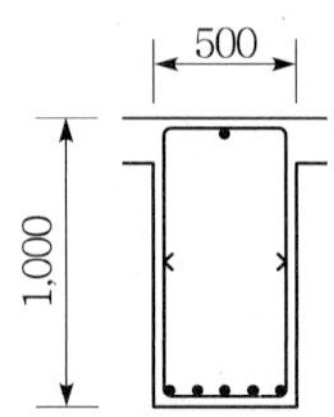 X:D13@150	내단부 (기둥) 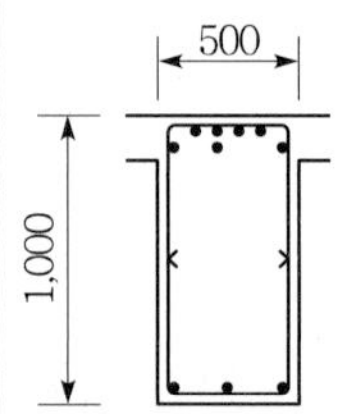 X:D13@150	중앙부 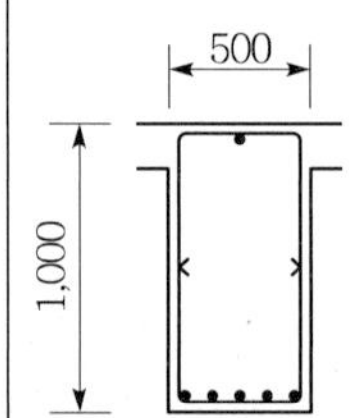 X:D13@150	외단부 (보) 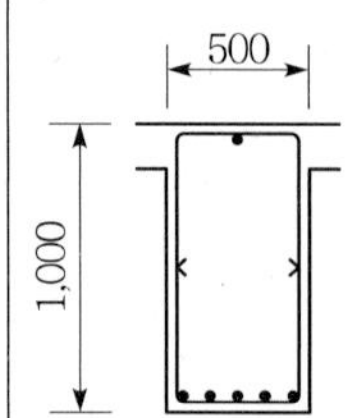 X:D13@150
상부근	9-D25	3-D25	9-D25	3-D25	3-D25
하부근	2-D25	5-D25	3-D25	5-D25	5-D25
녹 근	D13@200	D13@300	D13@300	D13@300	D13@300
부 호	3PB1			3PB2	
단 면	내단부 (PB1연속단) 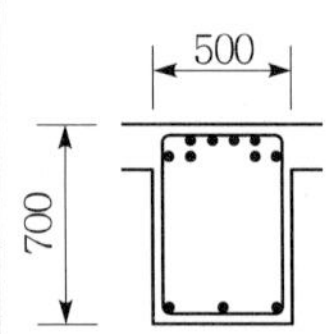	중앙부 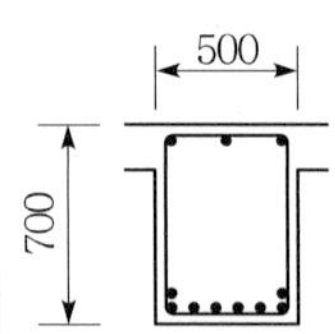	내단부 (PB1A연속단) 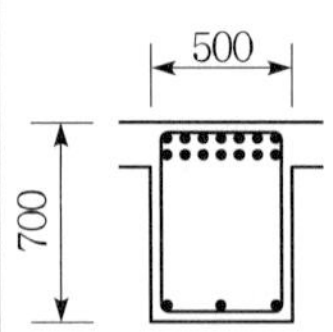	단부 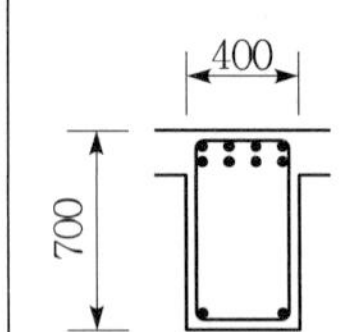	중앙부 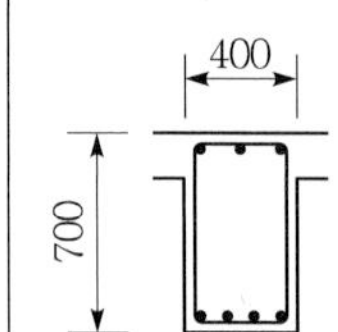
상부근	10-D25	3-D25	14-D25	8-D25	3-D25
하부근	3-D25	8-D25	3-D25	2-D25	4-D25
녹 근	D13@200	D13@300	D13@200	D13@150	D13@300

그림 7.8.1 구조설계도 보 일람표 예

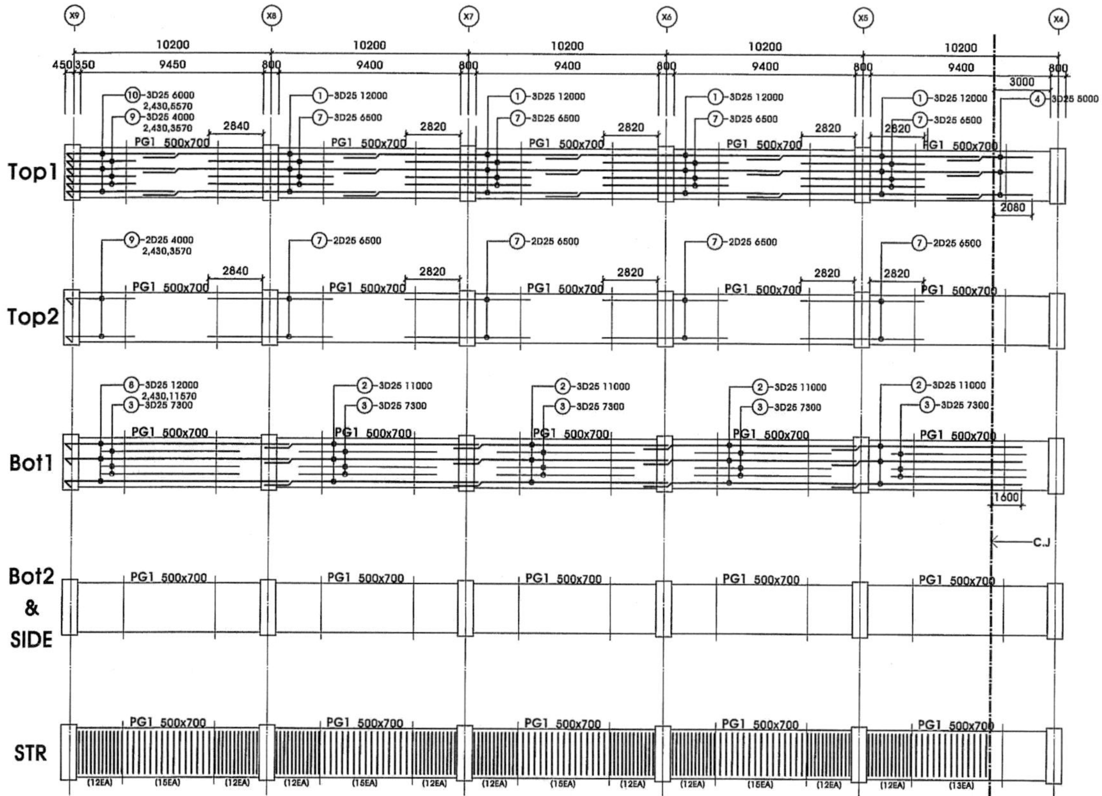

□ 보 일람표

부 호	3PG1	
크 기	500X700	
단 면	B. END	CEN
상부근	8 – D25	3 – D25
하부근	3 – D25	6 – D25
늑 근	D13@200	D13@300

□ 스터럽 상세

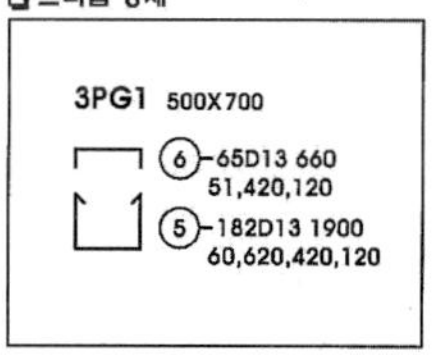

미표기 Girder 이음길이(상부) : 1600
(하부) : 1230

□ 보열 위치도

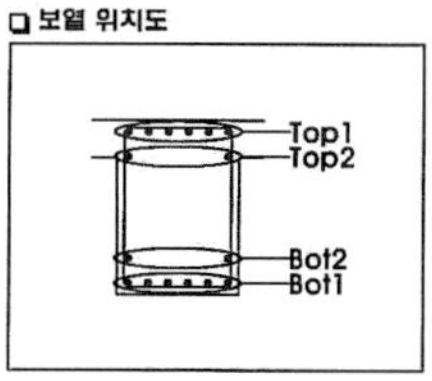

□ 철근가공리스트

G01 (1개)	번호	규격	형 태	길이	갯수	중량,톤
	1	D25	12000	12,000	12	0.573
	2	D25	11000	11,000	12	0.525
	3	D25	7300	7,300	15	0.436
	4	D25	5000	5,000	3	0.06
	5	D13	620, 420, 120	1,900	182	0.344
	6	D13	120, 420, 120	660	65	0.043
	7	D25	6500	6,500	20	0.517
	8	D25	430, 11570	12,000	3	0.143
	9	D25	430, 3570	4,000	5	0.08
	10	D25	430, 5570	6,000	3	0.072
합 계			D25	604.5M		2.406
			D13	388.7M		0.387
총 합 계						2.793

그림 7.8.2 보 일람 배근상세도 예

책임구조기술자의 책무

구조설계도에는 공사에 필요한 적절한 주기사항이 포함되어야 하며 신속 정확하게 찾아볼 수 있게 정해진 양식 속에 모든 관련 정보를 표현하여야 한다. 이러한 도면들은 책임구조기술자의 구조설계의도를 명확히 전달하고 배근시공도작성을 위한 배근형태의 지침이 되어야 한다.

책임기술자의 기본 책임은 시공상세도작성자에게 구조설계의 취지와 요구사항을 정확하게 제시하는 것이다. 책임구조기술자가 작성한 구조설계서 또는 구조설계도에는 단지 구조기준의 조항만을 언급하는데 그쳐서는 안 되고 시공상세도작성자가 배근시공도를 작성하는데 필요한 모든 정보를 포함하여야한다. 이러한 정보들은 책임구조기술자가 명쾌하게 설명하여 시공상세도작성자가 이에 따를 수 있도록 특정설계상세 또는 주기의 형태로 표현하여야한다.

구조설계도는 건축구조기준(KBC) 제1장 총칙 「구조설계도의 작성」에 따라 작성하여야 하며 철근의 정착길이와 그 위치 그리고 겹침이음의 길이, 철근의 기계적이음과 용접이음의 위치 등을 표현하여야 한다.

시공상세도작성자의 책무

배근시공도는 계약도서에 포함된 책임구조기술자의 의도를 전달하기 위한 것이다. 계약도서와 책임구조기술자가 작성한 부속서만이 배근시공도 작성에 필요한 정보를 제공하는 유일한 권한을 가진다. 배근시공도는 모든 철근의 가공과 배근에 필요한 모든 정보를 포함하여야 한다.

배근시공도는 계약도서에 포함된 책임구조기술자의 지시에 따라 시공상세도작성자가 작성한다. 현장상태, 현장치수, 시공조인트, 콘크리트 타설순서에 관한 모든 필요한 추가정보는 시공자가 제공하여야 한다. 필요한 수정사항을 포함하여 책임구조기술자의 승인을 받은 도면만이 철근가공 및 배근작업에 사용할 수 있다. 배근시공도는 구조설계도와 동일한 기준에 따라 작성한다.

일반적으로 배근시공도에는 철근가공을 위한 상세와 배근을 위한 상세를 표현하는 것이지 거푸집 제작을 위한 것이 아니므로 철근의 적절한 위치를 나타내는 치수만 표기하면 된다. 건물치수는 시공상세도작성자가 정확한 치수를 제공하여야 할 필요가 있을 경우에만 배근시공도에 표시한다.

참고문헌

7-1 KSEA 551-09 철근콘크리트 배근상세, 한국건축구조기술사회, 2010

7-2 대한건축학회, 건축구조기준 및 해설, 기문당

7-3 Malcolm Millais, Building Structures From concepts to design, 2nd edition, Spon Press, 2005

7-4 김광만, 윤상문, 김영춘, 건축시공이야기 Ⅱ, 바로건설기술, 2001

7-5 KDS 41 00 건축구조기준, 국토교통부, 2022

7-6 KDS 17 00 내진설계기준, 국토교통부, 2022

7-7 KDS 14 00 구조설계기준, 국토교통부, 2021

7-8 KSEA 112-09 건축구조사전, 한국건축구조기술사회, 2010

7-9 KSEA 120-12 소규모건축물 구조지침 및 해설, 한국건축구조기술사회, 2012

7-10 KSEA 191-12 건축구조실무 Q&A, 한국건축구조기술사회, 2012

7-11 KSEA 351-09 건축구조기준에 따른 내진설계 예제집, 한국건축구조기술사회, 2010

7-12 KSEA 591-11 콘크리트 건축물 구조설계 예제집, 한국건축구조기술사회/한국콘크리트학회, 2011

7-13 KSEA 731-12 H형강구조설계매뉴얼 해설 및 예제, 한국건축구조기술사회, 2012

7-14 KSEA 731-12 H형강구조설계매뉴얼 설계도움표, 한국건축구조기술사회, 2012

7-15 KSEA 732-10 KBC2009에 따른 강구조내진설계매뉴얼, 한국건축구조기술사회, 2010

7-16 KSEA 791-09 KBC2009에 따른 강구조설계 예제집, 한국건축구조기술사회/한국강구조학회, 2009

7-17 엔지니어를 위한 내풍공학, 한국건축구조기술사회/한국풍공학회, 2010

ㄱ

ㄹ

ㅁ

ㅂ

ㅅ

ㅇ

ㅈ

ㅊ

ㅋ

ㅌ

ㅍ

1 ~ 2

A ~ Z

집필진/집필참여

〈집필진〉

제1장 건축구조의 이해
김석구 (주)쓰리디엔지니어링 · 대표 · 건축구조기술사 · 공학박사
(사)한국건축구조기술사회 제11대 회장

제2장 건축물에 작용하는 하중
최준식 (주)단이엔씨 · 대표 · 건축구조기술사
(사)한국건축구조기술사회 제13대 윤리위원장

제3장 구조재료
이문곤 (주)티섹 · 대표 · 건축구조기술사
(사)한국건축구조기술사회 제12대 회장

제4장 골조의 구성요소
강도안 (주)티섹구조엔지니어링 · 대표 · 건축구조기술사 · 공학박사
(사)한국건축구조기술사회 제12대 부회장

제5장 구조거동의 이해
김종호 (주)창민우구조컨설탄트 · 대표 · 건축구조기술사
(사)한국건축구조기술사회 제10대 회장

제6장 구조계획의 이해
김승철 (주)다원구조안전기술사사무소 · 대표 · 건축구조기술사
(사)한국건축구조기술사회 제13대 회장

제7장 구조도면의 이해
서현주 (주)바로건설기술 · 대표 · 건축구조기술사 · 공학박사
(사)한국건축구조기술사회 제13대 도서출판특별위원회 위원장

〈집필참여〉

(사)한국건축구조기술사회 제13대 도서출판특별위원회 이사
곽규상 (주)하모니구조엔지니어링 · 대표 · 건축구조기술사
김태진 (주)창민우구조컨설탄트 · 대표 · 건축구조기술사 · 공학박사
이장홍 이공구조연구소 · 대표 · 건축구조기술사
주동현 (주)티엔아이엔지니어링 · 대표 · 건축구조기술사

구조와 건축(구조기술사가 쓴) **정가 25,000원**

저자 : (사)한국건축구조기술사회

발행인 : 임해진
발행처 : 도서출판 구미서관

발행 : 2014년 1월 14일 초판 1쇄
2014년 8월 20일 초판 2쇄
2016년 8월 10일 초판 3쇄
2023년 3월 3일 초판 4쇄

등록 : 1979년 6월 29일 No.9–6호

주소 : 서울시 마포구 신촌로 2길 5–15 구미빌딩
전화 : 02–333–1101
팩스 : 02–335–2201
http://www.goomibook.com

ISBN : 978–89–8225–965–4 (93540)